Rettet die Vogelwelt

Für die Welt von morgen …

Die Frage, wer eher da war, der Vogel oder das Ei, ist durch die Evolutionsforschung entschieden: Schon die Ahnen der Vögel, die schuppigen Echsen, legten Eier. Die Frage, wer eher fort und tot sein wird, der Vogel oder das Ei, ist noch offen:

Ist der Austernfischer totgeölt noch ehe seine Eier durch eingelagerte Umweltgifte sterilisiert sind?

Vögel entwickelten über Jahrtausende Strategien, ihre Gelege gegen Nesträuber und Witterungseinflüsse zu schützen. Gegen DDT gibt es keinen Schutz. Haben wir den Tieren statt Lebensraum und Vielfalt nur noch vielfältige Sterbensräume anzubieten?

„If you can't beat them, join them!" Für manche Vögel, nämlich für die erfolgreichen Anpasser, heißt dieses Motto: Wenn man dem Menschen schon nicht widerstehen kann, sollte man sich ihm anpassen.

Türkentauben schlüpfen uns unters Dach. Ihr Vorteil im Kampf ums Dasein ist, daß sie uns und unsere Wohnwüsten besser ertragen als die Mehrzahl der anderen Geschöpfe.

Wird der Mensch, wie früher etwa eiszeitliche Kälte, zum Auslesefaktor der Evolution: Nur wer der Superart Homo sapiens widersteht, hat die Chance auf Überleben seiner Art?

In Schönheit sterben? Eine bleivergiftete Gans als „sterbender Schwan". Das Foto lügt mit seiner Ästhetik. Und auch der deutsche Volksmund singt weiter froh und falsch: „Alle Vögel sind schon da". Sie sind es nicht . . . mehr.

Angesichts des Todes gibt es nur eines: nicht in Todesstarre verfallen, nicht den Stand des Sterbens achselzuckend als den Stand der Dinge abhaken, sondern alle Kräfte für das Lebendige aktivieren.

Gelingt es uns, die offiziellen Sterbelisten der Natur, die Roten Listen aussterbender Arten, zu verkürzen, besteht Hoffnung: auch für uns.

Partnerschaft für die Natur

Lange, viel zu lange schien es, als würden die Begriffe Ökonomie und Ökologie jeweils feindliche Lager bezeichnen. Heute erweist sich, daß Unternehmer immer dann gut beraten sind, wenn sie sich von den Haushaltsregeln der Natur inspirieren lassen.

Und so ist es nur konsequent, wenn Produzenten, die auf unverfälschte Natur angewiesen sind, ein Buch unterstützen, das für die Natur verfaßt wurde und sich für ihre Erhaltung einsetzt.

Vielleicht sind die mittelständischen regionalen Brauereien, die dieses ungewöhnliche Buch gefördert haben, heute noch Pioniere einer neuen, vernünftigen Wirtschaftspolitik. Bestimmt sind sie eine Minderheit, die von der Mehrheit noch nicht verstanden wird. Doch sie sind auf dem richtigen Pfad in die Zukunft, auf dem Weg zu einer dauerhaften Partnerschaft mit der Natur.

Das lokale Handeln der Brauer – inspiriert durch Einsicht in globale Zusammenhänge – setzt Zeichen: Lesezeichen der Hoffnung.

Alpirsbacher Klosterbräu
Alpirsbach

Marburger Brauerei
Marburg

Meckatzer Löwenbräu
Meckatz/Allgäu

Neumarkter Lammsbräu
Neumarkt/Opf.

Würzburger Hofbräu AG
Würzburg

Rettet die Vogelwelt

Rudolf L. Schreiber
Anthony W. Diamond
Horst Stern
Gerhard Thielcke

Ein PRO NATUR-Buch
verlegt bei
Otto Maier Ravensburg

Impressum

„Rettet die Vogelwelt“ wurde von PRO NATUR konzipiert und gemeinsam mit dem Internationalen Rat für Vogelschutz (ICBP) realisiert.

Mit diesem Buch startet der ICBP in Kooperation mit nationalen Naturschutzorganisationen die weltweite Aktion.

Save the Birds
World Campaign

Von jedem verkauften Buch führt PRO NATUR einen Beitrag an den ICBP zur Erhaltung der Lebensräume und damit zum Schutz bedrohter Vogelarten ab.

Herausgeber und ICBP danken allen, die mitgeholfen haben, dieses Projekt in die Tat umzusetzen.

pro natur

PRO NATUR
Gesellschaft zur
Förderung des
Naturschutzes mbH
Geleitsstraße 14
D-6000 Frankfurt/M. 70

ICBP
International Council for
Bird Preservation
219 Huntingdon Road
Cambridge CB3 ODL
England

Initiator und Herausgeber:	Rudolf L. Schreiber
Hauptautor internationaler Teil:	Anthony W. Diamond
Autoren nationaler Teil:	Horst Stern. Gerhard Thielcke
Übersetzung aus dem Englischen:	Einhard Bezzel
Wissenschaftliche Gesamtleitung:	Christoph Imboden, ICBP
Internationales Projektmanagement und Lektorat:	Martyn J. Bramwell
Lektorat deutsche Ausgabe:	Axel Meffert. Dieter Herold
Redaktions- und Projektmitarbeiter:	Nikolaus Dahl. Helga Schaer. Thomas A. Urquart
Layout:	Gerd A. Müller, DWB
Buch- und Titelgestaltung:	Stefan Werner
Titelfoto:	Hans Reinhard
Bildbeschaffung:	Michael Alexander. GEO/Doris Paulini. Pro Natur/Helga Schaer
Vogelillustrationen internationaler Teil:	Alistair Robertson
Vogelillustrationen nationaler Teil:	Jeanne Leven
Grafiken:	Trevor Boyer. Mick Loates. Maurice Pledger. John Rignall. Mike Saunders
Landkarten:	Eugene Fleury Alle im Buch abgebildeten Weltkarten sind nach dem Peters-Prinzip gezeichnet, mit freundlicher Genehmigung des Erfinders, Dr. Arno Peters, und dem Copyrighthalter Kümmerly & Frei AG.
Papier:	Gardagloss/säurefrei von Cartiere del Garda Riva
Gesamtherstellung:	Mohndruck Graphische Betriebe GmbH, Gütersloh Printed in Germany. 90 89 88 87 · 4 3 2 1
Verlag:	Ravensburger Buchverlag Otto Maier GmbH
Bestell-Nummer:	ISBN 3-473-46160-1
CIP-Kurztitelaufnahme der Deutschen Bibliothek:	„Rettet die Vogelwelt“: (d. Buch zur Weltaktion SAVE THE BIRDS); e. Pro-Natur-Buch / Rudolf L. Schreiber; Anthony W. Diamond; Horst Stern; Gerhard Thielcke. (Übers. aus d. Engl.: Einhard Bezzel). – 1. Aufl. – Ravensburg: Maier, 1987. Aus d. Ms. übers. ISBN 3-473-46160-1. NE: Schreiber, Rudolf L. (Hrsg.); Diamond, Anthony W. (Mitverf.); Stern, Horst (Mitverf.); Thielcke, Gerhard (Mitverf.); Pro-Natur-GmbH, Frankfurt/M.

Inhalt

Eine Welt oder keine

Rudolf L. Schreiber

Ein Weltbuch des Vogelschutzes sollte angemessen mit einem Weltrekord eröffnet werden. Denn über kleine Wunder, etwa die Feder eines Spatzen, staunen wir sensationssatten Weltkinder kaum noch, allenfalls mit didaktischer Hilfestellung.

Den Weltrekord im Vogelzug hält seit ungezählter Zeit *Sterna paradisaea*, die Küstenseeschwalbe, ein schlanker Vogel, weißgefiedert mit schwarzer Kopfkappe und tiefgegabeltem Schwanz. Mit ihren Zügen, fast von Pol zu Pol und zurück, bis über 40 000 Kilometer im Jahr, symbolisiert sie das Weltumspannende der Naturschutzidee und läßt menschlichen Erfindergeist verblassen: Wir müssen Treibstoff verbrauchen – Erdschätze, die in Jahrmillionen heranwuchsen –, um uns in Aluminiumgehäusen durch die Luft zu bewegen. Zugegeben, der Traum vom Fliegen hat faszinierende Flugprothesen hervorgebracht. Aber Prothesen bleiben sie.

Vögel fliegen frei. Und die Luft, die sie unter den Schwingen brauchen, die mit ihrem Sauerstoff die kleinen Hochleistungsflugkörper auf Touren bringt, wird von uns bedenkenlos verbraucht und verschmutzt. Mit welchen Folgen?

Leicht beschwingter Gleiter auf den Luftströmen über allen Kontinenten und Meeren: die Küstenseeschwalbe.

Fünfhundert Millionen Fahrzeuge soll es auf der Erde geben. Nehmen wir an, daß nur ein Fünftel davon ständig in Bewegung ist, dann verpuffen in jeder Sekunde 100 Millionen Motoren Abgase in die Atmosphäre. Wer das nicht für bedrohlich hält, vergißt, daß auch die Biosphäre, die dünne Lebenshülle, die unseren Planeten umgibt, eine begrenzte Größe hat und ein „geschlossener Raum" ist. Für Autofahrer läßt sich das nur schwer Erfaßbare dieser Realität in ein vorstellbares Bild übersetzen: Nach der Einfahrt in die Garage fällt die Tür ins Schloß und läßt sich von innen nicht öffnen. Wieviel Zeit bleibt, dem Erstickungstod zu entrinnen, wenn sich der laufende Motor eines Autos in einem geschlossenen Raum nicht abstellen läßt?

Straßen sind weltweit bekannte Sinnbilder für das Verbindende. Daß sie zu diesem Zweck häufig Landschaft zerreißen, wurde lange übersehen.

Frühstück in Paris und dreieinhalb Stunden später Mittagessen in New York. Die Concorde macht's möglich. Aber die Milch im französischen Kaffee enthält Caesium aus Tschernobyl und die Früchte im 'Dessert à la New York' Pestizidrückstände. Wir können nicht mehr entkommen, auch mit zweimal Überschall nicht.

Das Beispiel mag konstruiert sein, doch wieviel Zeit haben wir noch, um zu erkennen, daß die Verpestung der Lufthülle um die Erde Auswirkungen auf das Leben auf unserem Planeten hat? Wer die Nachricht gehört hat, daß die Ozonschicht der Erde in erheblichem Maße gefährdet ist und dieser Prozeß fortschreitet, müßte eigentlich alarmiert sein, herausgefordert zur Verteidigung des Lebens, wie besagter Mensch in der Garage. Die Anreicherung von Schadstoffen in der Luft und die Reduzierung der Filterleistung einer geschlossenen Ozonschicht, die uns vermehrt den Strahlen aus dem All ausliefert, sind ernstzunehmende Entwicklungen. Wir sehen das Verhängnis kommen, ja können es sogar erforschen und erklären, doch wir handeln nicht. Ein millionenfacher Tod, etwa ausgelöst durch Löchrigkeit der Ozonschicht, erscheint unvorstellbar und wird daher verdrängt.

Richten wir also den Blick auf eine überschaubare Dimension des Sterbens: Eine totgeölte Küstenseeschwalbe, ein schmutziger Federbalg am Spülsaum irgendeines Weltmeeres ist . . . ja, was eigentlich? Ein toter Vogel. Nicht mehr? Wer die Krankheitszeichen unserer Erde kennt – versauerte Seen, sieche Flüsse, Waldsterben, Vormarsch der Wüsten –, mag in einem erloschenen Vogelleben vielleicht ein Anzeichen dafür sehen, zu welch tödlicher Bedrohung die Art Homo sapiens für alle Kreaturen geworden ist.

Machen wir uns aber nichts vor: Für die meisten Zeitgenossen bedeutet die in treibendem Öl verendete Küstenseeschwalbe eine Nebensächlichkeit. Ist sie es nicht auch, angesichts der 40 000 Kinder, die täglich am Hunger und seinen Folgen sterben?

Tote Vögel – Preis des Fortschritts! So werden viele denken, die den Fortschritt der Menschheit immer noch in Kilowattstunden oder am Ölpreis messen. Stichwort Preis: Er wurde zum Maßstab aller Dinge. Von fast allem wissen wir inzwischen den Preis, doch kaum seinen Wert. Daß vieles nicht rechenbar, der Wert nicht bestimmbar ist, müssen wir erst wieder lernen.

Wir wissen mittlerweile, daß der tropische Regenwald ein unersetzlicher Regulator des Weltklimas ist, daß diese dampfenden Lebensbrutstätten mehr genetische Reserven bergen als irgendein anderer Teil der Welt. Aber wir kennen auch den Festmeterpreis tropischer Hölzer. Und der zählt.

Wir wissen, daß die Armenhäuser der Welt eine schlichte, aber kluge Selbstversorgerlandwirtschaft brauchen. Aber wir kennen auch die Gewinnmargen der Agrochemie. Und die zählen.

Wir wissen, daß pro Tag 2,5 Milliarden Dollar für Rüstung ausgegeben werden. Geld, mit dem sich viele offenen Wunden der geschundenen Erde verarzten ließen, aber wir kennen auch die hohe Dividende des Geschäftes mit dem Tod. Und die zählt.

Elektrizitätswerk in Sibirien. Strom soll auch die Wildnis bewohnbar machen. Erschließung heißt noch immer das Zauberwort, doch wird eine voll erschlossene Erde noch bewohnbar sein?

Die Wälder der Erde sterben. Auf der nördlichen Halbkugel an Luftverpestung, auf der südlichen am Raubbau. Metereologen prophezeihen schlimme Auswirkungen auf das Weltklima.

Wir haben unsere Moral und unseren Menschenverstand vorwiegend den Ökonomen überantwortet, einer Gruppe von Menschen, die meint, noch raffiniertere Preiskalkulationen könnten die Welt – oder deutlicher – die Weltmärkte retten. Wenn wir jedoch so weitermachen, ist nichts mehr zu retten. Es sei denn, wir retten die Küstenseeschwalbe. Und mit ihr uns selbst. Wollen wir beispielsweise, daß künftig die Fische, die *Sterna paradisaea* verzehrt, den Vogelkörper nicht mehr mit DDT und anderen Zivilisationsgiften anreichern, so müssen wir in letzter Konsequenz die Landwirtschaft von den Schläuchen befreien, mit denen sie wie ein Todkranker an der Agro-Chemie hängt.

Mit rund einer Million Tonnen Schädlingsbekämpfungsmittel, oder 200 Gramm für jeden Erdenbürger, vergiften wir Jahr für Jahr weltweit den Boden. Die Gifte bewirken weit mehr als sich die Landwirtschaft von ihnen verspricht; nämlich Nutzpflanzen vor Insektenfraß, Pilzen und Wildpflanzen zu schützen. Sie töten auch „unschuldige", unbeteiligte und nützliche Lebewesen und vergiften unser aller Lebensgrundlagen, Boden und Wasser. Vögel, die sich in der Kulturlandschaft bewegen, sind häufig die ersten sichtbaren Opfer an Ackerrand und Feldrain.

Wieviel verendete Singvögel sind akzeptabel, wenn man Obstkulturen mit dem Gift Endrin gegen Mäusefraß schützt? Wieviel Menschenopfer sind vertretbar, die vorwiegend auf der südlichen Halbkugel durch unsachgemäßen Umgang mit Agrar-Chemikalien ums Leben kommen?

Der uralte Grundsatz der Medizin, daß die Behandlung nie mehr Schaden anrichten darf als die Krankheit selbst, wird durch die angeblich moderne Landwirtschaft pervertiert. Böden, die buchstäblich mit der Stickstoff-Peitsche über den Rand ihrer natürlichen Regenerationsfähigkeit gedrängt werden, sind spätestens dann die Hungeräcker der Zukunft, wenn die chemischen Hilfsmittel nicht mehr zu bezahlen sind.

Folglich, so lautet heute noch die Devise, muß auf den schrumpfenden Flächen noch intensiver gewirtschaftet werden. Also noch mehr Monokulturen, die noch mehr Schädlingsbekämpfungsmittel erfordern und die Wind- und Wassererosion auf noch größerer Fläche fördern.

„Die Gerade ist gottlos", sagte der Wiener Künstler Friedensreich Hundertwasser. In der Tat: Felder wie diese gehen zum Teufel. Ungehindert kann Wind und Wasser die dünne Bodenkrume wegrodieren. Monokulturen wachsen nur um den Preis extremen Kunstdünger- und Pestizideinsatzes. Das ökologische und das ökonomische 'Kosten-Nutzen-Gefüge' gerät aus den Fugen.

Das Dilemma einer Landwirtschaft, die sogar um den Preis ihrer Selbstvernichtung dem Ertrag verpflichtet ist, kennen wir nun schon eine geraume Weile. Volkswirtschaftler wissen, daß Natur zum Nulltarif nicht zu haben ist und daß erhebliche Teile der nationalen Etats in Zukunft für Naturgüter aufzuwenden sind, die es seit Menschengedenken umsonst gab: Wasser zum Beispiel. 8 bis 10 Prozent der Süßwasservorräte werden heute schon genutzt. Doch die gesamten Vorräte sind bedroht, vor allem in den Ballungsräumen, die sich krebsartig über das Antlitz der Erde ausbreiten.

Ballungsräume heißen im Norden Metropolen, ein nobles Wort für entgrünte Steinwüsten, und im Süden Slums. Aus der Vogelperspektive sind sie allemal Todeszonen. Nur einige „Kulturfolger", wie Möwen, Tauben und Krähen sehen das anders. Aber interessiert die Vogelperspektive überhaupt? Was bedeutet ein vergifteter oder verölter Vogel, gemessen an all den großen Todeskämpfen auf der Erde?

Der Wert eines Menschenlebens ist in allen Kulturkreisen mehr oder minder deutlich umschrieben, der Wert eines Tierlebens selten. Die Verehrung des einen und Mißachtung des anderen werden wir jedoch ablegen müssen, wenn es um Überlebensstrategien für die Zukunft geht. Vogelschützer werden begreifen müssen, daß Schutz der Tiere ohne „Menschenschutz" nicht möglich ist und Initiatoren von humanitären Rettungsprogrammen werden scheitern, wenn sie Pflanzen und Tiere nicht einbeziehen. Nirgends wird das so deutlich wie in den Dürrezonen Afrikas: Wenn es ums nackte Überleben geht, ist kein Baum und kein Busch vor dem Zugriff verzweifelter Holzsammler sicher. Wer hier, ohne Beachtung der Lebensumstände der Menschen, isoliert Baum-und Naturschutz betreiben wollte, müßte scheitern. In einer übernutzten Welt kann sich der Mensch auf Dauer nicht mehr auf Kosten von Tier und Pflanze halten und Naturschutz muß, soll er nicht in symbolischen Gesten erstarren, die Weltprobleme, auch die der Wirtschaft, mitdenken. Spezialisten haben Konjunktur. Wir bräuchten Spezialisten für das Ganze.

Muß sich der holländische Vogelschützer, der in seiner Freizeit verölte Küstenseeschwalben, Austernfischer und Krickenten säubert, auch noch Gedanken über ein Weltwirtschaftssystem machen, das den hemmungslosen Ölstrom von Süd nach Nord erzwingt, nötigenfalls mit Waffengewalt? Nimmt nicht der Gedanke an die Dimension der Probleme den Mut zu kleinen Schritten? Oder anders gefragt: Gibt es denn nicht den wichtigsten, den richtungsweisenden ersten Schritt? Ihn zu tun, heißt sich angreifbar zu machen. Wieviel erste wichtige Schritte sind nicht schon unterblieben, weil über den zweiten zu lange diskutiert wurde?

Orangen werden vernichtet, damit das Überangebot nicht die Preise ruiniert. Dieser Unsinn hat Methode: Erst wird die Produktion angeheizt, dann werden hohe Geldmittel aufgewendet, um hochwertige Lebensmittel zu „entwerten". Landwirtschaft oder Land-mißwirtschaft?

Eine Mit-Gift unserer Industriegesellschaft an unsere Nachwelt heißt: Gift. Was wir „auf Zeit" beerdigen, werden künftige Generationen in ihrem Trinkwasser finden.

Nicht wenige Wissenschaftler unserer Zeit sehen in der Bevölkerungsexplosion das Kardinalproblem. Mehr als fünf Milliarden Menschen bevölkern die Erde, 500 Millionen hungern, eine Milliarde vegetiert am Existenzminimum. Wenn Sie dieses Kapitel bis zu dieser Zeile in durchschnittlicher Geschwindigkeit gelesen haben, gibt es rund 2 500 Menschen mehr auf der Welt. Brauchte die Menschheit von 1750 bis 1900 150 Jahre, um sich zu verdoppeln, droht jetzt alle vier Jahrzehnte eine Verdoppelung. In der Dritten Welt beträgt diese Zeitspanne nur 25 Jahre.

Auch notorische Optimisten wissen nicht zu sagen, wie man auf diesem Globus eine leidliche Balance halten kann. Die wachsende Menschheit ist heute schon nicht mehr zufriedenstellend zu ernähren, und die zunehmende Erschließung der Erde gefährdet die noch stabilen, naturnahen Großlebensräume: Fruchtbares Land wird übernutzt, Meeresfischgründe geplündert, Wälder abgeholzt. Wann der Punkt einer noch vertretbaren Nutzung erreicht und wie das Problem des Bevölkerungswachstums zu lösen ist, weiß heute niemand zu sagen.

In armen Ländern ist Kindersegen die einzige einigermaßen sichere Altersversorgung. Die wird man den Eltern in unterentwickelten Ländern kaum absprechen können, solange man ihnen nicht sagt, wer sie ernährt, wenn ihre Kräfte nachlassen. Und über der Frage, wer die Armen ernährt, steht die, wie lange uns eine mißhandelte Erde noch ernährt.

Von der eisfreien Landoberfläche werden rund 11 Prozent landwirtschaftlich genutzt. Die zunehmende Erschließung für die Landwirtschaft bedeutet steigenden Landverlust. Jährlich gehen etwa 11 Millionen Hektar Agrarfläche durch Erosion, Wüstenbildung, Vergiftung und Bebauung verloren. Der Trend ist eindeutig: Immer mehr Menschen müssen sich immer weniger Nutzfläche teilen, der Druck auf die Lebensräume wird größer, die Lebenschancen für die Wildtiere geringer.

Verspiegelte Hochhausfassaden sind nur dann reizvoll, wenn sie etwas Reizvolles spiegeln. Meist spiegeln sie sich selbst. Ein Vogel ist da ein Glücksfall.

Schlafstadt – Betonstadt. Ob die Wohnsilos rund um die Welt wohl auch so seelenlos aussehen, wenn die planenden Architekten dort wohnen müßten?

Wen kümmert das? Uns ist das Hemd näher als der Rock. Erst kommt das Fressen, dann die Moral! Und für eine zweitrangige Frage von Kultur und Moral hält der Mensch auch, in Verkennung der Zusammenhänge, das Überleben der Vogelwelt. Für Küstenseeschwalben war immer schon die ganze Welt Lebensraum. Für sie sind die dreckspeienden Küstenindustrien der Nordsee nur einige Dutzend Flugstunden von brennenden Slums in Afrika entfernt. Wir Menschen aber sind gerade erst dabei, globale Zusammenhänge zu sehen.

Wer nicht will, daß in Bangladesch Insektenvernichtungsmittel im Übermaß versprüht wird, sollte keine Froschschenkel essen. Denn die quakenden Insektenregulatoren, denen für die Genußsucht einiger Feinschmecker bei lebendigem Leibe die Schenkel ausgerissen werden, fehlen den feuchtheißen Flußniederungen der Subtropen als Schädlingsfänger.

Wer nicht will, daß das Amazonasbecken als wichtiger Sauerstoffproduzent der Welt zerstört wird, sollte keine Edelfurniere kaufen. Auch an den Ladenkassen und auf den Märkten in allen Kontinenten wird über die Überlebenschancen unseres Globus abgestimmt. Global denken und lokal handeln muß hier das Motto heißen, denn unsere Erde ist verletzlicher als wir bisher ahnten.

Verletzlich? Hat sich die Natur nicht noch immer zu helfen gewußt? Starben nicht immer Tiere aus? Der Täter Mensch fragt sich gern ein Alibi zusammen, aber so billig gibt es keines. Verschwand im Laufe der Erdgeschichte durchschnittlich alle 190 Jahre eine Tier- oder Pflanzenart, ist es heute alle 20 Minuten eine. Der Artentod hat sich folglich um fünf Millionen Male beschleunigt.

Wie lange hält der blaue Planet diesen Blutzoll noch aus? Wenn jede aussterbende Art ein Warnsignal der Natur ist, vergleichbar mit einem flackernden Licht, dann droht zur Zeit ein Lichtermeer zu verlöschen.

Doch sehen wir überhaupt noch hin? Haben uns die sich überschlagenden Nachrichten über sterbende Wälder und aussterbende Tiere nicht schon abgestumpft oder gar blind gemacht? Es gibt bereits Zeitgenossen, die wollen von allem nichts mehr hören und nichts mehr sehen: Man lebt nur einmal!

Bergeinsamkeit, erhabene Gipfelgefühle und dazu etwas zeitgemäße Dekoration: Müll, noch 3000 Meter über Normalnull.

Massentauchtourismus auf den Bahamas. Veranstalter sorgen dafür, daß die im Prospekt ausgelobten „letzten Paradiese" auch wirklich die letzten sind. Die Tourismus-Industrie verbraucht ihr Betriebskapital: die Natur.

Allein mit schrecklichen Wahrheiten läßt sich der Schrecken nicht bannen. Doch vielleicht kann der weltweite Leidensdruck doch noch ein paar Gewichte verschieben, die Chancen verbessern. Die Probleme überschreiten alle Grenzen auf der Welt und machen deutlich, daß die klassische Außenpolitik durch eine Weltinnenpolitik ersetzt werden muß. Nur durch weltweite Zusammenarbeit können wir die Umwelt und uns retten. Tschernobyl hat diese Notwendigkeit schlagartig erhellt, das Chemieunglück in Basel erneut bestätigt. Ein neuer Anfang?

Man könnte meinen, die Bedingungen für einen Neubeginn stünden nicht gar so schlecht, leben wir doch im Zeitalter der totalen Kommunikation. In Sekundenschnelle jagen Nachrichten um die Welt, Worte, die über Krieg oder Frieden entscheiden, oder Klatsch aus dem Privatleben von Menschen, die ihre Prominenz eben dem Umstand verdanken, daß es zwischen den Polen fast keine Nachrichtenprovinz mehr gibt.

Vieles bewirkt jedoch nicht unbedingt Vielfalt: Wichtiges und Unwichtiges verkochen zu einem ungenießbaren Brei. Der Endlosstrom von Bedrohlichem, Ungeheuerlichem geht wie ein Schmirgel über das Gemüt, rauht es erst schmerzhaft auf, läßt dann aber Hornhaut wachsen.

Wer lenkt die Nachrichtenströme? Neunzig Prozent der Auslandsnachrichten werden von vier westlichen Agenturen verbreitet, 83 Prozent der Datenverarbeitungsindustrie liegen in den Händen von Japan, den USA und Westeuropa. Man muß den großen Nachrichtenmächten nicht unbedingt Absicht und schlechten Willen unterstellen, um zu erkennen, daß die arme Welt um eine Chance betrogen wird, auf dem Weltnachrichtenmarkt ihre Stimme zu erheben.

Und noch wer kommt zu kurz: die Natur. Für fast alles gibt es Datenbänke, aber noch bis heute fehlt eine globale Datei über die Umweltsituation der Erde. Lohnt sich die Investition nicht? Gibt es keine Abnehmer? Erschöpft sich das Interesse an Tierfilmen und schönen Landschaftsbildern, so daß die Apokalypse ein paar Spezialagenturen vorbehalten bleibt?

Das darf nicht sein. Es geht um mehr als um den majestätischen Flug des Adlers oder die Eleganz des Jaguars. Es geht um mehr als Umweltkatastrophen – es geht um neue Perspektiven für die Zukunft. Auch die Medien müssen die Umweltsituation als eine Herausforderung für eine zukunftsorientierte Berichterstattung verstehen lernen. Wir müssen darüber informiert werden, wie die globalen Zusammenhänge sind. Appelle allein genügen nicht, wenn wir nicht die Hintergründe verstehen und Handlungsalternativen aufgezeigt werden. Negativbotschaften allein wirken nicht motivierend. Wo bleibt das Positive?

Sich gegen die Invasion der Computerchips stemmen zu wollen, wäre ebenso sinnlos wie es der Versuch gewesen wäre, die Buchdruckerkunst an ihrer Welteroberung zu hindern. Technischer Fortschritt darf aber nicht länger die Summe dessen sein, was machbar und verkäuflich ist.

Technischer Fortschritt muß sich die Frage gefallen lassen: Was nützt er dem Fortbestand der Erde? Chips steuern Atomraketen. Chips koordinieren Großrechner für Weltfriedensprogramme. Sind Chips böse? Nicht das Messer ist der Mörder.

Aus der Sicht eines Astronauten ist die Erde eine verletzliche blaue Perle in der Unendlichkeit des Alls. Wer sie so sieht, erliegt nicht so leicht dem Trugschluß, daß die Natur jede Wunde ausheilt, die wir ihr zufügen.

Die Berichterstattung hat bisher ein dramatisches Ungleichgewicht im Bewußtsein der Menschen bewirkt: Während viele schon nichts mehr vom Sterben der Tiere und Pflanzen hören wollen, haben viel mehr davon überhaupt noch nichts gehört. Während einige beim Stichwort „Rote Liste" resigniert mit den Achseln zukken, wissen andere damit überhaupt nichts anzufangen, denn der Begriff hat für sie keine Alarmwirkung. Flucht vor den Tatsachen aber ist nicht mehr möglich, denn alle Fluchtwege sind verbaut.

Es nützt dem reichen Norden nichts mehr, seine Industrien in den armen Süden zu verlegen oder Agrarchemikalien, die bereits hier verboten sind, dort doch noch zu verkaufen. Mit den Luftströmungen und den Nahrungsmitteln kommen die Schadstoffe zurück. Es nützt den Industrienationen nicht mehr lange, die Welt als exklusives Rohstofflager der Reichen zu betrachten und auszubeuten. Wenn ein Drittel der Menschheit zahlungsunfähig ist, zerbröckeln auch die Märkte der Reichen: Es gibt keine „Dritte Welt", sondern nur eine Welt.

Die Globalität der Probleme zwingt uns, sich auch den Kopf der anderen zu zerbrechen oder, wie eine chinesische Weisheit sagt: Was dem Schwarm nicht dient, dient nicht der einzelnen Biene.

Die Chance zu weltweiter Zusammenarbeit ergibt sich aus unserer derzeitigen Stellung: mit dem Rücken zu Wand.

Save the birds – save the world! Die Dinge haben sich so schrecklich vereinfacht und zugespitzt, daß wirkliche Vogelrettung nur im Rahmen eines ökologischen Weltrettungsversuches möglich ist.

Das klingt bombastisch! Aber darunter geht es nicht mehr. Wir haben die Erde mit Kriegen, Giften, Erschließungen und Überindustrialisierung unkoordiniert an den Abgrund gedrängt. Eine Umkehr ist nur durch koordinierte weltweite Zusammenarbeit möglich. So einfach – so schwer.

Können wir von den Vögeln lernen? Zumindest eines: Vögel kennen keine Grenzen. Das sollten wir auch so halten.

Vögel sind gefiederte Botschafter zwischen den Ländern. Sie kennen keine Hoheitsgrenzen, sondern nur die, die ihnen die Natur setzt.

Der Mensch sieht sich als Krone der Schöpfung, als den Gipfel der Evolution. Eine zumindest anfechtbare Sicht der Dinge, denn stammesgeschichtlich gehört er einer Gruppe von Lebewesen an, die uralt ist. Nur allzu leicht übersehen wir, daß die Vögel nach den Maßstäben der Evolution einige Millionen Jahre jünger sind als die Säuger, die nächsten Verwandten des Menschen.

Rund 4000 Säugetierarten und 9000 Vogelarten bevölkern heute den Globus. Auch das ist ein Indiz für die erfolgreiche Entwicklung und Anpassung der Gefiederten. Der majestätische Flug des Adlers, die schillernde Pracht des Kolibris, die unnachahmliche Gewandtheit des Pinguins, der Streckenrekord der Küstenseeschwalbe, die schier unglaubliche Laufleistung des Straußes – wenn Superlative zählen, würde den Vögeln der Gipfel der Evolution zukommen.

Und in der Tat haben im Laufe ihrer Geschichte Vögel viele Erfolgstypen entwickelt und sind mit großem Formenreichtum in alle Lebensräume der Erde vorgedrungen. Anpassung gelang ihnen nicht nur in ihrem ureigenen Reich, der Luft. Sie lernten auch klettern, schwimmen, tauchen und rennen. Der Mensch dagegen blieb reiner Landbewohner. Seine meist mühsam erlernte Beweglichkeit im Wasser ist bescheiden. Dennoch erlangte er in wenigen Jahrtausenden die Weltherrschaft, und durch seine technischen Erfindungen drang er in den Weltraum und in die Weltmeere vor.

Eben diese durch die Technik errungene Vorherrschaft aber beansprucht jetzt die Anpassungsfähigkeit der Vögel und aller anderen Lebewesen über alle Grenzen hinweg.

Die Welt der Vögel

Anthony W. Diamond

Anpassen und überleben

Die Salpeterwüsten von Chile und Peru sind die extremsten Trockengebiete unserer Erde; in manchen Teilen hat es wohl noch nie geregnet. Der Boden ist staubtrocken und mit zahllosen Felsbrocken und Steinen bedeckt – keine Pflanze, kein Tier, kein Schatten. Nur der regelmäßig am Nachmittag aufkommende Wind bietet etwas Erholung von der erbarmungslosen Hitze. Tagsüber wird der Boden über 50 Grad Celsius heiß, nachts sinkt die Lufttemperatur knapp unter den Gefrierpunkt.

Man wird kaum vermuten, daß unter so unwirtlichen Bedingungen Möwen leben können. Und doch verlassen in der Abenddämmerung des beginnenden Südsommers Schwärme von Graumöwen *(Larus modestus)* die Küste, fliegen etwa 30 Kilometer landeinwärts in die Wüste und beginnen hier eine neue Brutsaison.

Wenn die Eier erst einmal gelegt sind, muß der Vogel ständig auf dem Nest bleiben, um in der Kälte der Nacht die Eier bis zum Morgengrauen zu wärmen und um ihnen während der Hitze des Tages stehend Schatten zu spenden. Hechelnd und mit aufgeplustertem Gefieder widersteht der Altvogel der Hitze, bis kurz nach Mittag ein kühler Wind Erleichterung bringt. Sein Partner sucht während des Tages an der Küste nach Nahrung. Erst nachts fliegt er zum Gelege zurück, um für den kommenden Tag die anstrengende Ablösung zu übernehmen. Zehntausende von Graumöwen brüten auf diese Weise Jahr für Jahr in einer Kolonie.

Während Graumöwen ausgerechnet in der heißesten Zeit des Jahres in einer Wüste brüten, legen Kaiserpinguine *(Aptenodytes forsteri)* ihre Eier in der eisigen Nacht des antarktischen Winters. Nach Ablage seines Eies watschelt das Weibchen zurück zum offenen Meer, um durch emsige Nahrungssuche zwei Monate lang die Fettreserven wieder aufzubauen. Das zurückgebliebene Männchen bebrütet das Ei ohne Unterbrechung bei Temperaturen unter minus 60 Grad Celsius. Es baut kein Nest, sondern hält das Ei zwischen der Oberseite der Füße und einer Hautfalte am Bauch.

Kaiserpinguine sind mit über einem Meter Körperhöhe und etwa 30 Kilogramm Gewicht die größten ihrer Familie. Sie kauern möglichst eng aneinander und können dadurch den Wärmeverlust bis zu 80 Prozent verringern.

Wenn die winterlichen Schneestürme vorbei sind, schlüpft das Küken rechtzeitig zu Beginn des antarktischen Sommers, wenn Nahrung im Überfluß vorhanden ist.

Ein besonders dichtes Federkleid und eine dicke Fettschicht unter der Haut schützen Pinguine vor der grimmigen Kälte. Graumöwen dagegen nutzen alle Möglichkeiten, durch vielfältige Bewegungen und Anordnung der Federn die Isolationseigenschaften des Federkleides zu verbessern, um ihren Körper vor der Hitze zu schützen. Beide Arten demonstrieren die erstaunliche Vielseitigkeit der Federn, die Vögeln das Leben selbst unter extremen Bedingungen weit außerhalb der Grenzen menschlicher Belastbarkeit gestattet.

Pinguine sind hervorragend an extrem kalte Temperaturen angepaßt. Sie können selbst bei eisigen Winden von minus 60° C ihre Eier ausbrüten und Junge großziehen.

Aufteilung eines Baumes in Nahrungsbereiche
Fünf amerikanische Waldsängerarten teilen sich die Ernährungsnischen, die eine einzelne Fichte bietet, untereinander auf.

1. Fichtenwaldsänger

2. Tigerwaldsänger

3. Grünwaldsänger

4. Braunbrustwaldsänger

5. Kronwaldsänger

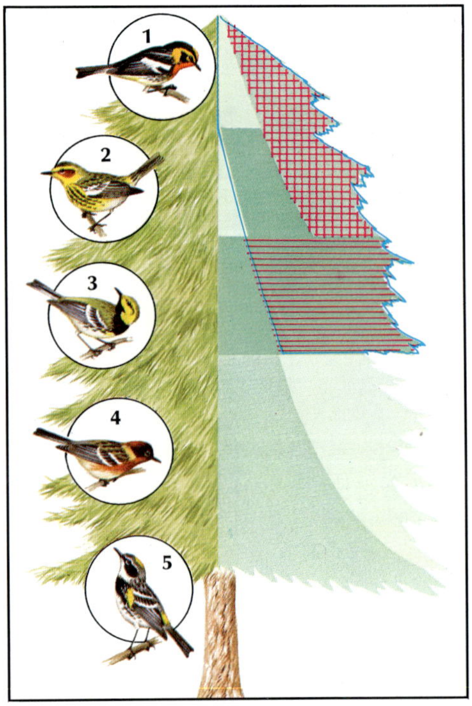

Aufteilung des Lebensraumes

Graumöwen und Kaiserpinguine haben in ihren extremen Lebensräumen außer ihren eigenen Artgenossen kaum Gesellschaft. Dagegen teilen die meisten Vogelarten, die ja unter wesentlich freundlicheren Umweltbedingungen leben, ihren Lebensraum mit vielen anderen Vögeln. Dies erfordert in vielem eine Spezialisierung und einen eigenen „Lebensstil", damit eine Vogelart neben anderen Vogelarten bestehen kann.

So bietet zum Beispiel ein Waldstück in Nordamerika Lebensmöglichkeiten für etwa ein Dutzend Kleinvogelarten; jede spielt ihre eigene Rolle in diesem System, besetzt ihre ökologische Nische. Wanderdrosseln *(Turdus migratorius)* suchen nach Würmern und Käfern im Boden und Falllaub. Hüttensänger *(Sialia)* stürzen sich von einer erhöhten Sitzwarte aus auf ein erspähtes Insekt hinunter. Ammern und der Junko *(Junco hyemalis)* leben von kleineren Sämereien und füttern ihre Jungen mit winzigen Insekten, die sie in verschiedenen Schichten der Vegetation fangen. Hauszaunkönige *(Troglodytes aedon)* drücken sich beim Insektenfang durch dichtes Gebüsch nahe am Boden; Goldspechte *(Colaptes auratus)* suchen unter der Baumrinde nach Käferlarven; Kolibris wie die Sternelfe *(Stellula calliope)* holen sich den Nektar aus den Blüten; Tyrannen-Fliegenschnäpper stellen im kurzen Jagdflug fliegenden Insekten nach.

Eine einzige nordamerikanische Fichte kann fünf verschiedenen Waldsängerarten ausreichende Lebensgrundlagen bieten. Der Tigerwaldsänger *(Dendroica tigrina)* sucht die Spitzen der höchsten Äste ab; der Fichtenwaldsänger *(D. fusca)* lebt meist tiefer und näher am Stamm. Der Grünwaldsänger *(D. virens)* beansprucht die obere Hälfte der inneren Baumkrone, der Braunbrustwaldsänger *(D. castanea)* dagegen genau das Zentrum des Baumes, während der Kronwaldsänger *(D. coronata)* seine Nahrung auf dem Boden sowie an den offenen Stellen um den Stamm oder an der Basis der großen Äste findet.

So teilen Vögel ihren gemeinsamen Lebensraum untereinander auf. An den äußersten Grenzen der Lebensmöglichkeiten finden wir nur die widerstandsfähigsten Arten. Im Bereich günstigerer Umweltbedingungen bestimmen dagegen die ökologischen Strukturen des Lebensraumes, wer wo von welcher Nahrung lebt.

Aufteilung eines Waldstückes in Lebensbereiche
Der Espen-Weiden-Mischwald in den gemäßigten Breiten Nordamerikas weist einen reichen und vielfältigen Unterwuchs auf. Ein Dutzend und mehr Vogelarten können hier auf engem Raum nebeneinander leben, ohne sich zu stören.

1. Wanderdrossel
2. Hüttensänger
3. Dachsammer
4. Junko
5. Hauszaunkönig
6. Goldspecht
7. Sternelfe
8. Goldzeisig
9. Schwirrammer
10. Lincolnammer
11. Schwarzkopf-Kernknacker
12. Weidentyrann
13. Singammer

Zum Fliegen geboren

Nur wenige Vögel sind flugunfähig, doch alle tragen Federn. Flugvermögen und der Besitz von Federn sind daher die kennzeichnenden Merkmale der Vögel.

Damit die Flugmuskulatur bei hoher Beanspruchung ausreichend mit Brennstoff versorgt wird, benötigen die Vögel einen rascheren Stoffwechsel und daher auch einen leistungsfähigeren Atemapparat als Säugetiere. Zwar ist die Vogellunge klein, doch steht sie mit dünnwandigen Luftsäcken in Verbindung, die den Körper durchziehen und sogar in die größeren Knochen eindringen. Sie nehmen Luftvorräte auf und leiten sie im Dauerstrom durch die Lunge, so daß Sauerstoff sowohl beim Aus- als auch beim Einatmen in das Blut übertreten kann. Diesem einmaligen und komplizierten Atemsystem verdanken die Vögel auch die Lautstärke, den Wohlklang und die Vielfalt ihrer Lautäußerungen.

Doch der rasche Stoffumsatz wäre sinnlos, könnten Vögel die erzeugte Wärme nicht zurückhalten. Federn isolieren perfekt, sind dazu stabil, wasserdicht und leicht. Ihre Farben entstehen durch eingelagerte Pigmente und auch als Folge einer besonderen Feinstruktur durch Lichtbrechung und Lichtreflexion. Bunte Federn sind aber nur sinnvoll, wenn Vögel Farben auch sehen können. Den Farbensinn der Vögel nützen viele Pflanzen aus: Ihre bunten Blüten und Früchte locken Vögel an, die sie dann bestäuben oder die deren Samen verbreiten. Bei Säugetieren ist dagegen das Farbensehen nur selten entwickelt.

Das Fliegen haben wir den Vögeln abgeschaut. Doch was ein Düsenjäger nur mit teurer und komplizierter Technik schafft, beherrscht der Wanderfalke spielerisch von Natur aus. Er kann mit über 200 Kilometern pro Stunde pfeilschnell auf seine erspähte Beute herabschießen.

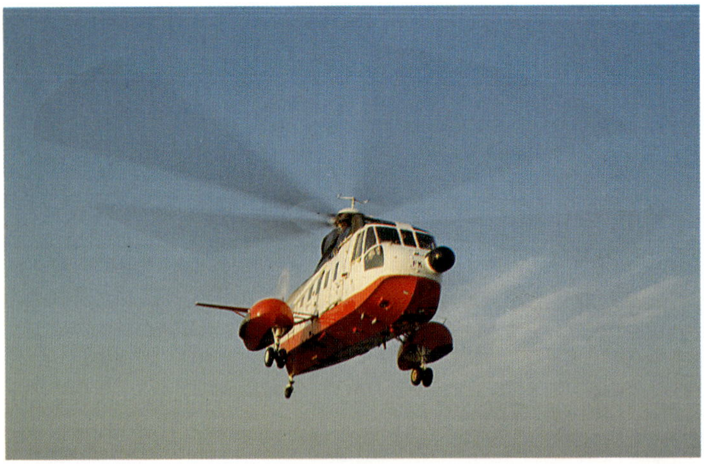

Die Flugkunst und Wendigkeit eines Hubschraubers findet auch in der Vogelwelt ihresgleichen und vielleicht sogar ihr Vorbild. Ein kleiner Zimtkolibri kann in der Luft „stehen", um Nektar aus einer Blüte zu saugen.

Der Traum vom Fliegen

In seiner Geschichte hat der Mensch sich immer wieder vergebens bemüht, es den Vögeln nachzumachen. Von Dädalus und Ikarus in der Sage, die mit angeklebten Federflügeln der Gefangenschaft entfliegen wollten, über Leonardo da Vincis Entwürfe für muskelgetriebene Flugmaschinen bis zu Otto Lilienthal mit seinen bizarren Apparaten im 19. Jahrhundert hat man immer wieder versucht, die eigenen Muskeln zur Bewegung künstlicher Flügel einzusetzen. Keine der verwirklichten Maschinen arbeitete besser als die Flügel des legendären Ikarus; der erfolgreiche Flug seines Vaters Dädalus mit Federflügeln bleibt ein unerfüllbarer Traum. Erst mit der Erfindung des Verbrennungsmotors war es gelungen, Flugobjekte anzutreiben, die in mancher Hinsicht dem Vogelflug nahekommen. So erinnern Hubschrauber an den surrenden Flügelschlag in der Luft stehender Kolibris. Düsenjäger erscheinen wie die überlaute technische Verwirklichung eines auf die Beute herabstoßenden Falken. Doch trotz aller technischen Fortschritte in der Luft – die Perfektion des Vogelfluges hat noch immer nichts von ihrer Faszination verloren.

Vogelflügel – Modell für die Technik

Tragflächen und Propeller der Flugzeuge haben den gleichen Querschnitt wie Vogelflügel und viele Flugfedern. Sie sind vorn dicker, verjüngen sich allmählich gegen den Hinterrand, wobei die Unterseite flacher, die Oberseite stärker gewölbt ist. Wird ein Flügel durch die Luft bewegt oder fließt Luft an ihm von vorn nach hinten vorbei, erreicht der Luftstrom über der Flügeloberfläche eine höhere Geschwindigkeit als unter der flacheren Unterseite. Dadurch verringert sich über dem Flügel der Luftdruck. Der höhere Druck auf der Unterseite hebt den Flügel an. Die Richtung der entstehenden Kräfte wirkt dabei immer senkrecht auf die Flügeloberfläche ein. Schlägt ein Vogel den Flügel nach vorn und unten, erzielt er sowohl vertikalen Auftrieb als auch horizontalen Vortrieb.

Fliegen unterscheidet sich sehr wesentlich von anderen Bewegungsarten wie Schwimmen oder Laufen, denn dabei stößt man sich gegen einen größeren Widerstand ab. Luft ist viel dünner und läßt sich leicht komprimieren. Fliegen beruht daher auf der Erzeugung von Druckunterschieden zwischen Flügeloberseite und Flügelunterseite.

Die breiten, stumpfen Flügel eines waldbewohnenden Vogels stellen ebenso wie die langen Schwingen eines Albatros eine vielfältige und bis ins Detail ausgefeilte Abwandlung des aerodynamischen Profils dar, bei dem die leicht konkave Unterseite den Luftstrom glatt und ohne Wirbel zum Hinterrand leitet. Jede Flugfeder an der Flügelspitze ist ihrerseits ein aerodynamisches Blatt und dreht sich im raschen Luftstrom wie ein Schraubenpropeller.

Anatomie des Fliegens
Der Körperbau der Vögel ist dem Fliegen in hohem Maße angepaßt. Knochen mit Luftkammern vereinen Leichtigkeit und Stabilität. Das breite und flache Brustbein mit seinem hohen Kamm bietet den Flugmuskeln eine große Ansatzfläche. Die mächtigen Brustmuskeln, die den kraftvollen Flügelabschlag bewirken, machen bei einigen Arten bis zur Hälfte des Körpergewichtes aus.

Physik des Fliegens
Die dichten Strömungslinien über der Flügeloberseite deuten die erhöhte Geschwindigkeit des Luftstromes an. Das Ergebnis ist ein Sog über der Oberseite des Flügels; so wird ein Auftrieb erzeugt.

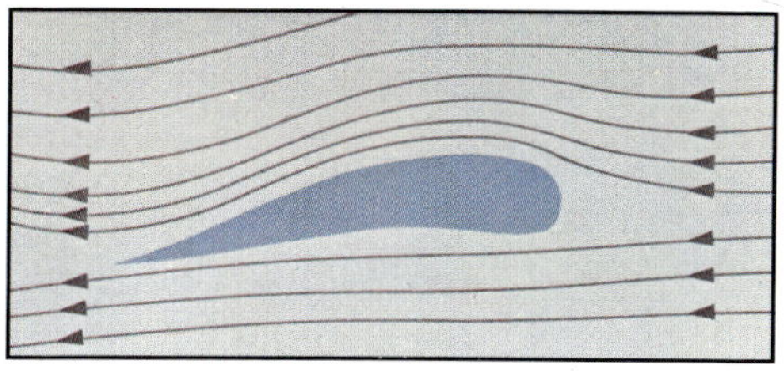

Leben in der Luft

Der Sommerhimmel ist voller Luftplankton: Myriaden kleiner Insekten driften hoch über dem Erdboden. Durch diese Schwärme schießen Segler und Schwalben, die mit breit geöffnetem Mundspalt die Luft nach Nahrung durchsieben so wie die Wale das Meerwasser nach Krill. Kein anderer Vogel verbringt mehr Zeit seines Lebens in der Luft als die Segler. Ähnlich wie Kolibris sind sie so hoch spezialisierte Flieger, daß ihre kleinen Beinchen jede Bedeutung für die Fortbewegung auf festem Boden verloren haben.

Die schmalen sichelförmigen Flügel verleihen den Seglern hohe Geschwindigkeit und Ausdauer. Sie sind gewissermaßen die Sprinter in der Luft. Wenn sie in der Luft nur dahingleiten, ohne einen Flügelschlag, verlieren sie beständig an Höhe. Langstreckenflieger haben deswegen breitere Flügel, mit denen sie die Luftströmungen ausnützen können, um bei stundenlangen Gleitflügen Energie zu sparen. So besitzen Wanderalbatrosse *(Diomedea exulans)* gerade, schmale Flügel von etwa 3,5 Metern Spannweite, ähnlich den Sportdrachen oder Windgleitern, und schweben auf den von den Meereswellen reflektierten Winden.

Die kreisenden Geier bedienen sich einer anderen Technik des Schwebens. Sie breiten ihre riesigen, an den Spitzen aufgefingerten Flügel aus, um die aufsteigende erwärmte Luft zu nutzen, sobald die Morgensonne den kahlen Steppen- oder Wüstenboden erhitzt. Die breiten, voneinander getrennten Schwungfedern an der Flügelspitze arbeiten wie die Spaltflügel an einer Flugzeugtragfläche und unterbrechen Luftwirbel, die sich sonst bei geringer Fluggeschwindigkeit an der Flügeloberfläche bilden würden. Die Brettflügel erlauben den Geiern, stundenlang zu segeln und dabei bis in die höchsten Stockwerke einer Thermik aufzusteigen, um dann abzugleiten und zum nächsten Thermikschlauch überzuwechseln. So können Geier Tausende von Quadratkilometern ohne einen einzigen Flügelschlag zwischen Start und Landung absuchen.

Ganz anders fliegt der Sperber, ein kleiner und lebhafter Greifvogel. Breit gerundete Flügel und ein stark gekrümmter Schnabel deuten zwar eine entfernte Verwandtschaft zu den Geiern an. Jedoch sind Sperberflügel relativ schlank. In Verbindung mit einem langen beweglichen Schwanz ermöglichen sie dem Vogel, sich geschickt und wendig zwischen dicht stehenden Bäumen und Gebüsch zu bewegen und seine Beute aus der Deckung anzufliegen.

Mit einem Allerweltsflügel hat der Spatz die Erde erobert. Doch setzt auch seine Flugkunst im kleinen Raum viele Fähigkeiten voraus, die man im allgemeinen wenig beachtet.

Große Wendigkeit zwischen dichtstehenden Bäumen und Büschen ist für den Sperber *(Accipiter nisus)* bei der Jagd auf Singvögel entscheidend.

Mit einer Flügelspannweite von 240 cm ist beim Mollymauk *(Diomedea melanophris)*, eine der 13 Albatros-Arten, eine extreme Anpassung an das Gleiten und Segeln erreicht.

Die große Flügelfläche des afrikanischen Weißrückengeiers *(Pseudogyps africanus)* bietet eine hervorragende Voraussetzung für den Gleitflug.

Landemanöver einer Taube: Die Flügel mit den abgespreizten Daumenfittichen schlagen jetzt von hinten nach vorn; die gespreizten Schwanzfedern helfen mit, die hohe Geschwindigkeit des Fluges abzubremsen.

Perfektion der Sinne

Tasten:
Die Schnabelspitze des Brachvogels *(Numenius arquata)* ist mit einem empfindlichen Tastgewebe überzogen, in dem durch viele Nervenenden die leichten Bodenerschütterungen wahrgenommen werden können, die ein grabender Wurm oder eine bodenbewohnende Insektenlarve verursachen.

Rundsicht:
Das Gesichtsfeld der Waldschnepfe *(Scolopax rusticola)* reicht um den ganzen Kopf und schließt sogar ein kleines Feld des beidäugigen und daher plastischen Sehens hinter dem Kopf ein. Ein optimaler Schutz vor gefährlichen Überraschungen ist so gewährleistet.

Je schneller ein Vogel fliegt, desto besser muß sein Sehvermögen sein. Segler und Greifvögel sehen drei- bis viermal so scharf wie der Mensch. Die Augen einiger Greifvögel sind größer als unsere, obwohl ihr Körpergewicht nur ein Fünfzigstel oder weniger beträgt. Den größten Teil des Vogelkopfes beanspruchen die Augen und der für das Sehen verantwortliche Gehirnabschnitt. Der Gesichtssinn spielt bei weitem die größte Rolle, selbst bei nachtaktiven Vögeln. Das Vogelauge kann nicht nur Farben gut unterscheiden; seine Schärfe und Empfindlichkeit übertrifft auch das Sehvermögen der meisten Säugetiere.

Hören:
Die ungleiche Anordnung der Gehörgänge ist eine wichtige Voraussetzung für das exakte Orten einer Schallquelle. Durch die Berechnung der Zeitdifferenz, mit der die Schallwellen am rechten bzw. linken Ohr eintreffen, kann der Rauhfußkauz *(Aegolius funereus)* die Richtung, aus der sie kommen, genau bestimmen.

Die Mehrzahl der Nachtvögel besitzt extrem lichtempfindliche Augen, die aber oft wenig farbentüchtig sind. Dafür hören diese Vögel Töne, die wir nicht mehr wahrnehmen können. Eine blinde Schleiereule *(Tyto alba)* kann in totaler Dunkelheit eine Maus fangen durch eine derart exakte Ortung mit Hilfe des Gehörs, daß schon der erste Zugriff erfolgreich ist. Eulenohren sind unsymmetrisch, die Ohrkammern im Schädelskelett sind ungleich groß und außerdem in unterschiedlicher Höhe angeordnet. So wird der Zeitunterschied, mit dem die Schallwellen an beiden Ohröffnungen eintreffen, verstärkt. Mit Hilfe dieses winzigen Unterschieds können Eulen eine Schallquelle exakt orten.

Die Fähigkeit der Eulen, das Rascheln einer Maus im Fallaub zu hören, hängt allerdings auch damit zusammen, daß der Vogel selbst kaum Geräusche erzeugt. Eulenfedern sind auffallend weich und geräuschdämmend; die Oberfläche der Schwungfedern ist zusätzlich mit einer flaumigen Schicht bedeckt, die die Fluggeräusche dämpft.

Würmer im Boden kann man weder sehen noch hören. Watvögel, die von ihnen leben, müssen also ganz besondere Methoden entwickeln, um sie zu finden. Der lange, dünne Sondierschnabel des Brachvogels ist mit lebendem Gewebe überzogen, in dem mikroskopisch kleine Sensoren dicht nebeneinander eingebettet sind, die auf Berührung reagieren und die Druckwellen wahrnehmen, die von den Bewegungen der Würmer und Muscheln im Schlick ausgehen. Ähnlich ausgestattet ist die europäische Waldschnepfe für die Nahrungssuche im Fallaub und lockeren Waldboden. Die Amsel ortet dagegen Regenwürmer, indem sie feine Veränderungen der Bodenoberfläche mit dem Auge registriert.

Scharfblick:
Der Turmfalke *(Falco tinnunculus)* hat wie viele Jäger, die sich optisch orientieren, große gewölbte Augen. Dadurch besitzt er ein großes Feld für räumliches Sehen, das ihm eine genaue Abschätzung der Entfernung zum Beutetier ermöglicht.

Leben im Wasser

Auch wenn das Meer ihnen Rastmöglichkeiten und Nahrung bietet, so müssen die meisten Seevögel doch auch fliegen können, um zu überleben. Für die flugunfähigen Pinguine allerdings ist das Wasser auch das Medium, in dem sie sich über große Strecken fortbewegen. Flügel und Flugmuskulatur sind bei ihnen ganz ans Schwimmen angepaßt, und so bewegen sie sich ebenso rasch und geschickt durchs Meer wie Seehunde oder Delphine. Unter Wasser gleichen sie eher Säugetieren als Vögeln, wenn ihr stromlinienförmiger Körper mit dem dichten pelzartigen Federkleid in den Wellen verschwindet und Dutzende von Metern hinabtaucht in einer Perfektion, die in der Vogelwelt ohne Beispiel ist.

Pinguine haben zwar ihre Flugfähigkeit verloren und das Meer gegen die Luft eingetauscht, aber auch an Land erweisen sie sich als sehr geschickt. Adeliepinguine marschieren etwa 300 Kilometer über das Eis der Antarktis zielsicher zu den traditionellen Brutplätzen, selbst wenn diese tief unter dem Schnee begraben liegen.

Paddelfüße und Stelzbeine

Viele Vögel sind ausgezeichnete Schwimmer, auch ohne so spezialisiert zu sein wie die Pinguine, die ihre Flügel als Schwimmflossen benutzen. Bei ihnen bleiben die Flügel dem Fliegen vorbehalten. Die Füße aller typischen Schwimmvögel sind aber mit Schwimmhäuten oder Hautfalten versehen, die bei Enten, Gänsen, Kormoranen und Pelikanen zwischen den Zehen ausgespannt sind, oder, wie bei Lappentauchern und Bläßhühnern, einzeln an den Zehen sitzen, dann aber aufklappen, wenn der Fuß nach hinten durchs Wasser gedrückt wird.

Die Beine sind weit hinten am Körper angesetzt, um den besten Antrieb zu gewährleisten, oft sogar so weit, daß die Vögel größte Schwierigkeiten haben, sich auf festem Grund fortzubewegen. Daher watscheln Enten und Gänse oder rutschen Lappen- und Seetaucher an Land auf dem Bauch vorwärts. Schwimmvögel brauchen kräftige Beine, die sie durchs Wasser treiben und mit denen sie sich von der Wasseroberfläche zum Flug abstoßen können. Bei einigen Gruppen, zum Beispiel bei Lappen- und Sturmtauchern, sind die Beine seitlich zusammengedrückt, um den Widerstand im Wasser beim Vorziehen zu verringern.

Lappentaucher sind hoch spezialisierte Wasservögel, die so gut wie nie an Land kommen. Ihr Nest aus Wasserpflanzen sitzt entweder im Seichtwasser auf Grund oder schwimmt im tieferen Wasser fest verankert an Wasserpflanzen. Sie tauchen nach Fischen, kleinen Krebstieren und Wasserinsekten.

Die Paddelfüße der Enten sind wirkungsvolle Schwimmorgane. Ihre starken runden Beine sitzen weiter vorn am Körper als beim Lappentaucher. Dies erlaubt ihnen, an Land zu grasen, zu rasten und dort auch ihre Nester anzulegen. Viele Gänse und Enten suchen einen Großteil ihrer Nahrung an Land, manche sogar ausschließlich.

Die Sturmschwalbe schlägt mit ihren Schwimmfüßen gegen die Meeresoberfläche, wenn sie niedrig über das Wasser fliegt, oder paddelt damit durch das Plankton, wenn sie auf dem Wasser schwimmt. Die langen Beine sind auffallend weit hinten angesetzt und können den Körper nur kurze Augenblicke lang tragen. Mühsam rutschen Sturmschwalben daher an Land in ihre Nesthöhlen und ruhen sich die meiste Zeit auf ihren langen Beinen aus.

Drollig wirken die extrem langen Zehen der Blatthühnchen, die das Gewicht ihres Körpers auf einer so großen Fläche verteilen, daß der Vogel gemächlich über die dünnen Schwimmblätter einer Seerose laufen kann, ohne einzusinken.

Die langen Beine des Löfflers haben dagegen die Aufgabe, dem Vogel das Waten im Wasser zu ermöglichen, ohne daß das Bauchgefieder naß wird. Reiher, Störche und andere Stelzvögel am Wasser verlassen sich ebenfalls auf ihre auffallend langen Beine; nur wenige allerdings besitzen einen so spezialisierten Schnabel wie der Löffler. Er führt ihn in mähenden Bewegungen seitwärts durch das Wasser, wobei sich kleine Wassertiere an den siebartigen Zähnchen des Schnabelrandes festsetzen.

Pinguine: Bewegungskünstler im Meer und auf dem Eis
Pinguine sind längst nicht so unbeholfen, wie sie aussehen. Auf Eis rutschen Adeliepinguine *(Pygoscelis adeliae)* die Abhänge hinunter (**1**) oder laufen im langsamen Watschelschritt (**2**). Am Eisrand stehend, suchen sie zunächst das Wasser nach Gefahren ab (**3**), dann stürzen sie sich entweder in einem flachen Startsprung (**4**) oder einem steilen Kopfsprung (**5**) hinein. Um Energie zu sparen, bewegen sie sich wie Delphine auf der Oberfläche (**6**), können aber zum Beutefang auch pfeilschnell über 10 Meter tief tauchen (**7**). Nach rascher Beschleunigung unter Wasser können sie beim Auftauchen (**8**) bis 1,5 Meter hoch und 3 Meter weit aus dem Wasser springen und elegant auch auf überhängendem Eisrand landen (**9**).

Der Zwergtaucher *(Tachybaptus ruficollis)* hat an den Zehen Schwimmlappen. Wenn der Fuß durchs Wasser nach hinten geführt wird, spreizen sie sich und drücken gegen das Wasser.

Wie bei allen Enten, Gänsen, Schwänen sind auch bei der Mandarinente *(Aix galericulata)* die 3 vorderen Zehen durch eine Schwimmhaut miteinander verbunden.

Die Jagd unter Wasser

Allein von seinem Aussehen würde man wohl kaum auf die Idee kommen, den Eisvogel zu den Wasservögeln zu rechnen. In der Tat sind auch die meisten Arten der Eisvogelfamilie keine Wasservögel, sondern fangen an Land Insekten und andere kleine Wirbellose. Das Fischen ist eine erst spät in der Evolution erworbene Fähigkeit. Die Technik, die der Eisvogel dabei benutzt, gleicht der Jagd an Land. Der Vogel stürzt sich von einer erhöhten Sitzwarte auf seine Beute, die er mit dem Schnabel packt. Die Füße sind klein und schwach und besitzen keine Schwimmhäute. Die beiden an der Basis miteinander verbundenen Vorderzehen werden beim Graben der Nesthöhle eingesetzt, was am Bachufer oder bei manchen Arten auch in einem Termitenhaufen geschehen kann.

Die Wasseramsel *(Cinclus cinclus)*, die sich kaum von einer Drossel unterscheidet, gleicht noch weniger einem Wasservogel. Jedoch fängt sie ihre Beute tauchend unter Wasser. Sie läuft dabei auf dem steinigen Boden eines schnellfließenden Bachs gegen die Strömung. Ihr schräggestellter Körper wird gegen den Bachgrund gedrückt, wo sie Insektenlarven und kleine Krebstiere zwischen den Steinen erbeutet.

Buntfuß-Sturmschwalben *(Oceanites oceanicus)* „laufen" auf der Wasseroberfläche und picken dabei Nahrungspartikel auf.

Der Gürtelfischer *(Ceryle alcyon)*, aus Nordamerika, stürzt sich im Sturzflug auf seine Beute unter Wasser. Beim kurzen Eintauchen wird die durchsichtige Nickhaut als Schutz über das Auge geschlagen.

Leben an Land

So wie bei Pinguinen an die Stelle der Kunst des Fliegens eine meisterliche Beherrschung des Wassers getreten ist, so haben manche Laufvögel die Kunst des Fliegens zugunsten einer hervorragenden Anpassung an das Laufen aufgegeben: Strauße, Nandus, Emus und Kasuare, die meist in offenen Landschaften leben. Um dort gegen die Konkurrenz der grasenden Säugetiere und vor Raubtieren bestehen zu können, haben sie eine entsprechende Körpergröße und Laufgeschwindigkeit entwickelt. Der Strauß der afrikanischen Ebenen ist so groß wie die meisten dort lebenden Säugetiere; er kann vor einem Löwen davonrennen oder ihn sogar mit einem Fußtritt umwerfen. Doch der beste Schutz ist immer noch, den Feind zu entdecken, bevor man selbst entdeckt wird. Der lange Hals und die langen Beine verschaffen dem Strauß ein enormes Gesichtsfeld, das er mit Augen absucht, die noch größer als Elefantenaugen sind.

Wie bei den meisten anderen großen Bodenvögeln handelt es sich beim Strauß um einen Vegetarier. Damit die Pflanzennahrung gut aufgeschlossen werden kann, benötigen Vegetarier einen langen Darm, der aber gleichzeitig das Körpergewicht vermehrt und die Flugfähigkeit beeinträchtigt. Reine Pflanzenfresser unter den Vögeln zählen daher meistens zu den großen Arten mit schwerem Körper. Großtrappen sind gerade noch leicht genug, daß sie die technisch mögliche Obergrenze für einen fliegenden Vogel erreichen. Ein anderer typischer Bodenvogel ist das Rebhuhn, auch ein Vegetarier, der aber seinen Speisezettel mit Insekten ergänzt. Es fliegt zwar schnell, aber ziemlich plump.

Schnabelform und Nahrungswahl

Relativ wenige pflanzenfressende Vogelarten leben nur von Blättern und Zweigen. Für Vogelarten mit einem kurzen, kegelförmigen Schnabel bedeuten Samen eine zusätzliche Nahrungsquelle. Ihr Schnabel wird von kräftigen Muskeln bewegt, damit die oft zähen und harten Schalen durchbrochen werden können. Bei anderen Vögeln wiederum handelt es sich um Früchtefresser, besonders in den Tropen, wo das ganze Jahr über Früchte reifen. Unterschiedlich geformte Früchte haben unterschiedliche Schnabelformen zur Folge. Teilweise groteske Schnabelformen vom stark gekrümmten Papageienschnabel bis hin zu den mächtigen Bogenschnäbeln der Tukane oder Nashornvögel sind entstanden. Viele vom Nektar lebende Vögel besitzen lange, dünne Schnäbel, um in die engen Blütenröhren zu gelangen. Die Kolibris der Neuen Welt, die Nektarvögel, Zuckervögel und Honigfresser der Alten Welt haben sich auf diesen Blütennektar spezialisiert. Bei jeder Vogelart sind Größe und Form des Schnabels an diejenigen Blüten angepaßt, die hauptsächlich besucht werden. Viele Kolibris besitzen zusätzlich eine besonders lange Zunge. Mit ihr können sie noch an die Nektardrüsen in tiefen Blütenböden gelangen.

Das Rothuhn *(Alectoris rufa)* lebt auf trockenen, steppenartigen Flächen Südwesteuropas. Obwohl flugfähig, versucht es bei Gefahr, unter geschickter Ausnutzung der Deckung, zuerst laufend zu entkommen.

Der Strauß *(Struthio camelus)*, ein Vogel der Superlative: Mit 2,5 m Körperhöhe und einem Gewicht von bis zu 150 kg ist er der größte noch lebende Laufvogel. Er hat die längsten und kräftigsten Vogelbeine und die größten Augen. Sie sind noch größer als die des Elefanten.

Ganz generell haben sich die Vögel und die Säugetiere an Land auf unterschiedliche Nahrungsquellen spezialisiert. So leben die meisten Vögel von Insekten. Vom Boden bis hinauf zur höchsten Baumspitze sind kleine Singvögel, wie Laubsänger oder Meisen, eifrig damit beschäftigt, mit scharfem Auge und flinken Bewegungen Insekten zu suchen und mit ihren feinen spitzen Schnäbeln von Laub und Zweigen abzulesen. Fliegenschnäpper und Bienenfresser warten ruhig sitzend auf vorbeikommende Insekten, um sich dann wie ein Pfeil und mit tödlicher Präzision auf die Beute zu stürzen. Scharfe Augen sind bei solcher Lebensweise ebenso Voraussetzung wie Tageslicht. Doch einzelne Vogelarten haben sich auch auf die Nacht spezialisiert. Zum Beispiel jagen Ziegenmelker erfolgreich Nachtschmetterlinge. Es handelt sich um hervorragend getarnte Vögel mit großen Augen und einem riesigen Mundspalt, dessen Ränder mit langen Tastborsten besetzt sind.

Es gibt etwa 9000 Vogelarten auf der Erde, und jede einzelne Art ist an ganz spezifische Umweltbedingungen, an ihre Nische, angepaßt. Der Mensch als eine einzige Art besetzt dagegen nicht nur eine bestimmte, sondern fast alle Nischen. Kaum ein Lebewesen im noch so abgelegenen Lebensraum kann heute dem Einfluß des Menschen entrinnen.

Schnäbel
Jede Vogelart hat den für ihre Nahrungsaufnahme optimalen Schnabel: Der Buntspecht *(Dendrocopos major)* (**1**) zum Hämmern am Baumstamm, der Füllebornnektarvogel *(Nectarinia mediocris)* (**2**) zum Aussaugen des Blütennektars, der Kernbeißer *(Coccothraustes coccothraustes)* (**3**) zum Knacken der Nüsse, der Fischertukan *(Ramphastos sulfuratus)* (**4**) zum Verzehren fleischiger Früchte, der Mauersegler *(Apus apus)* (**5**) zum Fliegenfang im Flug, der Wanderfalke *(Falco peregrinus)* (**6**) zum Zerkleinern der erjagten Beute.

Früchte, Beeren, Nüsse und mitunter auch Insekten bilden die Nahrung des Einlappenkasuars *(Casuarius unappendiculatus)*, eines Laufvogels der dichten Urwälder Papua-Neuguineas.

Der flugunfähige Kiwi *(Apteryx australis)* Neuseelands stochert im Fallaub des Waldbodens nach Würmern und Insektenlarven.

Vögel als Vorbild

Zahllose Generationen des Menschen ließen sich durch die Schönheit der Vögel und die Freiheit ihres Flugs inspirieren. Auch heute noch stehen wir häufig trotz unserer Vielseitigkeit, unseres technischen Fortschritts und unserer kulturellen Leistungen hinter den Vögeln zurück. Mit den besten Schöpfungen menschlicher Musik wetteifert das Vogelkonzert an einem Frühlingsmorgen, doch vergeblich versuchten Meisterwerke der Mal-, Keramik- und Glasbläserkunst die Pracht des schillernden Gefieders eines Kolibris zu imitieren. Kein Vogel erreicht die Geschwindigkeit oder Ausdauer eines modernen Flugzeugs. Doch kann eine von Menschen konstruierte Maschine Wendungen und Drehungen ausführen wie eine jagende Rauchschwalbe, in der Luft stehen und herabstoßen wie ein Sperber, scheinbar schwerelos auf der Luft gleiten wie ein Albatros? Selbst im Meer brauchen wir teure Geräte, Versorgungsschiffe und einen Stab von Ingenieuren, um einen Menschen dorthin zu bringen, wo sich tauchende Pinguine Dutzende Male am Tag aufhalten.

Die Tiefen der Meere sind für den Menschen nur mit modernster Technik im U-Boot erreichbar. Pinguine, wie der Humboldtpinguin, können mit Leichtigkeit 20 m und mehr hinabtauchen. Der große Kaiserpinguin erreicht sogar Tiefen bis zu 250 m und kann über 10 Minuten unter Wasser bleiben.

Fliegen in seiner schönsten und ursprünglichsten Form: Das lautlose und ästhetische Gleiten eines Albatrosses auf den Luftströmungen können wir in einem Segelflugzeug halbwegs nachempfinden.

Fernsicht ist für den Strauß entscheidend wichtig zum Überleben. Mit seinen großen Augen kann er Feinde im offenen Grasland auf weite Distanz erkennen. Um seine Fernsicht zu erreichen, benötigen wir ein Fernglas.

Der Gesang der Vögel hat nicht nur die Musik im Laufe der Menschheitsgeschichte inspiriert, sondern gab auch Impulse für die Entwicklung von Musikinstrumenten.

Werbung um die Gunst des Partners gibt es in der Vogelwelt wie in der menschlichen Gesellschaft. Unter den Vögeln zeigen jedoch meist die Männchen den buntesten Schmuck, während es bei uns ein Vorrecht der Frauen ist.

Die Welt gehört nicht uns, sie gehört allen Lebewesen, allen Pflanzen und Tieren. Wir haben zwar, ebenso wie die Vögel, alle Lebensräume der Erde erobert und erheben Anspruch auf Vorherrschaft, doch wir haben kein Recht dazu.

Und – das Banale wird oft übersehen – unser Leben, wie das Leben der gesamten Tierwelt, hängt von der Fähigkeit der Pflanzen ab, Sonnenenergie durch chemische Vorgänge in Nährstoffe umzuwandeln und Sauerstoff abzugeben.

Ohne diesen Produktionsprozeß würde es die Vielfalt des Lebens auf der Erde nicht geben. Mit Sicherheit hätte sich der Mensch nicht entwickelt, oder er würde, bei einem Zusammenbruch des Prozesses, zum Aussterben verurteilt sein.

Das Leben auf unserem Planeten basiert auf den fünf wesentlichen ökologischen Faktoren Sonnenenergie, Boden, Wasser und der belebten Welt, den Pflanzen und Tieren. Fällt ein einziger Faktor aus, bricht das System in seiner jetzigen Form unweigerlich zusammen.

In der Natur ist alles miteinander vernetzt, jedes Lebewesen steht in Abhängigkeit von anderen und spielt selbst eine Rolle im Lebenskreislauf, dem komplexen Gefüge, das wir Ökologie nennen.

Jede der 9000 Vogelarten unseres Planeten hat eine biologische Funktion und ist an ihre Umwelt, ihren Lebensraum angepaßt. Das sich heute abzeichnende Aussterben der Vogelarten in allen Lebensräumen ist nicht ein Schicksalszeichen für die aussterbende Art, sondern für die Störung des Ökosystems.

Wenn jetzt das Lebenslicht vieler Arten flackert, ist es nicht nur ein Warnsignal für den Zustand der Natur, sondern auch ein Warnsignal für uns. Doch schauen wir überhaupt noch hin?

Eine Welt für alle

Kein Leben ohne Sonne

Die Natur kann ohne Sonnenlicht genausowenig arbeiten wie ein Auto ohne Treibstoff. Vögel und andere Lebewesen bestehen aus Molekülen und Geweben, Eiweißstoffen, Fetten und Kohlenhydraten. Alle Stoffe, aus denen unsere Körper zusammengesetzt sind, stammen aus jenen Atomen, die vor etwa 6 Milliarden Jahren bei der Entstehung unserer Erde zusammengerieten.

Der Vorrat an Bausteinen des Lebens ist begrenzt, und sie können immer weitergegeben werden, von den Zuckern zu den Fetten und zu den Proteinen; von den Blättern einer Pflanze kann ihr Weg zu einem Insektenkörper oder zu einem Vogelflügel führen. Umbau ist also möglich, nicht aber Vermehrung des Vorrats, denn Nährstoffe können nicht erneuert werden. Nur die Energie fließt ständig neu ein aus dem schier unerschöpflichen Reservoir der Sonne.

Sonnenlicht, Wasser und das Wunder der Photosynthese in der grünen Pflanze bilden die Grundlage für die Vielfalt des Lebens auf der Erde.

Energie für den ökologischen Motor

Die lebenswichtige Brücke zwischen Sonnenenergie und lebendiger Natur ist eine chemische Reaktion in den grünen Pflanzenblättern. Mit Hilfe des eingestrahlten Sonnenlichts werden dort Wasser und Kohlendioxid in Sauerstoff, Zucker und andere Moleküle umgewandelt. Für diesen Prozeß sind noch einige weitere Elemente nötig: Phosphor, um Sonnenlicht in den chemischen Prozeß einzubringen, und Stickstoff zum Aufbau von Aminosäuren und Proteinen. Doch Kohlenstoff ist der wichtigste Grundbaustein. Alle Moleküle des Lebens enthalten ihn; er spielt eine einmalige und unersetzliche Rolle in der Chemie des Lebens.

Sind Sonnenlicht, Luft, Wasser und Nährstoffe ausreichend vorhanden, beginnen die Pflanzen zu wachsen und bilden schließlich Früchte und Samen aus, die dann zu neuen Pflanzen auskeimen. Alle Teile einer Pflanze stellen aber auch Nahrung für Tiere dar: Schnecken nagen an jungen Sproßteilen, Blattläuse saugen Saft aus den Blättern, Drahtwürmer fressen an den Wurzeln, Raupen bohren sich in die weiche Frucht. Sie alle verwandeln die von der Pflanze aufgebauten Gewebe in andere, die nun eine neue Rolle im System des Lebens spielen.

Ein von der Pflanze aufgebautes Zuckermolekül enthält nur noch einen Teil jener Energie, die zu seiner Herstellung nötig war. Wenn dieses Molekül von der Pflanze in eine Blattlaus oder Raupe übergeht, wird wiederum nur ein Teil dieser Energie in den neuen Wirt eingebracht. Pflanzen halten etwa zwei Prozent der eingestrahlten Sonnenenergie in ihren Geweben fest, wenn sie schnell wachsen, bis zu acht Prozent. Jedesmal wenn Energie in der Nahrungskette von einem Organismus zum anderen weitergegeben wird, bleiben davon nicht mehr als zehn Prozent im neuen Gewebe erhalten. Der Rest wird verbraucht, um den Körper des Tieres zu erwärmen und ihn zu bewegen.

Energiemangel trotz Überfluß

Die Sonne überflutet unseren Planeten täglich mit einer Energiemenge, zu deren Produktion zehn Millionen Kraftwerke nötig wären. Selbst der enorme Energieverbrauch unserer modernen Zivilisation könnte allein mit Hilfe der Sonnenenergie mehr als tausendmal ausgeglichen werden. 1976 verbrauchten wir mehr als dreimal soviel Energie und mehr als viermal soviel Öl wie 1950. Die Nutzung der Sonnenenergie hat jedoch in den letzten 2500 Jahren, seit die Römer die ersten „Solarhäuser" bauten, kaum Fortschritte gemacht.

Es ist eine der widersinnigsten Entwicklungen unserer Zeit, daß viele der ökonomischen und ökologischen Defekte in der Welt ihre Wurzel in der Energieverknappung haben, obwohl unser Planet mit einer ausreichenden Menge freier Energie versorgt wird. Die wirtschaftliche Krise, weltweit ausgelöst mit dem Ansteigen des Ölpreises Anfang der siebziger Jahre, ist nur eines dieser Probleme. Viele Menschen haben keinen Zugang zum Öl und könnten es sich auch nicht leisten. Sie greifen auf Holz zurück, das sie in den Wäldern einschlagen und nach Hause tragen. Dieser verzweifelte Griff nach Energie in Form von Brennholz ist wiederum eine der Hauptursachen für den Verlust natürlicher Lebensräume in ärmeren Ländern.

Haushalten mit Nährstoffen

Der Energieverbrauch durch Lebewesen scheint verschwenderisch. Doch Energie steht weit mehr zur Verfügung, als alle Pflanzen zusammen verwerten können. Im Gegensatz dazu wird in der Natur mit Nährstoffen wie Kohlenstoff, Stickstoff und Phosphor sehr sorgfältig umgegangen. Mit einem Minimum an Verlust werden sie in Nahrungsketten weitergereicht, in einem Kreislauf, in dem die Nährstoffe über Pflanze und Tier wieder zurück in den Boden wandern. Dort spielen Mikroorganismen eine entscheidende Rolle. Sie bestehen oft nur aus einer Zelle und sind nur unter dem Mikroskop sichtbar. Ohne sie würde das Leben über Nacht verschwinden. Diese Zersetzer im Boden leben von den Körpern der Toten, bauen ihre Gewebe zu Molekülen ab, die von den Pflanzenwurzeln aufgenommen wieder in den Kreislauf des Lebens über dem Boden zurückkehren.

Alle Tiere sind ein Teil dieses ökologischen Stoffkreislaufes. Die von der Sonne abgestrahlte Energie hält diesen Kreislauf in Bewegung, so daß die beschränkten Stoffmengen der Erde innerhalb der Biosphäre von den Lebewesen immer wieder erneut genutzt werden können.

Nährstoffe werden in einem noch beeindruckenderen Ausmaß infolge geologischer Prozesse, denen die Erde eine ständige Umformung ihrer Oberfläche verdankt, freigesetzt. Gewaltige Kräfte heben unterirdische Lager an die Oberfläche, bilden neues Festland aus ehemaligen Meeresböden und schleudern bei Vulkanausbrüchen flüssiges Magma, Gase und Tuffgestein aus dem glutheißen Erdinneren nach außen. Felsen, die nun an die Oberfläche geworfen werden, verwittern durch die nagenden Kräfte von Eis, Regen und Wind. Ihre Mineralstoffe, zum Teil bereits durch Pflanzen und Bodenorganismen umgebaut, werden in Flüsse geschwemmt. Sie lagern sich dann in der Tiefebene ab oder werden schließlich zum größten Teil ins Meer verfrachtet. Hier bleiben sie dann außerhalb der Reichweite aller Lebewesen in der Tiefe liegen, bis sie wieder infolge erneuter geologischer Prozesse nach oben gebracht werden.

Phosphor ist eines der knappsten und wichtigsten Elemente des Lebens. Seine Atome gehen energiereiche chemische Bindungen ein, die alle Lebewesen in ihrem Stoffwechsel nutzen. Daß viele Pflanzen von erhöhter Phosphorzufuhr profitieren, nutzen viele Landwirte, wenn sie große Mengen von phosphathaltigem Mineraldünger auf ihre Felder bringen. Die von den Pflanzen nicht aufgenommenen Phosphate werden über die Flüsse und Seen ins Meer geschwemmt und gehen den Landökosystemen verloren.

Alle Nährstoffe waren bis jetzt in geologische Kreisläufe eingebunden, die jeweils Hunderte von Millionen Jahren dauern konnten. Pflanzen und Tiere machten von ihnen sparsam Gebrauch, bremsten ihren Abfluß vom Land in das Meer und schufen damit die Voraussetzung für einen überwältigenden Reichtum an Arten auf der Basis dieses begrenzten Nährstoffvorrats. Jetzt hat die Menschheit den Verbrauch solcher lebenswichtiger Stoffe enorm gesteigert und das Tempo ihres Abtransports vom Land erheblich beschleunigt. Es gibt kein Rezept sie wieder zurückzugewinnen.

Stoffkreislauf und Energiefluß in der Natur
Die lebenswichtigen Stoffe der Erde bewegen sich in einem Kreislauf (blaue Pfeile). Nährstoffe, durch die Photosynthese entstanden (**1**) und im pflanzlichen Gewebe gespeichert (**2**), stehen den Pflanzenfressern (**3**) zur Verfügung. Stirbt ein Pflanzenfresser, können die in ihm gespeicherten Substanzen über einen Beutegreifer (**4**) weiterwandern oder vom Zersetzer im Boden (**5**) wieder in ihre Bausteine zerlegt werden, die wiederum die Pflanzen aufnehmen (**6**). Energie durchläuft dagegen keinen Kreis. Sie wird täglich durch die Sonne zugeführt (**7**). Auf jeder Stufe des Ökosystems wird Energie verbraucht und wieder nach außen abgegeben (rote Pfeile), z.B. durch das Wachstum der Pflanzen (**8**) und durch Tiere, die ihre Körperwärme regulieren (**9**) und sich bewegen.

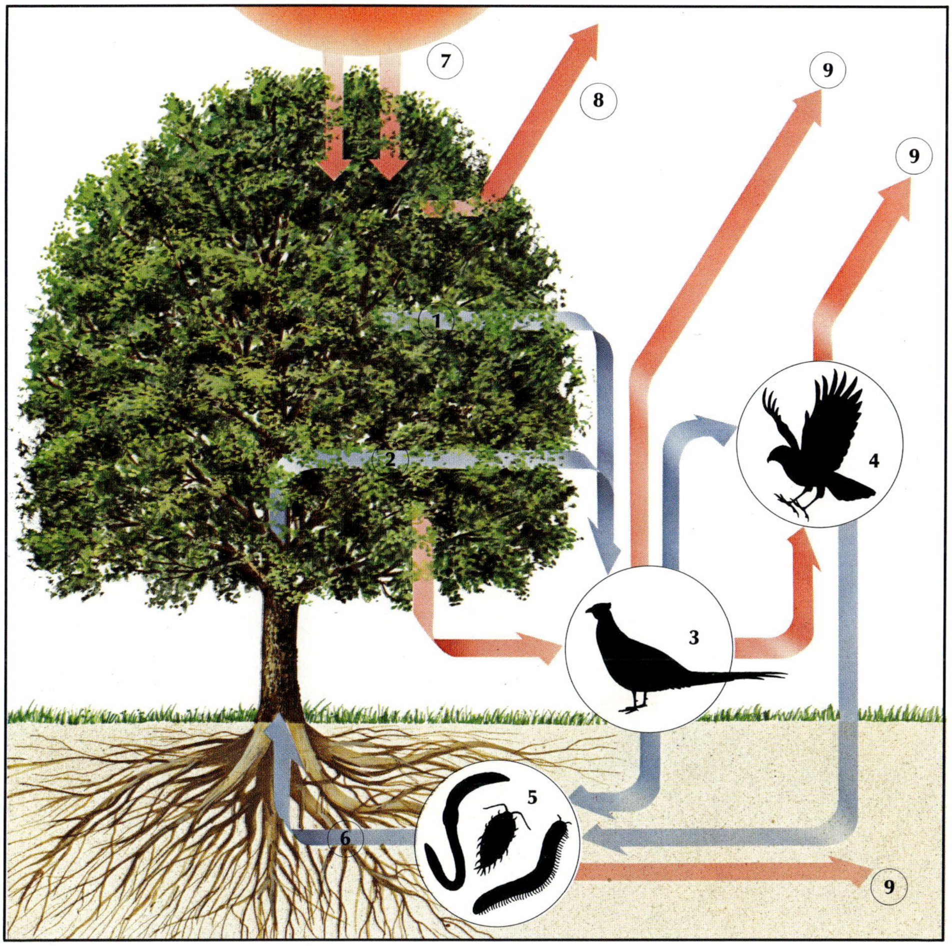

Der globale Wasserkreislauf

Lebewesen bestehen, von einigen Ausnahmen abgesehen, bis zu 80 Prozent aus Wasser. Die chemischen Prozesse, die das Leben erhalten, laufen im Wasser der Gewebe ab. Wasser ist lebenswichtig. Der Kreislauf des Wassers auf der Erde ist wie ein Blutkreislauf der lebendigen Welt: Das Wasser löst Nährstoffe aus dem Gestein, transportiert sie zu allen Teilen der Biosphäre und nimmt von dort gleichzeitig wieder Abfallstoffe mit.

Der Wasservorrat unseres Planeten entstand, als sich die Erde bildete. Die chemische Verbindung Wasser hat einzigartige Eigenschaften, die für das Leben von grundlegender Bedeutung sind. Statt sich im festen Zustand zusammenzuziehen, wie andere flüssige Substanzen, dehnt es sich beim Gefrieren aus. Dadurch verringert sich die Dichte, und das Eis schwimmt auf dem Wasser. Ohne diese Eigenschaft wäre alles Wasser auf der Erde längst in gefrorenem Zustand: Würde Eis auf den Grund des Meeres absinken und damit außer Reichweite der schmelzenden Sonnenstrahlen geraten, würden die Eismassen von Jahr zu Jahr zunehmen. So aber können Pflanzen und Tiere im Teich den härtesten Winter überleben, weil nur die Oberfläche zugefroren ist, in der Tiefe das Wasser jedoch eine Temperatur von etwa vier Grad Celsius hat.

Kein Tropfen geht verloren

Regenwolken sind uns als Wasserspender vertraut. Aus ihnen gelangt das Wasser als Niederschlag in Ströme und Flüsse, die im Gebirge als reißende Wildbäche beginnen, ihre Strömung zwischen sanfter geneigten Hügeln verlangsamen, ehe sie ruhig dahinfließend in Mäandern dem Meer zustreben. Ein Teil des Regens wird von den Pflanzen aufgenommen, einen größeren Teil hält der Boden vorübergehend fest. Dieser Teil der Niederschläge wird damit in den ökologischen Wasserkreislauf eingeschleust, der Boden, Pflanzen und Tiere miteinander verbindet.

Riesige Wassermengen verdunsten von der Oberfläche der Ozeane. Ein Großteil davon kehrt in Form von Regen direkt ins Meer zurück. Der Rest, etwa sieben Prozent, wird an Land getragen, als Wasserdampf und Tröpfchenwolken. In den Polarregionen friert das Wasser zu Gletschern und Eis.

Die drei physikalischen Zustandsformen des Wassers – festes Eis, frei bewegliche Flüssigkeit, gasförmiger Wasserdampf – können nebeneinander existieren. Das ist einmalig! Wassermoleküle gehen von einem Zustand in den anderen über, in einem endlosen Kreislauf, der den ganzen Globus umfaßt. Am beweglichsten sind die Moleküle in der Gasphase, in der sie durchschnittlich etwa neun Tage in der Atmosphäre bleiben. Am unbeweglichsten sind sie im festen Zustand, in dem ein Molekül bis zu 10000 Jahre in der Eiskappe der Antarktis festgehalten wird. Dazwischen mag ein Molekül einige Wochen in einem Fluß, bis zu einem Jahr im Boden, vielleicht Jahrzehnte in einem großen See und einige tausend Jahre in den tiefsten Schichten der Ozeane verbringen.

Zwischen Meer und Atmosphäre vollzieht sich der lebenserhaltende Kreislauf des Wassers, in Gang gehalten durch die Energie der Sonne.

In Wasserfällen reichert sich das herabstürzende Wasser mit Sauerstoff an. Sie spielen daher für das Leben im Wasser und für den gesamten Wasserhaushalt eine besondere Rolle. Aber auch sie fallen unseren landschaftsverändernden Eingriffen oft zum Opfer.

Seen und Sümpfe spielen eine Schlüsselrolle im globalen Wasserkreislauf. Sie sind lebenswichtige Wasserreservoirs und gleichen Unterschiede zwischen trockenen und feuchten Jahreszeiten aus.

Die vielleicht wichtigste Eigenschaft des Wassers ist seine Fähigkeit, als universelles Lösungsmittel zu fungieren. In Wasser lösen sich mehr Substanzen als in jeder anderen Substanz. Die beiden Enden des Wassermoleküls tragen gegensätzliche elektrische Ladungen und wirken so wie Miniaturmagneten, die viele andere Moleküle anziehen.

Das Versorgungssystem der Erde

Gerade die Tatsache, daß der Wasserkreislauf in globalem Maßstab abläuft, sollte uns seine große Störanfälligkeit bewußt machen. Alles, was in die Atmosphäre eindringt und wasserlöslich ist, wird in diesen endlosen Kreislauf eingetragen und kommt irgendwann einmal wieder zurück. Regenwasser hat zwar einen hohen Reinheitsgrad, doch ist es keineswegs absolut rein: Es enthält gelöste Gase und feine Staubpartikel aus der Atmosphäre, in die seit Beginn der industriellen Revolution immer größere Mengen an Rauch, Staub und gasförmigen Abfall geblasen wird. Zum Beispiel werden bei einem großen Kohlekraftwerk trotz ausgeklügelter Staubfilter immer noch Tausende von Tonnen Gas und feiner Staubteilchen Jahr für Jahr in die Atmosphäre abgegeben.

Ein großer Teil dieser Emissionen ist in Wasser löslich – und giftig. So ist heute der „saure Regen“ zu einer der Hauptgefahren für die Umwelt geworden, durch den Menschen verschmutztes Regenwasser also, das mit verheerenden Folgen auf die Erde wieder zurückkommt.

Globaler Wasserkreislauf
Die Wassermenge in der Atmosphäre stammt zu 84 % aus der Verdunstung von Meerwasser (**1**), nur zu 16 % aus dem Boden (**2**), aus den Binnengewässern (**3**) oder von den Pflanzen (**4**). Etwa 77 % kehren direkt als Regen oder Schnee ins Meer zurück (**5**), 23 % fallen auf das Land (**6**). 7 % des über dem Meer verdunstenden Wassers werden über die Atmospäre dem Land zugeführt (**7**); die gleiche Menge fließt durch die Flüsse (**8**) und in den Grundwasserströmen (**9**) wieder dem Meer zu.

Nahrungsketten und Energiefluß

Eine Amsel, die auf dem Rasen im Garten nach Regenwürmern sucht, widmet nicht ihre ganze Aufmerksamkeit dem Nahrungserwerb. Sie achtet nebenbei auch auf Tiere, für die sie als Beute in Frage kommt. Im Garten bedeuten Katzen die größte Gefahr; Waldamseln können dagegen vom Baummarder oder Sperber erbeutet werden. Jene wiederum müssen vor Füchsen, Habichten oder großen Eulen, zum Beispiel dem Uhu, auf der Hut sein. Diesen wiederum kann die Verfolgung durch den Menschen zum Verhängnis werden.

Energie und Nährstoffe, die vom Regenwurm über die Amsel und ihre Jäger bis zum großen Beutegreifer weitergegeben werden, kommen spätestens dann wieder in den Boden zurück, wenn der Körper des Fuchses, Adlers oder Uhus verwest. Von dort finden sie vielleicht wieder den Weg in den Körper eines Regenwurms und beginnen aufs neue die Rundreise vom kleinsten bis zum größten Schlund. Diese Abfolge von Fressen und Gefressenwerden wird als Nahrungskette bezeichnet.

Als Greifvogel steht der Truthahngeier *(Chathartes aura)* auf einer höheren Nahrungsebene als der fischfressende Guanokormoran *(Phalacrocorax bougainvillii)*. Die Geier greifen keine lebenden Tiere an, sondern ernähren sich nur von Aas.

Solche Nahrungsketten bestimmen das Zusammenleben auf der Erde. Doch sie sind komplizierter, als es auf den ersten Blick scheinen mag. Am Anfang stehen in den meisten Fällen die Pflanzen. Während der Regenwurm sich nur von abgestorbenen Teilen ernährt, nagen Raupen und andere Insekten an den grünen Blättern, bevor die Insekten von der Amsel oder der Meise gefressen werden. Dies ist nur ein kleiner Ausschnitt aus dem großen Kreislauf der Nährstoffe, dessen Anfang und Ende bei den mikroskopisch kleinen Zersetzern im Boden zu suchen ist.

Doch das Bild wird nicht nur durch das Zusammenführen von Anfang und Ende komplizierter. Zwischen den einzelnen Kettengliedern bestehen oft genauso vielfältige Beziehungen wie zwischen ganz verschiedenen Nahrungsketten. Die Beutegreifer, die der Amsel gefährlich werden können, leben teilweise ebenfalls von Würmern und Insekten.

Manche Fleischfresser ernähren sich gelegentlich auch von Früchten. So kann eine einzige Tierart ganz unterschiedliche Positionen in einer Nahrungskette einnehmen und sowohl zum Konkurrenten als auch zum Jäger einer anderen Art werden.

Vernetzung des Lebens

Von Regenwürmern leben nicht nur Amseln, sondern auch viele andere Vogelarten sowie Maulwurf, Spitzmäuse, Schlangen und Eidechsen. Amseln ihrerseits können ganz verschiedenen Beutegreifern als Nahrung dienen, Katze, Fuchs, Marder, Iltis, Hermelin, Sperber, Habicht, Wanderfalke, Waldkauz oder Uhu. Jedes dieser Tiere ist ein Glied einer ganz bestimmten Nahrungskette. Da eine Pflanze oder Tierart gleich in mehreren Ketten als Glied enthalten sein kann, sind die einzelnen Nahrungsketten zu einem Nahrungsnetz verknüpft. Ein Vogel kann wie jedes andere Tier seine Überlebenschancen vergrößern, wenn er an verschiedenen Stellen in Nahrungsketten eingebunden ist oder wenn er das Ende mehrerer Nahrungsketten bildet. Je mehr Teile eines Nahrungsnetzes er nutzen kann, desto besser ist er gegen Verknappung eines bestimmten Nahrungsangebotes gesichert.

Durch die Glieder von Nahrungsketten können ganz verschiedene Tierarten ökologisch miteinander verbunden sein. So wie verschiedene Ökosysteme oder Regionen unseres Planeten durch den Wasserkreislauf oder den Stoffkreislauf miteinander verknüpft werden, sind auch Pflanzen und Tiere eines Ökosystems in ein festgefügtes Gewebe eingesponnen. Der Verlust eines Knotenpunktes in diesem Netz bleibt nicht ohne Folgen für andere, die auf den ersten Blick damit gar nichts zu tun zu haben scheinen.

Eine andere wichtige Konsequenz von Nahrungsketten liegt darin, daß Tiere gegen das Kettenende hin meist größer sind und daher auch mehr Nahrung brauchen als Arten näher am Kettenanfang. Die Menge an Nährstoffen, die einen Regenwurm am Leben erhält, deckt nur einen Bruchteil des Nahrungsbedarfs einer Amsel. Sie muß daher sehr viele Regenwürmer fressen. Der Habicht wiederum braucht mehrere Amseln, von denen jede die Nährstoffe vieler Regenwürmer in ihrem Gewebe enthält. Langlebige Gifte, die die Regenwürmer aufnehmen, sammeln sich daher in immer größeren Mengen in den Tieren am Ende der Nahrungskette an.

Als perfekter Insektenjäger steht der Zwergspint *(Merops pusillus)* auf der 3. Ebene der Nahrungskette. Er fängt sein Futter auf kurzen Jagdflügen von einem Ansitz aus.

Die Hierarchie von Räuber und Beute

Eine merkwürdige Symmetrie herrscht in den Lebensgemeinschaften. Wenn wir einen Tag lang irgendwo Vögel beobachten, können wir damit rechnen, daß wir viele Kleinvögel, aber deutlich weniger mittelgroße Arten registrieren; wir schätzen uns glücklich, wenn wir mehr als nur ein paar ausgesprochene Großvögel beobachten können. Es scheint so, als ob Vögel eine regelrechte Zahlenpyramide bilden.

Diese Verhältnisse sind jedoch nicht nur auf die Vögel beschränkt, sondern gelten auch für die Nahrung, die sie zu sich nehmen. Die kleinsten Vögel wählen Sämereien, Insekten, Pollenkörner oder Nektar. Größere Vögel leben meist auch von größeren Früchten, Großinsekten, Regenwürmern, Schnecken, Spitzmäusen, Eidechsen. Die größten Vögel an der Spitze der Pyramide ernähren sich häufig von kleineren Vögeln oder auch von Säugetieren, wie Wühlmäusen, Ratten und Kaninchen.

Sicherlich ist es nicht überraschend, daß kleine Vögel auch von kleineren Nahrungsbestandteilen leben als große. Warum aber sind sie soviel häufiger? Die Antwort liegt in dem mit Sonnenenergie angetriebenen ökologischen Kreislauf und in einem Naturgesetz, das die Physiker den 1. Hauptsatz der Thermodynamik nennen: Wenn Energie von einer Form in eine andere umgewandelt wird, muß hinterher der gesamte Energiebetrag genauso hoch sein wie vorher. Energie kann also nicht einfach verschwinden. Wenn ein Vogel Nahrung aufnimmt, verwendet er nicht alle Energie dazu, neues Gewebe aufzubauen. Ein Teil wird verbraucht, um die Nahrung zu fangen, aufzunehmen und zu verdauen. Ein weiterer Teilbetrag bleibt ungenutzt und wird gewissermaßen verschwendet. Auf diese Weise ist auf jedem Niveau einer Nahrungskette etwas weniger aus der Nahrung verwertbare Energie vorhanden als auf der vorhergehenden Stufe. Es muß daher immer mehr Pflanzen als Pflanzenfresser und immer mehr Pflanzenfresser als Fleischfresser geben usw. So erklärt ein grundlegendes Gesetz der Physik, warum ein Vogelbeobachter mehr zarte kleine Vögel sieht als kräftige große.

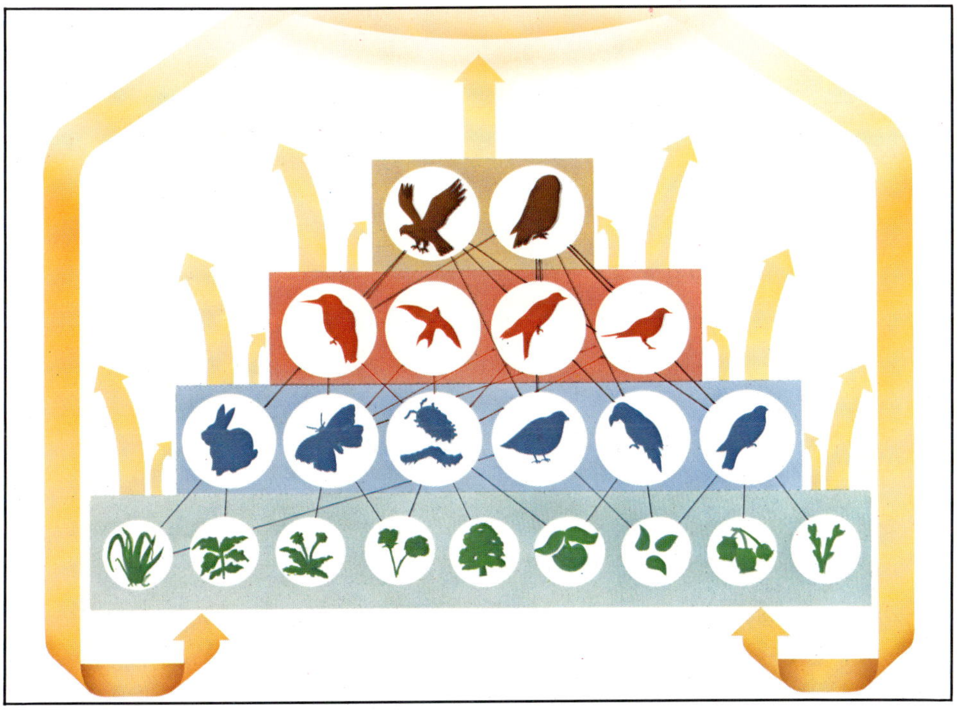

Die Pyramide des Lebens

Die Tiere und Pflanzen eines Lebensraums stehen zueinander in vernetzten Beziehungen, die hier nur vereinfacht gezeigt sind. Im ökologischen Netz hängt jeder von anderen ab. Ein klassisches Beispiel ist die Nahrungskette. In fast jedem Lebensraum kann man mindestens vier Ebenen unterscheiden. Zuunterst sind die Primärproduzenten, die grünen Pflanzen, die Nährstoffe aus dem Boden aufnehmen und Photosynthese betreiben. Darüber stehen zahlreiche Primärkonsumenten, die Pflanzenfresser. Über ihnen stehen die weniger zahlreichen Sekundärkonsumenten, die sich von den Primärkonsumenten, teilweise aber auch von den Pflanzen ernähren. Auf noch höherer Ebene stehen dann die Beutegreifer.
Sie sind noch geringer an Zahl und haben außer dem Menschen keine natürlichen Feinde.
Nur ein kleiner Teil der aufgenommenen Nahrung (= Energie) wird zum Aufbau des Körpers benötigt. Das meiste wird als Bewegungsenergie und zur Aufrechterhaltung von Körperwärme und Stoffwechsel verbraucht und geht wieder an die Umwelt verloren (orangefarbene Pfeile). Daher wird die Anzahl der Individuen auf jeder nächsthöheren Ebene kleiner.

Gift im Nahrungsnetz

Landwirte verwenden chemische Substanzen auf ihren Feldern, um Insekten, die ihre Pflanzen schädigen, zu vernichten. Auf diese Weise wollen sie ihre Ernte sichern. Solche Pestizide werden im allgemeinen in Konzentrationen ausgebracht, die die entsprechenden Insekten töten, andere Tiere, die damit in Berührung kommen, jedoch nicht. Doch unzählige Vögel und andere Tiere sterben immer wieder an Vergiftungen durch Pestizide, viele davon auf Seen und Flüssen, weit weg von den Feldern der Bauern. Warum sterben sie, wenn doch die Konzentration der Gifte auf den Feldern für sie nicht tödlich ist?

Das erste in großem Stil eingesetzte Pestizid, auch heute noch eines der wirkungsvollsten, war DDT. Wie viele später entdeckte, verwandte Verbindungen zählt DDT zu den chlorierten Kohlenwasserstoffen oder Organochlorverbindungen. Einer der Gründe für die große Wirkung solcher Substanzen ist ihre Beständigkeit. Sie bleiben in der Umwelt viele Jahre lang unzersetzt erhalten und müssen daher nicht immer wieder von neuem ausgebracht werden. DDT lagert sich im Fettgewebe der Tiere ab, die es aufnehmen. Diese beiden Eigenschaften des DDT, Beständigkeit und Speicherung im Fettgewebe, bilden eine wahrhaft tödliche Kombination.

Das Geheimnis der tödlichen Wirkung von DDT und seiner Abkömmlinge liegt nämlich in der Dosis. Obwohl in sehr geringer Konzentration ausgebracht, lagert es sich auf jeder Stufe einer Nahrungskette in den entsprechenden Tieren ab, die es ja mit der Nahrung aufnehmen. Im Körper wird es gespeichert, oder es zerfällt in das gleichermaßen tödliche DDE. Frißt nun ein Tier eine Pflanze oder ein Beutetier, so nimmt es alles Gift auf, das sein Opfer bisher im Gewebe angesammelt hat. Da ein Beutegreifer von vielen solcher vergifteten Tiere lebt, sammelt sich bei ihm eine höhere Giftkonzentration an. Dieser Vorgang wiederholt sich entlang der gesamten Nahrungskette, bis zum Beispiel ein Vogel am Ende der Nahrungskette eine DDT-Konzentration aufnimmt, die hunderttausendfach höher ist als die beim Gifteinsatz durch den Menschen. Solche Konzentrationen reichen dann oft aus, um einen Vogel zu töten, der eigentlich durch die ursprüngliche Dosis nicht gefährdet war. Es macht dabei keinen Unterschied, ob das Gift unmittelbar ins Wasser gebracht wird, etwa um eine Mückenplage zu bekämpfen, oder ob es das Wasser erst dann erreicht, wenn es vom Regen aus dem Ackerboden gewaschen wird.

Etwas selektiver, aber nicht minder gefährlich für zahlreiche Nützlinge und auch den Menschen ist das Giftspritzen vom Traktor aus.

Die radikalste und gefährlichste Art der Schädlingsbekämpfung: Vom Flugzeug aus wird großflächig das Gift über die Felder gesprüht.

Durch ihre Beständigkeit gefährden die Pestizide den Fortbestand von ökologischen Gemeinschaften, und zwar keineswegs nur solcher Systeme, gegen die sie in der Landwirtschaft auch eingesetzt werden. Große Teile der Biosphäre sind durch den Wasserkreislauf miteinander verbunden. Pestizide sind mittlerweile an so vielen Orten angewendet worden, daß heute kein Ort unseres Planeten mehr frei davon ist. Ihre Beständigkeit und die kumulative Wirkung im Rahmen der ökologischen Kreisläufe führen dazu, daß sie das Leben auf der ganzen Erde bedrohen.

Vogelsterben – Warnsignal der Natur
Im Jahre 1962 machte das berühmte Buch von Rachel Carson „Der stumme Frühling" die Öffentlichkeit auf die zunehmende Bedrohung der menschlichen Gesundheit durch giftige, absichtlich in die Umwelt gebrachte Chemikalien aufmerksam. Die schlagendsten Beweise der Autorin lieferten 1960 und 1961 Zehntausende von Vogelkadavern in der britischen Agrarlandschaft. Vögel sind auch heute noch das wichtigste Frühwarnsystem für den Mißbrauch von Pestiziden in der Landwirtschaft, da Änderungen ihres Verhaltens und ihres Bestandes rasch bemerkt werden. Da sie eine sehr große Vielfalt an ökologischen Nischen besetzen, können sie uns auf Gefahren in fast jedem Lebensraumtyp aufmerksam machen. DDE-Rückstände in Pinguinen der Antarktis waren die ersten Hinweise, daß DDT alle Ökosysteme der Erde durchdrungen hatte und damit eine globale Verseuchung erreicht war.

Wanderfalken zählen zu den am weitesten verbreiteten Vögeln der Welt. Wie andere Greifvögel nehmen sie eine Endposition in Nahrungsketten ein und damit auch eine große Giftmenge über ihre Beutetiere auf, das im Fettgewebe gespeichert wird. Viele Vögel legen vor Beginn des Brutgeschäftes Fettreserven an; wenn sie das Fett verbrauchen, gelangt das Gift in den Blutkreislauf. Hohe Dosen wirken auf das Nervensystem tödlich. Geringere Konzentrationen haben Unfruchtbarkeit und den Tod der Embryonen im Ei zur Folge oder greifen in den chemischen Prozeß der Eischalenbildung ein, so daß die schützende Kalkschale zu dünn wird und die Eier während des Brütens zerbrechen. Die Eischalendicke vieler Vogelarten hatte in der Zeit, in der die Anwendung von DDT und Dieldrin besonders weit verbreitet war, stark abgenommen und damit einen eindeutigen Hinweis auf die Verseuchung der Umwelt durch Pestizide geliefert.

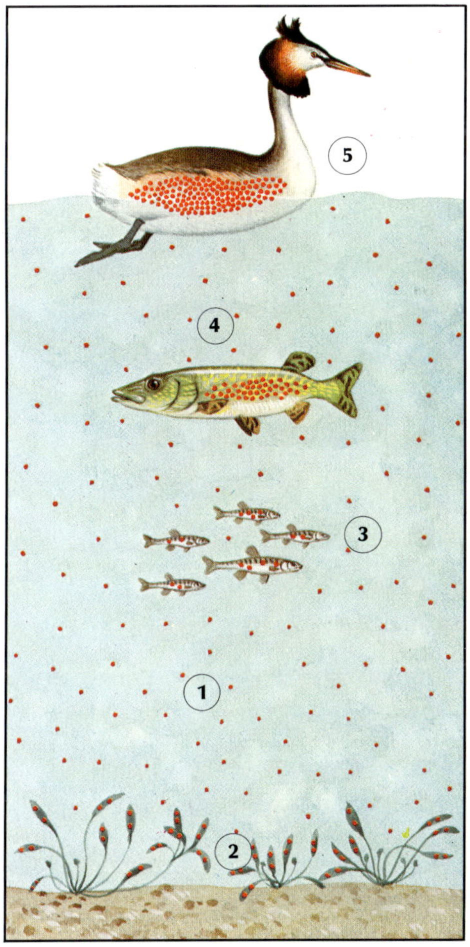

Die tödliche Kette
Die Nahrungskette zwischen Wasserpflanze und Haubentaucher veranschaulicht die Anreicherung von Giftstoffen. In jedem größeren Lebewesen, das viele kleinere als Nahrung aufnimmt, konzentriert sich das Gift, z. B. DDT, immer mehr. Wenn man die Anfangskonzentration von etwa 0,00005 Milligramm pro Liter Seewasser (**1**) als Ausgangskonzentration betrachtet, dann ist die Konzentration in Wasserpflanzen und im Plankton (**2**) schon bis zu 800mal höher. Im Körper des Haubentauchers (**5**) hat sich die Konzentration über pflanzenfressende Fische (**3**) und den räuberischen Hecht (**4**) bis auf das 500 000-fache erhöht.

Das unausbleibliche Resultat: Eine verendete Schleiereule, die vergiftete Mäuse gefressen und auf diese Weise die tödliche Substanz in ihren Körper aufgenommen hat.

Einfluß von Boden und Klima

In der Biosphäre, der dünnen, grünen Haut unseres Erdballs, die alles Leben birgt, sind Myriaden von Pflanzen- und Tierarten in ganz bestimmten Mustern verteilt, die den physikalischen Besonderheiten ihrer jeweiligen Umwelt entsprechen. Sumpfpflanzen sehen auf der ganzen Welt ziemlich gleich aus; zwischen ihnen leben auch einander recht ähnliche Vögel. Wüstenpflanzen sind immer als solche zu erkennen, gleichgültig, ob sie aus Arizona, Namibia oder Australien stammen. Vögel, die auf diese Pflanzen angewiesen sind, finden wir in anderen Lebensräumen nicht, weder im Wald noch in Feuchtgebieten.

Die Biosphäre besteht aus drei Schichten. Die unterste enthält das Gestein der Erdkruste und den Boden, der durch die Verwitterung des Gesteins entsteht. Die oberste ist die Atmosphäre mit lebenswichtigen Gasen und Wasserdampf, die um den Globus rotiert in dauernder wirbelnder Bewegung und deren Geschwindigkeit und Richtung das Klima bestimmt. Zwischen beiden Schichten eingebettet existieren die Lebewesen, die sich zu Einheiten formieren, wie etwa Wald, Sumpf oder Wüste.

Solche charakteristischen Zusammenschlüsse von Pflanzen und Tieren nennt man Biome, die sich als sogenannte Großlebensräume in vielen Teilen der Welt wiederfinden lassen, wenn ähnliche Lebensbedingungen, was Boden und Klima angeht, anzutreffen sind.

Die Verteilung der Biome auf der Erde wird weitgehend durch die physikalischen Eigenschaften bestimmt, von denen das Klima mit den Faktoren Temperatur und Regenmenge besonders wichtig sind. Die durchschnittlichen Temperaturen auf einem beliebigen Punkt der Erdoberfläche hängen von seiner Höhe über dem Meer – Berggipfel sind kühler als Küsten – und von seiner geographischen Breite – Küsten am Äquator sind wärmer als die in der Arktis – ab. Meereshöhe und geographische Breite gleichen sich in ihren Einflüssen auf das Klima, so daß wir auf einer Bergtour durch Klima- und Vegetationszonen kommen können, die den großen Klimazonen zwischen Äquator und Pol entsprechen.

Die Lufthülle und die oberste Schicht des Erdballs bilden die Biosphäre; eine dünne, lebenserhaltende Zone.

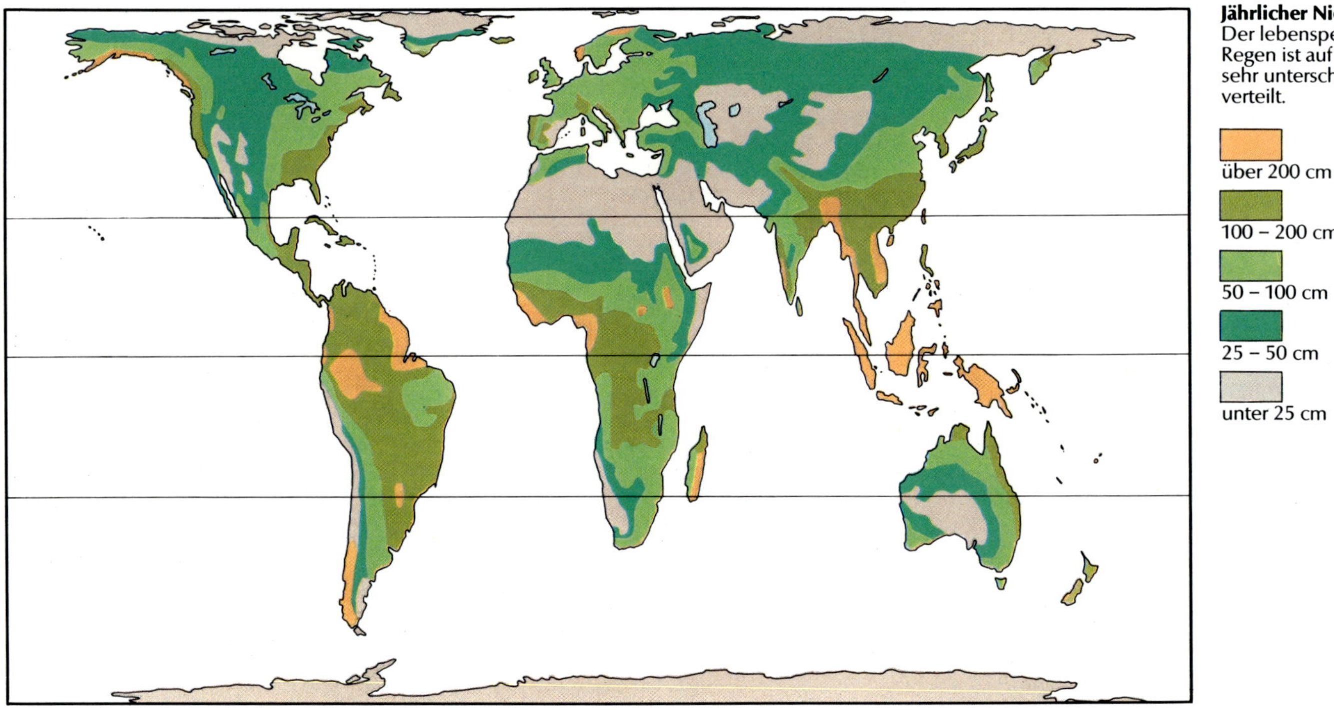

Jährlicher Niederschlag Der lebenspendende Regen ist auf der Welt sehr unterschiedlich verteilt.

Die höchsten Temperaturen und auch mit die höchsten Regenmengen findet man in den Tiefländern am Äquator. Eine wichtige Eigenschaft der Tropen, die sie ganz wesentlich von den gemäßigten Breiten unterscheidet, ist das Fehlen von Jahreszeiten mit unterschiedlichen Temperaturverhältnissen. Da gibt es zwar klimatische Unterschiede von Monat zu Monat im Laufe eines Jahres, doch sie sind geringfügig im Vergleich zum jahreszeitlichen Pendelschlag der polnäheren Klimazonen.

Der tiefgreifende Wechsel des Klimas mit allmählichen Übergängen vom Äquator zum Pol und seiner Vielfalt von Lebensräumen im Gefolge ist eine recht neuzeitliche Erscheinung in der Erdgeschichte. Bis vor wenigen Millionen Jahren reichten tropische und subtropische Klimazonen mit ihren typischen Pflanzen und Tieren nordwärts bis nach Europa. Die Pflanzen- und Tiergemeinschaften in außertropischen Biomen haben sich deshalb in wesentlich jüngerer erdgeschichtlicher Vergangenheit entwickelt als die um den Äquator.

Die Auswirkungen des Klimas auf die Lebewesen sind besser bekannt als die des Bodens. Es gibt aber keinen Zweifel darüber, daß Pflanzenwachstum und Zusammensetzung des Bodens sehr eng zusammenhängen und beide wiederum weitgehend vom Klima beeinflußt werden. Diese Beziehungen sind so eng, daß es schwierig ist, die einzelnen Komponenten getrennt zu behandeln. Betrachten wir den Boden: Er enthält Mineralien, die durch Verwitterung des darunterliegenden Gesteins frei werden, und chemische Elemente, die von zersetzten Pflanzen und Tieren herrühren. Seine oberen Schichten werden von den feinen Haarwurzeln der Pflanzen durchzogen, die Wasser und die darin gelösten Nährsalze aufnehmen. Der Boden wird durch den Regen ausgewaschen, durch die Sonnenhitze ausgedörrt und vom Frost mit Eis durchzogen, je nachdem, wie es das Klima diktiert. Er wird durch die geologischen Verhältnisse ebenso wie durch Pflanzen und Klima geformt und beeinflußt seinerseits wiederum die anderen Faktoren.

Wenn man die Bodenverhältnisse, das Klima oder die Vegetation eines Gebietes kennt, bilden sie Schablonen, nach denen sich jeder Lebensraum und die sich darin entwickelnden Lebensgemeinschaften formen. Sind zwei der drei Komponenten bekannt, kann die dritte leicht vorhergesagt werden.

Boden, Pflanzen- und Tierwelt sowie die Atmosphäre bilden die drei Schichten der Biosphäre. Sie stehen in ständiger Wechselwirkung miteinander.

Vegetationszonen der Erde
Boden und Klima prägen die Lebensräume der Biosphäre.

Tropische Wälder

Laubwerfende Wälder

Wälder der Mittelbreiten

Gras- und Buschländer

Montane Vegetation

Wüsten u. Halbwüsten

Polarregionen

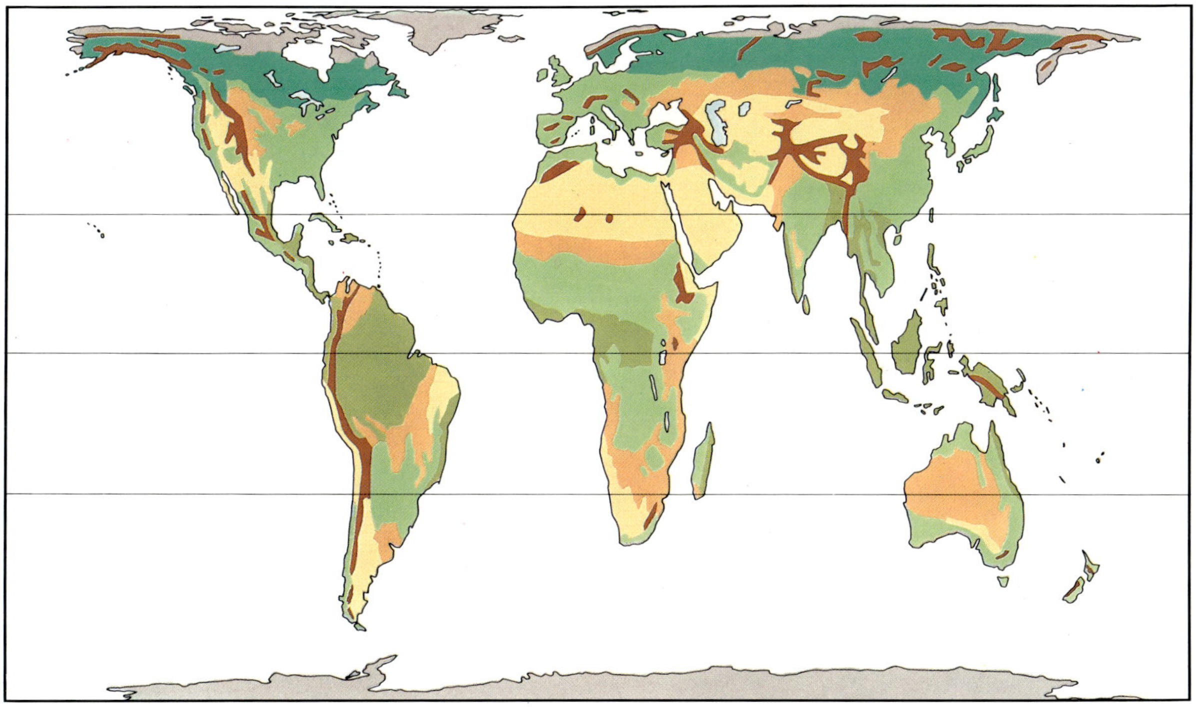

Kreislauf der Nährstoffe

Alle Biome gehorchen denselben ökologischen Gesetzen. Energie wird durch die Pflanzen eingefangen und an die Pyramide der tierischen Lebewesen weitergereicht, während Nährstoffe zwischen Boden, Pflanzen und Tieren zirkulieren. Das Gerippe dieses Kreislaufs stützt alle Biome, das Gewebe drumherum freilich entwickelt sich ganz unterschiedlich.

Betrachten wir zum Beispiel einen nördlichen Laubwald. Der kalte Winter unterbricht den chemischen Abbau der Blätter, die im Herbst zu Boden gefallen sind. Das Tauwetter im Frühling weckt ein Heer von Mikrozersetzern, das die in den Blättern gespeicherten Nährstoffe in den Boden bringt. Von dort gelangen sie wieder in die Bäume. Kühle Regenfälle schwemmen Eisen- und Aluminiumsalze aus, waschen deren Farbe aus den oberen Bodenschichten und färben die untersten Lagen mit eingeschwemmtem organischem Material lebhaft braun. Die meiste Zeit im Jahr sind die Temperaturen so niedrig, daß die chemischen Prozesse im Boden langsam ablaufen und deshalb ein dauernder Vorrat an Nährstoffen zurückbleibt. Solche Böden sind daher reich an Nährstoffen und besonders fruchtbar. Sie werden in weiten Teilen Europas seit Jahrhunderten, teilweise sogar seit Jahrtausenden als Äcker genutzt.

Vergleichen wir mit diesem Wald einen tropischen Tieflandwald, der sich auf den ersten Blick nicht sehr wesentlich von einem Laubwald gemäßigter Klimate im Mittsommer unterscheidet, doch seine grüne Üppigkeit das ganze Jahr über behält. Konstante Wärme und große Regenmengen sind dafür verantwortlich, daß die chemischen Prozesse des Stoffkreislaufes mit hoher Geschwindigkeit innerhalb des Jahres ablaufen. Kaum sind die Nährstoffe in den Boden abgegeben, werden sie auch schon von den nächsten Wurzeln aufgenommen und wieder in die Bäume eingegliedert. Der Vorrat an Nährstoffen im Boden ist daher fast Null; alles wird in den Pflanzen festgehalten. Der warme Regen löst Silikate und läßt Eisen- und Aluminiumsalze zurück, die dem Boden eine intensive Rotfärbung verleihen. Werden die Bäume abgeholzt, die den Boden beschatten und seine Nährstoffe aufgenommen haben, bäckt die Erde wie ein gebrannter Ziegel zusammen und läßt dem Bauer kaum noch eine Chance.

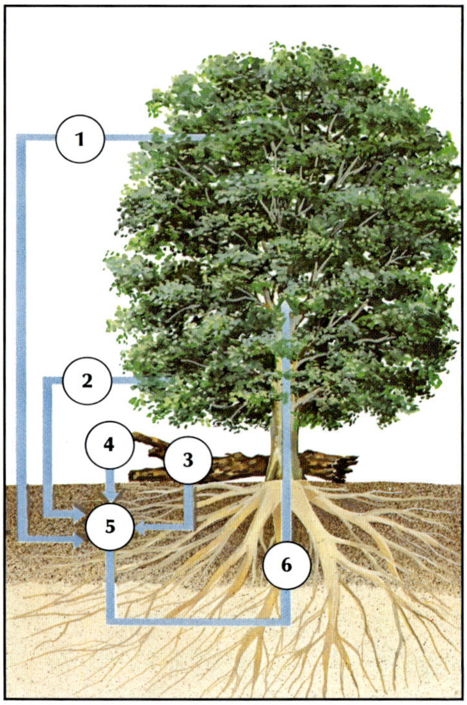

Stoffkreislauf im Wald der gemäßigten Zone
Durch den Laubfall (**1**) gelangen Nährstoffe in den Kreislauf. Laubfresser (**2**), Zersetzer (**3**) und die von Tieren ausgeschiedenen Stoffe (**4**) sorgen dafür, daß sie rasch in den Boden eingeschleust werden (**5**). Dort werden sie gespeichert, um zu Beginn einer neuen Vegetationsperiode rasch zur Verfügung zu stehen und die jährlichen Schwankungen des Vorrates etwas zu mildern. Waldböden der gemäßigten Zone sind für gewöhnlich tief und nährstoffreich. Die Bäume haben daher meist ein tief reichendes Wurzelsystem (**6**), das die Bodenschichten durchzieht.

Ökologische Sukzession
Die Vegetation, die den Boden bedeckt, durchläuft über viele Jahre eine Folge von verschiedenen Stadien (Sukzession). Der nackte Boden wird rasch von einigen Pionierpflanzen besiedelt. Diese werden wiederum durch größere und länger lebende Arten ersetzt bis hin zu Stauden und Büschen. Schließlich kann die Fläche ihren Endstand, die Klimax der Vegetation, erreichen – in gemäßigten Breiten ist dies meist ein Laubmischwald.

Vogelarten in den unterschiedlichen Vegetationen

1. Heuschreckenammer *(Ammodramus savannarum)*
2. Wiesenstärling *(Sturnella neglecta)*
3. Klapperammer *(Spizella pusilla)*
4. Gelbkehlchen *(Geothlypis trichas)*
5. Gelbbrust-Waldsänger *(Icteria virens)*
6. Roter Kardinal *(Richmondena cardinalis)*
7. Grundammer *(Pipilo erythrophthalmus)*
8. Kiefernwaldsänger *(Dendroica pinus)*
9. Sommertangare *(Piranga rubra)*
10. Carolinazaunkönig *(Thryothorus ludovicianus)*
11. Rubinkehlkolibri *(Archilochus colubris)*
12. Indianermeise *(Parus bicolor)*
13. Schnäppertyrann *(Myiarchus crinitus)*
14. Waldtyrann *(Contopus sordidulus)*
15. Blaumückenfänger *(Polioptila caerulea)*
16. Kapuzenwaldsänger *(Wilsonia citrina)*
17. Rotaugenvireo *(Vireo olivaceus)*
18. Walddrossel *(Hylocichla mustelina)*

Nackter Boden:
1 – 2 Jahre

Grasland mit Büschen:
3 – 20 Jahre

Lebensräume im Wandel

Stoffkreislauf im tropischen Wald
Tropische Böden sind flach, physikalisch instabil und arm an Nährstoffen. Wenn die Nährstoffe durch Laubfall (**1**), Laubfresser (**2**), Zersetzer (**3**) und Bodentiere (**4**) freigesetzt sind, werden sie rasch vom dichten Wurzelgeflecht (**5**) in den obersten Bodenschichten aufgenommen. Die Masse der Nährstoffe des Waldes ist in den Bäumen (**6**) gelagert.

Wenn der Wald abgeholzt wird, ist der Boden, der vordem mit riesigen Bäumen bis 30 m Höhe bedeckt war, oft nach 2 – 3 Jahren Ackerbau bereits total erschöpft.

Bei der Entstehung der Lebensgemeinschaften spielen aber nicht allein Klima und Boden, sondern auch die Zeit eine Rolle. Die Vegetation bestimmt zum Beispiel, ob ein Lebensraum für einen Landvogel geeignet ist oder nicht. Doch Pflanzen haben wie Vögel eine bestimmte Geburten- und Sterberate und eine begrenzte Lebensdauer; hier gibt die Zeit den Ton an.

Jede Änderung, die auf einen Lebensraum einwirkt, bewirkt ein verändertes Pflanzenwachstum. Solche Veränderungen können natürliche Ursachen haben, wie zum Beispiel ein sich abkühlender Lavastrom am Berghang oder ein Absinken des Meeresspiegels, das ein Korallenriff zur Insel werden läßt. Solche Veränderungen können aber auch auf den Menschen zurückgehen, wenn zum Beispiel ein Bauer seinen Acker nicht mehr bestellt. Alle derartigen Ereignisse ändern die Lebensbedingungen für Tiere und Pflanzen, und einige Arten ziehen daraus Gewinn auf Kosten anderer. Andere Arten können sich ansiedeln und verändern den Lebensraum. Dadurch wird er auch für ganz neue Arten attraktiv. Im Verlaufe einer längeren Zeitspanne sorgt diese Abfolge verschieden zusammengesetzter Pflanzengesellschaften (Sukzession) zum Beispiel für ganz verschiedene Lebensräume für Vögel.

Sukzessionen kann man am deutlichsten auf frisch umbrochenem oder abgeräumtem Boden beobachten. Der nackte Boden wird zunächst von einjährigen Pionierpflanzen besiedelt, deren winzige Samen durch den Wind verbreitet werden. Da sie sehr wenige Nährstoffe enthalten, müssen Wurzeln und Blätter fast gleichzeitig austreiben. Die Pflanzen wachsen sehr schnell und leben nur kurze Zeit; sie keimen, bilden reichlich Samen und gehen rasch wieder zugrunde. Ihre Blätter spenden Schatten und Schutz, in dem andere Pflanzen austreiben können und den Boden bereichern. Die nächste Gruppe von Pflanzen wächst langsamer, lebt aber länger und bildet daher ein beständigeres Element dieses Lebensraums. Gewöhnlich erreicht die Sukzession irgendwann das Waldstadium.

Solche Abläufe der Sukzession finden in vielen verschiedenen Lebensräumen statt; jedes Stadium weist dabei seine eigenen charakteristischen Merkmale und auch eine entsprechende Vogelgesellschaft auf. Meist nimmt die Reichhaltigkeit der Gemeinschaft im Laufe der Zeit zu, bis das Endstadium, die Klimax, erreicht ist, die oft weniger Arten aufweist als vorhergehende Sukzessionsstadien. So sind also Lebensräume nicht konstant, sondern einzelne Szenen eines langsam abrollenden Filmes, dessen Anfang und Ende wir ahnen können, aber nur selten zu sehen bekommen.

Nadelwald:
25 – 100 Jahre

Eichen-Hickory-Wald:
ab 150 Jahre

Überleben durch Partnerschaft

Vögel, Pflanzen und Insekten haben sich seit mindestens 150 Millionen Jahren nebeneinander entwickelt. In dieser langen Zeit entstanden auch gegenseitige Beziehungen – einige zum wechselseitigen Nutzen, andere mehr einseitig im Zwang zu überleben.

Vögel sind, von einigen Insektengruppen abgesehen, die bedeutendsten Insektenjäger. Ihre scharfen Augen und flinken, spitzen Schnäbel führten zu einem so starken Evolutionsdruck, daß viele Insekten abenteuerliche und komplizierte Tarnungen entwickelt haben, um der Aufmerksamkeit ihrer Jäger zu entgehen. Andere, vor allem auffällige Schmetterlinge, entziehen sich der Dezimierung durch die Produktion übel schmeckender Substanzen. Da dieser Geschmack in Verbindung mit dem Aussehen des betreffenden Insekts rasch erlernt wird, werden alle Individuen dieser Art als Nahrung verschmäht.

Die Evolution einer wirkungsvollen Tarnung bei Insekten ging auf Kosten der Vögel. Die Welt der Pflanzen dagegen bietet uns eine Vielzahl von Beispielen wechselseitig guter Beziehungen mit Vögeln. Ganze Pflanzenfamilien, besonders tropische, tragen Früchte, deren Farben, chemische Zusammensetzung und sogar Reifezeit eng an die Lebensweise und Bedürfnisse von Vögeln angepaßt sind.

Blüten, die durch Tiere bestäubt werden, bieten gewöhnlich den Tieren eine „Belohnung“, zum Beispiel Zuckerlösung (Nektar). Darauf machen sie mit Signalen aufmerksam, die durch den Sinnesapparat der anzulockenden Tiere wahrgenommen werden können. Fledermäuse und andere Säugetiere haben einen schlechten Gesichtssinn, doch ein hervorragendes Geruchsvermögen. Für sie bestimmte Blüten sind groß und robust, riechen scharf und sind oft weiß, um auch bei Dunkelheit aufzufallen. Da Insekten sehr viel kleiner sind und vor allem blaue Farbtöne gut erkennen können, sind Insektenblüten meist relativ klein, riechen oft süßlich und zeigen blaue Farben. Vögel haben dagegen meist ein gering entwickeltes Geruchsvermögen, dafür aber einen sehr guten Gesichtssinn, können besonders die Farben Rot und Gelb gut erkennen und haben lange Schnäbel und Zungen. Vogelblüten sind daher meist gelb oder rot und bilden ihren Nektar am Blütenboden, den Pollen jedoch nahe dem Eingang. Auf diese Weise berührt der Kopf des Vogels die Staubgefäße und Narben, wenn die Vogelzunge zu den Nektardrüsen vorstößt.

Ein Weibchen des Goldbrust-Nektarvogels *(Nectarinia violacea)* bei der Nahrungsaufnahme. Die in Afrika vorkommenden Nektarvögel spielen die gleiche Rolle wie die Kolibris in Amerika. Jedoch können sie nicht vor der Blüte in der Luft rüttelnd stehen.

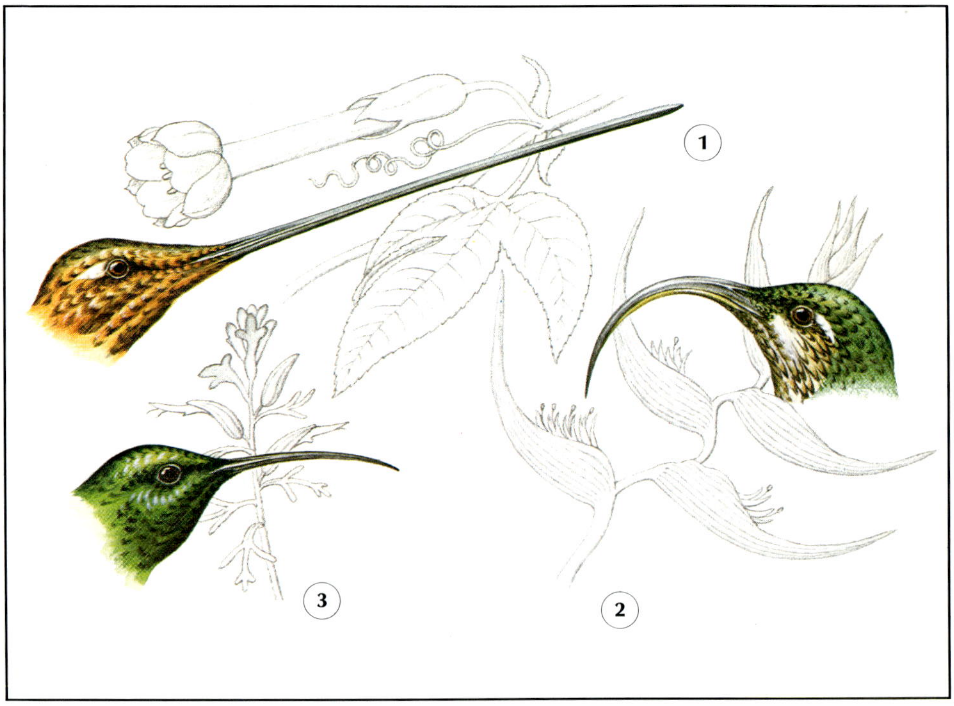

Nektarspezialisten
Kolibriarten ernähren sich von verschiedenen Pflanzen; dabei ist ihre Schnabelform den jeweiligen Blüten angepaßt.

1. Schwertschnabelkolibri *(Ensifera ensifera)* mit Blüten von *Passiflora mixta.*
2. Adlerschnabel *(Eutoxeres aquila)* mit Blüten von *Heliconia.*
3. Fadenschwingenkolibri *(Lafresnaya lafresnayi)* mit Blüten von *Castilleja fissifolia*

Manche Blüten können durch verschiedene Vogelarten bestäubt werden. Andere wiederum besitzen so spezialisierte Blüten, daß nur eine Vogelart dafür in Frage kommt. In viele tropische *Heliconia*-Blüten kann nur der Schnabel einer ganz bestimmten Kolibri-Art eindringen. Hier ist die gegenseitige Abhängigkeit total: Ohne den Vogel als Bestäuber kann sich die Pflanze nicht fortpflanzen, und ohne die Pflanze fehlt dem Vogel eine lebenswichtige Energiequelle. Die Pflanze muß nicht nur durch die richtige Form, Größe und Farbe der Blüte den Vogel anlocken, sondern auch dafür sorgen, daß immer einige Blüten zur Verfügung stehen, um den Vogel nicht aussterben oder zu einer anderen Pflanzenart wechseln zu lassen. Solch enge Beziehung kann auf Dauer nur in einer Umwelt bestehen, in der Pflanzen das ganze Jahr über blühen können. Daher sind die Beziehungen zwischen Pflanzen und Vögeln in den Tropen so eng entwikkelt.

Vögel sind nicht nur als Blütenbestäuber für Pflanzen wichtig, sondern auch für die Verbreitung der Samen. Viele Pflanzen bilden Früchte, die mit ihren leuchtenden Farben Vögel anlocken. Die Vögel fressen das nahrhafte Fruchtfleisch, das die Samen einhüllt. Die Samen werden frei und durch die Vögel verbreitet. In den Tropen lassen sich wiederum Beispiele für sehr enge Beziehungen zum Zweck der Samenverbreitung finden. Doch auch in einer Umgebung, in der nicht das ganze Jahr über Früchte reifen, übernehmen Vögel die Funktion als Samenverbreiter. In Europa keimten die mächtigen Eichen meistens aus Eicheln, die Eichelhäher fortgetragen, vergraben und dann vergessen hatten.

In den Savannenwäldern und lichten Baumbeständen Afrikas besteht eine Verbindung zwischen Vogel, Biene, Dachs und Mensch, die wohl einmalig in den Annalen der Natur ist. Der Vogel führt Mensch oder Dachs zum Bienennest und teilt sich mit ihnen die Beute an Wachs, Larven und Honig. Es handelt sich dabei um den Großen Honiganzeiger, der Wissenschaft als *Indicator indicator* bekannt; die Biene ist die afrikanische Honigbiene; beim Dachs handelt es sich um den Honigdachs, und die Menschen gehören zu verschiedenen Stämmen nomadisierender Viehzüchter und noch verstreut in den Wäldern lebender Jäger und Sammler, den Ndorobo und ihren Verwandten.

Honiganzeiger sind unauffällige Vögel, meist grünlich mit etwas Weiß am Schwanz und gelben Abzeichen an den Schultern der Männchen. Wenn sie sich nicht freiwillig zeigen, entdeckt man sie kaum. Mit einem knarrenden Laut erregen sie die Aufmerksamkeit des Honigdachses oder des Menschen und flattern so lange auffällig herum, bis Mensch oder Tier ihnen folgen. So führen sie lärmend und flatternd durch den dichten Busch, bis sie plötzlich in der Nähe eines Bienennests innehalten und ganz schweigsam werden. Während der Mensch zunächst das Bienennest ausräuchert, bevor er es mit der Axt freilegt, kümmert sich der Honigdachs nicht um die stechenden Insekten und bricht das Nest auf. Der Dachs frißt die Waben, und der Vogel pickt die umherliegenden Reste auf – Larven, Puppen und Wachs.

Von den etwa 18 Honiganzeiger-Arten zeigt nur eine Art dieses Verhalten. Bei allen Arten handelt es sich aber um Spezialisten, die Wachs fressen, das meist aus Bienenwaben, aber auch von wächsernen Schutzhüllen anderer Insekten oder dem Wachsüberzug einiger Früchte stammt. Wachs kann sonst von keinem anderen Vogel und auch keinem Säugetier verdaut werden; nur diese Vogelfamilie ist dazu in der Lage. Ist dabei möglicherweise eine weitere wechselseitige Beziehung im Verdauungssystem der Honiganzeiger verborgen, etwa zwischen einer wachsabbauenden Mikrobe und ihrem sonderbaren Wirt? Honiganzeiger verfügen über Geheimnisse, die noch der Lösung harren.

Einzigartige Zusammenarbeit bei der Nahrungssuche
Durch anhaltende Rufe lockt der Honiganzeiger den Honigdachs (oder afrikanische Eingeborene) in die Nähe von Bienennester. Nachdem der Dachs oder der menschliche Honigsammler das Nest ausgeräumt haben, ernährt sich der Vogel vom Bienenwachs.

Nutzung des Lebensraumes

Die meisten Vögel sind eng an einen bestimmten Lebensraum gebunden, der ihnen Nahrung, Schutz und geeignetes Klima bietet. Die erfolgreichsten Vögel können allerdings ihre Lebensbedürfnisse in vielen Lebensräumen der Erde decken. Stockenten finden zum Beispiel fast auf der ganzen Nordhalbkugel ausreichende Überlebensbedingungen.

Ein idealer Lebensraum für die Stockente
Ein Stockentenpaar braucht im Laufe eines Sommers: **1.** Gute Deckung für das Nest; **2.** ruhige und geschützte Uferpartien für Rast und Ruhe; **3.** freie Sicht, um sich rechtzeitig vor Gefahr in Sicherheit bringen zu können; **4.** ausreichend tiefes Wasser zur Nahrungssuche; **5.** dichte Flachwasservegetation als Versteck während der Mauser; **6.** kurzes Gras nahe dem Ufer, um weiden zu können.

Ein Tümpel mit etwas Schilf oder Binsen, überhängenden Bäumen und einigen Büschen am Ufer, von einem kleinen Rinnsal gespeist, mag zwar für uns nicht gerade vielversprechend aussehen, kann jedoch für ein Stockentenpaar alles enthalten, was zur Aufzucht einer Brut nötig ist. Ein Randstreifen mit dichten Brombeersträuchern, Brennesseln oder Seggen bietet die erforderliche Deckung für das Nest. Findet das Weibchen keinen geeigneten Platz am Boden, kann es auch in einen hohlen Baum ausweichen. Während die Stockente auf den Eiern sitzt, sucht sich der Erpel einen geeigneten Rastplatz an einer offenen Stelle des Ufers, von der aus er jede Gefahr rechtzeitig erkennen und rasch aufs Wasser fliehen kann.

Im seichten Wasser des Tümpels findet sich ausreichend Nahrung. Die Stockenten können Wasserpflanzen auf der Oberfläche erreichen oder durch Gründeln untergetauchte Blätter sowie Wurzeln, kleine Wasserschnecken und Insektenlarven am Grund.

Im Frühsommer bringt die Ente ihre Jungen zum Wasser, die sich dann von kleinen Stechmückenlarven, Wasserflöhen, frisch geschlüpften Eintagsfliegen oder zarten Wasserpflanzen ernähren. Kurzes Gras am Ufer bietet den Altvögeln und den heranwachsenden Jungen eine Weide und gleichzeitig Sicherheit vor überraschenden Angriffen eines Feindes.

Wenn die Jungen ausgewachsen sind, verlieren die Altvögel in der Vollmauser alle Schwungfedern gleichzeitig. Sie werden flugunfähig und daher sehr anfällig gegenüber ihren Feinden. Sie brauchen daher dichtes Schilf, um sich gut verstecken zu können.

Nachbarn mit unterschiedlichen Ansprüchen

Die meisten Biotope teilen sich viele Vögel untereinander auf; jede Art nützt den gemeinsamen Lebensraum anders. Einige verbringen das ganze Jahr – oder sogar ihr ganzes Leben – innerhalb der engen Grenzen eines einzigen Vorstadtgartens, der für andere nur für einige Stunden ein günstiger Haltepunkt auf einer Zugroute darstellt, die Tausende von Kilometern beträgt.

Blaumeisen *(Parus caeruleus)* brüten häufig in kleinen Gärten. Sie finden das gesamte, zur Aufzucht einer 10 bis 12köpfigen Brut nötige Futter auf einer Fläche von kaum mehr als einigen hundert Quadratmetern. Im Winter fliegen sie vielleicht in einen Park oder in eine Heckenlandschaft und mitunter auch in den Schilfgürtel eines nahegelegenen Teiches.

Stare *(Sturnus vulgaris)* brüten in Baumhöhlen oder Mauerlöchern und holen das Futter für ihre Jungen von Wiesen und Weiden aus einem viel größeren Einzugsbereich als Blaumeisen. Wenn die Jungen flügge sind, sammeln sich Stare zu großen Schwärmen, die tagsüber auf Wiesen und Felder einfallen, abends oft über weite Strecken zu gemeinsamen Schlafplätzen in Gehölzen oder an Gebäuden der Stadt fliegen.

Turmfalken *(Falco tinnunculus)* legen ihre Eier oft in Gebäude, zum Beispiel in Kirchtürme oder in alte Nester von Baumbrütern, wie Elstern und Krähen. Ihre Beute jagen sie in einem großen Umkreis von mehreren Quadratkilometern. Kurzgeschnittene Viehweiden oder Straßenböschungen bieten gute Jagdmöglichkeiten auf Mäuse und große Insekten. Der Anblick eines mit raschen Flügelschlägen wie angenagelt in der Luft rüttelnden Turmfalken, der rasch herunterstößt, wenn er Beute entdeckt hat, ist ein vertrautes Bild.

Weißstörche *(Ciconia ciconia)* brüten in vielen europäischen Ländern auf Hausdächern, heute allerdings seltener als früher. Sie fliegen von ihrem Nest im Dorf hinaus auf Wiesen, Felder und Feuchtflächen, um Mäuse, Maulwürfe, Eidechsen, Schlangen oder Frösche zu fangen. Mit der Beute kehren sie zum Nest zurück. Die Jungstörche wachsen in Sicht-und Hörweite von Blaumeise, Star oder Turmfalke heran, die im selben Gebiet brüten. Doch im Herbst verläßt die Storchfamilie ihre Nachbarn und fliegt Tausende von Kilometern zu ihren Winterquartieren in Afrika und Südasien.

Gemeinsam wohnen – getrennt leben
Die Nester von Blaumeise (**1**), Star (**2**), Turmfalke (**3**) und Weißstorch (**4**) sind eng benachbart im Umkreis eines einzigen Hauses. Doch die Lebensräume der 4 Arten sind unterschiedlich groß. Die Blaumeise wohnt und lebt auf kleinstem Raum. Der Turmfalke jagt weit entfernt, und der Storch hat sogar eine Zweitwohnung in Afrika.

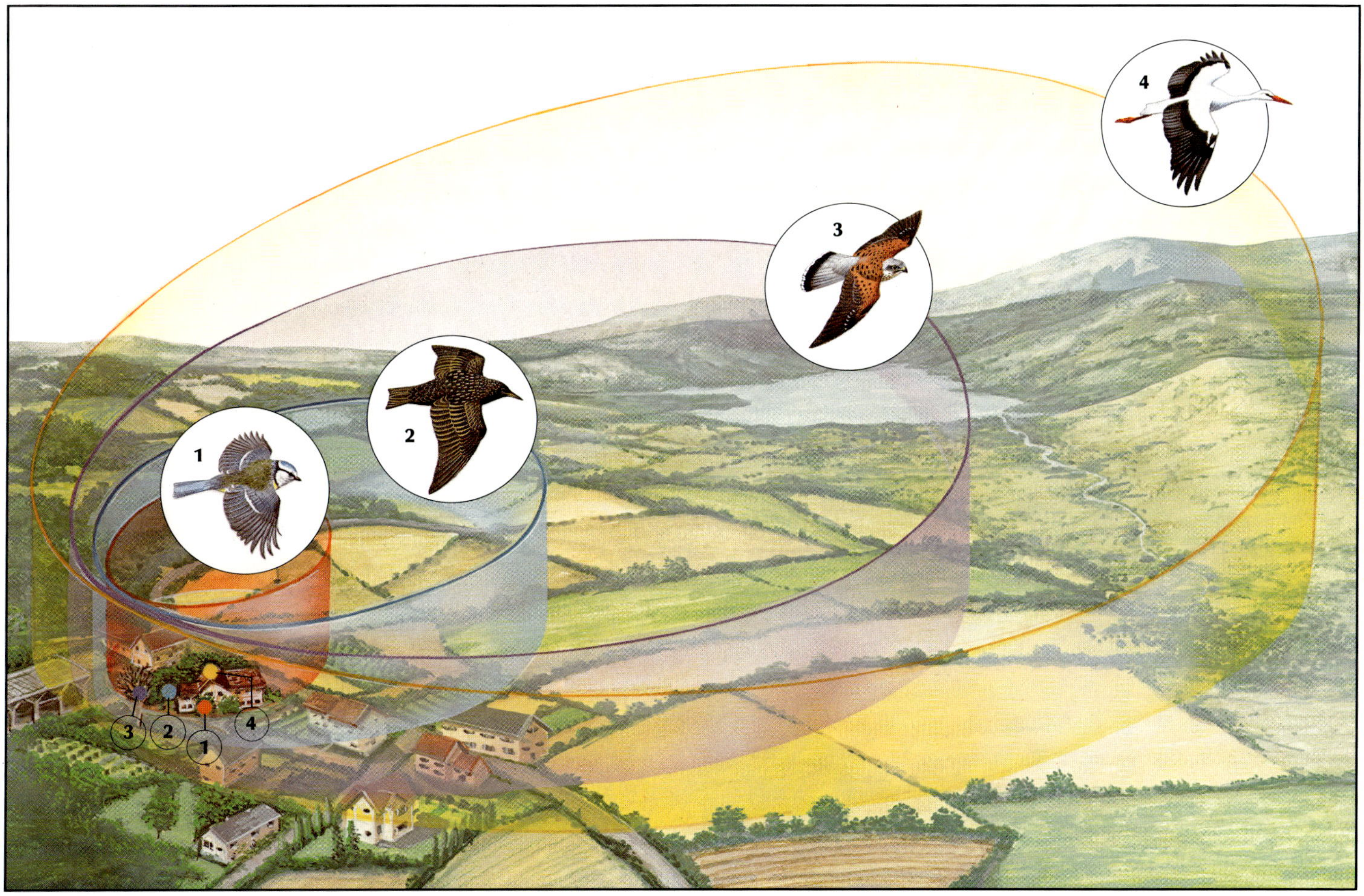

Leben in zwei Kontinenten

Weißstörche zählen zu den bekanntesten und beliebtesten Vögeln Europas, da sie die gleichen Lebensräume als Siedlungsgebiet haben wie die Menschen. Mensch und Storch leben schon jahrhundertelang harmonisch zusammen. Von ihren ursprünglichen Nistplätzen in mächtigen Bäumen siedelten die Störche auf hohe Gebäude um und bauten ihre Nester auf Kirchtürme, hohe Dächer und Kamine der Wohnhäuser. Das Märchen vom Storch, der die Kinder bringt, erfreute Generationen von Kindern und half ihren peinlich berührten Eltern, sich zunächst einmal um die Wahrheit zu drücken. Störche waren so beliebt, daß man in vielen Gegenden künstliche Plattformen für die Nester oder ein Wagenrad auf einem festen Pfosten anbrachte. Doch seit mehr als 50 Jahren geht die Zahl der Störche in vielen Teilen Europas zurück, vor allem im kühlen Norden und Westen.

Störche in Europa: Früher brüteten sie in manchen Dörfern auf fast jedem Hausdach. Heute sind Storchennester zu einem seltenen Bild geworden. Glatte Dächer ohne Nistmöglichkeiten und die Trokkenlegung von Feuchtgebieten und Zersiedlung der Landschaft haben vielerorts den Störchen die Lebensgrundlagen zerstört.

Hohe Verluste erleiden die Störche bei uns durch die Verdrahtung der Landschaft. Freileitungen fordern vor allem unter den unerfahrenen Jungstörchen hohe Opfer.

Durch Entwässerung werden für den Weißstorch lebenswichtige Nahrungsgebiete vernichtet. Wenn die Ernährung der Jungen nicht mehr gewährleistet ist, nützen auch sichere Nistplätze nichts: Die Brutpaare verschwinden.

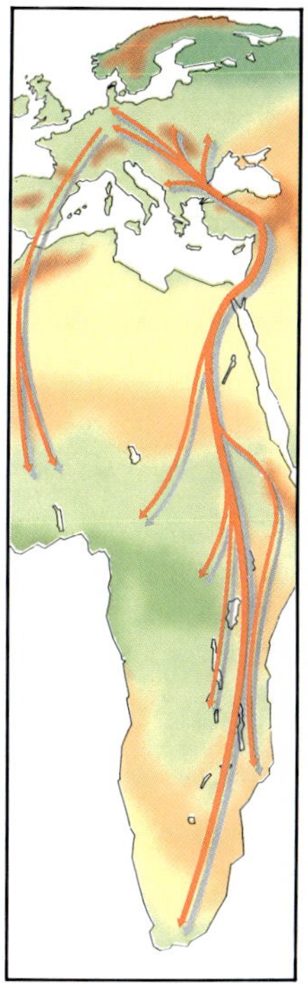

Zugwege des Weißstorchs
Weißstörche vermeiden als Segelflieger den Zug über das Meer. Daher führt ihre Route im Westen über die Straße von Gibraltar und im Osten über den Bosporus um das Mittelmeer herum. Die weitesten Winterquartiere liegen in Südafrika, etwa 10000 km von den Brutplätzen entfernt.

Störche in Afrika: Die meisten Störche überwintern im tropischen West-, Süd- und Ostafrika sowie im Mittleren Osten. Auf ihrer langen Wanderung rasten sie in großen Scharen an Wasserlöchern oder in Feuchtgebieten. Diese „Trittsteine" sind für die Zugvögel unentbehrlich.

In südlichen Ländern warten Jäger entlang der Zugwege vieler Vogelarten. Für den Storch wird es vor allem an der Ostküste des Mittelmeers und in Nordafrika gefährlich.

Trockengebiete und Wüsten bedeuten für alle Zugvögel gefährliche Strecken auf ihrem Weg. Durch Raubbau in der Sahelzone vergrößern sich die Gefahren.

Zerstörung der Lebensräume

Jede Vogelart benötigt ein Bündel ganz spezifischer Umweltbedingungen, die in gewisser Hinsicht mit dem Arbeitsplatz eines Menschen verglichen werden können. Diese ökologische Nische eines Vogels definiert seine Rolle, die er in seinem Lebensraum spielt, zum Beispiel als Verbreiter der Mistelsamen oder als Bestäuber der Heliconia-Blüten. Doch die Natur ist für den Vogel kein sozialer Wohlfahrtsstaat. Wer seinen Job verliert, muß sterben. Nur wenige Vögel sind so spezialisiert, daß sie von einer einzigen Pflanzen- oder Tierart abhängen, um überleben zu können. Immerhin aber kann die große Mehrzahl nur innerhalb einer engen Variationsbreite von Bedingungen existieren.

Viele Vögel kommen zum Beispiel nur in der Nähe von fließendem Wasser vor. Hier brauchen sie mit Vegetation bestandene Uferpartien als Deckung, Nist- und Ruheplatz sowie reichhaltiges Kleintierleben im Wasser zur Nahrung. Geeignete Fließgewässer sind aber heute nur noch schwer zu finden. Moderner Flußbau begradigt und rasiert die Ufer, fällt die benachbarten Bäume und hinterläßt ein fast klinisch sauberes und steriles Rinnsal. Das Wasser ist mancherorts eine dünne Suppe aus Pestiziden, Öl, Industrieabwässern und Waschmitteln (Detergentien). Ufer und Flußbett sind übersät mit Nylonfäden und Bleistückchen, den Hinterlassenschaften von Anglern, durch die das Überleben sowohl der Fische als auch der Vögel zusätzlich gefährdet wird.

Weite Flächen der Nordhalbkugel waren einst mit Mischwäldern aus Laub- und Nadelbäumen bedeckt. In diesen Wäldern gab es riesige knorrige Bäume mit halbverrotteten Stämmen, aber immer noch austreibender Krone, eine optimale Heimstatt für Spechte, mit weichem Holz zum Bau der Nesthöhlen, vielen Käfern und ihren Larven unter der Rinde und dürren Zweigen als willkommenen Resonanzboden für die Trommelwirbel, die durch den Wald hallten.

Tausende von Jahren hat der Mensch seinen Weg durch diese einst endlosen Wälder gebrannt, geschlagen und gesägt, bis nur noch armselige Relikte übrigblieben. Die meisten der abgeholzten Flächen sind nun Agrarland oder Stadtgebiete; ein Teil wurde in Nadelforste umgewandelt mit korrekt in Reihen stehenden kerzengeraden Bäumen, deren Äste ordentlich ausgerichtet sind; der Boden zwischen ihnen sauber und frei von grünen Pflanzen. Selbst in den spärlichen Hartholzwäldern sind die alten Bäume verschwunden, da man in ihnen eine Gefahr für den Fortbestand des Waldes sah. Heute setzt in den Industrieländern langsam wieder ein Umdenkprozeß ein, da man den ökologischen Wert alter Bäume heute anders sieht als noch vor 10 Jahren.

Eine wesentliche Gefährdungsursache der Vogelwelt in modernen Industriestaaten der gemäßigten Zone ist die Begradigung von Bächen und Flüssen. Der Uferbewuchs mit Schilf und der Auwald werden beseitigt. Dadurch geht nicht nur der Lebensraum vieler Tier- und Pflanzenarten verloren, die Eingriffe in die Landschaft gefährden auch den Wasserhaushalt.

Die Umwandlung natürlicher Feuchtgebiete in Reisfelder läßt in Südostasien für viele Vögel, wie die Chinesendommel *(Ixobrychus sinensis)*, keine geeigneten Nistplätze mehr übrig.

Der Mittelspecht *(Dendrocopos medius)* braucht zur Anlage seiner Nesthöhle alte Weichholzbäume. In weiten Teilen Europas geht sein Bestand zurück, weil Mischwälder mit alten Bäumen mehr und mehr intensiv genutzten Nadelholzplantagen weichen mußten. Alle Spechte sind empfindlich gegenüber intensiver Holzwirtschaft, die das Gesicht der Wälder entscheidend verändert.

Der Lebensraum des Menschen

Jede Tier- und Pflanzenart besetzt in ihrer Umwelt eine für sie passende ökologische Nische. Damit drücken die Ökologen aus, daß die verschiedenen Arten wie Schauspieler auf der Bühne unterschiedliche Rollen spielen. Allerdings besetzen manche eine breitere, andere eine sehr enge Nische. Die einzelnen Lebensräume bieten hierfür ganz unterschiedliche Möglichkeiten.

Die Ahnen unserer eigenen Art gehorchten ohne Zweifel diesem Naturgesetz in gleicher Weise wie heute noch einige Naturvölker in abgelegenen Teilen der Erde. Unsere Vorfahren lebten möglicherweise in den Savannen Afrikas als Jäger und Sammler und ernährten sich von Früchten, Pflanzen, Eiern, Beeren und Wurzeln oder auch von Fleisch, wenn sie Tiere erbeuten konnten. Sie bildeten Familien oder größere Sozialverbände, die ihnen Sicherheit boten in einer Umwelt, die vermutlich von weit größeren Populationen an Großraubtieren besiedelt wurde, als dies heute der Fall ist. Ein Biologe würde unsere Vorfahren wohl als soziale Allesfresser des offenen, mit Bäumen bestandenen Graslands beschreiben.

Mehrere hunderttausend Jahre lang, während der Mensch sich über die Erde ausbreitete, hielt er sich mehr oder weniger eng an seine ursprüngliche ökologische Nische. Der Mensch war ein Teil seiner Umwelt, die er mit einer großen Vielfalt anderer Lebewesen teilte.

Dann erfand der Mensch Werkzeuge und Waffen und war damit in der Lage, viel erfolgreicher als vorher zu jagen. Wir wurden immer mehr zum Raubtier und begannen, mit anderen Fleischfressern in Konkurrenz zu treten. Wir jagten nicht nur dieselbe Beute, sondern konnten uns auch gegen konkurrierende Beutegreifer besser verteidigen. Wir erweiterten unsere ökologische Nische zu Lasten der großen Raubsäuger und ließen ihnen dadurch weniger Platz zum Überleben.

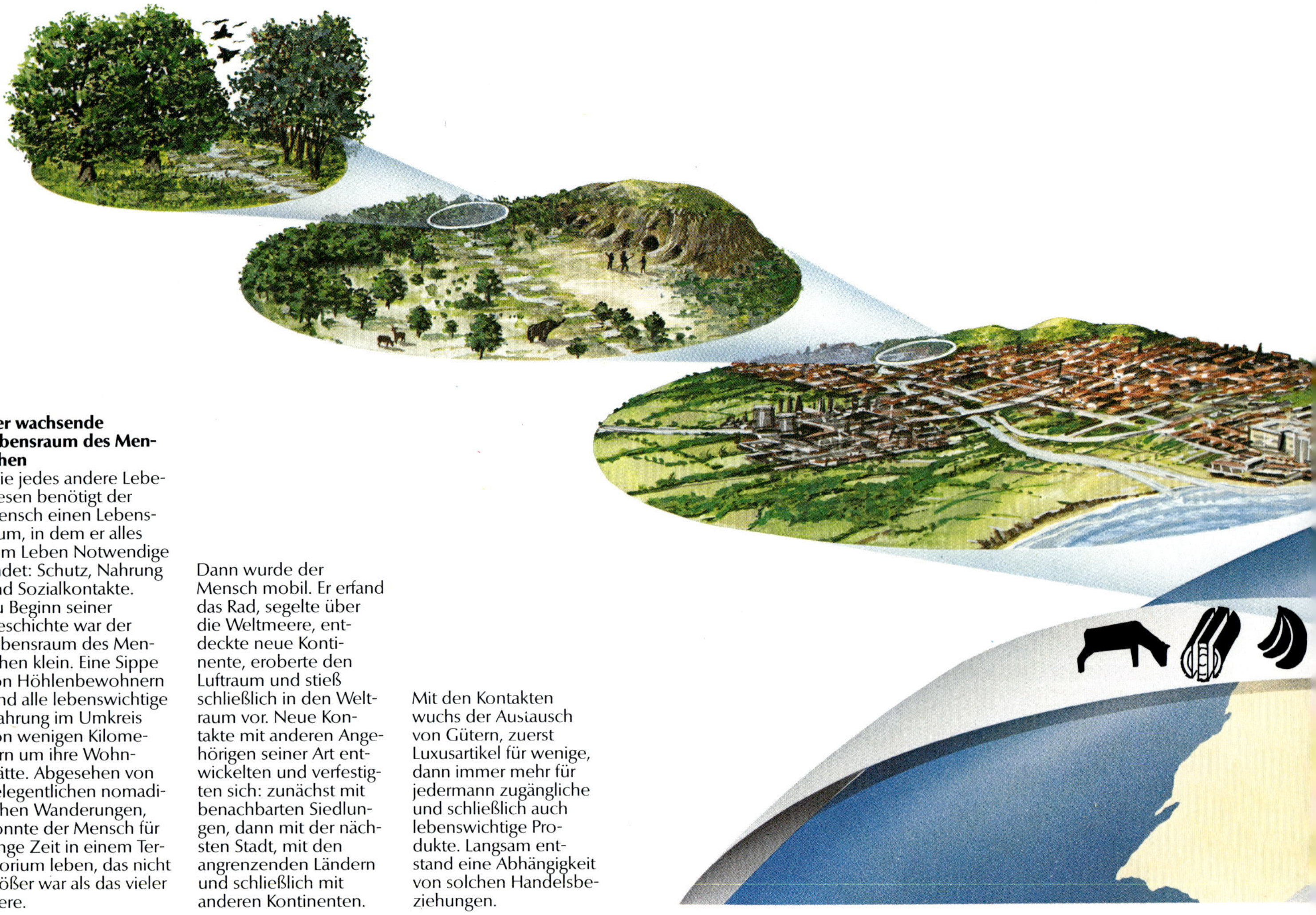

Der wachsende Lebensraum des Menschen
Wie jedes andere Lebewesen benötigt der Mensch einen Lebensraum, in dem er alles zum Leben Notwendige findet: Schutz, Nahrung und Sozialkontakte. Zu Beginn seiner Geschichte war der Lebensraum des Menschen klein. Eine Sippe von Höhlenbewohnern fand alle lebenswichtige Nahrung im Umkreis von wenigen Kilometern um ihre Wohnstätte. Abgesehen von gelegentlichen nomadischen Wanderungen, konnte der Mensch für lange Zeit in einem Territorium leben, das nicht größer war als das vieler Tiere.

Dann wurde der Mensch mobil. Er erfand das Rad, segelte über die Weltmeere, entdeckte neue Kontinente, eroberte den Luftraum und stieß schließlich in den Weltraum vor. Neue Kontakte mit anderen Angehörigen seiner Art entwickelten und verfestigten sich: zunächst mit benachbarten Siedlungen, dann mit der nächsten Stadt, mit den angrenzenden Ländern und schließlich mit anderen Kontinenten.

Mit den Kontakten wuchs der Austausch von Gütern, zuerst Luxusartikel für wenige, dann immer mehr für jedermann zugängliche und schließlich auch lebenswichtige Produkte. Langsam entstand eine Abhängigkeit von solchen Handelsbeziehungen.

Mit unseren Werkzeugen konnten wir Schutzhütten bauen und dadurch auch in solchen Gebieten überleben, die sonst keine Schutzmöglichkeiten bi… lernten, mit der… ßen die Höhler… bauen. Die gek… die Gefahr von… ten. Feuer gab… Möglichkeit, un… ändern, zum Be… nen und sie in G…

Heute umfaßt der Lebensraum des einze… nen Menschen praktisch die ganze Erde. Nahrungsprodukte un… andere lebensnotwendige Güter werden weltweit gehandelt, unsere Sozialkontakte sind international, die Völker sind durch ein globales Kommunikationsnetz verbunden. Die Welt ist zum Dorf geworden – der Mensch zum Weltbürger. Auch wenn wir selber nicht alle Teile unseres weltumspannenden Lebensraums besuchen können, sind wir mitverantwortlich für sein Gesamtwohl, da wir von allen seinen Annehmlichkeiten profitieren.

Langsam lernten wir, Nahrungspflanzen anzubauen, und waren nicht mehr vom Pflanzensammeln abhängig…

Jede dieser Entwicklungen in der menschlichen Geschichte ist gleichzeitig eine Ausweitung seiner ökologischen Nische, die tiefgreifende Spuren rund um den Erdball hinterlassen hat. Das Holz der Möbel und für das Papier der Bücher, Zeitschriften, Zeitungen und Tragtaschen wird heute nicht mehr nur in heimischen Wäldern geschlagen. Der Holzbedarf der westlichen Welt wird auch aus dem tropischen …egenwald gedeckt. Für den „Hamburger", …der in wenigen Jahren Imbißstuben in aller …Welt erobert hat, werden in Südamerika …iesige Waldflächen gerodet, damit auf …illigem Weideland riesige Rinderherden …rasen können. Viele Industrienationen …aben in tropischen Ländern Fabriken ge…aut, um dort billiger als bei sich zu Hause …roduzieren zu können. Seit langem bla…n qualmende Schornsteine überall auf …r Erde Schadstoffe in die Atmosphäre, … irgendwo, zum Beispiel über den Seen …andinaviens, wieder herabregnen, die …che vergiften, und die Wasservögel zum …wandern zwingen.
…Vögel und andere Tiere halten sich an … Regel: „Eine Art, eine ökologische …che". Der Mensch hat dagegen seine …che ständig ausgeweitet und schließlich … ganzen Planeten mit einbezogen, …e besonders Rücksicht auf die anderen …ewesen zu nehmen.

Raumschiff Erde: Ein geschlossenes System

Wir alle sind Passagiere eines Raumschiffes, das niemand verlassen kann. Das Fahrzeug wird nirgendwo landen, und soweit wir wissen, hat es auch nirgendwo abgehoben. Wir sind auf ihm geboren und werden auf ihm sterben. Auch in Zukunft wird der Mensch davon abhängig sein, daß dieses Raumschiff intakt und funktionsfähig bleibt.

Das Raumschiff ist der Planet Erde. Wir sind immer wieder Zeuge, welchen Gefahren Astronauten im Weltraum ausgesetzt sind, wie sehr sie von den Leistungen der Ingenieure und dem reibungslosen Ablauf technischer Prozesse abhängig sind. Die Bilder, die sie während ihres Fluges von der Erde aufnahmen, zeigen eindringlich, daß auch die Erde, unser Planet, nichts anderes als ein Raumschiff ist, das mit hoher Geschwindigkeit durch den dunklen Raum des Alls rast.

Eine Raumkapsel ist ein in sich geschlossenes künstliches Ökosystem, vom Menschen konstruiert und erbaut. Wie die Erde bezieht sie ihre Energie teilweise von der Sonne oder aus mitgeführten Batterien. Im Raumschiff gibt es Kreisläufe von Wasser, Nährstoffen, Sauerstoff und anderen Gasen, die von Giftstoffen frei sein müssen, um die Insassen nicht zu gefährden.

Astronauten nehmen die gesamte benötigte Wassermenge mit an Bord. Auch auf der Erde ist der Wasservorrat seit Hunderttausenden von Jahren begrenzt. Wie Astronauten in einer Raumkapsel leben wir vom Kreislauf des Wassers und müssen verhindern, daß es durch Giftstoffe verschmutzt wird. Das von uns ausgeatmete Kohlendioxid muß in Nahrung und Sauerstoff zurückgeführt werden. Auf der Erde übernehmen diese Aufgabe die Pflanzen; ohne den lebenspendenden Teppich der grünen Vegetation gäbe es kein tierisches Leben auf der Erde. Eines der grundlegenden Merkmale, das nach unserem Wissen die Erde von allen anderen Planeten unterscheidet, ist der hohe Gehalt an Sauerstoff, der von den lebenden Pflanzen produziert wird. Die Zusammensetzung der Atmosphäre, die oft als rein physikalische Eigentümlichkeit unseres Planeten angesehen wird, ist in Wirklichkeit durch lebende Organismen entstanden und wird durch sie aufrechterhalten.

Freunde von Science-fiction-Romanen träumen davon, daß wir immer noch auf einen anderen Planeten entkommen könnten, wenn wir die Erde zerstört haben. Das ist nicht nur Illusion, sondern eine ausgesprochen bizarre Einbildung. Bis jetzt wurde kein Planet in Reichweite entdeckt, der für unsere Art zu leben geeignet wäre, nicht einmal für alle uns bekannten Formen von Leben. Die physikalischen Bedingungen auf der Erde sind nach unserem Wissen einmalig im gesamten Universum als eine Kombination aus Sonnenentfernung, Temperaturen, Anziehungskraft und Zusammensetzung. Einen anderen Planeten zu besiedeln, ist völlig unrealistisch; wir müssen daher einen pfleglicheren Umgang mit dem Planeten Erde üben.

Ein Spiralnebel besteht aus Milliarden von Sonnensystemen und ist nur ein Teil eines für uns unerfaßbaren Kosmos. Ob es auf anderen Planeten Leben und lebenserhaltende Kreisläufe gibt, wissen wir nicht.

Die Ökosysteme der Erde arbeiten wie die lebenswichtigen Systeme der Raumschiffe. Sie alle unterliegen den gleichen Naturgesetzen. Die natürlichen Ökosysteme erhalten das Leben im Raumschiff Erde. Brechen sie zusammen, sind wir genauso hilflos wie in einem defekten künstlichen Raumfahrzeug.

Unsere Erde – Raumkapsel im Großformat
Die Erde ist ein geschlossenes System, das von der Sonne angetrieben wird und seit Jahrmillionen funktioniert.
Die lebenserhaltenden Kreislaufprozesse funktionieren in einem Raumschiff nach dem gleichen Prinzip, hier durch farbige Pfeile veranschaulicht:
Sauerstoff – rot;
Kohlendioxid – beige;
Wasser – blau;
Nährstoffe – grün;
Abfallstoffe – gelb.
Solarzellen fangen die Energie des Sonnenlichtes ein und übernehmen damit die Rolle der grünen Pflanzen auf der Erde. Abfallprodukte werden zerlegt und wieder benutzt. Sauerstoff und Nährstoffe werden durch einen „biologischen Apparat“ mit Hilfe von Algen an Bord des Raumschiffes wieder freigesetzt.
Für den Astronauten ist das Funktionieren dieses geschlossenen Systems lebenswichtig, wie auch für den Menschen auf der Erde.

Jedes natürliche Ökosystem beruht auf dem Zusammenwirken vieler verschiedener Arten und Lebewesen. Wie die einzelnen Systeme eines gut durchkonstruierten Raumschiffes sind auch Ökosysteme durchaus robust und in der Lage, Verluste oder Fehler in einigen Teilen zu verkraften, ohne gleich zusammenzubrechen. In der Geschichte der Natur haben sich Ökosysteme an den Verlust einiger Arten durch Aussterben und das Auftreten neuer als Ergebnis von Evolution oder Einwanderung angepaßt. So wie in einem Raumschiff zusätzliche Regelkreise und Sicherheitssysteme installiert sind, um das Risiko für Astronauten so gering wie möglich zu halten, kann auch ein Ökosystem Verluste und Belastungen verkraften.

Doch niemand vermag vorherzusagen, wie viele Arten ein System verlieren kann, ohne zusammenzubrechen. Eines ist allerdings sicher: Wir verlieren heute Bestandteile von Ökosystemen in wesentlich höherem Tempo, als sie durch natürliche Ausgleichsvorgänge wieder ersetzt werden können. Die Widerstandskraft von Ökosystemen kann heute mit dem Verlust nicht mehr Schritt halten.

Ein unbeteiligter Fremder, in einem Raumschiff aus den Tiefen des Weltalls kommend, wüßte beim Anblick der Erde keineswegs, daß sie bewohnt ist.

Würde er ahnen, daß sie bewohnt ist, dann wüßte der Fremde instinktiv, daß auf der Erde die Schicksale aller zwangsläufig miteinander verknüpft und verbunden sind.

Wir sind ein einziges Stück Land, Wasser, Luft und Wolken, das im Weltall schwebt. Von dort draußen ist es wirklich eine Welt.

Frank Borman, Apollo 8, 24. 12. 1969

Die Ökosysteme der Erde

Die Ökosysteme der Erde
Die großen Ökosysteme der Erde bilden Lebensraumbereiche, die untereinander vernetzt sind und deren Bewohner teilweise untereinander in Austausch stehen. Sie können also nicht isoliert, sondern nur als zusammenwirkende Großräume der Biosphäre betrachtet werden.

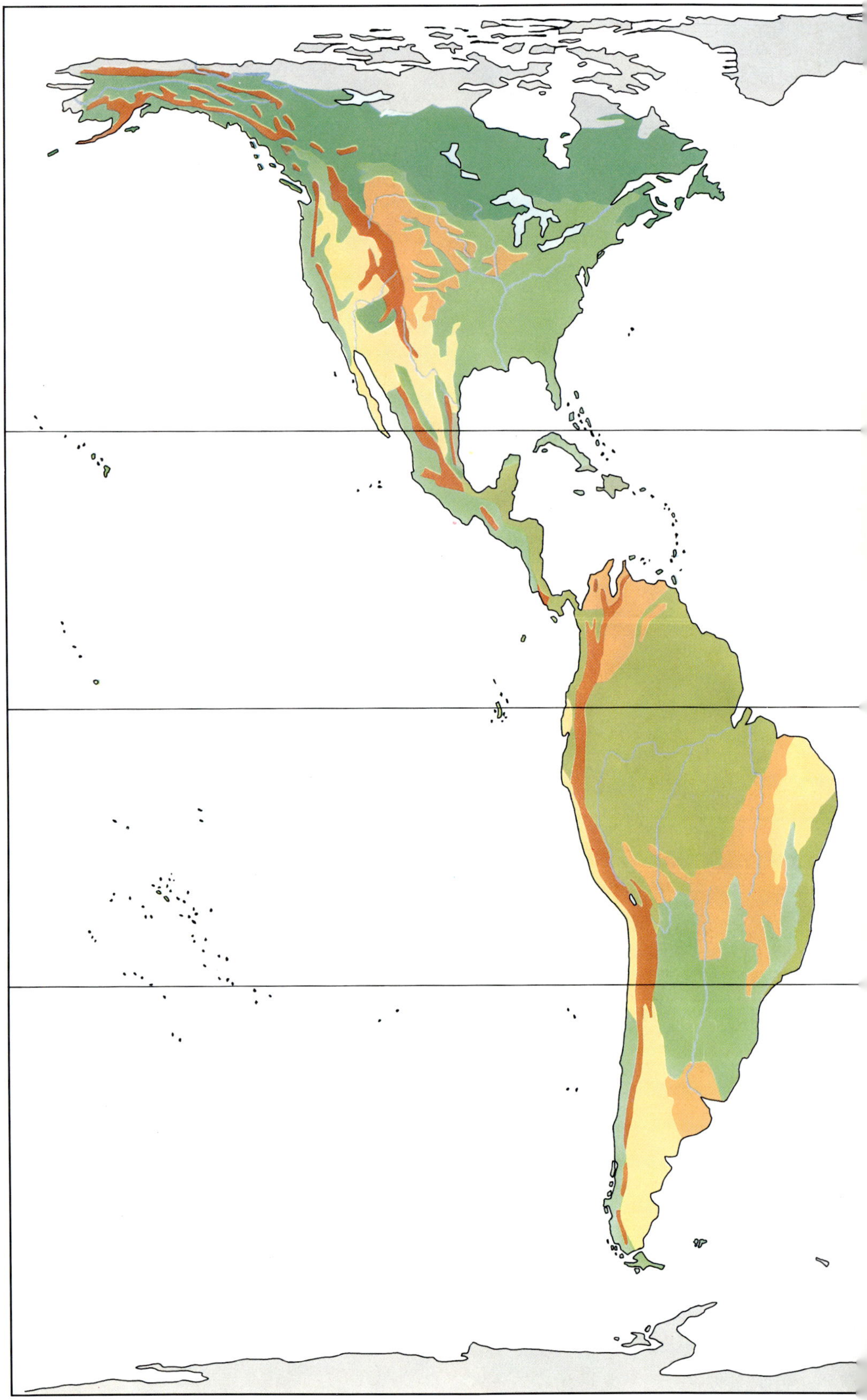

Ozeane

Polarregionen

Ozeanische Inseln

Seen, Flüsse, Moore

Berge

Laubwerfende Wälder

Nordische Nadelwälder

Tropische Wälder

Grasländer, Heiden und Buschland

Wüsten und Halbwüsten

Die verschiedenen Karten in diesem Buch sind nach der neuen Peters-Projektion gezeichnet, in der die Länder der Erde flächengetreu abgebildet werden. Die Karte gibt im Gegensatz zur häufiger verwendeten Mercator-Projektion die Landmasse der Erde im richtigen Größenverhältnis ebenso wie die richtige Ost-West- und Nord-Süd-Ausdehnung wieder. Die Länder und Kontinente erscheinen dabei allerdings im Vergleich zu gewohnten Kartenbildern etwas verzogen.

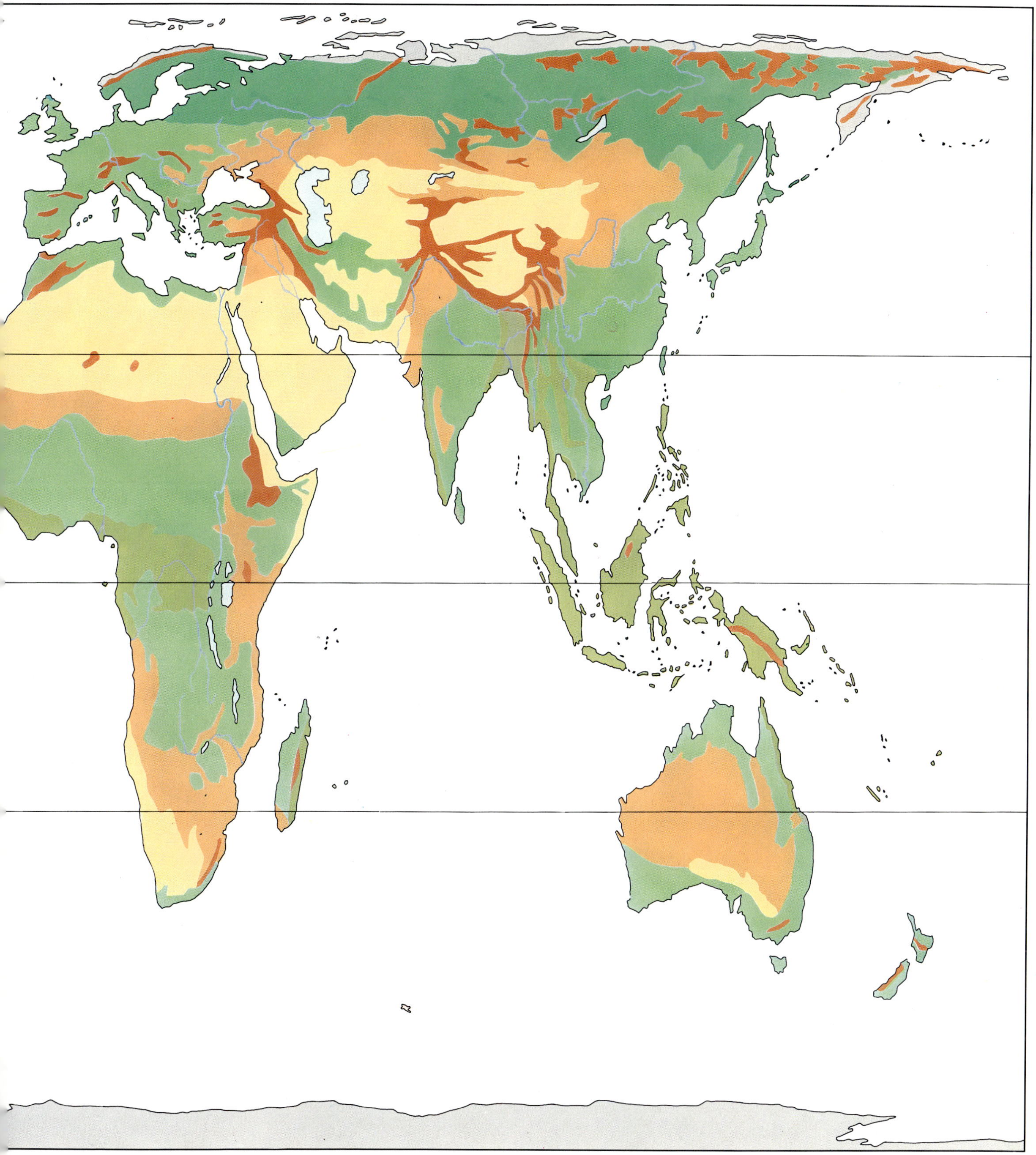

Die Ozeane enthalten mehr als 97 Prozent des freien Wassers unserer Erde. Sie bilden damit ein riesiges Reservoir, das dauernd in Bewegung ist und die von der Sonne eingestrahlte Energie aufnimmt und verteilt. Ozeane beeinflussen die Klimazonen der Erde und nehmen durch die Flüsse aus dem Land gewaschene Mineralien auf, mischen diese Frachten und lagern sie wieder ab. In ihnen gedeiht eine Flora und Fauna, die sich in ihrer Vielfalt mit der jedes Landökosystems messen kann.

Wassertemperatur und Meeresströmungen, Sonnenscheindauer und Nährstoffe bestimmen gemeinsam die Verteilung des Meeresplanktons. In riesigen Mengen bildet diese Lebensgemeinschaft aus mikroskopisch kleinen Pflanzen und Tieren die Grundlage allen Lebens im Meer. Von ihr hängt auch das Schicksal aller Seevögel der Welt ab, vom einzeln lebenden Albatros, der scheinbar mühelos über den leeren Weiten südlicher Weltmeere schwebt, bis zu den Millionen dichtgedrängter Felsbrüter, die die Steilküsten und Felseninseln Eurasiens und Nordamerikas besiedeln.

Die Ozeane

Der weltumspannende Lebensraum

Die Ozeane bedecken sieben Zehntel der Oberfläche unseres Planeten. Ihre ungeheure Tiefe läßt Leben nur in ganz bestimmten Grenzen zu. Gleichwohl verbinden sie durch ihre Einheitlichkeit die entferntesten Punkte der Erde miteinander – in einem kontinuierlichen, lebenserhaltenden Prozeß.

Zwar gibt es in Küstennähe mal ein paar grüne Bereiche oder auch braune Flächen vor den Mündungen schlammführender Flüsse oder über Untiefen, doch der endlose Ozean ist eindeutig blau. Für uns ist diese Tatsache so selbstverständlich, daß wir sie kaum seltsam oder bemerkenswert finden. Auch der Himmel ist blau. Im Unterschied zum Himmel ist das Meer voller Leben, voller Pflanzen, Tiere und auch Mikroorganismen. Es enthält alle zum Leben notwendigen Nährstoffe, die durch die Flüsse vom Festland ins Meer gewaschen werden. Dennoch ist im Ozean im Vergleich zum Land das Leben sehr dünn gesät.

Zwar gibt es im Flachwasser nahe der Küste gigantische Tange und auch kleinere Unterwasserpflanzen sowie „Seegräser", die im Boden verwurzelt sind, doch die Pflanzen des offenen Ozeans bestehen aus mikroskopischen Algenformen, dem sogenannten Phytoplankton. Wenn diese Algen in großer Zahl auftreten, können sie das Meer rot, braun oder grün färben. Auch im Flachwasser sind solche „Algenblüten" hin und wieder zu beobachten.

Wie an Land beginnt die Nahrungskette auch auf offener See mit den Pflanzenzellen, hier dem Phytoplankton. Da sie zu klein sind, um Nährstoffe auf Dauer zu speichern, ist ihr Wachstum und damit auch die Produktivität des gesamten ozeanischen Systems von der Nährstoffkonzentration in den Oberflächenschichten des Meerwassers abhängig. Nährstoffe sind jedoch, genau wie die davon lebenden Pflanzenzellen, relativ dünn verteilt. Nährstoffe, die ständig vom Festland her eingeschwemmt werden, sinken nämlich auf den Meeresboden ab und werden erst wieder durch Gezeiten- oder Meeresströmungen oder große Stürme an die Meeresoberfläche zurückgebracht.

Die tiefsten Stellen des Meeresbodens liegen tiefer unter dem Meeresspiegel als die höchsten Berge darüber. Auf die Böden der meisten ozeanischen Becken fällt nie ein Sonnenstrahl. Pflanzen und damit alles tierische Leben hängen vom Licht ab, das in den meisten Meeresregionen nur 30 bis 120 Meter durchdringt. Pflanzen können daher nur in der dünnen Oberflächenschicht die Photosynthese durchführen. Wenn sie absterben, sinken ihre Körper, sofern sie nicht von Pflanzenfressern oder Zersetzern aufgenommen werden, langsam nach unten, bis sie aus der Lichtzone in den Bereich der schwarzen Tiefsee fallen. Dort sind dann die im Phytoplankton gebundenen Nährstoffe unwiederbringlich aus dem Stoffkreislauf ausgeschieden, soweit sie nicht durch besondere Meeresströmungen wieder an die Oberfläche kommen.

Unmittelbar vom Phytoplankton leben Milliarden von winzigen schwimmenden, treibenden und schwebenden Tieren, die man als Zooplankton zusammenfaßt. Zusammen bilden Phyto- und Zooplankton die grundlegende Nahrungsquelle, von der alles andere marine Tierleben abhängt.

Die größten Lebewesen der Welt leben ausschließlich von kleinen, im Meerwasser schwebenden Lebewesen, dem Plankton. Die mächtigen Bartenwale besitzen vom Gaumen herabhängende Hornplatten, die Barten, mit denen sie vor allem Krebstiere, den Krill, aus dem Wasser filtrieren.

Plankton unter dem Mikroskop. Die kleinen, schwebenden Krebstiere und die Larven anderer Meerestiere sind deutlich zu erkennen.

Chemie des Meeres

Die Meeresbecken sind die Sickergrube aller Substanzen, die von den Flüssen ins Meer gespült werden. Die eingeschwemmten Mineralstoffe häufen sich am Meeresboden aber nicht gleichmäßig an, sondern an einzelnen Stellen stärker als an anderen. Darum sind die Meere nicht überall gleich produktiv. Wo zum Beispiel der für die Photosynthese wichtige Phosphor durch Meeresströmungen aus der Tiefe besonders konzentriert an die lichtdurchflutete Oberfläche getragen wird, kommt es zu üppigem Wachstum des Phytoplanktons. Diese Tiefseeströme sind kalt und fruchtbar. Da sich Phosphor in kaltem Wasser besser als in warmem löst, bewirken diese kalten Aufwärtsströmungen ein besonders produktives Pflanzenwachstum. Sie finden sich meistens vor den Westküsten der Kontinente, an denen ablandige Winde das Oberflächenwasser meerwärts treiben, so daß Tiefenwasser nach oben nachfließen kann. Diese Aufwärtsströme beherbergen als produktivste Teile der Ozeane die reichsten Fischvorkommen und demzufolge die größten Seevogelkolonien der Welt.

Globaler Regulator

Die Ozeane kann man mit einem weltumspannenden Klimaregler vergleichen. Wasser hat eine 3 000mal größere Fähigkeit als Luft, Energie aufzunehmen und entsprechend langsamer auch wieder abzugeben. So schützen Ozeane die Erde vor Extremtemperaturen. Küsten sind mit ihren kühleren Sommern und milderen Wintern gemäßigter und ausgeglichener als Gebiete tief im Binnenland. Der Einfluß der Meere reicht aber weit über die Küstengebiete hinaus. Der warme Golfstrom, der in nordöstlicher Richtung über den Atlantik fließt, weist von Jahr zu Jahr kleine Temperaturunterschiede auf, die so geringfügig sind, daß sie am Ursprung des Golfstroms in den Tropen keinerlei Bedeutung haben, doch in Europa ausreichen, den Zeitpunkt des Frühjahrstauwetters zu verschieben, die Ausdehnung des Südrands des Eises um Island zu verändern oder Packeis in die Barentsee zu treiben.

Änderungen der Lufttemperatur, die das Auftreten von Hoch- und Tiefdruckzentren in der Atmosphäre begleiten, hängen mit den Meeresströmungen zusammen, die auf diese Weise das Klima über dem Land ebenso wie über dem Meer beeinflussen.

Die Meeresströme verbinden nicht nur Vorgänge in der Tiefe des Ozeans mit Prozessen in den oberen Schichten unserer Atmosphäre, sondern auch verschiedene Meeresbecken miteinander, indem sie langsam, aber stetig Wasser und die darin gelösten Stoffe von einem Ende der Erde zum anderen tragen. Für ein einzelnes Molekül mag es vielleicht 6000 Jahre dauern, bis es den Globus umrundet hat. Dies ist zwar eine verschwindend geringe Leistung im Vergleich zu der Geschwindigkeit eines Schiffs oder eines Seevogels, die höchstens ein paar Monate dazu brauchen. Doch dieser Vorgang ist ehrfurchtgebietend in seiner Bedeutung für die Zukunft aller Lebewesen, die in das ozeanische System eingebunden sind.

Größe und Unendlichkeit sind die hervorstechendsten Eigenschaften der Ozeane. Die in ihrem Wasser gelösten Gase und Nährstoffe bilden gigantische Puffer gegen kurzfristige Änderungen in der Atmosphäre. Der endlose Kreislauf des Regens vom Land, in den Fluß und wieder zurück ins Meer macht deutlich, daß Ozeane und Landmassen untrennbare Bestandteile eines einzigen globalen Systems sind.

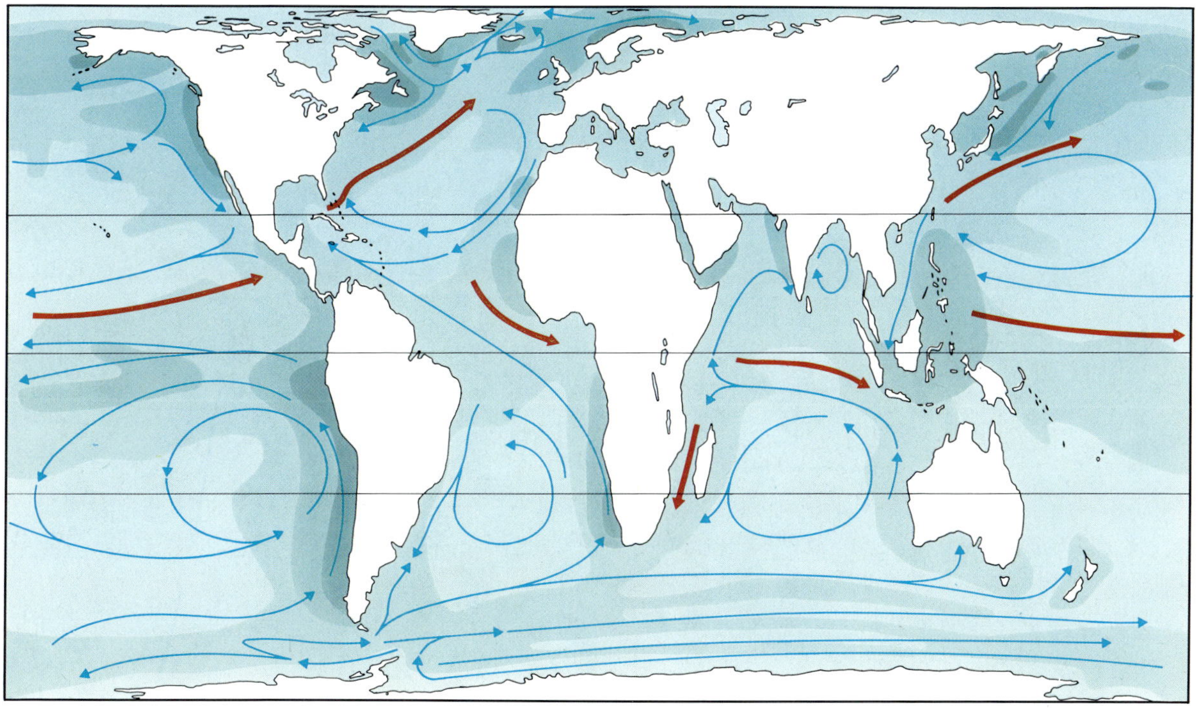

Strömungen und Produktivität der Ozeane
Die Ozeane der Erde sind unterschiedlich stark besiedelt. Ihre Produktivität läßt sich anhand der Planktonmenge im Wasser bestimmen.

(Milligramm Plankton pro Kubikmeter Wasser)

über 500
201 – 500
50 – 200
unter 50

Die größten Meeresströme

Kalte Ströme

Warme Ströme

Leben im Meer

Zwei physikalische Faktoren begrenzen die biologische Produktivität der offenen Meere: ihre Tiefe und die beschränkte Fähigkeit des Lichtes, Wasser zu durchdringen. Viele Messungen haben ergeben, daß die Primärproduktion der Ozeane, die von den Pflanzen erzeugte Energiemenge etwa der von Wüsten auf dem Land entspricht. Das bedeutet, daß die Meere, obwohl sie sieben Zehntel der Erdoberfläche bedecken, nur weniger als ein Viertel der gesamten organischen Produktion unseres Planeten erzeugen.

Da ozeanische Pflanzen so außerordentlich klein sind, müssen auch die Pflanzenfresser an der Basis der ökologischen Pyramide sehr klein sein. Die Nahrungskette zwischen Pflanzen und den Spitzenpositionen der Fleischfresser ist in den Meeren viel länger als auf dem Land. Da in jedem Glied der Nahrungskette Energie verlorengeht, sind die Ressourcen für die größeren Fleischfresser spärlich. Alle Seevögel sind Fleischfresser. Sie leben am Ende einer wesentlich schmaleren und spitzeren Pyramide als Landvögel. Hinzu kommen riesige Entfernungen, stürmische See und starke Winde. Dennoch haben sich einige Vogelarten für das Leben auf der offenen See spezialisiert.

Seevögel – die gefiederten Spezialisten
Nur drei Prozent aller Vogelarten sind Seevögel, obwohl die Meere 70 Prozent der Erdoberfläche bedecken. Seevögel sind Spezialisten in einer harten Umgebung, die sich als monotone nasse Wüste ohne Grenzen und Abwechslung zu präsentieren scheint. Doch in Wirklichkeit ist die See reich gegliedert, nicht nur an ihren Rändern, an den flachen Küstenmeeren und im Bereich der kühlen Aufwärtsströmungen voller Leben, sondern auch im tiefen Ozean, wo unsichtbare Strömungen kaltes Wasser aus der Antarktis äquatorwärts führen oder tropische Wassermassen von einem Ende des Ozeans zum anderen strömen. Diese sehr fein abgestimmten, im Ozean verlaufenden Grenzen sind die Ursache für die unterschiedliche Verbreitung von Seevögeln.

Das Verteilungsmuster der Ressourcen im Meer ist für Vögel ebenso folgenreich wie der Wechsel von Wäldern und Feldern an Land für uns Menschen. Temperatur und Salzgehalt bestimmen die Zusammensetzung des Planktons und damit auch das Nahrungsangebot für Vögel und andere große Tiere. Die Temperatur wird durch die Herkunft des Wassers entscheidend beeinflußt. Große Mengen kommen vom schmelzenden Polareis zunächst als kaltes Süßwasser, erwärmen sich und werden salzig, wenn sie in Richtung Tropen fließen. Die Ränder dieser Strömungen und unterschiedlich zusammengesetzter Wassermassen sind die großen Grenzlinien in den Meeren. Sie sind für Seevögel ebenso wichtig wie der Waldsaum für Landvögel. Selbst in der Äquatorgegend können winzige Unterschiede von ein paar Promille im Salzgehalt oder von einem Temperaturgrad die Fauna drastisch verändern.

Nahrungserwerb bei Seevögeln
1. Raubmöwen bedrängen andere Seevögel in der Luft, so daß sie die im Schnabel transportierte Nahrung fallen lassen.
2. Tölpel legen beim Stoßtauchen die langen Flügel nach hinten.
3. Seeschwalben sind ebenfalls Stoßtaucher.
4. Fregattvögel stoßen herunter und schnappen elegant von der Oberfläche Nahrung auf, ohne dabei ins Wasser zu tauchen.
5. Der Scheerenschnabel durchpflügt mit dem Unterschnabel das Wasser.
6. Albatrosse picken im Schwimmen Nahrung aus dem Wasser.
7. Möwen holen ebenfalls schwimmende Nahrung von der Oberfläche.
8. Sturmschwalben „tanzen" über dem Wasser in einer Kombination von Rüttelflug und „Wassergehen".
9. Wassertreter drehen sich oft in kleinen Kreisen und wirbeln dabei Nahrungstierchen in die obersten Wasserschichten.
10. Kormorane treiben sich beim Tauchen mit den Füßen an.
11. Alken verfolgen Fische unter Wasser und rudern dabei mit den Flügeln.
12. Sturmtaucher stürzen sich aus dem Flug in die Wellen, tauchen aber nicht tief.
13. Die sehr tief tauchenden Pinguine benützen die flossenförmigen Flügel zum Antrieb.

Die Ränder von Meeresströmen bilden auch wichtige Nahrungsgründe für Seevögel. Oft sammelt sich das Plankton entlang solcher Grenzen an. Dadurch werden Fische und Tintenfische als Konsumenten angezogen, die ihrerseits schließlich von Vögeln gejagt werden. In den Tropen sind solche ozeanischen Übergangszonen besonders wichtig, da ein konstant gleich warmes Meerwasser infolge der geringen Löslichkeit des Phosphors mit der Zeit genauso unfruchtbar wird wie der Boden im tropischen Regenwald. Hier ist die Nahrung für Seevögel gewöhnlich knapp und weit verteilt, während an den Grenzen verschiedener Wassermassen die Konzentration wesentlich höher ist. Auch dort, wo größere Raubfische einen Schwarm kleinerer Fische oder Tintenfische umkreisen und sie zum Beispiel an die Oberfläche einer Untiefe treiben, ist ein besseres Nahrungsangebot vorhanden. Für einige hektische Minuten tauchen oder stoßen dann Seevögel ins Wasser, drehen und drängeln sich in der Luft, da die Fische kurz aus dem Wasser springen, um vor der Gefahr in die Tiefe zu fliehen.

Menschen – die maßlosen Ausbeuter

Seit der Mensch sich auf das Meer hinauswagte, hat er von der Fähigkeit der Vögel profitiert, sich auf dem Meer zurechtzufinden und zu ernähren. Polynesische Seeleute navigieren auch heute noch nach dem Flug der Seevögel, und zum fachlichen Rüstzeug der Fischer auf der ganzen Welt zählen Angaben, welchen Vögeln man folgen soll, um lohnende Fischgründe zu finden. Auf abgelegenen Atollen des tropischen Indischen Ozeans dienen brütende Seevögel dem Menschen nicht nur als Nahrung. Wenn sie durch die einheimischen Fischer erschreckt werden, geben sie ihr mitgebrachtes Futter wieder von sich, das dann von den Fischern als Fischköder benutzt wird. Rigoroser geht man auf windexponierten Inseln zwischen Australien und Tasmanien und südlich von Neuseeland vor, wo jedes Jahr junge Dunkelsturmtaucher und junge Kurzschwanzsturmtaucher *(Puffinus tenuirostris)* industriell zu Fleischkonserven verarbeitet werden.

Auf den tropischen Seychellen drängen sich die Insulaner auf der Hafenmole, um Eier der Rußseeschwalbe zu ergattern, die kistenweise auf den weiter draußen gelegenen Inseln gesammelt werden. Auf abgelegenen Inseln von Chile bis Südafrika werden phosphathaltige Ablagerungen des Seevogelkots (Guano) abgebaut und in die ganze Welt als Dünger versandt.

Bei einigen der Verfahren, Seevögel zu nutzen, handelt es sich um richtiges Ernten, indem nur ein Teil der jährlichen Produktion verwertet wird, der den Bestand nicht gefährdet. Andere Methoden jedoch, wie die Guano-Industrie, verbrauchen das Kapital anstatt nur die Zinsen abzuschöpfen. Im kalten Humboldtstrom von Chile und Peru hat sich heute neben der traditionellen Guanoverwertung noch eine groß angelegte Fischereiindustrie entwickelt. Sie verarbeitet den Anchovis, die Hauptnahrung der Kormorane, Tölpel und Pelikane, die den Guano erzeugen. Das Ergebnis ist ein Chaos: ein Zusammenbruch der Vogelbestände und damit der Guanoproduktion, aber auch verringerte Fangquoten in der Fischerei. Im kalten Benguelastrom, vor der Küste Namibias, sind Guanonutzer und Fischer in einen ähnlichen Konflikt verwickelt, hier sind die Bestände der Brillenpinguine und Kaptölpel bedroht.

Auf jene wenigen Gebiete der Ozeane, in denen der Mensch nach modernen ökonomischen Gesichtspunkten den Fischbestand nutzen kann, sind auch die Seevögel angewiesen. Diese Tatsache ist ein weiteres eindrucksvolles Beispiel dafür, daß auch der Mensch wie alle übrigen Lebewesen von den Gesetzen der Natur abhängig ist. Einige Seevogelarten stehen vor dem Aussterben, eine sehr große Zahl nimmt in ihrem Bestand ab. Die anthropogenen Ursachen dieses Rückgangs sind mahnende Hinweise auf die Belastung der Ökosysteme durch den Menschen.

Bindenfregattvögel *(Fregata minor)* und Weißbauchtölpel *(Sula leucogaster)*; sie fliegen über einem Fischschwarm, den ein im Wasser lebender Räuber an die Oberfläche getrieben hat.

Wo Nahrung zu finden ist, bilden sich große Vogelschwärme, wie hier vor der Küste Perus.

Bermudasturmvogel: Die Konkurrenz ausgesperrt

In einer stürmischen Nacht des Jahres 1603 suchte ein spanischer Kapitän Schutz im Windschatten einer unbekannten Küste im westlichen Atlantik. Die Besatzung erlebte einen Alptraum, als aus dem Dunkel Millionen geflügelter Lebewesen auftauchten, um die Masten des Schiffes schwirrten und die Luft mit geradezu furchterregendem Geschrei erfüllten. Das Ereignis wurde durch Shakespeare in seinem Theaterstück „Der Sturm" verewigt. Die Seeleute nahmen Rache an den schreckenerregenden Gestalten; sie aßen sie zu Tausenden, und 20 Jahre nach der Besiedlung der Inseln glaubte man, die Vögel seien ausgestorben. Die Inseln wurden Bermudas genannt und die Vögel nach ihrem Ruf „Cahow".

300 Jahre lang lebten die Bermudasturmvögel nur in der Erinnerung der Menschen, als dann doch wieder einige Vögel gefangen wurden. 1951 begann man systematisch zu suchen und entdeckte die letzten Überlebenden der Art – etwa 18 Paare – als Brutvögel in kleinen Höhlungen und Felsspalten auf einigen Eilanden vor der Küste und entlegenen Felsen im Meer.

Auf den bewohnten Inseln hatten Hausschweine und Katzen, die von den Siedlern eingeschleppt worden waren, sowie Ratten, die aus anlegenden Schiffen kamen, ihre Dezimierung beschleunigt.

Bermudasturmvögel *(Pterodroma cahow)* sind elegante Seevögel mit langen schmalen Schwingen wie ein Miniatur-Albatros. Mit Albatrossen und Sturmtauchern haben sie die für die Ordnung der „Röhrennasen" charakteristischen röhrenförmig verlängerten Nasenlöcher gemeinsam, die auf der Oberseite des Hakenschnabels sitzen. Wie alle nachtaktiven Arten ihrer Verwandtschaft sind sie düster gefärbt. Ihre ersten Lebensjahre und die Sommer verbringen Bermudasturmvögel auf dem offenen Meer. Sie leben hauptsächlich von kleinen Tintenfischen und verfolgen ihre Beute auch tauchend unter Wasser.

Im Oktober kehren die Brutpaare an Land zurück und benutzen denselben Nestplatz wie im Vorjahr, bauen allerdings ein neues Nest aus grünen Zweigen. Beide Partner sind bis Ende Dezember Tag und Nacht in der Bruthöhle anzutreffen und mit dem Nestbau beschäftigt. Dann verschwinden sie wieder auf hoher See, um für das Brutgeschäft durch intensive Nahrungssuche Fettreserven aufzubauen. Zwei Wochen später kehren sie zurück. Dann legen die Weibchen ihr einziges, großes weißes Ei. Über sieben Wochen brüten beide Partner jeweils bis zu zwei Wochen ohne Ablösung, wobei sie von den vorher angelegten Fettreserven zehren.

Nach dem Schlüpfen wird das kleine, blaugraue Junge nur in den allerersten Tagen ständig von den Altvögeln beaufsichtigt. Danach kommen sie nur noch zum Füttern nachts an die Bruthöhle. Drei Monate dauert es, bis das Junge ausgewachsen ist. Wenn das Junge etwa zwei bis drei Wochen alt ist und tagsüber allein und hilflos in der Bruthöhle liegt, kehren die Weißschwanztropikvögel *(Phaeton lepturus)* zu den Bermudas zurück, um dort ebenfalls in Felsspalten und kleinen Höhlungen zu brüten. Als aggressive Konkurrenten machen sie kurzen Prozeß mit den jungen Bermudasturmvögeln und werfen sie aus dem Nest. Ohne menschlichen Eingriff hätten die Tropikvögel das Schicksal der Bermudasturmvögel wohl besiegelt. Glücklicherweise sind Tropikvögel etwas größer, zwar nicht viel, nur drei Millimeter in der Brustbreite, doch genug für eine Barriere am Nesteingang, deren Schlupfloch für einen Bermudasturmvogel gerade noch ausreicht, den Tropikvögeln aber den Zugang verwehrt. Diesen Umstand nutzte man für künstliche Nisthöhlen aus Draht und Zement. Infolge der Höhlen mit genau bemessenem Eingang konnten die Bermudasturmvögel ihren Fortpflanzungserfolg verdreifachen; die Zahl der Brutpaare stieg von 17 (1963) auf 32 (1982).

Nachts kehrt der Bermudasturmvogel zu seiner Nesthöhle zurück, nachdem er den ganzen Tag draußen auf dem Meer nach Nahrung gesucht hat.

Die künstliche Nisthöhle mit dem exakt auf die Größe des Bermudasturmvogels zugeschnittenen Eingang hält Tropikvögel als ungebetene Nistplatzkonkurrenten fern.

Den Heinrothsturmtaucher *(Puffinus heinrothi)* entdeckte man 1979 wieder, nachdem man 45 Jahre nichts mehr von ihm gesehen hatte. Man nimmt an, daß die Art in den Bergen der Insel Bougainville der Salomonengruppe brütet. Einzelheiten sind aber noch nicht bekannt.

Die Bermudasturmvögel wurden durch Verfolgung, Zerstörung ihrer einst mit Bäumen bestandenen Brutplätze und nachfolgender Bodenerosion an den Rand des Aussterbens gebracht. In den 60er Jahren drohte dem kleinen Bestand eine neue Gefahr, gegen die auf den Bermudas selbst keine Gegenmaßnahmen ergriffen werden konnten. 1967 brachten 22 Paare nur sechs Junge groß; der jährliche Rückgang der Vermehrungsrate betrug um diese Zeit etwa drei Prozent. Hätte sich diese Tendenz fortgesetzt, wäre die Nachwuchsrate um 1978 bei Null angelangt. Aus den Eiern schlüpften nämlich keine Jungen. Tote Jungvögel enthielten bis zu 11 ppm (parts per million = 1 Milligramm pro Kilogramm) DDT-Rückstände. Schon geringere Konzentrationen hätten für den katastrophalen Rückgang ausgereicht. Der Sommeraufenthalt über dem Nordatlantik macht den Bermudasturmvogel zu einem sensiblen Anzeiger für die Giftbelastung der Ozeane. Die Vögel hatten die giftigen Rückstände auf See aufgenommen und damit die zunehmende Gefährdung der Umwelt durch chlorierte organische Insektenbekämpfungsmittel nachgewiesen.

Auch andere Sturmvögel und Sturmtaucher in vielen Teilen der Welt sind bedroht. Mindestens fünf Arten bedürfen dringend wirkungsvoller Schutzmaßnahmen; für vier weitere sind Hilfsmaßnahmen geplant, und fast 20 weitere Arten sind so wenig bekannt, daß wir über ihren gegenwärtigen Bestand nicht informiert sind. In den letzten Jahren kamen einige Arten, die bisher nur von Museumsbälgen bekannt waren, wieder ans Licht, einige davon, als sie in Nebelnächten völlig desorientiert gegen erleuchtete Fensterscheiben taumelten. So sind der Magentasturmvogel *(Pterodroma magentae)* auf den Chatham-Inseln, der Heinrothsturmtaucher *(Puffinus heinrothi)* in Neubritannien und der Maskarensturmvogel *(Pterodroma aterrima)* im Indischen Ozean erst neuerdings wieder aufgetaucht. Man weiß zwar nicht, wo ihre Brutplätze liegen, sie werden aber ähnlich wie auf anderen Inseln durch jene eingewanderten Tiere bedroht sein, die im Gefolge des Menschen auf die Inseln gekommen sind.

Galapagoskormoran: Touristenattraktion in Gefahr

Der Verlust der Flugfähigkeit bringt eine Verminderung der Beweglichkeit eines jeden Vogels mit sich. Dies muß aber nicht gleichzeitig bedeuten, daß flugunfähige Vögel zu großen Ortswechseln nicht fähig wären. Zum Beispiel können Pinguine weite Wanderungen zu Fuß oder schwimmend ausführen. Der flugunfähige Galapagoskormoran *(Nannopterum harrisi)* dagegen unternimmt keine derartigen Versuche und ist sicherlich der seßhafteste Seevogel der Welt. Diese Vogelart ist nur auf zwei Inseln zu finden, Isabela und Fernandina, auf der Westseite der Galapagos-Gruppe, wo die kühlen Wassermassen des Humboldtstroms an der Küste entlangstreichen. Die Vögel brüten auf weniger als 400 Kilometer Küstenlinie und wurden noch nie außerhalb ihres Brutplatzes beobachtet.

Der Galapagoskormoran bietet keinen besonders hübschen Anblick, wenn er feierlich seine Flügel zum Trocknen ausbreitet und dabei kümmerliche Rudimente zur Schau stellt. Der Anblick des stumpfbraunen Gefieders wird bei den Altvögeln nur durch die leuchtendblauen Augen aufgelockert; der Schnabel ist lang, kräftig und an der Spitze hakenförmig gebogen. Die robusten Füße tragen zwischen allen Zehen Schwimmhäute, wie bei Kormoranen üblich. Die Vögel liegen beim Schwimmen tief im Wasser. Obwohl sie eigentlich für einen Fußmarsch an Land gut ausgerüstet sind, gehen sie doch so wenig wie möglich.

Im Brutverhalten der Galapagoskormorane fällt ein ungewöhnlicher Mangel an Paartreue auf. Die Partner wechseln jährlich, ein Verhalten, das bei anderen Seevögeln eher die Ausnahme darstellt. Galapagoskormorane unternehmen mehrere Brutversuche pro Jahr. Dazu gehört Balz, Nestbau mit Tang auf kahlen Felsen, Ablage von bis zu vier, meist aber drei Eiern. Viele Eier gehen allerdings verloren oder werden verlassen; ein hoher Prozentsatz unter ihnen ist auch taub. Die eigentliche Brutzeit konzentriert sich auf die kühlste Zeit im Jahr von April bis November, doch häufiger Verlust und neue Nestversuche mit anderen Partnern führen dazu, daß auch in den anderen Monaten Eier gelegt werden. Das Männchen ist größer als das Weibchen und füttert die Jungen länger als der weibliche Partner, der sich oft schon mit einem neuen Männchen verpaart und wieder zu brüten beginnt, ehe die Jungen der vorhergegangenen Brut selbständig sind.

Galapagoskormorane brüten in kleinen Gruppen an steinigen Stränden und auf kahlen Felsen in geschützten Buchten. Sie scheinen ihre Nester in nächster Nähe von günstigen Nahrungsgründen anzulegen, in denen sie Fische und Tintenfische jagen können. Oft rücken sie ihre Nester gefährlich nahe ans Wasser. Eine Gruppe von Kormoranen, deren Nester durch ein kleines Erdbeben einen halben Meter nach oben verlagert wurden, verlegte sie prompt um denselben Höhenunterschied wieder nach unten.

Der gegenwärtige Bestand von 700 bis 800 Paaren zeigt keine Veränderungen der Zahl und des Brutgebietes. Warum die Vögel so eng an ihren kleinen Küstenabschnitt gebunden sind, bleibt ein Rätsel. Das Meer ist hier zwar kühler als im übrigen Galapagosgebiet, aber die Kormorane gehen nur ins Wasser, um Nahrung zu jagen. Ihre Beutetiere sind aber über ein viel weiteres Areal verbreitet als die Kormorane.

Es ist verständlich, daß eine derart kleine Population, die auf einen so kleinem Raum beschränkt ist, außerordentlich gefährdet ist. Schon eine kleine Änderung in den ozeanographischen Bedingungen kann die Nahrungsquelle weit außerhalb der Reichweite der Vögel verlagern und sie zwingen, weit über 100 Meter von der Küste entfernt zu jagen. Auch erbliche Defekte könnten ein gefährliches Niveau erreichen. Diese mögen das merkwürdige Brutverhalten ebenso wie die hohe Quote der mißlingenden Brutversuche erklären. Häufiger Wechsel des Partners und des Nistplatzes führt zu einer stärkeren Vermischung des Genbestands innerhalb der Population, als dies beim üblichen Fortpflanzungsverhalten der Vögel der Fall wäre.

Aber selbst in diesem abgelegenen Archipel wird der Fortbestand der Kormorane durch den Menschen bedroht. Vor der Küste droht der traditionelle Langustenfang mit Tauchern durch industrielle Methoden ersetzt zu werden. Die dadurch erfolgende Beunruhigung führt sicher zu Problemen. Neuerdings bedrohen wilde Hunde, ebenso wie auf anderen Inseln des Archipels, die Nistplätze und damit die Existenz der Galapagoskormorane. Auch die ständig steigende Zahl der Touristen wirkt sich nachhaltig negativ aus.

Galapagoskormorane und ihre Jungen am Brutplatz auf der Galapagosinsel Fernandina. Sie leben in friedlicher Eintracht mit den hier vorkommenden Meeresechsen.

Der flugunfähige Galapagoskormoran lebt nur auf zwei kleinen Inseln der Galapagos-Gruppe. Beim Trocknen der vom Tauchen durchnäßten Federn erkennt man, daß die verkümmerten Flügel den schweren Körper nicht mehr in die Luft erheben können.

Korallenmöwe: Europas seltenster Seevogel

Die dichtbesiedelten Inseln des Mittelmeeres lassen sich mit den entlegenen wüstenhaften Inseln der Galapagos nicht vergleichen. Die Probleme, denen hier Seevögel ausgesetzt sind, haben sehr viel stärker noch mit dem Menschen zu tun, der seit Jahrtausenden diesen Raum besiedelt und nutzt. Die heutigen Seevogelarten sind daher ein Überbleibsel; manche andere sind seit langem ausgestorben.

Möwen sind eigentlich keine ausgesprochenen Seevögel. Meist suchen sie in Küstennähe oder sogar an Land nach Nahrung; nur selten sind sie so weit draußen auf offener See anzutreffen wie echte Meeresvögel. Doch Korallenmöwen *(Larus audouinii)* sind stärker ans Meer gebunden als die meisten anderen Möwenarten, finden aber wie ihre Verwandten auch Nahrung an Land oder in Küstennähe. Sie brüten in lockeren Kolonien auf felsigen Südhängen der Mittelmeerinseln. Über 85 Prozent der etwa 3600 Paare umfassenden Gesamtpopulation brütet im westlichen Mittelmeer, der Rest verteilt sich auf Inseln vor der Küste der Türkei, des Libanon sowie der Ägäis. Über 2000 Paare brüten auf den Chafarinas vor der Nordostküste Spanisch-Marokkos.

Korallenmöwen beginnen auffallend spät im Jahr mit der Eiablage, meist nicht vor Ende April oder Mai. Ihr Gelege besteht gewöhnlich aus zwei, seltener aus drei Eiern, die vier Wochen lang bebrütet werden. Wenn ab Anfang Juni sich die rauhe See und die kräftigen Winde beruhigen und die Sonne über das spiegelglatte Wasser strahlt, zeigt sich, warum Korallenmöwen so spät ihre Eier legen: Nur bei ruhigem Wetter haben sie mit ihrer einzigartigen Methode des Nahrungserwerbs Erfolg. Dicht über dem Meer fliegend, wobei manchmal auch die Flügelspitzen ins Wasser tauchen, „schöpfen" sie ihre Beute aus den Oberflächenschichten.

Sie jagen kleine Schwarmfische, meist aus der Familie der Heringsartigen, die im Juni an die Oberfläche steigen, um zu laichen. Solche Fische sind im Ostmittelmeer viel seltener, und daher suchen Korallenmöwen dort einen ansehnlichen Teil der Nahrung auf dem Land. Die Vögel laufen auf kahlem oder spärlich bewachsenem Boden und jagen mit kurzen Flugsprüngen nach Mäusen und Heuschrecken oder kleinen Zugvögeln, die manchmal in Scharen bei ihrer Wanderung von Afrika nach Norden durch Stürme über dem Atlantik vom Kurs abgedrängt werden. Nach dem anstrengenden Flug über die Sahara sind die Vögel oft so erschöpft, daß sie den Winden nicht mehr trotzen können und sich ermattet auf den Inseln niederlassen. Für die kräftigen Korallenmöwen sind sie dann eine leichte Beute.

So steht den Korallenmöwen eine Vielfalt von Nahrungsquellen zur Verfügung, doch die zeitliche Einpassung ihrer Brutzeit und das Angebot kleiner Fische zeigen, daß sie in viel stärkerem Maß vom Meer abhängig sind als andere Möwen dieser Region.

Ihre Position an der Spitze mariner Nahrungsketten macht sie gegenüber Giften im Wasser besonders anfällig. Im allseits von Land umgebenen Mittelmeer werden eingeschwemmte Schadstoffe schlechter verteilt als im offenen Ozean. Erwachsene Korallenmöwen tragen daher beachtliche Mengen an Organochlorverbindungen und Schwermetallen in ihrem Körper, vor allem Quecksilber, das in Eiern 1,2 ppm und in Küken 15 ppm (Milligramm pro Kilogramm) erreicht. Damit ist bewiesen, daß Giftstoffe aus dem Organismus des Weibchens in die Eier gelangen und schon die Jungen mit der Nahrung weitere Giftmengen aufnehmen.

Nun gibt es zwar noch keine eindeutigen Beweise, daß Vergiftung den Fortbestand der Korallenmöwen nennenswert gefährdet, doch jede Zunahme von Giften steigert diese Gefahr. Eine unmittelbare Bedrohung der Möwen kommt noch von der Störung der Brutkolonien durch Menschen. Die Südhänge der Mittelmeerinseln sind aus vielen Gründen besonders attraktiv und werden daher von der wachsenden Bevölkerung Europas, Nordafrikas und Vorderasiens Jahr für Jahr mehr beansprucht. Touristen kommen als Badegäste, Spaziergänger oder Naturbeobachter suchen Blumen oder beobachten Vögel, und Fischer landen am Ufer zur Rast, um ihre Fahrzeuge zu überholen und eßbare Möweneier zu sammeln. Beliebt sind vor allem die Eier von Weißkopfmöwen *(Larus cachinnans),* die in dichten und großen Kolonien brüten und deren Gelege daher leicht zu finden sind. Doch auch einige Kolonien der Korallenmöwe werden regelmäßig abgesucht. Keiner der Brutplätze liegt in einem Schutzgebiet, das wenigstens gesetzlichen Schutz versprechen würde.

Im Unterschied zum Galapagoskormoran, für den die größten Gefahren wahrscheinlich in der eigenen Lebensweise liegen, hat die Korallenmöwe beachtliche natürliche Vorteile. Die sehr verstreute Anlage ihrer Nester wirkt sich vermutlich am günstigsten aus; auch werden offenbar von Jahr zu Jahr regelmäßig Brutplätze gewechselt. Doch nichtsdestoweniger ist sie eine der seltensten Vogelarten Europas.

Korallenmöwen sind spezialisiert auf die Kunst, im niedrigen Suchflug geschickt Nahrung aus dem Meer zu fischen, ohne sich auf dem Wasser niederlassen zu müssen.

Spuren des Tourismus an einem Strand auf Kreta. Ein Alltagsbild an den Küsten des Mittelmeeres.

Die Chafarinas-Inseln vor der Küste Marokkos beherbergen die größte Brutkolonie der Korallenmöwe. Ornithologen überprüfen den Bruterfolg und suchen vor allem nach Anzeichen möglicher Vergiftungen, denen Seevögel häufig ausgesetzt sind.

Abbot-Tölpel: Nistplatzverlust durch Phosphatabbau

In tropischen Gewässern leben mehrere Tölpelarten, im Nordatlantik dagegen nur der Baßtölpel. Den wenig schmeichelhaften Namen „Tölpel" verdanken die Vögel ihrer Zahmheit. Auf den einsamen und abgelegenen tropischen Inseln zeigen sie keine Verteidigungsbereitschaft und keine großen Fluchtdistanzen gegenüber jenen landlebenden Raubtieren und den Menschen entwickelt, denen die Tölpel als willkommene Beute dienten.

Die Geschichte des Abbot-Tölpels (*Sula abbotti*) ist zwar in allen ihren Einzelheiten nicht genau bekannt, doch in ihrer Konsequenz von tragischer Eindeutigkeit. Einst brüteten die Tölpel auf einigen Inseln nördlich und östlich von Madagaskar, hatten aber sehr rasch unter den ersten Siedlern zu leiden. In den 30er oder 40er Jahren waren sie auf der Insel Assumption infolge der Guanonutzung endgültig ausgerottet. Die einzige derzeit noch bekannte Population lebt auf der Weihnachtsinsel im Osten des tropischen Indischen Ozeans, 290 Kilometer südlich von Java.

Der Abbot-Tölpel ist ein stattlicher Seevogel. Besonders charakteristisch ist sein spitzer Dolchschnabel, dessen Ränder mit Sägezähnchen besetzt sind. Der Schnabel ist mächtiger als bei anderen Tölpelarten und auffallend gefärbt, rosa bei den Weibchen, grau bei den Männchen, mit einer schwarzen Spitze und je einem schwarzen Fleck rund um das Auge.

Die meisten Tölpel brüten auf dem Boden, doch Abbot-Tölpel brüten ausschließlich auf großen Bäumen bis zu einer Höhe von 45 Metern. Im Vergleich zu ihren bodenbrütenden Verwandten beherrschen die Brutvögel nur ein geringes Repertoire an Ausdrucksbewegungen. Doch wie zum Ausgleich dafür ist die stimmliche Reichweite des Abbot-Tölpels viel größer. Sein rauhes, stierähnliches Gebrüll hallt über die Weihnachts-Inseln, als würde eine Rinderherde in den Bäumen leben.

In ein mächtiges Nest aus Zweigen wird zwischen Mai und Juli ein kalkweißes Ei abgelegt. Die Brutzeit ist außerordentlich lang, denn das Küken wächst nur sehr langsam. Erst mit etwa sechs Monaten unternimmt das Junge seinen ersten Flug. Es kehrt aber noch weitere sieben oder acht Monate zum Nestbaum zurück, um sich dort von den Eltern weiter füttern zu lassen, ehe es dann endgültig auf das Meer hinausfliegt.

Eine erfolgreiche Brut dauert also mehr als 12 Monate, so daß ein Paar mit einem flüggen Jungen nur jedes zweite Jahr brüten kann. Die Lebensdauer der Altvögel und der Zeitpunkt der ersten Brut sind unbekannt. Aus dem, was wir über ihre Brutbiologie wissen, kann in Analogie zu anderen Seevögeln ein Mindestalter von 25 bis 30 Jahren und eine Brutreife mit vier bis sieben Jahren geschlossen werden. Die Vermehrungsrate ist äußerst niedrig und wird durch häufige Brutverluste noch weiter verringert.

Die größte Gefahr droht den Vögeln durch die reichen Phosphatablagerungen unter den Brutbäumen. Um diesen Guano abbauen zu können, muß der Wald abgeholzt werden. Große Flächen sind durch industrielle Nutzung bereits bis auf den bloßen Felsen abgetragen worden. Die dadurch entstandene kahle Mondlandschaft wird Jahrhunderte benötigen, bis sie sich wieder mit einem neuen Waldkleid regeneriert hat.

Dem Schutz der Tölpel zuliebe wird heute der Wald nur noch auf kleinen Flächen abgeholzt, wobei man Bäume mit Nestern so lange verschont, bis die Jungen ausgeflogen sind. Unglücklicherweise brüten die Vögel immer wieder in jenen Waldstükken, die besonders reich an Guanoablagerungen sind, bei denen es sich also um traditionelle Brutgebiete handelt. Ob die Tölpel in den Bäumen, die nach dem Phosphatabbau übrigbleiben, erfolgreich brüten, ist zweifelhaft. Unsicher ist auch, ob die übriggelassenen kleinen Baumgruppen den Tölpeln als Lebensraum auf Dauer ausreichen, wenn sie des Schutzes der umstehenden Baumbestände beraubt sind.

Abbot-Tölpel nisten auf den mächtigen Bäumen des stark gerodeten Regenwaldes der Weihnachtsinsel im Indischen Ozean.

Die Tölpel sind nicht die einzige Vogelart, die nur hier in den Wäldern der Weihnachts-Inseln vorkommt. Zwei andere Seevögel, der Weißbauch-Fregattvogel und eine Unterart des Weißschwanz-Tropikvogels *(Phaethon lepturus fulvus)*, verschiedene Landvogelarten und auch andere Tierarten sind nur auf dieser ganz besonderen Insel anzutreffen.

So besteht für die Weihnachts-Inseln ein scharfer, sich immer stärker zuspitzender Konflikt zwischen der Guano-Industrie und dem Schutz des Inselökosystems. Ausnahmsweise lassen sich die Kosten für den Schutz einmal ganz genau angeben. Sie entsprechen dem Preis des abgebauten Phosphats.

Hauptursache ihrer Gefährdung ist der Abbau von Guano für die Düngemittelproduktion. Nach der Rodung des Waldes und dem Abbau des Phosphats bleibt nackter Fels übrig. Wunden in der Landschaft, die erst in Jahrhunderten heilen, wenn der Wald das Gebiet zurückerobert.

Eine zart goldbraun gefärbte Unterart des Weißschwanz-Tropikvogels brütet nur auf der Weihnachtsinsel. Ihr Nest legen die Vögel meist in Höhlungen alter Bäume an, mitunter aber auch in Felsspalten.

Lagebericht Ozeane: Endstation für unseren Abfall

Die offenen Meere sind gemeinsame Ressourcen der gesamten Menschheit. Anders ausgedrückt: Sie gehören niemandem, und jeder kann sie nutzen. So argumentieren viele, die das Meer ausbeuten und wirtschaftlich davon profitieren. Dabei wird aber viel zu selten berücksichtigt, daß die Vorgänge in einzelnen Teilen des Meers oder die Eingriffe in Teilbereiche des Ökosystems Folgen für das Ganze nach sich ziehen können.

Ein Vermögen wird verschleudert

Die irrige Meinung, Ozeane seien unerschöpflich, bestimmt vielfach unser Bild vom Meer. Tatsächlich sind schlickreiche Flachmeere über den Kontinentalsockeln und Gewässer in kühlen Meeresströmungen fast unübersehbar reich an biologischer Substanz. Wir nehmen heute jedoch fast die gesamte Fischproduktion solcher Gebiete ebenso rücksichtslos in Anspruch wie die Erdöllagerstätten oder neuerdings die Manganknollen auf dem Meeresboden.

Das Meer als Mülltonne der Industrienationen. Noch immer ist es üblich, die auf dem Land unerwünschten Giftstoffe auf offener See zu verklappen.

Die Überfischung mit hochindustrialisierten Fangmethoden gefährdet nicht nur kurzfristig die Nahrungsquellen der Seevögel, sondern auch langfristig eine der zukunftsträchtigsten Nahrungsressourcen des Menschen.

Folgen der Ölpest: Nicht nur bei spektakulären Tankerunfällen, sondern auch entlang der dichtbefahrenen Schiffahrtswege kommen jährlich Hunderttausende von Seevögeln um.

Die großen Fischgründe sind heute weitgehend überfischt, nur in ganz wenigen Gebieten ist noch eine normale Altersstruktur bei den Nutzfischen nachweisbar. Die Fischerei der Zukunft wird daher kaum wesentlich mehr zur Ernährung der Menschheit beitragen können, als sie dies heute schon tut. Gegenwärtig beziehen wir etwa sechs Prozent unseres tierischen Eiweißbedarfs aus dem Meer, ein Anteil, der durch eine verbesserte Befischung mit Sicherheit nicht wesentlich gesteigert werden kann. Die biologische Produktion des Meeres wird nun einmal durch die Tiefe der offenen Ozeane radikal begrenzt.

Wir könnten mehr Nahrung aus dem Meer beziehen, wenn wir vorsichtiger mit den angebotenen Ressourcen umgingen. Ein hoher Anteil der erbeuteten Fische wird zum Beispiel gar nicht verzehrt. Man verfüttert ihn an Schweine oder verwendet ihn als Dünger für Pflanzen, die wir als Futterpflanzen erst über den Umweg von Rindfleisch nutzen. Die ökologischen Regeln der Weitergabe von Energie in lebenden Systemen besagen, daß ein großer Teil der Energie bei dem Übergang von einer Stufe zur nächsten verlorengeht. Wenn Fischmehl als Pflanzendünger, die Pflanze als Nahrungspflanze für Rinder und erst die Rinder als Nahrung für den Menschen genutzt werden, gehen weit über 90 Prozent der in den Fischen enthaltenen Energie verloren.

Beim Fischfang handelt es sich um eine Ernährungsmethode der Steinzeit, die heute mit den technischen Mitteln des Raumzeitalters vollzogen wird. Wir machen dabei die gleichen Fehler wie auf dem Land: Wir töten zu viele Individuen, so daß sich der Bestand nicht in gleicher Größe halten kann. Wir bauen die Ressourcen ab, anstatt nur zu ernten, wir verbrauchen Kapital, anstatt nur von den Zinsen zu leben. Doch das Risiko ist mittlerweile noch höher geworden. Das Leben im Meer als Ressource für den Menschen ist nicht nur durch Übernutzung und Verschmutzung gefährdet. Vielmehr müssen auch immer mehr Menschen vom Meer ernährt werden, ohne daß sich dort neue Nahrungsquellen abzeichnen.

Der Mißbrauch, den wir mit dem Meer treiben, zeigt sich aber noch in einem anderen Bereich. Ein besonderes Problem ist die Energiegewinnung durch Verbrennung kohlenstoffreicher Brennstoffe. Ozeane sind bei weitem die größten Lagerstätten im Kohlenstoffkreislauf auf unserem Planeten, denn sie können 50mal soviel Kohlenstoff in Form von Kohlendioxid aufnehmen wie die Atmosphäre. In fossilen Brennstoffen, wie Erdöl, Erdgas oder Kohle, ist immerhin noch etwa das Zehnfache des atmosphärischen Wertes gebunden. Der größte Teil des durch Verbrennung freigewordenen Kohlenstoffs landet heute im Meer. Doch längst ist klar, daß das Meer das zusätzliche Kohlendioxid nicht im gleichen Tempo aufnehmen kann, wie es durch uns produziert wird. Die Folge: Die Konzentration von Kohlendioxid in der Atmosphäre wächst Jahr für Jahr und wird sich wahrscheinlich verdoppeln, bevor ein stabiler Gleichgewichtszustand erreicht ist.

Wir sind in ein kolossales ökologisches, meereskundliches und klimatologisches Experiment eingestiegen, ohne uns über seinen Ausgang voll im klaren zu sein. Unser blindes Vertrauen in die Saugfähigkeit des ozeanischen Schwammes ist ebenso trügerisch wie der Glaube an unerschöpfliche Ressourcen im Meer.

Wir behandeln die Ozeane wie eine riesige Endlagerstätte, die nicht nur Abgase unserer Verbrennungsmaschinen schlucken muß, sondern auch unseren festen, flüssigen und radioaktiven Abfall. Längst aber wissen wir, daß Pestizide und chemische Gifte überall in der Welt bis in die Spitzenglieder mariner Nahrungsketten vorgedrungen sind und auch unsere eigene Nahrung vergiften: Austern häufen das giftige Blei bis zur 5000fachen Konzentration aus dem Wasser an; Schweine, die mit Walmehl gefüttert werden, enthalten einen höheren Bleigehalt, als für Speisefische zugelassen; Fische können Quecksilber bis auf das 3000fache aus dem Wasser oder über die Nahrungsketten anreichern.

Irgendwo und irgendwann, mag es auch über 100 Jahre dauern, kommt das Wasser aus der Tiefe der Ozeane wieder an die Oberfläche. Schadstoffe, die heute in den unermeßlichen Tiefen der Ozeane lagern, deren Konzentration ständig infolge der Verklappung von Industrieabfällen steigt, werden dann wieder in den Nahrungsketten auftauchen und eine neue Bedrohung des Lebens auf der Erde darstellen.

Überall blinken Warnzeichen

Seevögel enthüllten die weltweite Verbreitung der in der Landwirtschaft verwendeten Pestizide. Dann machten uns die an die Strände gespülten schwarzen, stinkenden Körper Tausender von Seevögeln auf die Folgen der Ölpest aufmerksam. Jetzt entdecken wir in der Quecksilberbelastung der Korallenmöwe, daß die Vergiftung des Mittelmeeres bereits ein Niveau erreicht hat, bei dem eine ökologische Katastrophe unausweichlich scheint. Seevögel warnen uns frühzeitig vor den Belastungen ihres Ökosystems, doch dem Menschen fehlt häufig die Einsicht, diese Warnzeichen zu beachten und daraus Lehren zu ziehen. Bevor ein Fischereibetrieb unrentabel wird und zusammenbricht, sterben erst die jungen Seevögel, und ihre Eltern verlassen die Brutkolonie. Die sich abzeichnende Katastrophe kündigt sich eigentlich unmißverständlich an. Fischgründe, die heute die Seevögel nicht mehr ausreichend ernähren können, werden morgen auch dem Fischer den Arbeitsplatz nicht erhalten.

Einige der unmittelbarsten Gefahren für die seltensten Seevögel betreffen ihre Nistplätze und sind damit eher eine Folge der Bedrohung der Ökosysteme des Landes. Andere werden durch Netze bedroht, die für den Massenfischfang ausgelegt wurden. Doch langfristig werden auch Seevögel wie alle vom Meer abhängigen Lebewesen am stärksten durch den fortgesetzten Mißbrauch ihres Lebensraums gefährdet. Wir Menschen tragen dafür nicht nur die Verantwortung, sondern später auch die katastrophalen Folgen, die uns alle betreffen werden.

Vögel sind hochempfindliche Anzeiger für Umweltgifte. Untersuchungen an Braunpelikanen *(Pelecanus occidentalis)* weisen seit 20 Jahren auf die DDT-Belastung der Küstengewässer Nordamerikas hin.

In einigen Gebieten Norwegens sind in Brutkolonien des Papageitauchers *(Fratercula arctica)* und einiger anderer Seevögel keine Jungen mehr aufgezogen worden. Die Überfischung der Heringsbestände zerstörte die Nahrungsgrundlage der Vögel.

Den größten Teil des Jahres sind die Polarregionen trocken und unfruchtbar wie eine Wüste. Doch der kurze Polarsommer löst geradezu eine Explosion des Lebens aus; den zahllosen Lebewesen stehen nur wenige Monate für all die Aktivitäten zur Verfügung, die in anderen Klimazonen in einem ganzen Jahr ablaufen.

Die Arktis ist ein von Land umgebener gefrorener Ozean. Landlebewesen haben sich der rauhen Welt aus Eis, Felsen und Dauerfrostboden angepaßt. Im Gegensatz dazu ist die Antarktis ein unter Eis begrabener Kontinent, umgeben von einem sturmgepeitschten Ozean. Mehrere Kilometer Dicke kann stellenweise die Eisschicht erreichen. Das Leben spielt sich so gut wie ganz im Meer ab; der Kontinent selbst ist unbewohnt.

Bis vor etwa 12 000 Jahren erstreckten sich polare Lebensräume viel weiter gegen den Äquator zu. Heute leben polare Pflanzen- und Tierarten nur noch auf einem Bruchteil der Fläche, die sie während der großen Eiszeiten besiedelten.

Große Kälte, die monatelange Winternacht und sehr begrenzte Ressourcen machen Polargebiete zu den rauhesten Lebensräumen der Erde. Daß hier überhaupt Vögel existieren können, ist eine Folge ihrer erstaunlich großen Anpassungsfähigkeit.

Die Polarregionen

Leben in Kälte und Eis

Die Polargebiete sind die reinsten Trockengebiete: Hier fällt weniger Schnee als in der Sahara Regen. Der Schnee wird lediglich durch Stürme umhergewirbelt und so eigentlich nur von einem Ort zum anderen verlagert. Nirgendwo sonst auf der Erde ist der Wechsel zwischen Hell und Dunkel so einschneidend: Die immerwährende Nacht im Winter wird abgelöst vom endlosen Tag im Sommer. Bissige Kälte erreicht im Winter minus 80 Grad Celsius; heulende Winde drücken die tatsächlichen Temperaturen noch tiefer.

Die beiden Pole der Erde ähneln sich eigentlich nur in bezug auf die Kälte. Der Nordpol, die Arktis, ist ein eisbedeckter Ozean, umgeben von den Festlandsrändern Nordamerikas, Eurasiens und Grönlands. Der Südpol, die Antarktis, ist dagegen ein eisbedecktes Festland, von Meer und einigen abgeschiedenen windgepeitschten Inseln umgeben. Polwärts der beiden Polarkreise (66 ½ Grad Breite) gibt es im Winter kein Leben. Selbst im Hochsommer können Lebewesen nur bis zum 75. Breitengrad existieren.

Polkappen – Motor der Zirkulation

Die beiden Polkappen spielen eine wichtige Rolle für die Zirkulationen in der Atmosphäre und den Ozeanen. Schwere Kaltluftmassen über jedem Polargebiet bilden dauernde Hochdruckzellen, die das Klima der benachbarten gemäßigten Zonen beeinflussen. Sommerliches Schmelzwasser von der antarktischen Eiskappe kühlt das umgebende Meer ab und sorgt für tiefe kalte Meeresströmungen, die Richtung Norden bis zum Äquator führen. Beide polaren Eiskappen enthalten riesige Süßwasservorräte. Die antarktische Eiskappe ist z. B. vier Kilometer dick. Wenn sie schmilzt, würde der Meeresspiegel auf der ganzen Erde um 80 Meter steigen. Eine Änderung der Sommertemperatur um nur ein oder zwei Grad könnte die Ernten riesiger Landstriche vernichten, ein Anstieg des Meeresspiegels allein um zehn Meter würde bereits eine Überschwemmung der meisten Großstädte der Welt zur Folge haben.

Obwohl die Polargebiete unmittelbar nur für wenige und hochspezialisierte Lebewesen eine Rolle spielen, sind sie ein wesentlicher Faktor, der das Klima der Erde bestimmt und daher mittelbar alle Lebewesen beeinflußt.

Dreizehenmöwen *(Rissa tridactyla)* versammeln sich am Rand eines riesigen arktischen Gletschers, angelockt von einem reichhaltigen Nahrungsangebot.

Energiefluß in der Arktis

In der Arktis am Nordpol wird Energie fast ausschließlich durch die Nahrungsketten an Land weitergegeben. In den Sommermonaten wächst eine reichhaltige Vegetation aus niedrigen Kräutern heran, die größere Lemming- und Schneehasenbestände ernährt. Dazu kommen noch wandernde Pflanzenfresser, wie die wilden und halbwilden Rentiere. Die kleineren Säuger und die am Boden Nahrung suchenden Vögel, wie die Schneehühner, bilden die Nahrung für zahlreiche vierbeinige und geflügelte Beutegreifer. Jäger und Gejagte haben sich gleichermaßen an das Polarklima angepaßt: Schneehühner, Füchse, Hasen und Wiesel tauschen ihr braunes Sommerkleid im Herbst gegen ein weißes Winterkleid ein.

1. Vegetation
2. Schneehuhn
3. Lemming
4. Schneehase
5. Wiesel
6. Polarfuchs
7. Wolf
8. Gerfalke
9. Wanderfalke
10. Schnee-Eule
11. Rauhfußbussard
12. Falkenraubmöwe

Lebensräume voller Kontraste

Die mittleren Sommertemperaturen in den Polargebieten erreichen je nach Polferne bis zu zehn Grad Celsius. Doch zwischen diesen Gebieten und den dauernd unter null Grad liegenden Eiswüsten um die Pole können hochspezialisierte Lebewesen existieren. Die Arktis wurde hauptsächlich von Landlebewesen aus den umliegenden Festlandgebieten besiedelt und weist dadurch eine reichere, mehr kontinentale Fauna auf als die Antarktis, die hauptsächlich von marinen Formen aus den umgebenden Meeren bewohnt wird.

Beide Polarregionen sind einfach strukturiert. Es gibt keine Bäume; die Pflanzen sind klein und wachsen dicht am Boden, um gegen die harten Stürme besser geschützt zu sein. Sie ringen dem flachen Boden die wenigen Nährstoffe ab. Beide Polargebiete waren gegen Ende der letzten Eiszeit in noch größerem Umfang von Eis bedeckt als heute. So standen nur wenige tausend Jahre zur Verfügung, Boden zu bilden und Leben aufkommen zu lassen. Mangel an Nährstoffen und eine äußerst kurze Vegetationsperiode (im Extrem kaum mehr als zwei Monate) begrenzen die Produktivität ebenso stark wie in der Wüste.

Anstelle der stark dezimierten Wale stehen in der Antarktis heute vielfach Robben und Pinguine an der Spitze der Nahrungskette.

Räuberische Eisbären, Polarfüchse und Wölfe zwingen arktische Vögel zu strengen Sicherheitsmaßnahmen. Die Seevögel dieser Region nisten daher auf steilen, unzugänglichen Felsklippen oder auf weiter südlich gelegenen isolierten Inseln. Die Antarktis ist dagegen eine riesige Insel, Millionen Jahre lang durch Meer und Eis vom Zustrom landlebender Säugetiere abgeschnitten. Sie weist keine Bären, Füchse oder Wölfe auf. Hier leben die Feinde der Vögel im Meer – Robben und Schwertwale –, aber auch in der Luft in Gestalt von Raubmöwen, die herunterstoßen, um Eier und den Nachwuchs anderer Vögel zu erbeuten. Daher brüten antarktische Seevögel in flachen Buchten, und Pinguine können sich sogar Flugunfähigkeit leisten.

Antarktische Nahrungsketten beginnen mit Algen unterhalb des Eises und enden mit Walen, Robben und Seevögeln. Dazwischen liegt der Krill, ein kleiner Planktonkrebs der Gattung Euphausia, der Schwärme unübersehbarer Größe bildet und fast allein über 12 Millionen Tonnen warmblütiger Tiere ernährt. In der Arktis wird die Rolle des Krills von einem Fisch eingenommen, dem Polardorsch *(Boreogadus saida)*, der Walen, Robben und Seevögeln als Nahrung dient. Das Überleben der beiden polaren Ökosysteme ist auf Gedeih und Verderb von diesen beiden Arten abhängig.

Energiefluß in der Antarktis

Die Südpolregion weist kein richtiges Landleben auf: Die Küsten werden zwar im Sommer von Robben und Pinguinen aufgesucht, doch die wichtigsten Nahrungsketten beginnen und enden im Meer. Die Primärproduktion des Phytoplanktons wird zunächst durch schwebende Kleintiere, das Zooplankton, genutzt, zu dem auch ein kleiner Krebs zählt, der Krill. Von ihm leben Bartenwale und Fische. Die Nahrungskette geht von den Fischen über Tintenfische und Pinguine bis zu den großen Raubsäugern weiter.

Eine andere Kette beginnt bei den abgestorbenen Kleintieren, die auf den Meeresgrund sinken und die Nahrungsbasis für Würmer, Muscheln und Krabben bilden, die dann wieder Robben als Nahrung dienen.

1. Phytoplankton
2. Zooplankton
3. Krill
4. Sturmtaucher
5. Schleimfisch
6. Tintenfisch
7. Eselspinguin
8. Kaiserpinguin
9. Seeleopard
10. Schwertwal
11. Tote Kleintiere
12. Abfallverwerter

Im Verhältnis zu ihrer Fläche leben auf Inseln mehr Vogelarten als in jedem anderen Lebensraum. Außerordentlich viele von ihnen sind selten und bedroht. Das umgebende Meer wirkt als großes Filter, das nur wenigen Arten vom nächstgelegenen Festland eine erfolgreiche Inselkolonisation erlaubt.

In einem neuen Lebensraum, in dem viele Feinde des Festlandes fehlen, konnten sich Inselsiedler oft sehr rasch anpassen. Dabei entstanden neue Arten, die bisher freie ökologische Nischen besiedelten. Einige der bizarrsten Vogelgestalten und extremsten Spezialisten leben auf Inseln. Inseln sind Wiegen der Evolution, da auf ihnen neue Arten oft viel schneller entstehen als in jeder anderen Umwelt.

Fast alle ozeanischen Inseln sind heute vom Menschen besiedelt, der mit seinen tierischen Begleitern, wie Katzen, Ratten, Hunden, Mungos und den Viehherden, ihre Ökosysteme aufs schwerste schädigte. Die meisten in historischer Zeit ausgestorbenen Vogelarten waren Inselbewohner. Gegenwärtig ist die Hälfte aller gefährdeten Vögel auf stark gestörte und oft nur noch in winzigen Resten vorhandene Inselökosysteme angewiesen.

Die ozeanischen Inseln

Kleine Welten im Meer

Zwar nehmen Inseln nur fünf Prozent der Landfläche unserer Erde ein, doch 90 Prozent aller Vögel, die seit 1600 ausgestorben sind, waren Inselvögel. Gegenwärtig beherbergen sie die Hälfte der dauernd bedrohten Arten und etwa 20 Prozent aller Vogelarten der Welt. Die Wahrscheinlichkeit auszusterben, ist für einen Inselvogel zehnmal so hoch wie für eine Festlandsart.

Die meisten ozeanischen Inseln sind klein und abgelegen. Sie enthalten relativ wenig Arten; ihre pflanzlichen und tierischen Lebensgemeinschaften sind einfacher als die auf dem Festland. Jede Insel ist für sich ein Mikrokosmos auf der Erde. Die Geschichte der Besiedlung einer Insel durch den Menschen spiegelt in gewisser Beziehung auch die Auswirkungen der menschlichen Entwicklung auf den Kontinenten wider.

Wiegen der Evolution

Einige Inseln sind nichts anderes als Bruchstücke, die vom nächsten Kontinent abgetrennt wurden. Oft entstanden Inseln, weil das dazwischenliegende Land nach der letzten Eiszeit vom Meer überspült wurde. Solche festlandsnahen Inseln beherbergen normalerweise eine begrenzte Auslese jener Vögel, die für das nächstgelegene Festland typisch sind, und keine Art, die nur auf der Insel lebt. Bei Inseln, die ihre ureigenen (= endemischen) Arten besitzen, Arten also, die nirgendwo sonst auf der Erde vorkommen, handelt es sich um weit abgelegene ozeanische Eilande.

Sie entstanden durch vulkanische Ausbrüche unterhalb des Meeresspiegels. Wenn sie aus dem Wasser auftauchen, ist zunächst kein Leben auf ihnen. Alle Pflanzen und Tiere, die man später dort finden kann, haben das Eiland nur über das Wasser erreicht. Gerade auf solchen abgelegenen vulkanischen Inseln hat eine besonders dramatische Entwicklung und Spezialisierung von Vögeln stattgefunden.

Im Unterschied zu flachen Koralleninseln erhebt sich diese Vulkaninsel vor Baja California hoch aus dem Meer. Die schroffen Felsen verwittern wenig. Aber eines Tages wird auch diese Insel von Pflanzen und Tieren besiedelt sein.

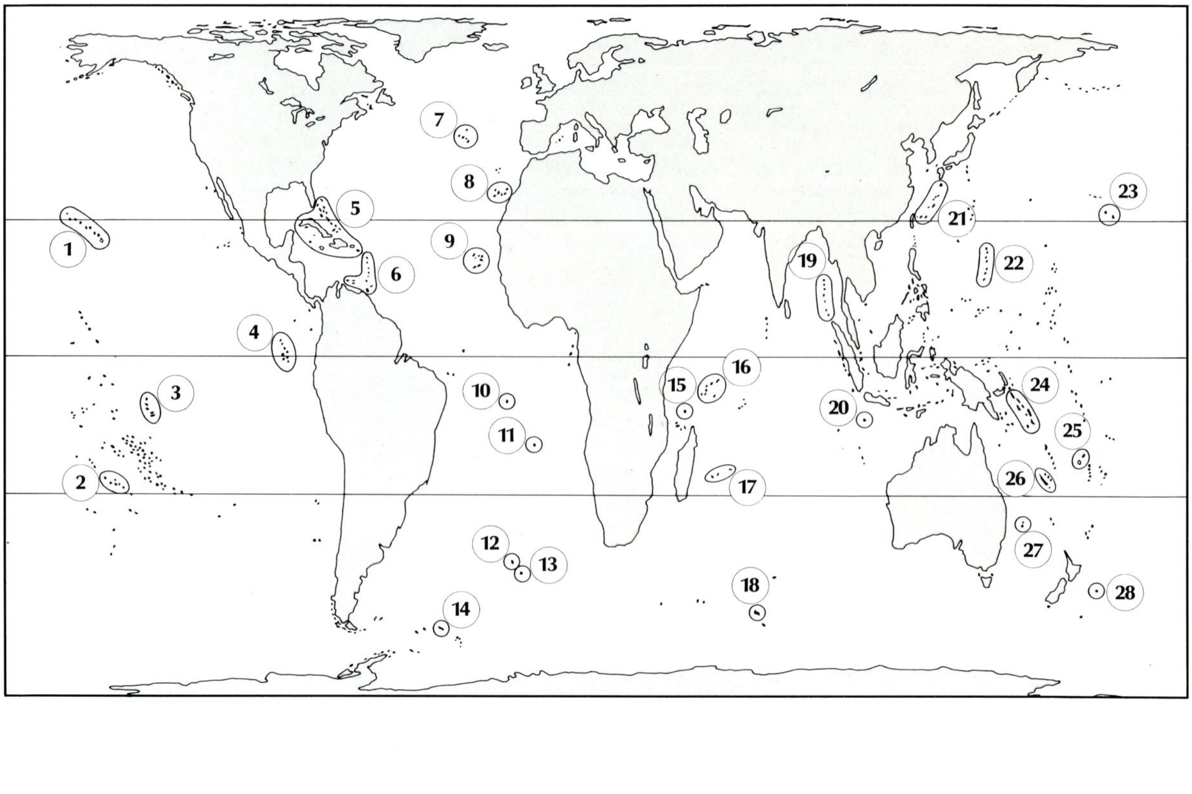

Die großen Inseln der Erde
Gefährdete Lebensräume einer einmaligen Vogelwelt.

1. Hawaii
2. Cook-Inseln
3. Marquesas
4. Galapagos
5. Große Antillen
6. Kleine Antillen
7. Azoren
8. Kanarische Inseln
9. Kapoerdische Inseln
10. Ascension
11. St. Helena
12. Tristan da Cunha
13. Gough
14. Südgeorgien
15. Aldabra
16. Seychellen
17. Maskarenen
18. Kerguelen
19. Andamanen
20. Weihnachts-Inseln
21. Riukiu-Inseln
22. Marianen
23. Laysan
24. Salomonen
25. Fidschi-Inseln
26. Neukaledonien
27. Lord-Howe-Insel
28. Chatham-Insel

Inseln vulkanischen Ursprungs
Die unterseeischen Vulkanausbrüche, die zu Inselbildung führen können, ereignen sich nicht aufs Geratewohl und sind nicht willkürlich über den ganzen Meeresboden verteilt. Sie konzentrieren sich auf den mittelozeanischen Rücken. Dort haben sich unter Wasser zahlreiche große Bergketten gebildet, als flüssige Lava durch die Erdkruste gedrückt und so dauernd Material auf den Meeresboden aufgeschüttet wurde. Ausbrüche, die bis an die Meeresoberfläche gelangen und Inseln bilden, sind Ausnahmen und in der Regel nicht von langer Dauer. Inseln, die heute aus dem Wasser ragen, werden von der an den Spalten der Erdkruste hervorquellenden Lava immer weiter in größere Tiefen geschoben. Meistens ist daher das Leben auf der Insel über dem Meeresspiegel auf einige Millionen Jahre begrenzt. Um diese für die Entwicklung eines Ökosystems kurze Frist zu nutzen, müssen sich Lebewesen rasch anpassen.

Vulkanische Eilande sind häufig steil und zerklüftet und bieten Lebewesen damit eine Vielfalt unterschiedlicher Siedlungsmöglichkeiten. Bei Tropeninseln entwickelt sich rasch eine Barriere von Korallenriffen. Doch wenn der vulkanische Kern der Insel langsam unter Meer absinkt, geht auch die Insel allmählich unter, bis sie dann möglicherweise nur noch aus Korallenbauten besteht. So bilden sich ringförmige Atolle; sie sind die häufigste Form flacher Inseln. Eine ebene Fläche, recht einheitliche Vegetation und häufig Mangel an Süßwasser bieten kolonisierenden Vögeln sehr wenig Möglichkeiten. So sind Atolle oft arm an Lebewesen. Vulkanische Inseln in Polnähe hatten vielfach unter zusätzlichen Eisvorstößen oder so extremer Kälte zu leiden, daß alles Leben erstarb. Die Fauna solcher Inseln hat sich meist erst in den letzten 12000 Jahren entwickelt und ist daher recht artenarm.

Die gewaltsame Geburt und der frühe Tod von Inseln und ihre sich dauernd ändernde Form, Größe und Struktur bilden die unzuverlässigen Kulissen der Bühne, auf der Vögel das Schauspiel ihrer Evolution darbieten. Das plötzliche Eindringen des Menschen hat dem Spiel der Natur eine völlig neue Dimension gegeben und Inselvögel zu den bedrohtesten der Welt gemacht.

Abschnitte im Entwicklungsprozeß von Inseln
Neu entstandene Inseln sind meist ziemlich hoch und weisen steile Berghänge mit spärlicher Vegetation auf. Mit der Zeit entsteht durch Verwitterung fruchtbarer Boden, der von immer mehr Pflanzen besiedelt wird, die Insekten, Vögeln und Menschen vielfältige Lebensgrundlagen bieten. Durch fortgesetzte Erosion und allmähliches Absinken verringert sich im Lauf von Millionen Jahren die Landmasse der Insel. Mit der schwindenden Zahl an unterschiedlichen Lebensräumen verringert sich auch die Zahl der auf der Insel lebenden Vogelarten.

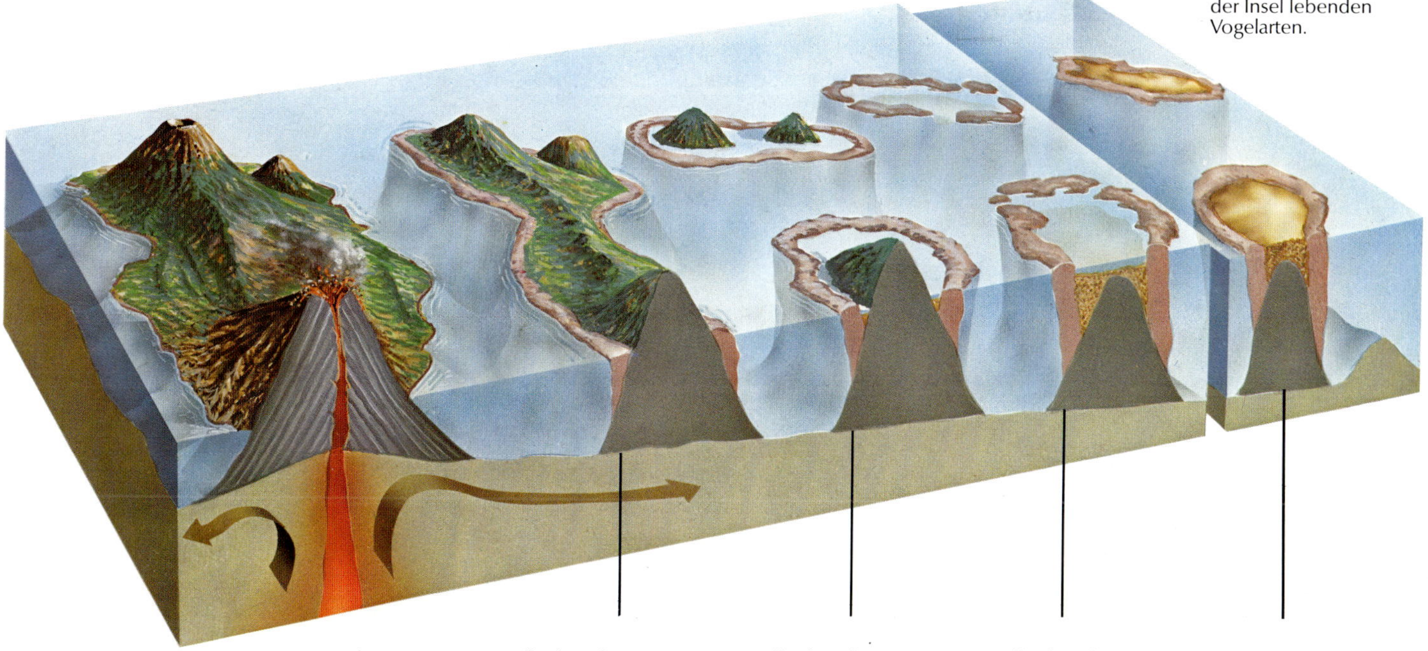

Neu entstandene Inseln. Zum Beispiel Hawaii mit 32 Arten.

5 Mill. Jahre alt
Inseln auf dem Höhepunkt der Entwicklung, mit Korallensäumen. Zum Beispiel Oahu mit 40 Arten.

10 Mill. Jahre alt
Alte Inseln mit breiten Riffbarrieren. Zum Beispiel Kauai mit 31 Arten.

20 Mill. Jahre alt
Versunkene Inseln, Korallenriffe und verwitterte Atolle. Zum Beispiel Laysan mit noch 5 Arten.

Ein „trockenes" Atoll bildet sich, wenn eine alte abgesunkene Insel durch Absinken des Meeresspiegels von neuem über die Wasseroberfläche hinausragt.

Seychellenparadiesschnäpper: Leben für die Show

Da der lange schwarze Schwanz des Seychellenparadiesschnäppers wie ein Witwenschleier hinterherflattert, hat der Vogel den Lokalnamen „la Veuve", die Witwe, erhalten. Doch nur das Männchen trägt Trauer. Das Weibchen ist unterseits weiß und oberseits rostfarben, der Kopf schillert schwarz, Beine und Schnabel sind leuchtend blau, ebenso wie ein Ring um das Auge.

Der Seychellenparadiesschnäpper *(Terpsiphone corvina)* lebte einst in den schattigen Tieflandwäldern auf zahlreichen Seychellen-Inseln. Etwa 1770 wurden die Inseln besiedelt, und damit begann eine nachhaltige Beeinflussung des Lebensraums der Paradiesschnäpper und brachte sie an den Rand der Ausrottung. Bald waren die Wälder zerstört. Durch den Menschen kamen Ratten an Land, denen Katzen folgten, um sie kurz zu halten. Die zutraulichen Vögel wurden aus Sport und für den Kochtopf geschossen. Heute brüten die Schnäpper hauptsächlich auf der Insel La Digue; nur winzige Restgruppen verblieben noch auf wenigen benachbarten Inseln. Der Gesamtbestand hält sich etwa bei 60 Vögeln.

La Digue ist eine wundervolle friedliche Insel, auf der Ochsenwagen die Besucher von der Hafenmole zum nahe gelegenen Wald bringen, wo sie die Vögel beobachten können. Auf der Ebene nahe der Küste gibt es noch Gehölze der einheimischen Takamaka- und Badamier-Bäume und am Fuß des Hügels Sümpfe und Entwässerungsgräben mit vielen Insekten. Hier leben die Paradiesschnäpper. Die Weibchen fangen hoch oben im Laub ihre Beute, die Männchen fliegen als dunkle Gestalten durch die schattige Vegetation näher am Boden.

Das Kommen und Gehen der Menschen, die in den zwischen den Bäumen verstreut angelegten Häusern leben, hindert die Vögel nicht, in unmittelbarer Nähe zu brüten. Das winzige, wie eine Tasse geformte Nest ist an die Spitze herabhängender Zweige der Takamaka- oder Badamier-Bäume geflochten, oft unmittelbar über einem viel begangenen Fußpfad. Die Nestwand ist mit Spinnweben verstärkt, die Zweige und Fasern miteinander verbinden und am Träger verankern. Das einzige Ei bebrütet das Weibchen allein, doch beide Partner füttern das Junge. Nur in jedem sechsten Nest wird ein Jungvogel großgezogen. Möglicherweise verbessert sich der Bruterfolg in einem Schutzgebiet, das nun im Hauptverbreitungsgebiet errichtet wurde. Der beste Schutz der Vögel liegt aber wohl in der positiven Einstellung der Inselbewohner und in ihrem ökonomischen Wert als Besucherattraktion.

Das Weibchen des Seychellenparadiesschnäppers brütet in den letzten Resten der Tieflandwälder auf der Insel La Digue.

Die Vogelwelt der Seychellen: Ein Paradies geht zugrunde

Die Seychellen sind mit keiner anderen Inselgruppe zu vergleichen. Vor etwa 100 Millionen Jahren waren sie noch mit Indien, Afrika, Madagaskar, Australien und Antarktika in dem gigantischen Superkontinent Gondwanaland verbunden. Als diese südliche Landmasse aufbrach, blieben einige Bruchstücke des Kontinents zwischen Indien und Madagaskar driftend zurück. Als winzige Flecken im westlichen Indischen Ozean verstreut, erinnern heute ihre Granitfelsen, primitiven Palmen und Amphibien noch an ihren kontinentalen Ursprung.

Von dem Mahébrillenvogel *(Zosterops modesta)* hatte man angenommen, daß er infolge der umfänglichen Waldrodungen ausgestorben sei. Doch 1960 wurde er in den Hochländern der Insel Mahé wiederentdeckt.

Der Anbau von eingeführten Kulturpflanzen kann auf einer Insel zu einem echten Überlebensproblem für einheimische Vogelarten werden. Zum Beispiel konnte der Seychellendajal nur überleben, da er sich erfolgreich an eine völlig veränderte Vegetation auf der Insel Fregate anpaßte.

Die Vögel haben die Inseln über das Meer erreicht; sie sind daher keine Abkömmlinge des Gondwanalands. Gleichwohl ist die Vogelwelt mit zehn endemischen Formen recht eigenständig. Sie alle haben jedoch nahe Verwandte im heutigen Madagaskar und in Asien und müssen daher die Seychellen vor noch nicht allzulanger Zeit kolonisiert haben. Nicht weniger als 13 der auf den Seychellen endemischen Arten und Unterarten sind gefährdet, mehr als auf jeder anderen Inselgruppe mit Ausnahme von Hawaii.

Ein wichtiger Grund für den hohen Grad der Bedrohung der Seychellenvögel ist die geringe Flächenausdehnung der Inseln. Sie sind geradezu winzig; alle 83 Inseln zusammen nehmen nur 277 Quadratkilometer ein. Eine kleine Insel kann aber nur einer kleinen Startpopulation als Lebensraum dienen und keinen Schutz vor fremden eingeschleppten Raubtieren und Konkurrenten bieten. Relativ leicht kann auch das ursprüngliche Pflanzenkleid vernichtet und durch exotische Kulturpflanzen ersetzt werden. Alle diese Vorgänge traten auf den Seychellen ein; als Folge wurde mindestens ein Drittel ihrer Vogelwelt ausgerottet.

Einer der heute seltensten Vögel auf den Seychellen war einst einer der häufigsten. Den endemischen Seychellendajal *(Copsychus sechellarum)* konnte man auf fast allen Inseln als außerordentlich zahmen Vogel antreffen. Katzen und Ratten dezimierten die am Boden nach Nahrung suchenden und auf niedrigen Bäumen nistenden Vögel. Heute sind 25 bis 40 Individuen auf der Insel Fregate die einzigen Überlebenden ihrer Art. Es handelt sich um einen drosselähnlichen Vogel, der mit relativ langen Beinen unter schattigen Bäumen am Boden herumhüpft und im alten Laub nach Beute sucht. Auch heute noch kommen sie wie ihre zahmen Vorfahren wegen eines Futterbrockens in die Häuser. Der Seychellendajal überlebte, da er sich vollkommen an eine fremde Pflanzenwelt anpassen konnte, nachdem der ursprüngliche Lebensraum des Küstenwaldes auf Fregate vernichtet worden war. Es ist sehr schwer, hier überhaupt noch eine ursprüngliche Pflanze zu finden. Die Vögel leben jetzt auf dem flachen Land an der Küste unter schattigen Bäumen, die genügend Fallaub produzieren, in dem sich große Insekten, Skorpione und Eidechsen tummeln. Die Dajaldrosseln nisten in den Kronen der Kokospalmen, seltener auch in Baumhöhlen. Ein Paar zieht ein Junges groß; nur jeder zweite oder dritte Brutversuch hat Erfolg. Die Vögel suchen auch auf frisch gemähtem Rasen nach Nahrung, wie Amseln in einem englischen Garten. Die dichte Hügelvegetation, die den größten Teil der Insel bedeckt, bietet ihnen keine weitere Lebensmöglichkeit, so daß die elf Reviere bis zur Grenze ihrer Tragfähigkeit aufgefüllt sind und keine Vermehrung des Bestandes mehr zulassen. Hierzu müßten jetzt andere Inseln besiedelt werden. Dajaldrosseln sollten dorthin umgesiedelt werden, denn die kleine Population auf Fregate wird immer potentiell gefährdet bleiben. Das Risiko wurde 1981 deutlich, als nur noch 24 von den drei Jahre vorher festgestellten 41 Vögeln übrig waren. Katzen hatten sich in kurzer Zeit über die Insel ausgebreitet und junge Dajaldrosseln getötet. Nur eine rasche und wirkungsvolle Katzendezimierung kann die Population des bedrohten Vogels erhalten.

Dies ist die einzige bekannte Tageslichtaufnahme der Seychelleneule *(Otus insularis)*, die nur auf der Insel Mahé vorkommt und unter der Konkurrenz eingeführter Schleiereulen zu leiden hat.

Der Seychellendajal teilt die Insel mit einer anderen bedrohten Vogelart, dem Seychellenweber *(Foudia sechellarum)*. Dieser kleine spatzenähnliche Vogel lebt auch noch auf den zwei kleineren Inseln, Cousin und Cousine. Auf Fregate ist er ziemlich selten und wird vom verwandten Madagaskarweber *(Foudia madagascariensis)* verdrängt, den der Mensch wegen seines prächtigen, scharlachfarbenen Gefieders einführte. Auf Cousin ist der Seychellenweber jedoch noch zahlreich zu beobachten. Er lebt von Insekten an der Rinde endemischer Bäume, vom Nektar, den die Blüten jeden Morgen absondern, von Früchten und von Abfall, den er in der Nähe der Siedlungen findet. Junge Seychellenweber betteln ihre Eltern noch bis zu drei Monaten nach dem Ausfliegen um Futter an, ein Verhalten, das die Vermehrungsrate senkt.

Der Bestand des Seychellenrohrsängers hat sich erstaunlich gut erholt, seit der Internationale Rat für Vogelschutz (ICBP) die Insel Cousin gekauft und zu einem Reservat ausgebaut hat.

Auf Cousin lebt der Seychellenweber zusammen mit einem Singvogel, der ebenso auf diese eine Insel beschränkt ist wie der Seychellendajal auf Fregate. Der Bestand des Seychellenrohrsängers *(Acrocephalus sechellensis)* war auf weniger als 30 Individuen zurückgegangen, als die Insel 1968 vom Internationalen Rat für Vogelschutz (ICBP) gekauft und als Reservat eingerichtet wurde. Der natürliche Lebensraum des Sängers, dichtes Buschland, wurde von Kokosplantagen verdrängt. Die meisten Rohrsänger hatten sich danach in einen kleinen Mangrovenbestand an der Küste zurückgezogen. Um Lebensraum für endemische Vögel zu gewinnen, förderte der Internationale Rat für Vogelschutz das Wachstum endemischer Bäume und Sträucher zwischen den Kokospalmen. Im feuchtwarmen, tropischen Klima stellte sich bald der Erfolg ein. Die Rohrsänger breiteten sich wieder aus und brüteten. Rasch wuchs ihre Zahl auf mehrere hundert an.

Cousin wird nur durch einen zwei Kilometer breiten Meeresarm von der viel größeren Insel Praslin getrennt, die für ihre Palmen und Papageien berühmt ist. Die Palmen sind die legendären Fächerpalmen Lodoicea mit der bis zu 25 Kilogramm schweren „Doppelkokosnuß". Die Palmen werden heute sorgfälig im Reservat Vallee de Mai geschützt. Bei den Papageien handelt es sich um Rabenpapageien *(Coracopsis nigra)*, die von Früchten einheimischer und exotischer Bäume leben, aber vor allem auf eine andere endemische Palmenart angewiesen sind, deren Verbreitung durch Kulturpflanzen gravierend eingeschränkt wurde. Die Bestände des Papageis auf den anderen Inseln wurden durch Verfolgung vernichtet, besonders als die Vögel sich von Kulturpflanzen zu ernähren begannen. Ihre heute geringe Zahl ist möglicherweise auch eine Folge des Mangels an geeigneten Nistplätzen in mächtigen alten Bäumen, die selten geworden sind. Wahrscheinlich leben heute nur noch erheblich weniger als 100 Individuen.

Ein Seychellenweber macht sich über das Ei einer Feenseeschwalbe *(Gygis alba)* her, die im Unterschied zu anderen Seeschwalben ihr Ei nicht auf den Boden, sondern in kleine Vertiefungen auf Ästen ablegt.

Mauritius-Turmfalke: Fast so selten wie die Briefmarke

Die Dronte war nicht der einzige Vogel, der auf Mauritius dem Menschen zum Opfer fiel. Weniger auffällige und noch empfindlichere Arten starben einen stillen Tod, seit die Europäer im 17. Jahrhundert zum ersten Mal als Siedler kamen. Auf den drei Maskarenen im westlichen Indischen Ozean östlich von Madagaskar – Mauritius, Réunion und Rodrigues – lebte eine ganz außergewöhnliche Vogelwelt mit vielen grotesken, flugunfähigen Vogelgestalten von einer geradezu selbstmörderischen Zutraulichkeit.

Der Mauritius-Turmfalke (*Falco punctatus*) lebte im 16. Jahrhundert in den dichten subtropischen Wäldern der üppig bewachsenen Vulkaninseln zusammen mit mindestens noch einem weiteren Greifvogel und zwei bis drei Eulenarten. Doch heute können die dürftigen Reste der reichen Nahrungsketten, die alle diese Beutegreifer ernährten, kaum mehr die winzige Population des Falken am Leben erhalten. Die abwechslungsreichen Wälder, die einst die steilen Hänge der Schluchten überzogen, wurden abgeholzt, niedergebrannt, durch exotische Pflanzen ersetzt, vom Schalenwild verbissen und von wilden Schweinen durchwühlt.

Mauritius war einst bewaldet; heute beanspruchen Zuckerrohrfelder den größten Teil des Tieflandes. Nur an den steilen Hängen der ehemaligen Vulkane konnten sich noch kümmerliche Waldreste halten.

Die Mauritius-Turmfalken sind an das Leben im Wald gut angepaßt. Die kurzen runden Flügel und der lange bewegliche Schwanz befähigen sie zu gewandtem Flug unter dem Laubdach und zum Beutefang zwischen Ästen und Stämmen. Zur Beute zählen manchmal Kleinvögel, wie Maskarenenbrillenvögel *(Zosterops borbonicus)*, oder Heuschrecken, Käfer und andere fliegende Insekten. Hauptsächlich schnappen sie jedoch auf den Ästen die leuchtendgrünen Taggeckos, die wie die Turmfalken endemische Bewohner der Urwälder sind. Die Falken haben sich auf die Fähigkeit der Geckos zur Farbänderung eingestellt. In der Tageshitze sind die Reptilien lebhaft grün gefärbt und leben im Laubdach; hier sind sie kaum zu entdecken. Am frühen Morgen jedoch oder bei bewölktem Himmel, wenn die Temperaturen niedriger sind, klettern die unterkühlten Geckos langsam auf kahle Äste und färben sich schwarz, um so möglichst viel der eingestrahlten Sonnenwärme aufnehmen zu können. Dadurch sind sie auch leicht zu entdecken. Männchen und Weibchen der Mauritius-Falken jagen häufig gemeinsam, indem der eine Partner den Gecko erschreckt und der andere dann nur noch zuzugreifen braucht.

Wenn die Falken unter dem dichten Laubdach jagen, kann man ihren Bestand kaum erfassen. Zu Beginn der Brutzeit im September kreisen sie jedoch im Aufwind über den Felswänden und Schluchten. Ihr Bestand läßt sich dann leichter ermitteln. Mehrere Gebiete sind bekannt, in denen heute noch Falken leben. Sorgfältige Nachsuche der Biologen hat etwa 15 Brutpaare ergeben. Sie sind ganz auf enge Täler beschränkt, in denen der ursprüngliche Wald Nahrung und die steilen Felswände Brutplätze bieten. Wahrscheinlich hat ihre Zahl im letzten Jahrzehnt etwas zugenommen. 1985 wurden 50 Vögel ermittelt, doch ist bis heute die jährliche Nachwuchsrate gefährdend niedrig.

Glücklicherweise hat man aber die bedrohliche Situation erkannt und Schutzmaßnahmen eingeleitet. Falken werden heute in Gefangenschaft ausgebrütet und aufgezogen, allerdings mit erheblichem Aufwand. Zuerst muß ein Nestplatz gefunden werden, der meist in einer kleinen Felshöhle verborgen liegt, gut geschützt vor Wind und Regen. Oft ist auch ein Übernachtungsplatz von eingewanderten Affen in der Nähe, die den Falken und Eiern gefährlich werden können. Liegen tatsächlich Eier in der Mulde, werden sie vorsichtig über die steile Felswand abtransportiert. Im Brutschrank müssen die Eier dann alle paar Stunden gewendet werden, so wie es das Weibchen im Nest auch tut. Fällt der Strom aus, womit man an solchen Plätzen immer zu rechnen hat, müssen die Eier auf irgendeine andere Weise warm gehalten werden. Schließlich, falls das Ei wirklich befruchtet ist, schlüpft ein hilfloses Küken, das Tag und Nacht betreut werden muß.

Viele Jahre lang gab es nur wenig Falken in freier Natur. 1974 wurden nur noch sechs Vögel gezählt; 1985 brüteten dagegen wieder 16 Paare in Freiheit. Eine derart winzige Population ist anfällig gegenüber Inzucht, unter deren genetischen Folgen möglicherweise die Art bereits stark leidet.

Die freilebenden Individuen sind aber darüber hinaus Bestandteil eines zerstörten und vergifteten Ökosystems, vor dessen Gefahren sie auch eine schützende Voliere nicht bewahren kann. 1978 schlüpften aus einigen Eiern mit sehr dünner Schale keine Jungen. Der Gehalt an Pestiziden war so hoch, daß die Weibchen und ihre Eier ernsthaft geschädigt wurden. Der Wohlstand auf Mauritius hängt von einer produktiven Landwirtschaft ab: Moderne Chemikalien müssen den Export und die eigene Ernährung sichern. Doch die Giftstoffe sind mittlerweile nicht nur in die abgelegensten Waldökosysteme eingedrungen, sondern auch ins Meer. Es ist heute so stark belastet, daß auch die wenigen noch verbliebenen Seevögel der Insel gefährdet sind.

Sogar die Nahrungsgrundlage der Falken ist bedroht: Eingeschleppte Vogelarten, wie Hirtenstar *(Acridotheres tristis)* und Rotohrbülbül *(Pycnonotus jocosus)* leben ebenfalls von den Taggeckos. Da sie viel zahlreicher und erfolgreicher in der Aufzucht von Nachkommen sind, stellen sie eine ernste Gefahr für den Falken dar.

Der winzige Restbestand des Mauritius-Turmfalken ist durch das großflächige Abholzen des ursprünglichen Waldes bedroht. Hinzu kommt die lebensbedrohende Konkurrenz durch eingebürgerte Tierarten.

Hirtenstare und Weißschwanztropikvögel, die wir bereits als Konkurrenten der Bermudasturmvögel kennenlernten (siehe Seite 74), wählen ähnliche Nistplätze wie die Mauritius-Turmfalken. Fast jeder Teil der ursprünglichen ökologischen Nische ist mittlerweile durch eine andere Art besetzt oder zerstört. Der verbleibende Lebensraum kann wahrscheinlich nicht mehr Falken ernähren als heute noch leben.

Die Black-River-Wälder sind das letzte Rückzugsgebiet zweier weiterer Arten, die zu den seltensten und bedrohtesten Vögeln der Welt zählen. Vielleicht leben heute nur noch etwa fünf Individuen der schlanken grünen und langschwänzigen Mauritiussittiche *(Psittacula echo)*. Mehrere Jahre haben sie nicht mehr gebrütet und sich mit den sehr ähnlichen, aber eingeschleppten Halsbandsittichen *(P. krameri)* um Nistplätze gestritten. Wie die meisten Papageien brüten sie in Baumhöhlen, die in dem Wirtschaftswald, der den Urwald ersetzt hat, selten geworden sind.

Der letzte im Trio der Todgeweihten kann über einen Mangel an Nistplätzen nicht klagen. Die Rosentaube *(Nesoenas mayeri)* baut wie andere verwandte Arten einfache Reisignester auf Baumästen. Doch ihre beiden weißen Eier sind durch herumstreunende Affen gefährdet. Die freilebende Population der hübschen Vögel hat nicht einmal mehr 20 Individuen. Sie brüten in einem dichten Baumbestand, der während der Brutzeit von Menschen bewacht wird. Sie leben von den Blüten und Früchten der auf Mauritius ursprünglich heimischen Bäume. Fegt ein Wirbelsturm die Bäume leer, tritt ein gefährlicher Nahrungsengpaß ein. Doch anders als Falken und Sittiche vermehren sich die Tauben in der Voliere recht gut, so daß nun auf Mauritius und Jersey der Bestand in Gefangenschaft groß genug ist, um Vögel wieder in Freiheit zu entlassen.

Der eingeführte Halsbandsittich konkurriert mit den wenigen noch überlebenden Mauritiussittichen. Er könnte wie in Afrika und Indien zu einem Problem für die Landwirtschaft werden.

Ein Schnappschuß von einem der seltensten Vögel der Welt: Ein Mauritiussittich, dessen freilebender Bestand wohl kaum noch 10 Vögel umfaßt.

Das Überleben der Rosentaube ist durch erfolgreiche Zucht in der Gefangenschaft gesichert. Die freilebende Population ist jedoch immer noch stark bedroht.

Das schluchtartige Tal des Black River ist eines der wenigen Gebiete auf Mauritius mit noch relativ wenig geschädigtem Waldbestand und daher ein wichtiges Rückzugsgebiet mehrerer bedrohter Arten.

Puerto-Rico-Amazone: Seit Kolumbus gefährdet

Als Columbus 1493 zum ersten Mal Puerto Ricos ansichtig wurde, war der vielfältige Wald dieser Insel von den Schwärmen zweier Papageienarten belebt. Das ist vorbei. Die puertoricanische Form des kleineren Grünflügelsittichs *(Psittacara chloroptera maugei)* starb schon vor 1900 aus. Die größere Puerto-Rico-Amazone *(Amazona vittata)* fristet eine unsichere Existenz lediglich dank des Einsatzes von Naturschützern.

Die Ureinwohner dieser großen westindischen Insel hielten Papageien als Haustiere, verzehrten auch einige von ihnen und benützten ihre Federn als Schmuck und für ihre Pfeile. Sie verwandelten einige Teile des Landes in Kulturland, doch der größte Teil des Waldes blieb als Lebensraum für Papageien unangetastet. Um 1750 jedoch hatten europäische Siedler ein Drittel der Insel abgeholzt, um 1900 stand nur noch etwa ein Prozent des unberührten Waldes. Die Amazonen wurden immer noch als Haustiere gehandelt und verspeist, aber auch als Ernteschädlinge getötet. Ihren Lebensraum vernichtete man im großen Stil. In den 60er Jahren spitzte sich die Situation plötzlich dramatisch zu. Auf rund 1600 Hektar des Luquillo Forest in den Gebirgen des Ostens beschränkt, ging der Bestand von 200 Vögeln im Jahr 1954 auf 70 im Jahr 1966 und weiter auf 13 im Jahr 1975 zurück. Insgesamt sind heute weniger als 30 Vögel übriggeblieben. Der Wald stand zwar seit 1918 als Reservat unter gesetzlichem Schutz der USA, doch in den 60er Jahren wurde er zur Jagd, für Straßenbau und zu umfangreicher Forstwirtschaft freigegeben. Testversuche mit radioaktiver Strahlung, dann Truppenübungsplatz und Versuche mit laubvernichtenden Chemikalien, die im Zusammenhang mit dem Vietnamkrieg standen, forderten ebenfalls ihren Tribut.

Papageien nisten in Baumhöhlen. Eine so große Vogelart, wie eine Amazone, braucht natürlich auch eine entsprechend große Bruthöhle in einem großen alten Baum. Doch solche Bäume sind immer wieder besonderen Gefahren ausgesetzt. Zwei verheerende Wirbelstürme, 1928 und 1931, töteten nicht nur viele Papageien und fegten dazu ihre Nahrungsgrundlage an Früchten und Sämereien weg, sondern vernichteten auch viele alte Bäume mit Nisthöhlen. Große Bäume werden aber auch bevorzugt von den Forstleuten gefällt, denn für die Möbelfabrikation liefern sie gutes Holz, und im Meiler geben sie gute Holzkohle; als Nistbaum für die Papageien bringen sie keine Rendite. Für den Papageienhandel holt man immer wieder Junge aus den Bruthöhlen; ehe man aber beim Erklettern eines hohen und morschen Baumes sein Leben riskiert, fällt man ihn lieber. Da viele Puertoricaner nach Wildhonig suchen, werden auch aus diesem Grund viele alte Bäume gefällt oder die Baumhöhlen zerstört.

Irgendwie überlebten die Papageien nicht nur diese Rückschläge, sondern auch noch einige biologische Probleme, die möglicherweise sogar von noch größerer Bedeutung waren. Rotschwanzbussarde ernähren sich von jungen Papageien und erbeuten mitunter auch Altvögel. Die großen Schwärme, zu denen sich Papageien normalerweise zusammenscharen, halten den Bussard von Angriffen ab. Die kleineren Gruppen, die heute noch übriggeblieben sind, bedeuten jedoch eine viel leichtere Beute und bieten nicht den Schutz des großen Schwarms. Nestlinge werden von den Maden der Singfliege befallen; Bienen besetzen einzelne Nesthöhlen und zwingen die Papageien, in weniger geeignete Höhlungen auszuweichen. Schließlich erklettern auch Ratten, vor langer Zeit eingeschleppt, die Bäume und fressen Eier oder Junge.

In den letzten 30 Jahren ist im Kampf der Amazone ums Überleben ein neues Problem in Gestalt eines anderen auf den Westindischen Inseln heimischen Vogels aufgetaucht, der Perlaugen-Spottdrossel *(Margarops fuscatus).* Dieser aggressive Vogel ist zwar ein gutes Stück kleiner als die Amazone, bevorzugt aber dieselben Brutplätze, setzt sich bei Brutplatzauseinandersetzungen auch erfolgreich gegenüber der Amazone durch und frißt zudem noch deren Eier und Jungen.

Die Amazonen beschränken sich heute auf vier Gebiete von insgesamt lediglich 27 Hektar, in denen ihr bevorzugter Nistbaum, der Palo Colorado *(Cyrilla racemiflora),* vorkommt. Diese Restflächen weisen nur sieben gute Nistplätze auf, um die aber eine so starke Konkurrenz besteht, daß viele Amazonen mit Wunden bedeckt sind, die ihre Überlebensaussichten oder doch zumindest ihre Brutfähigkeit verringern. Man ist daher dazu übergegangen, künstliche Nistplätze anzubieten und die natürlichen Bruthöhlen durch Vertiefung, Austrocknung und Vorrichtungen gegen Ratten und Spottdrosseln zu verbessern. Ferner brachte man für Spottdrosseln besonders geeignete Nistkästen dicht neben den Brutplätzen der Amazonen an. Dies erwies sich als eine besonders geschickte Methode, die aus dem Revierverhalten der Spottdrossel Nutzen zieht. Wenn nämlich ein Spottdrosselpaar einen solchen Nistplatz angenommen hat, vertreibt es alle anderen Spottdrosseln aus seiner näheren Umgebung und damit auch vom Brutplatz der Papageien.

Der Bruterfolg der Amazonen konnte auf diese Weise verbessert werden. Ein Programm der Aufzucht in Gefangenschaft wurde ebenfalls eingeleitet. Eier werden künstlich erbrütet und die Jungen großgezogen, oft mit Hilfe von nahe verwandten Blaukronen-Amazonen *(Amazona ventralis)* als Zieheltern. Die Population hatte sich bis 1982 geringfügig auf 46 Vögel vermehrt. Doch weitere intensive Schutzmaßnahmen sind erforderlich, um die freilebende Population wirklich überlebensfähig zu halten.

Perlaugen-Spottdrosseln, Eierräuber und Konkurrenten um Bruthöhlen sind in den letzten 30 Jahren zu einer ernsten Bedrohung für die Puerto-Rico-Amazonen geworden. Sie sind die Ursachen des schlechten Bruterfolgs bei den seltenen Papageien.

Nistkästen, deren Aussehen dem natürlichen Lebensraum angeglichen wurde, haben sich als sehr guter Ersatz für fehlende natürliche Nistgelegenheiten erwiesen.

Friedliche Amazonen: Vom Vogelhandel bedroht

Papageien der Gattung Amazona leben mit 27 Arten nur in den Tropen Amerikas von Mexiko bis Argentinien. Neun Arten sind auf die Karibischen Inseln beschränkt. Fünf von ihnen, einschließlich der Puerto-Rico-Amazone, werden wohl bald das Schicksal jener 14 westindischen Papageienarten teilen, die in der Vergangenheit ausgestorben sind. Die Einwohner von St. Vincent und St. Lucia, winzige Inseln der Kleinen Antillen, jede kleiner als ein Zwanzigstel der Fläche Puerto Ricos, sind stolz auf die beiden schönsten Amazonen. Die Königsamazone *(Amazona guildingii)* ist ein Nationalsymbol der Insel St. Vincent, eine herrliche und recht unterschiedlich gefärbte Art, die bei Liebhabern von Käfigvögeln hohe Preise erzielt und daher durch illegalen Handel äußerst bedroht ist. Bei einem größeren Vulkanausbruch 1979 wurde eine Anzahl Papageien durch Gase und Asche getötet, und einige Gebiete des Primärwaldes wurden zerstört. Die Blaumaskenamazone *(Amazona versicolor)* auf St. Lucia wird von den dortigen Einwohnern ebenfalls sehr hoch geschätzt. Die Art wurde zum Nationalvogel der Insel erklärt und ist der Mittelpunkt von Exkursionen, auf denen Inselbewohner und Touristen über den Wert des Regenwaldes und seiner Vögel aufgeklärt werden sollen.

Die Insel Dominica besitzt mehr Regenwald als alle anderen Inseln der Kleinen Antillen und ist die Heimat von zwei weiteren Amazonenarten. Die Kaiseramazone *(Amazona imperialis)* ist die größte Art ihrer Gattung und wohl auch eine der seltensten. Sie lebt in abgelegenen Bergwäldern, während die kleinere und häufigere Blaukopfamazone *(Amazona arausiaca)* in tieferen Lagen vorkommt. Beide Arten werden bejagt und für den Käfigvogelhandel gesammelt.

Alle diese Papageien leben in kleinen wirtschaftlich schwachen Ländern, die meistens beachtliche, für sie kaum erschwingliche Anstrengungen unternehmen, um ihre Vögel zu schützen. Dabei sollte man nicht vergessen, daß die Papageien ebenso ein nationales wie ein internationales Erbe bilden. Die Inselstaaten brauchen und verdienen daher internationale Hilfe, um die herrlichen Vögel zu schützen.

Die Amazonen Westindiens
Viele der westindischen Inseln haben ihre eigenen, nur dort vorkommenden Amazonenpapageien.

1. Kuba-Amazone *(A. leucocephala)*, Kuba, Bahamas, Cayman-Inseln
2. Blaumaskenamazone *(A. versicolor)*, St. Lucia
3. Königsamazone *(A. guildingii)*, St. Vincent
4. Kaiseramazone *(A. imperialis)*, Dominica
5. Blaukopfamazone *(A. arausiaca)*, Dominica

1979 wurde der Bergwald auf Dominica, letzter Lebensraum von zwei seltenen Amazonenarten, vom Wirbelsturm „David“ verwüstet. Jetzt beginnt er, sich langsam wieder zu erholen.

Schopfkleidervogel: Opfer importierter Seuchen

Die Hawaii-Inseln sind die am stärksten isolierte Landmasse der Erde, nämlich 4000 Kilometer vom nächsten Kontinent entfernt. Die Inseln beherbergen die bei weitem größte Zahl von bedrohten Vogelarten. Nicht weniger als 15 gefährdete Unterarten von zehn Arten zählen zu einer einzelnen Gruppe, die man häufig auch zu einer eigenen Familie, den Kleidervögeln, zusammenfaßt.

Die meisten Arten werden mit den Namen bezeichnet, den ihnen die Eingeborenen gaben. So heißt der Schopfkleidervogel *(Palmeria dolei)* „Akohekohe". Er ist ein kleiner, etwa zehn Zentimeter langer Singvogel mit einem auffälligen grauen oder weißen Schopf an der Schnabelbasis, orange geflecktem schwarzem Gefieder und einem orangefarbenen Nacken.

Kleidervögel weisen eine außerordentliche Vielfalt von Schnabelformen auf. Sie reicht von kurzen Papageien- bis zu langen Sichelschnäbeln, vergleichbar mit dem eines Miniatur-Brachvogels. Der Akohekohe mit einem typischen geraden und spitzen Insektenfresserschnabel liegt dazwischen. Er benützt ihn, um an Blütennektar heranzukommen, besonders beim Ohia-Baum *(Metrosideros),* und um Insekten von den Blättern abzulesen. Einst lebten Schopfkleidervögel auf den beiden Inseln Molokai und Maui. Heute sind sie auf Molokai ausgestorben. Auf Maui haben sie sich auf einen sehr schmalen Gürtel aus sehr feuchtem Ohia-Wald an den Luvhängen des Haleakala-Vulkans oberhalb 1200 Meter zurückgezogen. Dort gibt es noch ansehnliche Reste eines prächtigen, offensichtlich wenig gestörten Regenwaldes.

Doch kein Wald auf Hawaii sieht heute noch so aus wie damals, als der Mensch vor 1500 Jahren die Inseln entdeckte. Pazifikratten wurden durch die ersten polynesischen Siedler mitgebracht, Wanderratten rund tausend Jahre später durch die Europäer. Schweine, die aus den Gehegen der Polynesier in den Wald entkamen, wurden später durch die Schweine der europäischen Siedler verdrängt. Katzen wurden ausgesetzt, um die Ratten zu dezimieren, ebenso Mungos. Man führte Käfigvögel ein, von denen viele entkamen. Einige Arten besiedelten den Wald und schleppten die Vogelmalaria ein, eine Seuche des Hausgeflügels. Mücken, ebenfalls eingeschleppt, übertrugen die Seuche vom Blut der importierten Arten auf die ursprünglichen Arten, die nicht resistent waren und daher ausstarben. Schweine, Ratten, Vögel, Mücken und eingeschleppte fremde Pflanzen eroberten fast alle Wälder Hawaiis, auch jene an den regennassen, dem Wind zugewandten Hängen des Haleakala-Vulkans auf Maui, auf denen Schopfkleidervögel ums Überleben kämpfen.

Der dauernd feuchte Ohia-Nebelwald an den Hängen des Vulkans Haleakata auf Maui (Hawaii-Gruppe) ist das letzte Rückzugsgebiet des Schopfkleidervogels.

Kleidervögel auf Hawaii: Nahrungsspezialisten ohne Zukunft

Die Vielfalt der Kleidervögel geht auf gemeinsame Vorfahren zurück, die die ursprünglichen Wälder der Inselgruppe von Hawaii besiedelten. Eine lange Liste komplizierter Namen, die ihnen die Eingeborenen gaben, dokumentiert diesen Reichtum als Geschenk der Evolution, den die ersten polynesischen Siedler antrafen.

Doch heute ist nur noch ein dürftiger Rest davon übriggeblieben. Statt Vielfalt der Formen und Lebensäußerungen blieb eine traurige Einfalt des Schicksals: Ausgestorben, extrem selten, aufs Äußerste bedroht, verschollen und einige wenige Wiederentdeckungen, die vielleicht noch einen Rest von Hoffnung lassen – das ist die Bilanz jahrhundertelanger Ausbeutung des Landes und seiner Vögel durch den Menschen.

Auf der Insel Maui lebten mehrere Kleidervogelarten in den Wäldern an den Hängen des Vulkans Haleakala nebeneinander. Nur eine, nämlich der Alauwahio *(Loxops maculatus)*, ist dort noch etwas häufiger anzutreffen. Doch von den fünf Unterarten auf verschiedenen Inseln sind eine extrem selten, zwei wohl schon ausgestorben. Vom kleinen unauffälligen Akepa *(Loxops coccinea)* mit einem finkenähnlichen Schnabel konnte man dagegen kürzlich auf einer Strecke von 200 Kilometern nur noch drei Individuen nachweisen. Von zwei weiteren Arten mit papageienähnlichen Schnäbeln ist eine, der Papageischnabelgimpel *(Pseudonestor xanthophrys)*, bedroht, die andere, der Ou *(Psittirostra psittacea)*, auf Maui wie auf drei anderen Inseln bereits ausgestorben. Auch die Wiederentdeckung des Mauigimpels *(Melamprosops phaeosoma)* 1973 läßt wenig Hoffnung: Der Vogel ist offenbar auf einen sehr schmalen Ohia-Waldgürtel zwischen 1450 und 1800 Metern Meereshöhe von nur 400 Hektar beschränkt.

Die seltsamsten Vertreter der Kleidervögel Hawaiis sind sicherlich die Arten mit gebogenen Schnäbeln. Einer von ihnen, der Nukupuu *(Hemignathus lucidus)*, wurde 1967 in den Wäldern des Haleakala auf Maui wiederentdeckt. Sein Schnabel mit seinem scharf nach unten gebogenen Unterschnabel und dem doppelt so langen Oberschnabel sieht geradezu deformiert aus.

Die Insel Hawaii im Südosten der Gruppe ist die größte, höchste und jüngste. Die Hänge des berühmten Vulkans Mauna Kea sind mit Resten eines urwüchsigen Waldes bedeckt. Hier lebt ebenfalls ein Kleidervogel mit gebogenem Ober- und auffallend kurzem Unterschnabel, der Akiapolaau *(Hemignathus wilsoni)*. Mit seinem Unterschnabel erzeugt er ein Klopfgeräusch wie ein Specht und sondiert dabei mit dem Oberschnabel nach Insekten im Holz. Eine andere Art, der Palila *(Psittirostra bailleni)*, ist völlig von den endemischen Mamane-Bäumen abhängig. Die grünen Samenschalen bilden über 95 Prozent seiner Nahrung, junge Blätter, Knospen und Blüten den Rest. Er kann nirgendwo sonst auf der Erde leben, und wie viele andere Vögel dieses einmaligen Waldes ist er durch falsche Behandlung seines Lebensraumes äußerst bedroht. Bis 1982 sah der Wald infolge von Wildverbiß wie ein unterholzfreier Park aus. Nachdem der Staat Hawaii durch Gerichtsbeschluß gezwungen wurde, den Wildbestand stark zu reduzieren, beginnt sich der Wald jetzt langsam wieder zu erholen.

Ein weiteres gefährdetes Rückzugsgebiet schwer bedrohter Kleidervögel ist der Alakai-Sumpf auf der Insel Kauai. Mit extrem langem, nach unten gebogenem Schnabel stellt der Kaui-Akialoa *(Hemignathus procerus)* einen Endpunkt in der Schnabelspezialisierung dar. Die Vögel auf Kauai sind die letzten Reste einer früher weitverbreiteten Art, die heute auf den drei übrigen Inseln ihres ehemaligen Vorkommens ausgestorben ist. Seit 1973 wurde auch auf Kauai keiner mehr gesehen, und wenn nicht bald ein erneuter Nachweis gelingt, muß die ganze Art als ausgestorben gelten. Die Suche nach diesen und anderen seltenen Vögeln des Alakai-Sumpfes wird durch das Klima erschwert, denn das Gebiet gehört wohl zu den nassesten Plätzen der Erde mit über 1100 Zentimeter Regen im Jahr. Zusammen mit zwei endemischen Drosselarten und dem einzigen Vertreter der Familie der Honigfresser Australasiens und des westlichen Pazifiks haben die dortigen Kleidervögel einen unsicheren Stützpunkt. Der Schuppenkehlmoho *(Moho braccatus)* wurde wegen seiner Federn von den Polynesiern gejagt; alle seine noch farbenprächtigeren Verwandten sind mittlerweile ausgerottet. Er galt ebenfalls als ausgestorben, bis er 1960 hier wiederentdeckt wurde. Obwohl einige Vögel dieser Art seither auch brütend gefunden wurden, bestehen ernste Befürchtungen, daß nicht mehr als zwei Vögel übriggeblieben sind.

Durch die Polynesier starb bereits die Hälfte der Vogelarten von Hawaii aus, bevor die Europäer ihren Fuß auf die Insel setzten. Von den heutigen Arten sind ebenso viele bedroht, wie in den letzten 200 Jahren ausgerottet wurden. Ein trauriger Zustand auf „paradiesischen" Inseln!

Unberührter, natürlicher Wald an den steilen Vulkanhängen der Insel Molokai ist ein seltenes Bild. Die meisten Wälder Hawaiis sind zerstört.

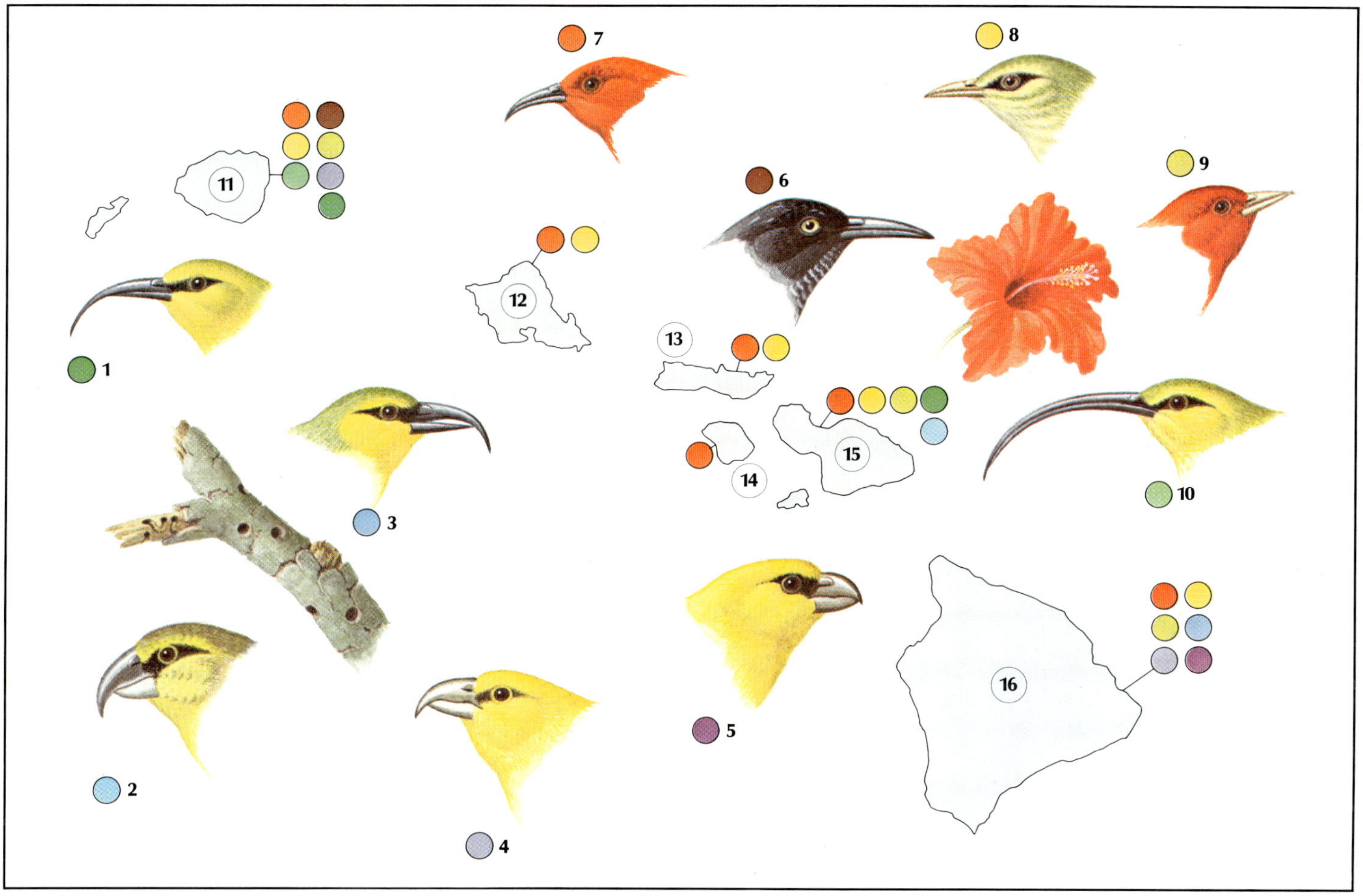

Die Kleidervögel der Hawaii-Inseln
Isoliert liegende Inselgruppen ermöglichen Artbildungsprozesse von besonderer Vielfältigkeit: Die heutigen Kleidervogelarten gehen alle auf gemeinsame Vorfahren zurück. Die heute lebenden Arten haben sich an ganz verschiedene Lebensräume angepaßt.

1. Nukupuu *(Hemignathus lucidus)*
2. Papageischnabelgimpel *(Pseudonestor xanthophrys)*
3. Akiapolaan *(Hemignathus wilsoni)*
4. Ou *(Psittirostra psittacea)*
5. Palila *(Psittirostra bailleui)*
6. Schuppenkehlmoho *(Moho braccatus)*
7. Apapane *(Himatione sanguinea)*
8. Alauwahio *(Loxops maculatus)*
9. Akepa *(Loxops coccinea)*
10. Kaui Akialoa *(Hemignathus procerus)*
11. Kauai
12. Oahu
13. Molokai
14. Lanai
15. Maui
16. Hawaii

Die ungestörte Bodenvegetation im Olokui-Wald auf Molokai (links) ist vielfältig und üppig. Einen traurigen Kontrast dazu bilden die durch wilde Schweine verwüsteten Waldflächen (rechts).

Die Vogelwelt von Hawaii: Inseln der Überlebenden

Hawaiis besondere Vogelwelt gibt uns einen Einblick in Art und Umfang des Aussterbens von Vogelgesellschaften auf Inseln. Anhand der bis heute überlebenden Arten und der vielfältigen historischen Nachweise, die bis 1778 zurückgehen, läßt sich ein recht gutes Bild des ursprünglichen Vogellebens auf den Hawaii-Inseln zeichnen. Unter den bekannten 49 Arten, von denen 15 ausgestorben sind, war eine Gans, ein Greifvogel, eine flugunfähige Ralle, eine Krähe, zwei Drosseln, fünf Honigfresser, ein Fliegenschnäpper und 27 der nur auf Hawaii vorkommenden Kleidervögel, die heute als Abkömmlinge der Finken erkannt sind. Die Ausrottung vieler dieser bemerkenswerten Vögel nach der Besiedlung der Inseln durch Europäer wurde weithin beklagt. Sie steht auch im Gegensatz zu den offensichtlich harmonischen Beziehungen der polynesischen Insulaner mit ihren noch verbliebenen gefiederten Ureinwohnern.

Der Waimea Canyon auf der Insel Kauai (Hawaii-Gruppe), einer der wenigen noch erhaltenen Lebensräume der seltenen Kleidervögel.

Seit 1970 haben jedoch neu entdeckte fossile Überreste unser Wissen über die ursprüngliche Vogelwelt der Hawaii-Gruppe und das Leben der Polynesier grundlegend verändert. Abfallhaufen von Knochen aus den Küchen polynesischer Siedler, die etwa vor 1000 Jahren auf die Inseln kamen, enthalten die Überreste einer großen Zahl ausgestorbener Vogelarten. Die ersten Inselbewohner hatten offensichtlich schon mindestens 39 Vogelarten ausgerottet, bevor die Europäer erschienen. Seither sind 14 weitere Arten ausgestorben. Das Vogelleben, das die ersten Polynesier begrüßte, muß wundervoll gewesen sein. Es gab nicht weniger als sieben Gänsearten, einige von ihnen flugunfähig, zwei flugunfähige Ibisarten, sieben Rallen, einen Seeadler, einen Bussard, drei Eulenarten, zwei große Krähen und 15 Arten der Kleidervögel, die nicht mehr bis zur europäischen Siedlungsperiode überlebten. Daß so viele flugunfähige Arten ausgerottet wurden, ist eigentlich nicht weiter überraschend. Sie waren eine leichte Beute und sind wahrscheinlich zu Nahrungszwecken verfolgt worden.

Die einzige Gans, die bis heute überlebte, die Nene oder Hawaiigans, brütet am Boden. Ihre Eier sind daher durch Schweine und andere Säugetiere bedroht. Diese Art wurde in letzter Minute durch ein Zuchtprogramm in Gefangenschaft vor dem Aussterben gerettet. Die von den Polynesiern mitgebrachten Säuger beschleunigten ohne Zweifel auch das Aussterben solcher Arten, die von den Siedlern nicht unmittelbar verfolgt wurden. Auf die Rodung der Tieflandwälder ist wahrscheinlich der Verlust so vieler Waldarten, wie der Kleidervögel, zurückzuführen.

Heute ist bekannt, daß die Polynesier auch viele endemische Arten Neuseelands ausrotteten. Hier erschienen sie etwa zur gleichen Zeit wie auf Hawaii. Mindestens 30 Arten, darunter 13 große Moas und neun andere flugunfähige Arten, waren verschwunden, ehe die Europäer ankamen. Der Inselkontinent Madagaskar erlitt etwa zur gleichen Zeit ein ähnliches Schicksal und verlor etwa 12 Arten seiner gigantischen Madagaskar-Strauße (der sagenhafte „Vogel Rock" aus Sindbad, der Seefahrer) und viele riesige, am Boden lebende Lemuren sowie andere Mitglieder der wohl reichsten Artengemeinschaft von Primaten auf der Erde.

Hawaii, Neuseeland und Madagaskar sind alle zu weit abgelegen, um von großen pflanzenfressenden Säugetieren besiedelt zu werden. So haben Vögel in ihrer Evolution die Rolle großer Pflanzenfresser übernommen, wobei viele von ihnen ihre Flugfähigkeit einbüßten. Die ursprüngliche Vogelwelt von Hawaii war wie die von Neuseeland oder Madagaskar daher nicht nur viel reichhaltiger als heute, sondern auch vielseitiger. Vögel hatten die ökologischen Nischen besetzt, die auf dem Festland Säugetieren vorbehalten sind. Hawaii zeigt uns besonders eindringlich, in welchem Umfang Insellebensgemeinschaften durch den Menschen verwüstet worden sind. Europäer haben dabei allerdings nicht die alleinige Verantwortung zu tragen. Es ist offenkundig, daß ganz allgemein vom Menschen, wer immer er ist und wo immer er auftritt, die gleiche Bedrohung für die Umwelt ausgeht.

Die Geschichte der Vogelwelt Hawaiis ist in den letzten 200 Jahren eine Geschichte vom Artentod.
Kolonisationswellen der Polynesier und Europäer haben zu unterschiedlichen Zeiten das Aussterben vieler Vogelarten in Gang gesetzt.

Heimische Arten, nicht unmittelbar gefährdet

1. Sumpfohreule *(Asio flammeus)*
2. Iiwi *(Vestiaria coccinea)*
3. Amakihi *(Loxops virens)*
4. Anianiau *(Loxops parvus)*
5. Akepa *(Loxops coccinea)*
6. Alauwahio *(Loxops maculatus)*
7. Apapane *(Himatione sanguinea)*
8. Hawaiidrossel *(Phaeornis obscurus)*
9. Elepaio *(Chasiempsis sandwichensis)*

Heimische Arten, vom Aussterben bedroht

1. Akiapolaau *(Hemignathus wilsoni)*
2. Hawaiibussard *(Buteo solitarius)*
3. Kaui-Aikaloa *(Hemignathus procerus)*
4. Hawaiikrähe *(Corvus tropicus)*
5. Papageischnabelgimpel *(Pseudonestor xanthrophrys)*
6. Palmerdrossel *(Phaeornis palmeri)*
7. Palila *(Psittirostra bailleui)*
8. Schopfkleidervogel *(Palmeria dolei)*
9. Laysangimpel *(Psittirostra cantans)*
10. Mauigimpel *(Melamprosops phaesoma)*
11. Nukupuu *(Hemignathus lucidus)*
12. Ou *(Psittirostra psittacea)*
13. Schuppenkehlmoho *(Moho braccatus)*

Heimische Arten, in den letzten 200 Jahren ausgestorben

1. Akialoa *(Hemignathus obscurus)*
2. Goldkopf-Koagimpel *(Psittirostra flaviceps)*
3. Mamo *(Drepanis pacifica)*
4. Hawaii-Braunsumpfhuhn *(Pennula millsi)*
5. Prachtmoho *(Moho nobilis)*
6. Kohala-Kleidervogel *(Ciridops anna)*
7. Hawaiisumpfhuhn *(Pennula sandwichensis)*
8. Rußmamo *(Drepanis funerea)*
9. Orangebrust-Koagimpel *(Psittirostra palmeri)*
10. Konagimpel *(Psittirostra kona)*
11. Kioea *(Chaetoptila angustipluma)*
12. Ohrbüschelmoho *(Moho bishopi)*
13. Krausschwanzmoho *(Moho apicalis)*
14. Grünrücken-Kleidervogel *(Viridonia sagittirostra)*

Heimische Arten, schon vor dem Jahr 1780 ausgestorben

Selbst bevor die Europäer die Tierwelt der Hawaii-Inseln bedrohten, hatte der Mensch als Jäger bereits seinen Tribut gefordert. Für immer ausgerottet wurden 1 Seeadler, 2 flugunfähige Ibisse, 3 Eulen, 7 Gänse, 15 Kleidervögel, 7 flugunfähige Rallen, 2 Krähen, 1 Honigfresser und 1 kleiner Greifvogel (vielleicht auch noch weitere Arten).

Ammerfinken: Sicherheit in der Isolation

Die Tristan-da-Cunha-Gruppe im Südatlantik liegt etwa ebenso abgelegen wie Hawaii, 2800 Kilometer von Südafrika und 3200 Kilometer von Südamerika entfernt. Sie ist ein klassisches Beispiel für Vulkaninseln, die aus dem mittelozeanischen Rücken aufgestiegen sind. Drei Inseln liegen innerhalb eines Gebietes von 40 Kilometern Durchmesser. Die Inseln sind klein, feucht, dem Wind ausgesetzt und tragen buschwaldartige Vegetation. Nur wenige Landvögel leben hier, doch sie erlauben interessante Vergleiche mit dem vielfältigen Vogelleben auf den tropischen Galapagosinseln und der subtropischen Hawaii-Gruppe. Alle drei Inselgruppen sind von finkenartigen Vögeln erfolgreich besiedelt worden. Auf den Galapagos haben sie sich zu 13 Arten aufgespalten, wobei bis auf eine Ausnahme noch alle eindeutig als Finken zu erkennen sind.

Auf Hawaii sind rund 42 Arten im Laufe der Evolution entstanden, viele von ihnen heute einem Finken so wenig ähnlich, daß man erst vor kurzem den gemeinsamen Vorfahr als Fink klassifizieren konnte. Die viel kleineren, kälteren und ökologisch sehr armen atlantischen Inseln bieten dagegen nur drei Finkenarten Lebensraum in einer Vogelwelt, die insgesamt nur sieben Landvogelarten aufweist.

Auf Tristan selbst überlebte der Tristan-Ammerfink *(Nesospiza acunhae)* die Kolonisation durch den Menschen nur bis zum Jahre 1870. Ähnliche Unterarten des Finken findet man jedoch heute noch auf den unbewohnten Nachbarinseln Nightingale und Inaccessible, wo sie hauptsächlich von einem Büschelgras leben, das große Teile beider Inseln bedeckt.

Der größere Verwandte, der Wilkins-Ammerfink *(Nesospiza wilkinsi)*, kommt ebenfalls noch auf beiden Inseln vor, ist aber viel seltener. Auf Nightingale ist in den baumartigen Beständen von *Phylica arborea* nur für etwa 30 Paare Platz. Auf der mit Recht so benannten Insel Inaccessible (= unzugänglich), die von steilen Klippen umgeben ist, sind die Baumbestände ausgedehnter und bieten etwa 200 Paaren Lebensraum. Die baumbestandene Fläche vergrößert sich wieder, seit das Vieh entfernt wurde. Schiffsratten, die Tristan besiedeln, haben bis jetzt die beiden äußeren Inseln noch nicht erreicht. Sollte dies eines Tages der Fall sein, sind nicht nur die beiden Ammerfinken, sondern auch die flugunfähige Ralle der Insel Inaccessible ernstlich bedroht.

Finken der Inseln im Südatlantik
In der Isolation der südatlantischen Inseln haben drei Finkenarten ihren eigenen Evolutionsweg beschritten.
1. Tristan-Ammerfink *(Nesospiza acunhae)*
2. Gough-Ammer *(Rowettia goughensis)*
3. Wilkins-Ammerfink *(Nesospiza wilkinsi)*
4. Nightingale-Insel
5. Inaccessible-Insel
6. Tristan da Cunha
7. Gough-Insel

Lagebericht ozeanische Inseln: Gefährdete Kleinode

Die Hälfte der gefährdeten Vogelarten der Erde sind Inselbewohner; in kleinen isolierten Welten ist das Risiko natürlich besonders groß. Vielfach nimmt man aber auch an, Inselarten seien degeneriert und damit weniger gut überlebensfähig als Vögel auf dem Kontinent. Doch der normale Gang der Evolution ist auf Inseln keineswegs außer Kraft gesetzt. Inselarten sind daher wahrscheinlich genausogut an ihre Umwelt angepaßt wie kontinentale Arten. Die Probleme liegen vielmehr in den Besonderheiten der Inselökosysteme und kaum in der Konstitution der Vogelpopulationen.

Für Landvögel ist das Hauptproblem des Insellebens, daß sie ihren Lebensraum nicht ohne Gefahr verlassen können. Das Meer ist für sie ein schwer überwindbares Hindernis. Nach der Zerstörung seines Lebensraums kann ein Vogel nicht einfach zum nächsten Platz wandern, wie auf dem Festland; auch fehlt der Raum, sich wirkungsvoll von einem Räuber abzusetzen. Außerdem können auf engem Raum nur relativ wenig Individuen leben; das ist der Grund, warum Inselpopulationen oft sehr klein sind und daher rasch ausgerottet werden können. Da der Anteil an endemischen, nur auf eine Insel oder Inselgruppe beschränkten Arten sehr hoch ist, bedeutet der Verlust einer Population auch zugleich das Aussterben einer ganzen Art. Inselvögel sind also nicht nur besonders gefährdet, weil sie in ihrer kleinen Welt gefangen sind und keine so kopfstarken Populationen wie Festlandsarten aufweisen, sondern weil sie oft auch einmalig sind und nicht wie auf dem Festland durch eine andere Population derselben Art ersetzt werden können. Es sind die besonderen geographischen und evolutionsbiologischen Voraussetzungen, die Inselarten so empfindlich machen, nicht etwa die Degeneration der Individuen.

Menschliche Siedler hinterlassen ein tödliches Erbe

Oft dauerte es lange, mitunter mehrere Jahrhunderte, bis nach der Entdeckung – meist durch die Portugiesen im 16. Jahrhundert – eine Insel auch besiedelt wurde. Viele Inseln in hohen Breiten beherbergten riesige Robbenkolonien oder lagen nahe an guten Walfanggründen. Die ersten menschlichen Besucher waren dort Robbenschläger und Walfänger, die sich wochen- oder monatelang auf den Inseln aufhielten, doch keine dauerhaften Siedlungen gründeten. Sie sammelten zwar Vogeleier und töteten Altvögel als willkommene Ergänzung ihrer Nahrung, schleppten aber kaum Fremdpflanzen oder Tiere ein. Andere Inseln, wie zum Beispiel Lord Howe, Mauritius oder die Falklands, waren dagegen günstig gelegene Stationen auf Handelswegen und daher bald nach ihrer Entdeckung besiedelt.

Die Eier in den riesigen Kolonien der Rußseeschwalbe *(Sterna fuscata)* bildeten eine wichtige Nahrungsquelle für Seefahrer und Siedler. Sie spielen sogar heute noch eine Rolle im Wirtschaftsleben mancher Inseln, z.B. auf den Seychellen.

Damit begann vor allem für tropische Inseln die lange Geschichte der Zerstörung. Ihre üppige Vegetation versprach fruchtbaren Ackerboden; Tieflandwälder ließen sich schnell roden. Nicht nur Land-, sondern auch viele Seevögel wurden von der Vernichtung der Wälder unmittelbar betroffen, denn nicht nur Baum-, sondern auch Bodenbrüter mußten verschwinden. Seevögel förderten vielfach die Fruchtbarkeit von Inseln durch den Guano, den sie hinterließen. Ihr Ausbleiben bedeutete eine zusätzliche Verarmung im Stoffkreislauf des Inselökosystems. Auf einigen Inseln waren die Guanoschichten so mächtig, daß sich industrieller Abbau lohnte. Doch der Verlust des Düngers bedeutet nicht nur eine Verarmung des Nährstoffkreislaufes, sondern auch häufig den totalen Verlust des ursprünglichen Tierlebens.

Bodenbrüter und flugunfähige Inselvögel, wie die Dronte auf Mauritius, der Einsiedler auf den Maskarenen oder die verschiedenen flugunfähigen Inselrallen, waren die Opfer der nächsten Vernichtungswelle, ausgelöst durch jagende Säugetiere, die vom Menschen eingeschleppt wurden. Ratten und Katzen wüteten am schlimmsten, vor allem Schiffsratten, die ausgezeichnet klettern können. Sie kamen oft per Zufall an Land, zum Beispiel bei einem Unfall, wenn sie getreu dem Sprichwort das sinkende Schiff verließen. Ratten wurden aber auch absichtlich auf Inseln entlassen: James Cook ließ zum Beispiel hölzerne Stege errichten, um die lästige Plage auf seinen Schiffen loszuwerden.

Doch die Lawine wuchs. Ratten waren natürlich auch bei den Inselbewohnern nicht willkommen. Und so führte man größere Säuger zur Rattenbekämpfung ein, in erster Linie Katzen, oft aber auch Mungos. Vor ihnen waren selbstverständlich auch Bodenvögel nicht mehr sicher. Starke Vermehrung der eifrigen Ratten-und Vogeljäger machte sie dann wieder für die Siedler zum Schädling. Hunde mußten daher für ihre Regulierung sorgen. Trotzdem war das Ergebnis meist eine wachsende Population von Ratten, Katzen und Mungos auf Kosten der Vogelwelt. Oft überlebten nur wenige einheimische Arten.

Ackerbau bedingte die Einfuhr fremder Pflanzen, von denen einige die ursprüngliche Vegetation zurückdrängten. Landwirtschaft war aber auch mit der Zucht von Haus- und Nutztieren, wie Schweine, Ziegen und Rinder, verbunden, die sich ebenfalls als Konkurrenten der ursprünglichen Tierwelt erwiesen und auch das Pflanzenkleid oft radikal zerstörten.

Ziegen wurden auf unbewohnten Inseln als Frischfleischreserve für zukünftige Zwischenaufenthalte auf langen Schiffsreisen an Land gesetzt. Sie erwiesen sich meist als ebenso nachhaltige Vernichter der ursprünglichen Pflanzenwelt wie der Mensch mit Axt und Feuer.

Der Aldabraweber *(Foudia eminentissima)* ist ein relativ junger Inselsiedler, der aus Madagaskar stammt. Obwohl er auf Bäumen brütet, wird sein Bruterfolg durch Ratten immer wieder stark beeinträchtigt.

Inseln sind ein magisches Urlaubsziel; sie verkörpern Exotik und Paradies. Der Touristenboom zerstört aber gerade jene Werte, die uns ursprünglich auf die Inseln lockten. Die Exotik, sei es die Kultur der Ureinwohner oder fremdländische Fauna und Flora, werden überrollt und zerstört.

Auch kleinere Änderungen erwiesen sich oft als folgenschwer. Viele Siedler brachten ihnen vertraute Käfigvögel mit, um sich im fremden und abgelegenen Land wenigstens etwas heimisch zu fühlen. Das Ausmaß dieser Importe ist beachtlich: Allein auf die Hawaii-Inseln wurden rund 160 Vogelarten eingeführt! Einige der Fremdlinge erwiesen sich als harte Konkurrenten wildlebender ursprünglicher Vogelarten, nahe verwandte eingeschleppte Formen vermischten sich mit einheimischen Populationen, und alle Fremdlinge waren potentielle Träger von Seuchen, die sich oft verheerend auf die nicht resistenten Wildarten auswirkten.

Die Bedeutung all dieser verschiedenen Einflüsse richtig abzuschätzen ist schwer. Es kommt auch nicht so sehr darauf an, festzustellen, auf wessen Konto die meisten Verluste unter den ursprünglich heimischen Vogelarten gehen. Fast überall wirkten sich die verschiedenen Einflüsse und Veränderungen bedrohlich auf die Inselwelt aus, zumal meist alle Faktoren in gleicher Richtung wirken.

Eine neue Phase der Inselzerstörung hat die Gegenwart heraufbeschworen. Das Flugzeug verkürzt die Entfernung auch zu der entlegensten Insel; die moderne Form der Inselbesetzung heißt „Tourismus". Menschen aus den Ballungsgebieten der Industrienationen suchen die Erholung weitab vom Alltagsstreß und zerstören dabei genau das, was sie eigentlich suchen: die exotische Natur. Kaum eine Insel mit warmem Klima ist vor Rollbahnen, Hotelburgen und flächenverschlingenden Freizeiteinrichtungen mehr sicher. Selbst auf entlegenen Inseln werden die Reste einer einmaligen Natur nach langer leidensvoller Geschichte der Zerstörung noch vernichtet. Massentourismus und Grundstücksspekulanten sägen eifrig an dem Ast, auf dem sie selbst sitzen. Der Schutz der Flora und Fauna hat deswegen auch eine gewaltige ökonomische Bedeutung, was offenbar erst von wenigen erkannt wird.

Hoffnung für die Überlebenden

Viele der endemischen Inselvögel haben dennoch überlebt, oft in kleinen Populationen auf verwüsteten Inseln. Zwei Schutzstrategien bieten sich an. Die eine versucht, die ganze Insel zum Reservat zu erklären, in dem nur für die Erhaltung ursprünglicher Natur Maßnahmen ergriffen werden dürfen. Solche Fälle sind aber leider selten. Cousin Island in der Seychellen-Gruppe ist ein klassisches Beispiel, aber eben die Ausnahme. Die andere Möglichkeit besteht darin, Vögel auf Inseln mit besseren Überlebenschancen umzusiedeln. Bei Sattelvogel, Chathamschnäpper und einer Reihe von Inselarten Neuseelands haben sich solche Versuche als sehr erfolgreich erwiesen.

Inseln sind besonders verletzlich, doch andererseits in ihrer Isolation als kleine sich selbst erhaltende Systeme auch leichter zu schützen. Es kommt nur auf unsere Bereitschaft an.

Die kühnste und dramatischste ornithologische Rettungsaktion: Dank der künstlichen Umsiedlung auf eine andere Insel und dank geschickter Manipulation der Brutpaare und des Lebensraumes hat sich der Weltbestand des Chathamschnäppers *(Miro traversi)* von 5 Individuen wieder auf 30 erhöht.

Über 250 000 Seevögel aus sieben verschiedenen Arten und ein Landvogel, brüten neben vielen anderen Tieren auf der Insel Cousin, die vom Internationalen Rat für Vogelschutz (ICBP) aufgekauft wurde.

An der Grenzlinie zwischen Land und Wasser sind Küsten genauso produktiv wie jedes andere Ökosystem: Die von den Flüssen aus dem Land geschwemmten Nährstoffe werden von den Meereswellen wieder angespült. Flachküsten, die im Wechsel der Gezeiten überflutet werden und wieder trockenfallen, sind der Lebensraum riesiger Vogelscharen, die solche für Säugetiere unzugänglichen Schlickflächen gefahrlos nutzen können.

Jeder Küstentyp wird von einer besonderen Vogelgesellschaft bewohnt, die den jeweiligen Bedingungen angepaßt ist. Steile Felsküsten bieten riesigen Seevogelkolonien vor landlebenden Beutefeinden sichere Brutplätze, die unmittelbar am nahrungsreichen Meer liegen. Flußmündungen versprechen ebenfalls reiche Nahrungsgründe, die vor allem als Rastplätze von Millionen von Zugvögeln auf ihren weiten Wanderungen aufgesucht werden.

In den Tropen sind Mangrovewälder und Küstensümpfe, Korallenriffe und kalte Küstenströmungen die Laich- und Aufwachsgebiete vieler Meeresfische, die Seevögeln und Menschen gleichermaßen als Nahrung dienen.

Die Küsten

Kappenregenpfeifer: Viele Ratten sind der Vögel Tod

Bevor die Europäer Katzen und Ratten nach Neuseeland brachten, brütete der Kappenregenpfeifer (*Thinornis novaeseelandiae*) auf Schlammflächen und an den Felsküsten der beiden Hauptinseln sowie auf dem Chatham-Archipel. Die zahmen und arglosen Vögel fielen jedoch bald den streunenden und räuberischen eingewanderten Tieren zum Opfer. Ihr Verbreitungsgebiet schrumpfte so rapide, daß bereits 1880, kaum 40 Jahre nachdem die Besiedelung im großen Stil begonnen hatte, der Kappenregenpfeifer einer der seltensten Vögel Neuseelands war. Um 1900 galt er auf den beiden Hauptinseln als ausgestorben. Auf den Chatham-Inseln, 800 Kilometer östlich der Südinsel von Neuseeland, wurde er auf all jenen Inseln ausgerottet, die durch Katzen und Ratten besiedelt wurden. Über 70 Jahre lang blieben die Kappenregenpfeifer auf die 220 Hektar von South-East-Island der Chatham-Gruppe beschränkt, wo Katzen und Ratten in Schach gehalten wurden. Doch selbst hier waren die Vögel nicht sicher vor kommerziellen Sammlern seltener Vögel und ihrer Eier.

Kappenregenpfeifer sehen den Steinwälzern sehr ähnlich, die auf der ganzen Welt an Felsküsten anzutreffen sind. Sie sind aber mit ihnen nicht näher verwandt; ihr Verhalten gleicht eigentlich mehr dem der Austernfischer. Sie suchen meist an felsigen Küsten nach Nahrung, besonders dort, wo Süßwasser über Felsplatten ins Meer rinnt oder sich weiter im Inland Salzwiesen ausbreiten. Vereinzelt leben sie auch auf Grasflächen in höheren Teilen der Insel. Wie viele andere küstennahen Salzwiesen werden auch die auf South-East-Island von Schafen und Rindern beweidet. Bis in die 50er Jahre hielten die Herden die vom Regenpfeifer bevorzugten Wiesen kurz. Als man die Viehzucht aufgab und Rinder und Schafe von der Insel verschwanden, wuchs das Gras so kräftig, daß es den Regenpfeifer bei der Nahrungssuche behinderte. Nicht mehr als 90 erwachsene Vögel blieben übrig, eine der kleinsten Watvogelpopulationen der Welt.

Die meisten Regenpfeiferarten legen ihre Eier in eine flache Mulde auf den offenen Boden. Sie verlassen sich dabei zum einen auf die hervorragende Tarnfarbe ihrer Eier und Jungen und zum anderen auf ihre Fähigkeit, sich nähernde Feinde schon von weitem zu entdecken. Doch Kappenregenpfeifer entwickelten sich in einer Umwelt, in der bodenlebende Räuber gänzlich fehlten. Ihr Brutverhalten ist daher nur sehr unvollkommen an Nesträuber angepaßt. Das Nest ist umfangreicher als das anderer Regenpfeifer und nur selten nach oben offen. Gewöhnlich liegt es unter einem Pflanzenbüschel oder einem Farnwedel. Es kann aber auch in der Höhle eines Sturmtauchers, in einem hohlen Holzstück oder zwischen den Wurzeln eines Busches angelegt sein. Der brütende Vogel ist daher nicht in der Lage, einen Nestfeind rechtzeitig zu entdecken. Zusätzlich erleichtert die Zutraulichkeit des Vogels seinen Verfolgern die Arbeit, so daß er für sie zu einer leichten Beute wird.

South-East-Island ist seit 1959 ein Reservat und der Regenpfeifer gesetzlich geschützt. Doch jede Population, die nur auf eine einzelne Insel begrenzt ist, ist zwangsläufig gefährdet. Um das Überleben des Kappenregenpfeifers zu sichern, muß nicht nur sein Lebensraum erhalten werden, sondern muß der Vogel auch auf anderen geeigneten Inseln angesiedelt werden. Solche Umsiedlungen waren in Neuseeland beim Sattelvogel und in nächster Umgebung des Regenpfeifers auch beim Chathamschnäpper sehr erfolgreich. Die Regenpfeifer erwiesen sich allerdings für Umsiedlungsmaßnahmen als problematisch. Anders als die ortstreuen Sattelvögel und Chathamschnäpper, die an dem Ort blieben, an den man sie gebracht hatte, flogen die 15 Kappenregenpfeifer, die man nach Mangere, einer rattenfreien Insel der Chatham-Gruppe, gebracht hatte, einfach wieder nach South-East-Island zurück. Weitere Umsiedlungsversuche mit noch nicht ausgewachsenen Tieren und am Flügel beschnittenen Altvögeln waren gleichfalls erfolglos, so daß man heute anstrebt, Vögel in Gefangenschaft zu züchten, um sie später auszusetzen.

Die Chatham-Inseln bilden auch für zwei weitere bedrohte Watvögel eine letzte Zuflucht. Eine Form der Aucklandschnepfe *(Coenocorypha aucklandia)* hat ihr letztes Rückzugsgebiet auf South-East-Island, wo sie im feuchten Laub auf dem Waldboden oder im langen Gras an der Küste nach Nahrung sucht. Weitere Unterarten sind auf einige Inselgruppen um Neuseeland beschränkt. Die Aucklandschnepfe ist viel kleiner als andere. Aufgrund ihres Aussehens nimmt man an, daß es sich um eine sehr ursprüngliche Form handelt, an deren Stelle anderswo die heutigen Sumpf- und Waldschnepfen getreten sind. Nur in den abgelegenen Rückzugsgebieten der südlichen und subantarktischen Inseln konnte die ursprüngliche Form überleben. Einige Aucklandschnepfen wurden in den 70er Jahren erfolgreich nach Mangere verfrachtet, andere haben Star Keys nahe South-East-Island ohne Hilfe besiedelt.

Der Chatham-Austernfischer *(Haematopus chathamensis)* ist nicht nur auf South-East-Island beschränkt. Die noch etwa 50 verbliebenen Vögel dieser Art sind auf alle Inseln der Gruppe verteilt. Im Aussehen gleicht er den anderen Austernfischern: ein großer, auffallend schwarzweißer Strandvogel mit langen kräftigen rosafarbenen Beinen und Füssen und einem starken geraden Schnabel, mit dem er Muscheln und Napfschnecken von den Felsen am Strand losmeißeln kann. Doch abweichend von anderen Austernfischern ist die Art sehr ortsgebunden und bildet keine Trupps. Ihr Einzelgängertum bietet wenig Gelegenheit zu den auffälligen Trillerspielen, die sonst für Austernfischer so typisch sind.

Die Aucklandschnepfe *(Coenocorypha aucklandia)* kommt auf fünf weit verteilten Inselgruppen bei Neuseeland vor. Da die Vögel seit langer Zeit voneinander isoliert leben, haben sich dort eigene Unterarten gebildet.

Nahrungsgebiete für den Kappenregenpfeifer sind flache felsige Plateaus, die von der Flut regelmäßig überspült werden. Die Nester sind unweit von der Küste im dichten Gras verborgen.

Seeadler: Wappentier ohne Lebensraum

Bis vor etwa 200 Jahren war das gewaltige Flugbild des Seeadlers *(Haliaeetus albicilla)* für Bewohner und Besucher der Felsküsten Nordeuropas ein vertrauter Anblick. Steilküsten bildeten den Schwerpunkt der Verbreitung, doch lebten Seeadler auch über weite Teile des nördlichen und zentralen Eurasiens in Flußtälern und an Binnenseen verstreut. Wie viele andere Küstenvögel sind auch Seeadler an Meer und Süßwasser angepaßt, wenngleich ihre Siedlungsdichte auch entlang von Küsten am größten ist.

Mit mehr als zwei Meter Flügelspannweite ist der Seeadler der mächtigste Adler Europas. Der gedrungene Körper, die breiten brettartigen Flügel und der kurze keilförmige Schwanz unterscheiden ihn vom kleinen und schlankeren Steinadler *(Aquila chrysaetos)*, dessen Verbreitungsgebiet sich teilweise mit dem des Seeadlers überschneidet. In seiner Gestalt und auch in seinem Verhalten ähnelt der Seeadler mehr einem Geier. Zwar leben viele Adler auch von Aas, beim Seeadler spielen aber tot aufgefundene Tiere eine weitaus größere Rolle in der Ernährung als bei anderen Arten.

Der Weißkopfseeadler *(Haliaeetus leucocephalus)*, Symbolvogel der USA, ist ebenfalls in seinem Bestand bedroht und deshalb Anlaß für landesweite Schutzbemühungen. Brettartige, breite Flügel und der kurze, keilförmige Schwanz sind die typischen Kennzeichen seines Flugbildes.

Sein schwerer, energieverzehrender Flugstil ist für gezielte und schnelle Angriffe, wie sie etwa für den Steinadler typisch sind, weniger gut geeignet. Er setzt daher mehr auf Überraschung als auf Schnelligkeit. Seeadler sitzen oft lange auf einer exponierten Warte oder kreisen in der Luft, um nach einem Opfer Ausschau zu halten, dem sie sich dann behutsam nähern, bevor sie im letzten Augenblick rasch zupakken. In manchen Gegenden leben die Adler größtenteils von Tauchenten oder Bläßhühnern, die auf dem offenen Wasser vor Überraschungsangriffen weitgehend sicher scheinen. Wiederholte Attacken erschöpfen jedoch das in Aussicht genommene Opfer, so daß es dann nicht mehr tauchen oder vom Wasser auffliegen kann.

Gegenwärtig konzentriert sich die Verbreitung der Art vor allem auf die reich gegliederte Küste Norwegens. Steile Wände begleiten die tief ins Land eingeschnittenen Fjorde und bieten Hunderte von Kilometern urwüchsigen und unberührten Lebensraum. Jedes Adlerpaar beansprucht hier ein Revier von etwa 600 bis 800 Hektar, das verschiedene Horstplätze enthalten kann.

Zwei große weiße Eier bilden das Gelege. Das Weibchen übernimmt den größten Teil der Bebrütung, während das Männchen frisches grünes Nestmaterial sowie Nahrung für das Weibchen und später für die Jungen einträgt. Oft liegt ein Brutplatz in der Nähe kolonienbrütender Seevögel oder im Binnenland in der Nähe einer Reiherkolonie. Damit ist für Nahrung in Horstnähe gesorgt.

Die Geschichte der Seeadler in Europa spiegelt die Entwicklung der Landnutzung wider. Bei Seeadlern handelt es sich um Opportunisten, die sich vom Kadaver eines Schafes ebenso ernähren wie von dem eines Kaninchens. Bauern, die einen Seeadler auf einem toten Lamm sitzen sehen, fragen nicht lange, ob das Schaf nicht vielleicht vorher schon tot war. Der Adler wird getötet. So begann der Bestand an Seeadlern in Schottland drastisch abzunehmen, als die Highlands, etwa zwischen Ende des 18. und Mitte des 19. Jahrhunderts, gerodet und mit Schafen bestockt wurden.

Nicht immer jedoch wurde die Ausrottung absichtlich betrieben. In Island gingen die Seeadler von 150 Paaren im Jahr 1885 auf nur sieben im Jahr 1921 zurück, weil man gegen Polarfüchse und Eulen Giftköder ausgelegt hatte; jedoch ohne Erfolg, denn es gab 1921 ebenso viele Füchse wie vorher. Nur für den Seeadler war die Anreicherung von Gift in der Nahrungskette fatal. In Großbritannien wurde der Seeadler in den ersten Jahrzehnten des 20. Jahrhunderts ausgerottet; in weiten Teilen Europas war sein Bestand stark zurückgegangen.

Dann begann eine weitere Phase der rapiden Abnahme. Persistente Kohlenwasserstoffe und Quecksilberverbindungen fanden ihren Weg in Nahrungsketten des Süßwassers und der Landökosysteme, in denen der Seeadler das Endglied darstellt. Einige Vögel verendeten, andere hatten keine Nachkommen mehr, da die Schalen der Eier unter dem Einfluß von DDT so dünn wurden, daß sie unter dem Gewicht des brütenden Vogels zerbrachen. In den meisten europäischen Ländern ist der Bestand auf wenige Paare zurückgegangen, abgesehen von Norwegen. Hier brüten heute 45 bis 60 Prozent der insgesamt etwa 500 bis 700 Seeadlerpaare Europas.

Im Binnenland horsten Seeadler auf großen kräftigen Bäumen. Die riesigen Nester sind wegen ihrer Größe schnell zu finden, so daß Eier und Junge vom Menschen leicht erbeutet werden können. Da sie Aas fressen, kann man die Vögel auch leicht durch Gift beseitigen. Ihre Spitzenposition in Nahrungsketten macht sie zudem anfällig gegenüber der weitverbreiteten Belastung unserer Umwelt mit Schadstoffen. Die wenigen Seeadler, die heute noch übriggeblieben sind, leben entweder in abgelegenen Gegenden oder dort, wo der Ackerbau noch oder wieder in einer Weise betrieben wird, die dem Tierleben eine ausreichende Überlebenschance bietet.

Ein charakteristischer Ausschnitt aus dem Lebensraum des Seeadlers in Nordeuropa: Steile Küstenhänge mit ruhigen Buchten auf den abgelegenen Lofoten vor der norwegischen Küste.

Seeadler sind in ganz Europa vom Aussterben bedroht. Um ihre Überlebenschancen zu verbessern, sind wissenschaftliche Untersuchungen und wirkungsvolle Schutzmaßnahmen notwendig. Die Beringung der Greifvögel führt zu wichtigen Informationen über ihren späteren Lebensweg.

Schneereiher: Für die Mode gemordet

Ein strenger Buddhist schützt die Vögel, die in seinen heiligen Bäumen brüten, auch wenn sie Nahrungskonkurrenten an seinen Fischteichen sind. Die letzten Paare des Schneereihers *(Egretta eulophotes)* in Hongkong verdanken ihr Überleben den 5000 Jahre alten Lehren Buddhas.

Schneereiher brüteten einst, zusammen mit anderen Reiherarten, in riesigen Kolonien weit verbreitet in den Küstenprovinzen Chinas und in Nordkorea. Nach der Brutzeit zogen sie nach Japan, Malaysia und auf die Philippinen. Viele Brutplätze wurden wahrscheinlich infolge der mit dem Vogel verbundenen traditionellen religiösen Vorstellungen geschützt.

Aber auch unberührte Biotope sicherten die Lebensgrundlage für den Schneereiher und viele verwandte Arten. Zwei von ihnen spielen eine wichtige Rolle in der jüngsten Geschichte des Schneereihers. Der Seidenreiher *(Egretta garzetta)*, der im Süßwasser, aber auch an der Küste nach Nahrung sucht, und der Riffreiher *(Egretta sacra)*, der sich mehr an felsige Tümpel und schlammige Flußmündungen entlang der Küste hält. Der Schneereiher besetzt eine schmale ökologische Nische zwischen Seidenreiher und Riffreiher. Er sucht Nahrung im Seichtwasser der den Gezeiten ausgesetzten Schlickflächen, besonders an Flußmündungen.

Diese Biotope werden zwar von den anderen beiden Arten auch erfolgreich genutzt. Der Schneereiher aber ist stärker spezialisiert als seine beiden Konkurrenten, die eine viel breitere Skala von Lebensräumen erfolgreich nutzen können, wenn ihnen die bevorzugten Nahrungsgründe verschlossen bleiben.

Alle drei Arten stammen wahrscheinlich von Vorfahren ab, die in Aussehen und Lebensweise Ähnlichkeiten mit Rohrdommeln oder Reihern der Gattung Ardeola, zum Beispiel Rallen- oder Paddyreiher, besaßen. Mit bräunlicher Federzeichnung gut getarnt, suchten sie als Einzelgänger Nahrung und brüteten im Schutz dichter Rohrbestände.

Für die Egretta-Arten ist Tarntracht dagegen wenig sinnvoll, weil sie bevorzugt im offenen Wasser jagen. Reine weiße Federn haben sich entwickelt sowie verschiedene Verhaltenstricks bei der Jagd. Manchmal warten die Reiher geduldig im Seichtwasser auf Beutetiere, die sich ihnen nähern. Oft waten sie aber auch behutsam, bis sie zum Stoß nahe genug herangekommen sind. Mitunter rennen sie auch wie verrückt herum und schlagen mit ihren hoch erhobenen Flügeln, um Beutetiere aus den Verstecken unter Steinen oder Wasserpflanzen herauszuscheuchen.

Das auffällige weiße Gefieder hat sie wohl auch zu Kolonienbrütern werden lassen, um sich allein durch die Menge besser zu schützen. In den Kolonien aber sind sie von Artgenossen umgeben, die mit ihnen um die Gunst eines Partners konkurrieren. So entsteht ein Evolutionsdruck für jedes Individuum, prächtiger zu sein als sein Nachbar. Für die Balzzeit haben alle Reiher einen besonders auffälligen Schmuck entwickelt: lange, bandförmige, weiße Schmuckfedern am Kopf und an der Brust sowie fein zerschlissene und gekräuselte Federn auf dem Hinterrücken.

Dieses prachtvolle Gefieder war das Verderben der Schneereiher. Im 19. Jahrhundert glaubten die Damen ihrer Schönheit mit Federn nachhelfen zu müssen. Ohne Unterschied wurden in der ganzen Welt Vögel hingeschlachtet, die sich durch besonders schöne Federn auszeichneten. Die umweltfreundliche buddhistische Tradition zerbröckelte angesichts des kommerziellen Drucks.

Schneereiher und andere weiße Reiher waren nicht die einzigen Opfer. Weil sie aber als Koloniebrüter leicht zu entdecken waren, schwand ihr Bestand am schnellsten. Ihre Schmuckfedern wachsen nur zur Brutzeit; so mußten die Vögel zwangsläufig am Nest getötet werden, die Gelege wurden zerstört oder die Jungen verhungerten.

Ganze Reiherpopulationen verschwanden als Folge des Schmuckfedernhandels. Schätzungen der jährlichen Todesrate reichen von 5 bis 200 Millionen Vögel. Von etwa 1860 bis 1922, als der Internationale Rat für Vogelschutz (ICBP) nicht zuletzt als Antwort auf die internationalen Dimensionen des Federhandels gegründet wurde, wandte sich eine heftige Kampagne gegen die Federmode. Sie hatte Erfolg. Der Verkauf von Schmuckfedern wurde schließlich verboten.

In China wie auch anderswo erholten sich einige Reiherbestände. Beim Schneereiher gelang dies jedoch nicht in dem Maße wie bei seinen Verwandten, die parallel mit dem Wiedererstarken ihrer Bestände eine größere Vielfalt an Lebensräumen nutzen konnten. Heute sind die Lebensräume des Schneereihers durch Verschmutzung bedroht, die von nahe gelegenen, immer weiter anwachsenden menschlichen Ballungsräumen ausgehen. So verließ eine Gruppe von drei Paaren ihren Brutplatz in Hongkong, nachdem Rauch eines benachbarten, sich vergrößernden Stadtteils durch die Kolonie strich. Das enorme Anwachsen von Reiskulturen entlang der Ostküste Chinas ließ ebenfalls viele Reiher abwandern, besonders den Schneereiher. Wie viele im chinesischen Binnenland überlebten, ist nicht bekannt. In ihrem Winterquartier sind sie jedenfalls nur noch erschütternd selten zu beobachten.

Riffreiher *(Egretta sacra)* jagen meist allein an den Küsten des Pazifiks, sammeln sich aber, wie die meisten Reiher, bei Sonnenuntergang zu großen Übernachtungsgesellschaften.

Die zarten Schmuckfedern der weißen Reiher waren einst begehrte Zier der Damenmode. Auch der Seidenreiher *(Egretta garzetta)* war vom Federhandel betroffen.

Damaraseeschwalbe: Keine Ruhe vor dem Menschen

Die Damaraseeschwalbe *(Sterna balaenarum)* ist nahe verwandt mit der Zwergseeschwalbe *(Sterna albifrons)*, einer auf der Nordhalbkugel zwar weit verbreiteten, aber in vielen Teilen ihres Brutgebiets gefährdeten Art. Sie ist auf ein sehr kleines Gebiet beschränkt und vielfältigen Bedrohungen ausgesetzt.

Das kalte Wasser des Benguelastroms an der Westküste Südafrikas bietet Lebensmöglichkeiten für eine Population der Damaraseeschwalben, die wahrscheinlich noch ein- bis zweitausend Paare umfaßt. Während die Seeschwalben in der Brutzeit von der Südspitze Afrikas bis Cabinda im Norden vorkommen, leben sie außerhalb der Brutzeit in einem Verbreitungsgebiet, das sich bis nach Nigeria erstreckt. Brutplätze sind jedoch nur an der Küste der Kapprovinz, besonders von Namibia, bekannt.

Ihre bevorzugten Nahrungsgründe sind Flußmündungen, Buchten und Lagunen. Doch diese Gebiete sind auch bei der einheimischen Bevölkerung als Erholungsgebiete beliebt. Als Folge des wachsenden Besucherstroms kam es zu einer stürmischen kommerziellen Erschließung dieser Erholungsgebiete mit Industrie und Wohnsiedlungen. An einigen Stellen wurden sogar Flußmündungen ausgebaggert. Große Gebiete der Küstengewässer sind daher mittlerweile durch Industrie- und Hausabwässer verschmutzt.

Damaraseeschwalben brüten nicht in dichten Kolonien wie andere Seeschwalben, sondern in lockeren Gruppierungen oder einzeln verteilt über Hunderte von Küstenkilometern. Jedes Nest ist eine kleine Mulde im kahlen Boden zwischen Dünen oder auf Salzflächen. In den Dünen sind die Nester oft Hunderte von Metern voneinander entfernt.

Die für diese Küstenabschnitte typischen Dauerwinde stellen eine ständige Gefahr dar, da sie die Nestmulden mit lockerem Sand zuwehen. Daher werden die meisten Nester nach Lee der Dünen angelegt. Im Reservat De Mond bedrohen Sandverwehungen auch nahe gelegenes Farmland; daher wurden viele Dünen durch künstliche Anpflanzungen stabilisiert. Werden diese für das Farmland wichtigen Schutzmaßnahmen immer weiter Richtung Küste fortgesetzt, zerstören sie mit der Zeit auch den kahlen Boden, den die Seeschwalben als Brutplatz benötigen.

Damaraseeschwalben legen nur ein Ei. Dies ist für Küstenvögel mit nahe gelegenen Nahrungsgründen eigentlich ungewöhnlich; die meisten legen zwei bis drei Eier. Vögel brüten im allgemeinen nur dann ein Ei aus, wenn das Nahrungsangebot knapp und unsicher ist. Jedoch könnte sich die Art vor noch nicht allzulanger Zeit aus einer küstenfern jagenden Form entwickelt haben, deren Gelege immer nur ein Ei aufwies. Nach dem Flüggewerden ist das Küken noch weitere zehn Wochen von den Altvögeln abhängig. In dieser Zeit lernt es selbständig zu jagen. Infolge dieser langen Aufzuchtzeit können die Vögel kein zweites Mal brüten.

Der Lebensraum der nur im Küstengebiet des westlichen Afrika lebenden Damaraseeschwalbe: Die Küstenwüste Namib, südlich von Windhuk mit dem Delta des Flusses Kuiseb.

In warmen Klimaten sind die Sandstrände in der Nähe von Ballungsräumen wegen des Erholungsdrucks durch die Bevölkerung sehr störanfällig. Die Menschen jagen die Küken aus dem Nest, die nun vor Räubern ungeschützt sind. Ebenso können sie in das Revier einer benachbart brütenden Möwe oder Seeschwalbe geraten, wo sie heftig attackiert und vielleicht getötet werden. Motorfahrzeuge, vor allem solche, die für Dünenfahrten konstruiert wurden, verursachen Schäden an den Dünen und können so möglicherweise das Brutbiotop der Vögel vernichten.

Eine weitere Gefahr droht einigen der Nistplätze nahe der Mündung des Oranjeflusses. Im Seichtwasser werden angeschwemmte Diamanten mittels einer landschaftszerstörenden Methode abgebaut: Man wühlt den Strand bis zu einer Tiefe von 20 Metern total um. Auf diese Weise wird nicht nur der Brutplatz der Seeschwalbe zerstört; auch ihre Nahrungsgründe in der küstennahen Seichtwasserzone werden mit Schlamm verdreckt.

Hinter einem künstlichen Damm werden die diamantführenden Sedimente an der Oranjemündung in Namibia abgebaut. Der Lebensraum der Damaraseeschwalbe wird dadurch zerstört.

Das Wasser der Seen, Flüsse, Moore vereinigt und verbindet als „ökologischer Blutkreislauf" viele Lebensräume miteinander.

Die Lebensräume des Süßwassers sind nicht nur besonders produktive Systeme; in ihnen leben auch besonders vielfältige Lebensgemeinschaften. Viele Wasservögel sind groß und auffällig; oft brüten sie in großen Kolonien. Viele von ihnen sind ausgesprochene Langstreckenzieher, deren Wanderwege weit voneinander entfernte Naßgebiete miteinander verbinden. Zugvögel nehmen die Samen von Wasser- und Sumpfpflanzen mit sich und tragen damit zur Verbreitung von wichtigen Bestandteilen der Lebensgemeinschaften im und am Wasser bei.

Vor Tausenden von Jahren ließ sich an den fruchtbaren Feuchtgebieten des Mittleren Ostens der Mensch seßhaft nieder, und langsam entwickelte sich seine Kultur in diesem Raum. Heute behandeln wir Feuchtgebiete wie einen nutzlosen Wegwerfartikel: Wir füllen sie auf oder legen sie trocken, um Ackerland oder Baugrund zu gewinnen. Ursprüngliche Binnengewässer und Feuchtgebiete mit ihrem einmaligen Tier- und Pflanzenleben und ihrer großen ökologischen Bedeutung verschwinden auch heute noch vor unseren Augen und werden auf dem Altar des Fortschritts dem Wirtschaftswachstum geopfert.

Die Feuchtgebiete

Versorgungssystem im Haushalt der Natur

Wasser ist für das Überleben jeder Pflanze und jedes Tieres von grundlegender Bedeutung. Natürliche Feuchtgebiete sind daher lebensnotwendige Zahnräder im ökologischen Gefüge. Der größte Teil der Niederschläge über den Ozeanen wird der Atmosphäre durch Verdunstung zurückgegeben. Der kleine Teil, der auf das Land fällt, fließt mit der Zeit wieder ins Meer ab. Doch auf dem Weg dorthin wird das Wasser in immer neue Kreisläufe durch viele Pflanzen- und Tierarten sowie unterschiedliche Typen von Feuchtgebieten geschleust. Es wandert von einem Biom zum anderen. Wasser arbeitet als biologisches Transportsystem, das wie ein ökologischer Blutkreislauf Nährstoffe durch das System trägt und Abfälle wegschafft.

Flüsse, Seen, Moore und Sümpfe bieten eine enorme Vielfalt von Lebensräumen. Der so oft verwendete Begriff „Feuchtgebiet" wird dieser Vielfalt eigentlich nicht gerecht, denn er löst lediglich die Assoziation von nassen Gebieten aus. Und nasse Gebiete erscheinen wertlos, sie lassen sich doch allzu leicht in Agrarland, Bauland, Erholungsgebiete oder auch in eine Müllgrube umwandeln.

Ein Fluß voller Leben

Die erste Etappe des Wassers auf seinem Weg zum Meer ist der reißende Gebirgsfluß. Das Wasser ist hier kalt und klar, das Flußbett steinig. Gewöhnlich ist die Strömung so stark, daß Pflanzen im Flußbett mit seinen rollenden Steinen nicht wurzeln können. Die Turbulenzen reichern das Wasser mit Sauerstoff an, so daß viele Insekten und Fische darin leben können.

Im Tiefland verlangsamt sich die Strömung. Der Fluß wird durch die dauernd wachsende Fracht an Sand und Schlamm trüb. So ändert sich auch das Leben im Fluß. In seinen breiteren und wärmeren Abschnitten gedeiht Pflanzenleben, Fische und Frösche kommen in Beständen vor, die groß genug sind, um Vögel zu ernähren. Weiter stromabwärts wird die biologische Rolle des Flusses immer vielfältiger und komplexer, bis er schließlich ins Meer mündet.

Artenvielfalt in Seen und Sümpfen

Sicherheit vor den meisten räuberischen Säugetieren ist einer der Vorteile, den Gewässer ihren Bewohnern bieten. Denn nur wenige Landsäugetiere halten sich häufiger im Wasser auf. Die meisten Schwimmer, wie Otter und Nerz, leben zudem noch hauptsächlich von Fischen und anderen Wassertieren, kaum von Vögeln. Dieser Schutz vor Räubern ist daher auch die eine Ursache des reichen Vogellebens an vielen Gewässern und in Feuchtgebieten, das hohe Nahrungsangebot ist die andere. Die produktivsten Naßländer sind die Seen und Moore.

Seen entwickeln sich dort, wo Flüsse in ein Becken fließen, dessen Ausfluß blokkiert ist. Sümpfe bilden sich an Stellen, die so flach sind, daß das Wasser fast zum Stillstand kommt. In beiden Fällen reichern sich Nährstoffe an, sammeln sich durch Absinken in den Bodenschlamm und werden dort von Pflanzen aufgenommen. Viele Feuchtgebiete und Seen werden buchstäblich von den Nährstoffen ihrer weiteren Umgebung überschwemmt; diese hohe Nährstoffkonzentration ist die Grundlage ihrer hohen Produktivität.

Die großen Feuchtgebiete der Erde

1. Yukondelta
2. James Bay
3. Salton Sea
4. Mississippidelta
5. Everglades
6. Chesapeake Bay
7. Llanos in Venezuela
8. Amazonasdelta
9. Pantanal
10. Seen des Altiplano
11. Chaco und Parana
12. Myvatn
13. Wattenmeer
14. Coto Doñana
15. Donaudelta
16. Wolgadelta
17. Euphrat u. Tigris
18. Ob und Irtysch
19. Lenadelta
20. Furensee
21. Indusdelta
22. Bharatpur
23. Gangesdelta
24. Irawadidelta
25. Banc d'Arguin
26. Nigerdelta
27. Tschadsee
28. Nakuru- und Naivashasee
29. Okavangodelta
30. Halbinsel Cobourg

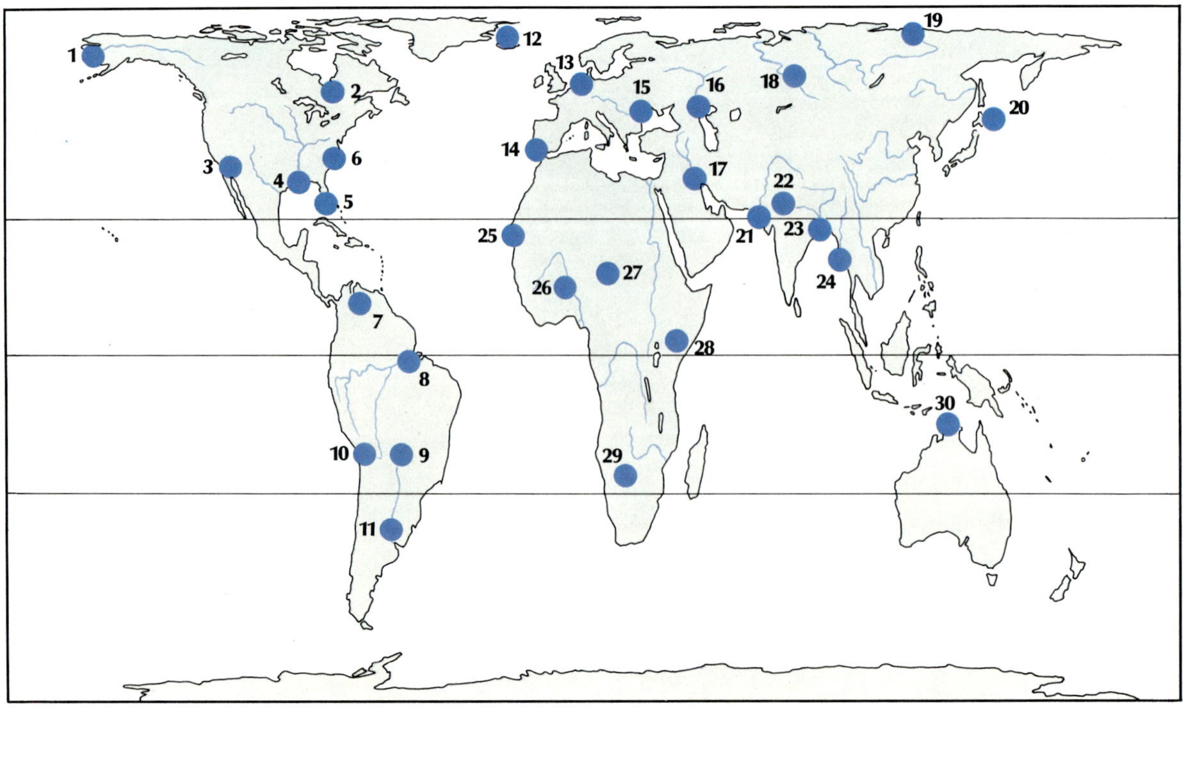

Seen können tief mit steilen Uferböschungen, aber auch sehr seicht mit sanft abfallenden Ufern sein. In tiefen Seen sind ähnliche Lebensbedingungen anzutreffen wie im Meer. Pflanzen können nur am Rand Halt für ihre Wurzeln finden; im tiefen Wasser ist die Produktivität begrenzt. Tiefe Süßgewässer mit steil abfallenden Ufern sind daher oft fast ebenso steril wie das offene Meer und somit arm an Vögeln.

Seichte Seen zählen dagegen zu den reichsten und produktivsten Lebensräumen der Erde. Pflanzen mit Wurzeln können fast überall wachsen, Schwimmpflanzen und Plankton gedeihen gut. Licht dringt bis auf den Grund, der Wind wälzt das Wasser und damit die zu Boden sinkenden Nährstoffe ständig und rasch um. Flachseen und Sümpfe unterscheiden sich von tiefen Seen so wie Oberflächenströme vom offenen Meer. Sie erreichen etwa dieselbe Stufe der Produktivität und haben sogar ein noch reicheres Vogelleben.

Feuchtgebiete sind veränderliche Lebensräume im unsicheren Kreislauf zwischen Überflutung und Austrocknung. In vielen sinkt und steigt der Wasserspiegel in einem sich ständig wandelnden Muster, das wiederum die Vogelgesellschaft von Monat zu Monat verändert. Doch das sind Verschiebungen im natürlichen Rhythmus, an die sich die Vögel über viele Generationen angepaßt haben. Ganz anderer Art sind die rigorosen Veränderungen, denen Wasser- und Sumpfvögel heute ausgesetzt werden: Sie können sich nicht einfach an eine totale Zerstörung ihres Lebensraumes „anpassen".

Bäche und Flüsse des Hochgebirges versorgen die lebenswichtigen Wasseradern des Tieflandes mit klarem und sauberem Wasser.

Klare Bergseen, kalt und nährstoffarm, sind natürliche Trinkwasserspeicher, deren Erhaltung für viele Menschen zur Überlebensfrage geworden ist.

Nach starkem Regen werden in den tropischen Flüssen der Savanne große Mengen an Bodenmaterial weggeschwemmt. Überschwemmungsgebiete erhalten dadurch wichtige Nährstoffe.

An großen Seen und Sümpfen sammelt sich eine Vielzahl ganz unterschiedlicher Tiere. Kronenkraniche *(Balaearica pavonina)* im Sudd am oberen Nil (Sudan), einem der größten natürlichen Sumpfgebiete Afrikas.

Treffpunkt Wasser: Zentren der Vielfalt

Die große Vielfalt von Lebensräumen in Naß- und Feuchtgebieten schafft Lebensmöglichkeiten für ganz unterschiedliche Vogeltypen. Nur wenige sind an schnell fließende Ströme und Flüsse angepaßt. Bachstelzen leben zum Teil von Insekten, die sich aus wasserlebenden Larven entwickeln und zurückkommen, um ihre Eier abzulegen. Wasseramseln sind hervorragend darauf spezialisiert, unter Wasser zu laufen. Sie benutzen ihre Flügel dazu, sich trotz ihres hohen Auftriebs unter Wasser zu halten, während sie den Flußboden nach Wasserinsekten und Fischlaich absuchen.

In den Flüssen der bewaldeten Gebirge Südamerikas verfolgen kleine Sporenenten *(Merganetta armata)* eine ähnliche Beute mit ganz anderer Technik: Ihre mächtigen Schwimmfüße halten den stromlinienförmigen Körper gegen die Strömung, und gleichzeitig wird dann nach Nahrung getaucht oder gegründelt. Auf der anderen Seite des Globus zeigen die Saumschnabelente *(Hymenolaimus malacorhynchos)* in Neuseeland und die Salvadoriente *(Anas waigiuensis)* in Neuguinea eine auffallend ähnliche Lebensweise.

An den Flußufern stehen Reiher, die im Seichtwasser auf Beute lauern. Ihre langen Beine erlauben ihnen, mehrere Meter weit ins Wasser zu waten. Auch einige Kormorane fischen im Fluß, obwohl ihr eigentliches Jagdrevier mehr der See ist. In tropischen Flüssen schwimmen Schlangenhalsvögel, von denen nur der schlangenähnliche Kopf und der lange Hals über dem Wasser zu sehen ist. Die besondere Anatomie des Halses verwandelt den dolchartigen Schnabel in eine Speerspitze, die sich in die Beute bohrt. Andere Fischjäger packen ihre Beute zwischen Ober- und Unterschnabel. Eisvögel sitzen auf kahlen Ästen dicht über dem Wasser, stoßen auf einen Fisch herunter und tragen ihn dann in ihre Nisthöhle am Steilufer. Brachschwalben jagen dicht über dem Wasser nach Insekten und ziehen sich zur Rast auf eine Sandbank zurück.

Flache Seen in Ostafrika sind der Lebensraum des Zwergflamingos *(Phoeniconaias minor)*. In riesigen Scharen stehen die Vögel beisammen und filtern mit ihrem besonders geformten Schnabel kleine Organismen aus dem Wasser.

Schutz in der Menge

Die üppige Vegetation, die Flachseen und Sümpfe säumt, stellt den fruchtbarsten Teil der Gewässer dar und bietet den Tieren auch den besten Schutz. Die Pflanzen wachsen so dicht, daß kein Räuber, welcher Größe auch immer, sie durchdringen kann, ohne aufzufallen. Ein still sitzender Vogel kann, vor allem, wenn er gut getarnt ist, geradezu unsichtbar sein.

Schilfbewohner, wie die Rohrdommel, tragen ein tarnfarbenes Federkleid mit Streifenmustern; bei Gefahr verharren sie bewegungslos mit nach oben gestrecktem Hals, so daß sie vor dem Hintergrund nicht auszumachen sind. Andere Vogelarten verlassen sich dagegen nicht auf Tarnung, sondern auf Stärke durch Masse. Reiher, manche von ihnen auffällig gefärbt, tun sich zu lärmenden Kolonien zusammen, die oft mehrere hundert Paare stark und meist nur durch offenes Wasser oder einen Rohrgürtel geschützt sind. Gegen Räuber zu Fuß ist ein solches Verhalten sehr wirkungsvoll, nicht aber gegen störende Menschen mit Boot.

Eine Welt von Spezialisten

Die Lebensweise der Sumpf- und Wasservögel ist so unterschiedlich wie ihre Nahrung. Seeadler und Fischadler stürzen aus der Luft herunter, um große Fische aus dem Wasser zu holen. Der Seeadler ernährt sich auch von Wasservögeln. Kleine Fische werden dagegen von einer Vielfalt von Tauchern, Kormoranen, Enten und Pelikanen verfolgt, die von der Oberfläche aus tauchen. Reiher, Störche, Löffler, Ibisse, Säbelschnäbler und viele andere nutzen die Flachwasserzone näher am Ufer, jeder mit seiner eigenen Jagdmethode.

Feuchtgebiete beherbergen einige der bemerkenswertesten Ernährungsspezialisten in der Vogelwelt: Flamingos sieben mit ihrem bizarr geformten Schnabel Plankton aus Salzseen. Die Schuhschnäbel Ostafrikas und die Kahnschnäbel Südamerikas graben mit ihren mächtigen, plumpen Schnäbeln Frösche und Lungenfische aus dem Schlamm. In Afrika knacken Klaffschnäbel Schnecken mit ihren Nußknackerschnäbeln. In Amerika holt der Schneckenweih *(Rosthramus sociabilis)* mit seinem leicht gebogenen Schnabel die Schnecken aus ihren Gehäusen.

Wasservögel sind oft regelrechte Nomaden, die lange Entfernungen auf der Suche nach Süßwasser zurücklegen. Die Flamingos Ostafrikas fliegen zum Beispiel eine Kette von Seen ab, die mehrere hundert Kilometer voneinander entfernt liegen, bis sie oft erst nach Jahren einen Platz finden, der alle Voraussetzungen für eine Brutkolonie erfüllt.

Für Brutvögel und Gäste sind Naß- und Feuchtgebiete gleichermaßen eine unverzichtbare Lebensgrundlage. Eine Bedrohung ihrer Lebensräume schlägt sich sofort in einer Bedrohung vieler einzelner Arten nieder.

Wasservögel zeichnen sich durch die große Vielfalt der sehr unterschiedlichen Jagdmethoden aus. Der Kanadareiher *(Ardea herodias)* steht unbeweglich im Wasser und stößt blitzschnell zu, wenn eine Beute in Reichweite des Schnabels kommt.

Eine der bekanntesten und auch häufig vorkommenden Wasservogelarten Europas und Nordamerikas ist die Stockente. Sie nistet sogar in Parkanlagen inmitten der Großstädte.

Das Purpurhuhn *(Porphyrio porphyrio)*, eine der größten heute lebenden Rallen, lebt an Binnengewässern in warmen Gebieten. Mit seinen gespreizten Füßen läuft es mühelos über die Blätter von Wasserpflanzen.

Neuseeland-Stelzenläufer: Ein Problem der Rassentrennung

Diese eleganten und zierlichen Vögel überlebten nur in einem einzigen Gebiet und das nur durch intensiven Schutz vor einer Vielzahl von Gefahren. Sie waren wohl nie sehr zahlreich und brüteten im 19. Jahrhundert noch auf beiden Inseln Neuseelands. Heute sind sie auf einen sehr verstreut lebenden Bestand im oberen Waitaki-Tal auf der Südinsel mit Schwerpunkt um den Tekaposee zusammengeschmolzen. Die gesamte Population ging auf schätzungsweise 90 Vögel zurück, von denen aber nur etwa 20 brüten. Die erfolgreichsten Bruten erfolgen auf zwei jeweils nur fünf Hektar großen Flächen, von denen man Nesträuber mit einem elektrischen Zaun fernzuhalten versucht.

Der Neuseeland-Stelzenläufer *(Himantopus novaezeelandiae)* ist durch eine ganze Reihe unterschiedlicher Gefährdungsfaktoren in diese bedrohliche Situation geraten. Die erste und vielleicht auch heute noch wichtigste Gefährdungsursache bilden eingewanderte Raubsäuger, besonders Frettchen. Europäische Siedler brachten sie mit und förderten ihre Vermehrung, um den großen Bestand an Kaninchen zu verringern. Die Stelzenläufer brüten in Sümpfen und auf kiesigen Flußufern hoch oben in den Bergen, wo das Wasser schnell und klar in steinigen Flußbetten strömt. Sie legen vier hübsch gezeichnete Eier auf den nackten Boden. Ursprünglich waren die Eier nur der Gefahr ausgesetzt, überflutet zu werden. Heute vermindern die Frettchen den Bruterfolg zusätzlich ganz erheblich, da sie die Eier gerne verspeisen.

Eine weitere Gefährdungsursache stellen die so harmlos wirkenden australischen Stelzenläufer dar. Als Kulturfolger breiteten sie sich von den Küstentiefländern bis in die Berge hinauf aus. Die nahe Verwandtschaft des australischen mit dem Neuseeland-Stelzenläufer ließ viele Ornithologen lange Zeit beide Formen als Rassen einer Art betrachten. Neben dem Neuseeland-Stelzenläufer wirkt der australische kurzbeiniger, langschnäbeliger und etwas robuster; er ist unterseits und am Kopf weiß und trägt ein weißes Band über die Schulter. Er brütet bis 800 Meter Höhe in einer viel größeren Vielfalt von Biotopen als der Neuseeland-Stelzenläufer an der Küste, an Salzlagunen, Seeufern, Feuchtstellen und in Flußbetten.

Seine Vielseitigkeit in der Wahl der Brutbiotope ermöglicht es ihm, sich über die ganze Südinsel bis in den Norden auszubreiten. Wo sich die beiden Stelzenläuferpopulationen treffen, vermischen sich beide Formen. Dies ist heute eine der Hauptgefahren für das Überleben des Neuseeland-Stelzenläufers. Ihre Reviere werden immer mehr von australischen Stelzenläufern besiedelt, und die Neuseeland-Stelzenläufer finden immer schwieriger Partner aus ihrer eigenen Population.

Neuseeland-Stelzenläufer überleben heute nur, weil in jeder Phase ihres Brutzyklus konzentrierte Schutzaktionen den Bruterfolg zu verbessern suchen. Die beiden mit elektrischen Zäunen geschützten Sperrgebiete enthalten drei beziehungsweise zehn verbleibende Brutpaare. Die Erstgelege, selbst solche in den Sperrgebieten, gehen gewöhnlich infolge schlechten Wetters zugrunde. Biologen sammeln sie daher ein, um sie künstlich auszubrüten. Kurz vor dem Schlüpfen der Jungen werden die Eier mit Gelegen australischer Stelzenläufer ausgetauscht, die dann als Stiefeltern die Jungen großziehen.

Brutpaaren des Neuseeland-Stelzenläufers, deren Eier verlorengehen, bevor Biologen sie sicherstellen, werden oft Eiattrappen untergelegt. Diese können dann später durch Zweitgelege solcher Paare ersetzt werden, deren Erstgelege künstlich erbrütet wurden. Nimmt man solchen Paaren nämlich die Zweitgelege weg, kann man sie sogar noch zu einem dritten Gelege stimulieren, deren Junge sie dann selbst großziehen. Das Zweitgelege wird ebenfalls künstlich erbrütet und kurz vor dem Schlüpfen gegen die Eiattrappen ausgetauscht. Die Verlustrate ist während der Bebrütung der Eier am höchsten. Bei den Schutzmaßnahmen, die sich auf diese empfindlichste Zeit des Lebenszyklus beziehen, handelt es sich daher um den entscheidenden Beitrag zur Erhaltung der Neuseeland-Stelzenläufer.

Nur intensive Hilfsmaßnahmen können den Neuseeland-Stelzenläufer noch vor dem Aussterben bewahren. Nachdem er die Bedrohung durch eingeführte Raubtiere gerade so überlebt hat, ist der Vogel (links) jetzt durch Vermischung mit dem anpassungsfähigeren australischen Stelzenläufer (rechts) gefährdet. Das Ergebnis sind Bastarde (unten), die irgendwann anstelle des Neuseeland-Stelzenläufers den Lebensraum vollständig besetzen werden.

Wenn man junge Neuseeland-Stelzenläufer ihren nahen Verwandten unterschiebt, läuft man Gefahr, daß die Jungen eventuell auf den australischen Stelzenläufer geprägt werden und sich nach der Geschlechtsreife, zwei Jahre später, selbst mit australischen Stelzenläufern zu paaren versuchen. Jungvögel vieler Arten erwerben eine solche Prägung auf eine fremde Ziehart. In einer Welt ohne Spiegel ist es natürlich sinnvoll, sich einfach am Aussehen der „Eltern", unter deren Fürsorge man heranwächst, zu orientieren. Wenn dann später die Zeit gekommen ist, einen Partner zu wählen, wählt der Vogel einen „Artgenossen", der den Zieheltern gleicht. Oft wird eine solche Prägung schon wenige Tage nach der Geburt in einen Jungvogel „eingraviert" und hält dann für ein Leben lang an. Der Vorgang der Prägung kann irreversibel sein; wenn er auf eine fremde Art gerichtet ist, kann der Vogel nie einen Partner seiner Art finden. Glücklicherweise scheinen Neuseeland-Stelzenläufer kein solches fehlgeleitetes Verhalten zu zeigen und haben sich später mit Partnern ihrer eigenen Art gepaart.

Bastarde gab es natürlich, nachdem die australischen Stelzenläufer in das Verbreitungsgebiet ihrer nahen Verwandten eingedrungen waren. Einige solcher Bastarde wurden auch als Zieheltern für Neuseeland-Stelzenläufer eingesetzt, mit demselben guten Erfolg wie bei australischen Stelzenläufern. Auch in Gefangenschaft wurden Neuseeland-Stelzenläufer aufgezogen. Solche kombinierten Techniken, die Vermehrungsrate der Neuseeland-Stelzenläufer zu erhöhen, nämlich Schutz der Nester vor Räubern, Einsammeln gefährdeter Eier und ihre Bebrütung im Brutapparat bzw. von Verwandten, zeigen Erfolg. Die eigentlich kritische Phase tritt jedoch erst zwei Jahre später ein, wenn es um das Eingliedern der Jungen in die Brutpopulation geht. Und genau diese Verjüngung der Population ist heute noch nicht eindeutig bestätigt, da die großgezogenen Jungen noch nicht lange genug leben, um in der freilebenden Population eine sichtbare Verstärkung zu bewirken. So werden einige aufgezogene Vögel weiter in Gefangenschaft gehalten, deren Eier dann Tieren aus der freilebenden Population untergelegt werden. Nur ein Bündel unterschiedlicher Hilfs- und Schutzmaßnahmen kann in der Zukunft sicherstellen, daß der Neuseeland-Stelzenläufer überleben kann.

Hölzerne Attrappen ersetzen die Eier, die vorher zur sicheren künstlichen Aufzucht entnommen wurden. Sie halten auch jene Vögel am Nest, deren Gelege verlorenging und die später als Zieheltern für künstlich erbrütete Küken gebraucht werden.

Die letzten Rückzugsgebiete des Neuseeland-Stelzenläufers sind die Sümpfe, Grasflächen und Kiesufer im oberen Waitaki-Tal der Südinsel Neuseelands.

Nipponibis: Letzter Ausweg Schutzhaft

Zu den schönsten Vögeln der Welt zählen die weißen Ibisse. Einer der seltensten und am stärksten gefährdeten ist der Nipponibis *(Nipponia nippon)*. Er gehört zu den Arten, die sich nicht so einfach in ein bestimmtes Biotopschema pressen lassen, denn er brütet auf Laubbäumen und sucht sowohl in der Agrarlandschaft als auch in Mooren und Sümpfen nach Nahrung. Diese Kombination verschiedener Ansprüche macht ihn anfälliger; er hat unter dem Verschwinden der Wälder ebenso zu leiden wie unter der Vernichtung von Feuchtgebieten.

Heute kennt man nur noch 15 Nipponibisse, die überlebt haben: 11 freilebend in China und vier in Gefangenschaft, davon einer in China und drei in Japan. Im frühen 19. Jahrhundert waren die eleganten Vögel eine Zierde der Sumpfwälder im Nordosten Eurasiens. Ihre Brutverbreitung erstreckte sich vom äußersten Südostsibirien und der benachbarten chinesischen Provinz Mandschuria nach Süden und Westen über China bis zu den Provinzen Tshikiang und Shensi. Die Ibisse brüteten auch auf der Halbinsel Korea und weit verbreitet in Japan. Die Vögel des Festlandes wanderten bis Hainan, Taiwan und auf die Riukiu-Inseln zwischen Taiwan und Japan.

Wie der Schneereiher und andere Vögel mit prächtigem Brutkleid wurden auch Nipponibisse im 19. und frühen 20. Jahrhundert fast bis zur Ausrottung bejagt, um den Bedarf der Mode zu decken. Gleichzeitig wurden die Wälder ihrer Brutgebiete zu Brenn- und Bauholz verarbeitet sowie die zur Nahrungssuche wichtigen Feuchtgebiete trockengelegt und in Ackerland umgewandelt.

Das Verbreitungsgebiet des Vogels liegt in einem der am dichtesten besiedelten Gebiete der Erde. Land bedeutet Gewinn, und jeder verfügbare Hektar wird genutzt, um die wachsende menschliche Bevölkerung zu ernähren. Nichts bleibt für den schönen Vogel übrig, der chinesische Tuschekünstler Jahrtausende inspirierte.

Aus der UdSSR wurde seit 1917 kein Brutvorkommen des Nipponibisses mehr bekannt. Die letzte Kolonie in China ist vermutlich 1958 verschwunden, wenn auch chinesische Ornithologen 1981 wieder zwei Brutpaare im Kwin-ling-Gebirge in der Provinz Shansi entdeckten. 1983 versuchten in China drei Paare zu brüten. Ein Paar zeitigte zwei Gelege von je zwei Eiern, die beide durch Krähen zerstört wurden. Ein weiteres Paar zog drei Junge auf, und das dritte legte keine Eier; vermutlich handelte es sich um noch nicht voll geschlechtsreife Vögel. Der bekannte Bestand wildlebender Ibisse nahm in China von 1981 bis 1983 von vier auf elf Vögel zu, so daß der Hoffnungsschimmer bleibt, Nipponibisse könnten in Freiheit überleben.

In Japan behaupteten die Ibisse viel länger ihre Brutplätze als in China oder in der UdSSR, so daß die Art als Japan- oder Nipponibis bekannt wurde. Um 1930 war ihr großes ehemaliges Brutareal auf den Inseln bis auf die Halbinsel Noto auf Honshu sowie die kleine Insel Sado unmittelbar vor der Küste zusammengeschrumpft. Seit 1969 war dann nur noch Sado besiedelt. Dort brachten jedoch die Vögel seit 1974 keine Jungen mehr hoch.

Die Laubwälder an den Berghängen der japanischen Insel Sado waren die Brutgebiete des ehemals weitverbreiteten Nipponibisses. Sein Bestand ist heute auf 3 Vögel in Japan und vielleicht noch 12 in China zusammengeschmolzen.

Den Japanern war die Seltenheit ihrer Ibisse seit langem bewußt, und sie unternahmen viel, um ihnen zu helfen. Der Nipponibis wurde 1934 zum „Nationaldenkmal" erklärt und unter strengen Schutz gestellt. Viele Jahre lebten die Vögel in einem Schutzgebiet, das eigens für sie eingerichtet worden war. Dort gab man ihnen zusätzliches Futter während der Wintermonate, wenn das natürliche Nahrungsangebot knapp wurde. Sogar die gelegentlich in Korea beobachteten Vögel (möglicherweise Abkömmlinge der chinesischen Restpopulation) genossen seit 1968 den Status des „Nationalgutes Nr. 198". Auch in der UdSSR ist die Art voll geschützt. Warum aber hat sich der Bestand weiter so schlecht entwickelt, trotz jahrzehntelangen Schutzes im größten Teil ihres Verbreitungsgebietes? In den 50er und 60er Jahren wurden in Japan viele Ibisse durch Pestizide vergiftet, die man auf die Reisfelder ausbrachte, um die Ernte vor Schädlingen und Krankheiten zu bewahren. Viele Vögel starben durch Quecksilber, andere wurden unfruchtbar. Nur die Ibisse des Hochlands der Insel Sado entkamen dem Desaster. Doch auch sie wurden weniger, da im Herbst die Jungvögel von den Hügeln heruntergezogen und im giftverseuchten Tiefland Nahrung zu sich nahmen.

Selbst im japanischen Schutzgebiet war ein Überleben des Ibisses nicht sicher, da seine Eier unweigerlich eine Beute von Krähen und Hähern wurden. Da es sich um ein streng geschütztes Reservat handelt, werden auch diese Eierräuber nicht verfolgt, obwohl das Schutzgebiet eigentlich speziell für die Erhaltung der Ibisse eingerichtet worden war und die Krähen den angestrebten Schutzzweck verhindern. Die Weigerung, scheinbar störende, aber andererseits dringend notwendige Eingriffe in Naturschutzgebieten vorzunehmen, ist leider eine im Naturschutz weitverbreitete Erscheinung. Die drei überlebenden Nipponibisse hat man nun in Volieren untergebracht, um zumindest ihre Brutchancen zu verbessern.

Die terrassierten Reisfelder auf Sado bildeten einst die Nahrungsgebiete der wunderschönen Nipponibisse.

Über die Lebensweise der Ibisse vor der Zeit des großen Abschlachtens im 19. Jahrhundert weiß man wenig. In China lebten die Paare offenbar einzeln und verteidigten Brutreviere. Doch kennt man andere ehemalige Populationen, die ebenso wie die meisten der verwandten Arten in großen Kolonien brüteten. In der Zeit vor Feuerwaffen, Federhüten und Feuchtgebietstrockenlegungen dürfte es gemischte Kolonien Tausender von Reihern verschiedener Arten und wohl auch Ibisse gegeben haben, denen sich vielleicht auch noch Störche und Löffler anschlossen. Die Vögel erfüllten die Sümpfe mit Leben und Farbe, mit der Faszination vieler rudernder Flügel, klappernder Schnäbel und extatischer Balz. Man kann sich das heute kaum mehr richtig vorstellen, denn das bunte Kaleidoskop dieses Lebens existiert nicht mehr. Nur wenige große Wasservogelkolonien auf der Erde können uns heute noch einen kleinen Eindruck davon vermitteln.

Solch riesige Vogelgemeinschaften waren aber nicht nur ein faszinierendes Schauspiel der Natur, sondern vor allem auch ein wichtiger Bestandteil der Lebensweise aller beteiligten Vögel. Zahllose Generationen wuchsen unter Tausenden von Individuen auf, die hier ihren Partner fanden und gewissermaßen im Hackabstand Dutzender von Nachbarn ihre Jungen großzogen. Das Verhaltensmuster jeder Vogelart wurde durch das aufregende Leben in einer dichtbevölkerten Kolonie bestimmt. Möglicherweise waren Nipponibisse nicht nur an solches Leben angepaßt, sondern davon auch regelrecht abhängig. Dies könnte einen Teil der Schwierigkeiten erklären, denen man nach dem drastischen Rückgang mit den noch verbliebenen Einzelpaaren ausgesetzt ist.

Biologen haben Anhaltspunkte dafür gesammelt, daß bei manchen Koloniebrütern eine bestimmte Koloniemindestgröße für eine erfolgreiche Brut ausschlaggebend ist. Wird sie unterschritten, ist der Fortpflanzungserfolg fraglich. Wir wissen, daß der Anblick balzender oder Nistmaterial einbringender Artgenossen selbst eine Labortaube in ihrer nüchternen Umgebung zur Hormonproduktion und entsprechendem Fortpflanzungsverhalten stimuliert. Könnte dies nicht auch für den Nipponibis zutreffen? Der letzte Ausweg für eine mögliche Rettung des Nipponibisses ist vielleicht, die in Volieren gehaltenen Vögel in unmittelbare Nachbarschaft einer ebenfalls in Gefangenschaft brütenden Kolonie des nahe verwandten Schwarzhalsibisses *(Threskiornis melanocephala)* zu bringen und zu hoffen, daß dadurch ein erfolgreiches Brüten ausgelöst wird.

In Japan liegt die unmittelbare Zukunft für den Nipponibis innerhalb der engen Grenzen eines Käfigs. In China hängt die Erhaltung der wenigen noch wildlebenden Vögel nicht nur von ihrem unmittelbaren Schutz ab, sondern auch vom Schutz der Umwelt vor dem ständig zunehmenden Druck einer riesigen Landbevölkerung.

Mehrere seltene Ibisarten werden derzeit im Zoologischen Garten Tama von Tokio gezüchtet. Hier zwei Paare des Schwarzhals-Ibisses *(Threskiornis melanocephala)*.

Dieser Nipponibis – ein Weibchen – wurde in Gefangenschaft aufgezogen und war 1981, als dieses Foto aufgenommen wurde, 13 Jahre alt.

Eine Bergtour gleicht einer Reise vom Äquator zum Pol: Mit steigender Höhe und zunehmender geographischer Breite folgen jeweils sehr ähnliche Vegetationsgürtel aufeinander. Reicher und üppiger Tieflandwald wird von dunklen Koniferenwäldern abgelöst, auf die schließlich jenseits der Baumgrenze dem Wind ausgesetztes Grasland folgt, bis der kahle Fels und das ewige Eis erreicht sind.

Gebirge beeinflussen das Klima großer Gebiete. Wenn sie sich dem Wind entgegenstellen, lenken sie die mit Feuchtigkeit gesättigte Luft nach oben ab. Infolge der Abkühlung fallen dann Niederschläge auf der dem Wind zugewandten Seite; Trockenheit herrscht dagegen auf der dem Wind abgewandten Seite im Regenschatten.

Wie Inseln im Meer sind die Lebensräume der Hochgebirge voneinander durch das dazwischenliegende Tiefland getrennt. Viele Vogelarten leben nur in einzelnen Gebirgsstöcken, isoliert von ähnlichen Lebensgemeinschaften in anderen Gipfelregionen. Manche Gebirgsarten sind so eng an die besonderen Lebensbedingungen in großer Höhe angepaßt, daß sie nirgendwo anders existieren können.

Die Gebirge

Inseln in den Wolken

Berggipfel sind ganz besondere Lebensräume. Von der Arktis bis zum Äquator haben sie infolge ähnlicher physikalischer Umweltbedingungen miteinander mehr gemeinsam als mit dem sie unmittelbar umgebenden Tiefland.

Ähnlich wie Inseln bilden Bergregionen keinen einheitlichen Typ eines Lebensraums, etwa wie Feuchtgebiete oder Wälder, sondern vereinen ganz verschiedene Lebensräume, die sich jeweils in Abhängigkeit von den klimatischen Einflüssen ausbilden.

Berge üben einen enormen Einfluß auf das Klima und damit auch auf die Verteilung der Lebensräume auf der Erde aus. Einerseits bilden sie den Ursprung der meisten großen Flüsse, andererseits schaffen sie aber auch die trockensten Wüstenstriche. Wenn eine wandernde Luftmasse auf eine Bergkette trifft, wird sie nach oben abgelenkt. Mit dem Ansteigen aber kühlt sie ab. Da kalte Luft weniger Wasserdampf aufnehmen kann als warme, kondensiert ein großer Teil der Luftfeuchtigkeit und bildet Niederschläge. So ist die Luvseite eines Gebirges meistens sehr feucht, mit üppigen Wäldern bedeckt und der Quellbereich von Bergflüssen, die das Tiefland bewässern. Wenn die aufsteigenden Luftmassen den Gipfel erreicht haben, ist fast das ganze Wasser abgegeben worden. Die Leeseite der Gebirge ist daher viel trockener. So liegen die extremsten Wüsten der Erde im Windschatten von Gebirgen, der Anden und des Himalaja.

Im Nährstoffkreislauf spielen die vulkanischen Gebirge eine große Rolle. Vulkanausbrüche und heiße Gase sind eine wichtige Quelle für Stickstoff und Schwefel in der Atmosphäre. Staub, Asche und Lava bringen dagegen neuen Nachschub an Mineralien in die Biosphäre. Durch ihren Einfluß auf das Klima, auf die Zusammensetzung der Atmosphäre, auf den Boden und auf die Entstehung von Gewässern ist die Bedeutung der Gebirge für die Biosphäre bei weitem größer, als ihr bescheidener Anteil an der Oberfläche des Globus vermuten läßt.

Lebenszonen der Gebirge

Eine Stufenfolge unterschiedlicher Vegetationstypen ist das Ergebnis der sich mit der Höhe ändernden Temperaturen und Niederschläge. Der Aufstieg an einem tropischen Berg bietet ein besonders anschauliches Lehrbeispiel für die Zusammenhänge zwischen Klima und Vegetation.

Dem immergrünen, üppigen Tropenwald in der Ebene, auf dessen flechtenbehangenen Bäumen viele Epiphyten wachsen, schließt sich am Fuß der Berge laubwerfender Wald an. In größeren Höhen verhindert die Kälte jeden Baumwuchs; hier beginnt das Reich des montanen Graslandes, durchsetzt mit den bizarren Gestalten der Baumheide und gewaltigen Senecien, Lobelien und Pflanzen anderer Familien, die eigentlich mehr als niedrige Tieflandkräuter bekannt sind. In vieler Hinsicht sind die verschiedenen Höhenstufen der Berge mit den Vegetationszonen der Erde vom Äquator zu den Polen vergleichbar, denn auf dem Gipfel gibt es ebenfalls nur Eis, Schnee und kahles Gestein genauso wie an den Polen. Jede höher liegende Bergstufe ist härteren klimatischen Bedingungen ausgesetzt als die vorherige und beheimatet daher weniger Lebewesen.

Eine Reihe von Pflanzen und Tieren ist speziell an das Leben in den oberen Stufen angepaßt; sie haben viele Eigenschaften mit den Arten der Polregionen gemeinsam. Arktis und Alpinstufe erfordern ähnliche Anpassungen, so daß sie oft zusammenfassend als ein arktisch-alpines Biom betrachtet werden. Vögel und andere Tiere sind an solche Lebensbereiche so speziell angepaßt, daß sie sehr schlecht in anderer Umgebung überleben beziehungsweise stärkeren Veränderungen ihres Ökosystems nicht standhalten können.

Ewiger Schnee bedeckt die gewaltigen Gipfel des Himalaya. Die stark gegliederten Hänge dieses mächtigen Gebirges beherbergen eine einmalige und vielfältige Vogelwelt. Selbst in über 5000 m Höhe sind zahlreiche Arten anzutreffen.

Schroffe Grate und durch eiszeitliche Gletscher breit eingetiefte Täler beherrschen das Relief der Alpen. Das vielfältige Mosaik bestimmt das Lokalklima, an das sich besondere Lebensgemeinschaften angepaßt haben.

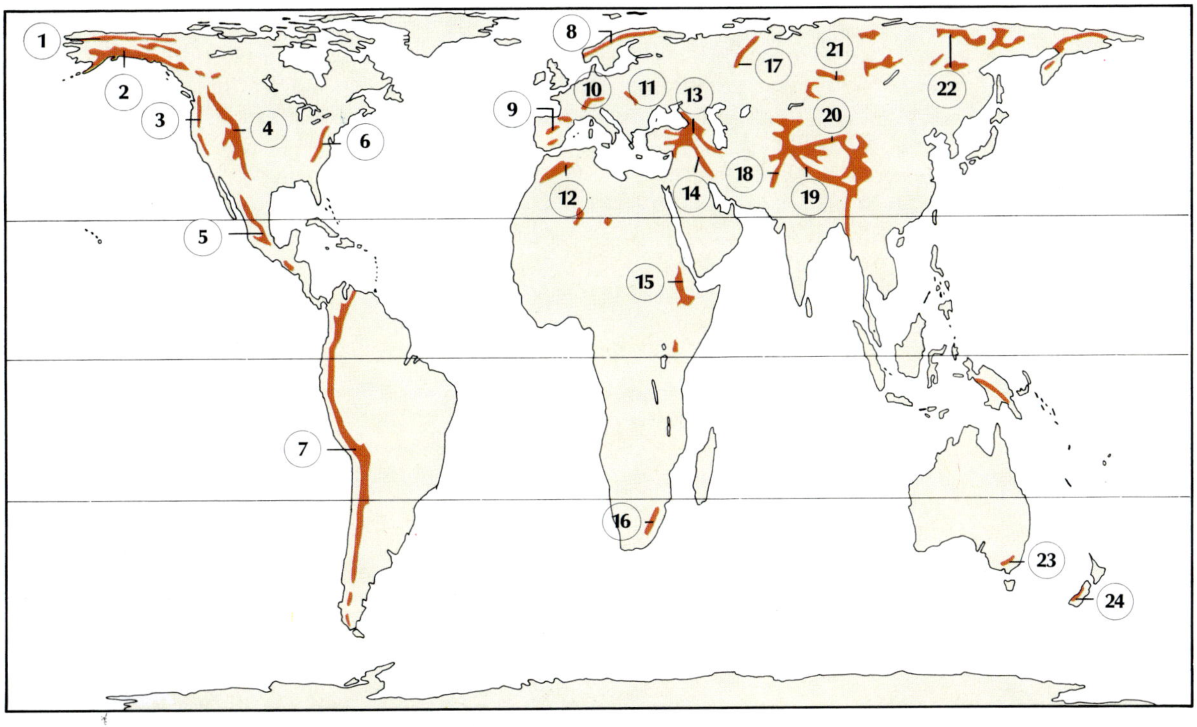

Die wichtigsten Gebirge der Erde
1. Brooks-Kette
2. Alaska-Kette
3. Pazifisches Küstengebirge
4. Rocky Mountains
5. Sierra Madre
6. Appalachen
7. Anden
8. Skandinavisches Gebirge
9. Pyrenäen
10. Alpen
11. Karpaten
12. Atlasgebirge
13. Kaukasus
14. Zagrosgebirge
15. Äthiopisches Hochland
16. Drakensberge
17. Ural
18. Pamir
19. Himalaja
20. Tien Shan
21. Altai
22. Verchojansk-Gebirge
23. Dividing-Kette
24. Neuseeländische Alpen

Bis an den Gipfel des Mount Kenia (5199 m), wo vor kargem Felsen baumförmige Senecien stehen, reicht die Verbreitung der Nektarvögel. Oberhalb von 3000 m wird der Waldgürtel von feuchtem, nebelverhangenem Grasland abgelöst, in dem flechtenüberzogene Baumheide, Seggen und Grasbüschel das Bild bestimmen. In dieser feuchten Bergvegetation Ostafrikas lebt auch der Lobeliennektarvogel *(Nectarinia johnstoni)*.

Kalifornischer Kondor: Der Millionenpoker

Kein Vogel verkörpert Wildheit und Majestät der Berge besser als der Kondor. Dieser herrliche Vogel gleitet auf den Bergwinden mit seinen breiten, an den Enden gespreizten Schwingen von drei Metern Spannweite und segelt auf der Suche nach Nahrung mühelos über riesige Gebiete. Der kalifornische Kondor wurde in vieler Hinsicht zu einem Symboltier. Seine gewaltige Körpergröße und sein scheinbar müheloser Flug sind Sinnbild für die unbegrenzte Freiheit schlechthin. Sein vorgeschichtliches Aussehen und sein Stammbaum sind Sinnbild für das Überleben einer aus vergangenen Epochen stammenden Tierart.

Der kalifornische Kondor *(Gymnogyps californianus)* flog seit den Eiszeiten des Pliozäns die Berge des westlichen Nordamerika ab. Ehemals nach Osten bis Florida und nach Norden bis British Columbia verbreitet, lebt die Art heute nur noch in zwei kleinen Gebieten an der Küste und in den Bergen der Sierra Nevada im südlichen Kalifornien.

Seit 1940, als noch 60 bis 100 Vögel gezählt wurden, ging die Zahl der Kondore ständig zurück. 1983 betrug der Bestand nur noch 20 Vögel in Freiheit und fünf in Gefangenschaft. 1986 lebten nur noch fünf (möglicherweise auch sieben) Vögel in Freiheit; 21 lebten in Gefangenschaft. Das Areal der heute freilebenden Population umfaßt etwa 130 000 Quadratkilometer, das Brutgebiet, meist in Höhen zwischen 450 und 1 400 Meter gelegen, etwa 8 000 Quadratkilometer. Die Vögel brüten in Höhlungen steiler Felswände und ruhen auf exponierten Felsen und Bäumen. Ein Junges großzuziehen, nimmt so viel Zeit in Anspruch, daß gewöhnlich nicht mehr als einmal in zwei Jahren eine Brut möglich ist. Für eine erfolgreiche Aufzucht ist ein guter Nistplatz nahe einem Ruheplatz erforderlich, von dem aus Wasser und Nahrung (Tierkadaver) leicht erreichbar sind.

Der gegenwärtige Bestandsrückgang beruht offensichtlich eher auf hoher Sterblichkeit als auf verminderter Fortpflanzungsfähigkeit. Einige Vogelkundler schreiben den Rückgang vergifteten Kadavern zu, die von Farmern gegen Coyoten ausgelegt, aber auch von Kondoren aufgenommen wurden.

Eine große Rolle beim Rückgang des Kondors scheinen auch Pestizide zu spielen. Für diese Vermutung sprechen die Pestizidrückstände, die man im Gewebe toter Vögel fand. Außerdem sind die Eischalen seit der Verwendung von Chlorkohlenwasserstoffen um bis zu 50 Prozent dünner geworden.

Wie alle großen Aasfresser suchen die kalifornischen Kondore ein riesiges Gebiet nach Nahrung ab. Hier ein Ausschnitt aus dem Lebensraum der letzten noch in Freiheit vorkommenden Vögel.

Während der Arbeit an diesem Buch verwaist: Einer der letzten Brutplätze des kalifornischen Kondor in der Sierra Nevada.

Der Kondor ist auch ein Beispiel dafür, in welchem Ausmaß sich die Vorstellungen vom „richtigen" Naturschutz von Naturschützer zu Naturschützer unterscheiden können. Unsicherheiten über die Ursachen des Artenschwundes führte unter den Naturschützern zu einer Kontroverse über die zukünftigen Schutzmaßnahmen. Die einen sprachen sich dafür aus, Vögel in Gefangenschaft zu züchten und die Lebensgewohnheiten der freilebender Tiere mit Hilfe von Sendern und Markierungen zu studieren. Die anderen vertraten die Auffassung, daß ein mit Sender ausgestatteter Kondor eher ein Erfolg menschlicher Technologie als ein Geschöpf der Natur sei. Eine gesicherte Zukunft für den Vogel läge ausschließlich in einer Verbesserung und einem wirkungsvollen Schutz des Lebensraumes.

Der Streit der Naturschützer half dem Kondor natürlich überhaupt nicht. Doch glücklicherweise haben sich die streitenden Parteien relativ schnell für ein einheitliches Schutzprogramm entschieden, das beide Aspekte berücksichtigt: vorsichtiger Einsatz moderner Technik zur Erforschung der Lebensweise und Zucht in der Gefangenschaft sowie Schutz des Lebensraumes. Dieses Konzept ist notwendig, um den Kondor vor den vielfachen Bedrohungen zu schützen, die von einem Bevölkerungswachstum ausgehen, das zu den größten im Bereich der Industrienationen gehört.

Drei kalifornische Kondore warten bei einem Aas, bis der ranghöhere Steinadler gesättigt ist.

Ein Team von Wissenschaftlern ist seit Jahren mit der Rettung des Kondors beschäftigt. Trotz großem Aufwand konnte nicht verhindert werden, daß die einzige Rettungsmöglichkeit heute in der Zucht in Gefangenschaft besteht.

Schwarzkopf-Tragopan: Gleiches Schicksal für Mensch und Vogel

Eine erstaunliche Federpracht und eine komplizierte Balz kennzeichnen die Fasane, zu denen auch die Tragopane zählen. Typische Fasane besitzen allerdings lange Schwanzfedern; Tragopane haben nur einen kurzen Schwanz und auf den ersten Blick nichts mit der Farbenpracht der echten Fasane gemeinsam. Doch der Schein trügt: Der Schmuck der Tragopane ist verborgen und wird erst bei der Balz gezeigt.

Aber auch wenn er nicht balzt, ist der männliche Schwarzkopf-Tragopan *(Tragopan melanocephalus)* ein besonders schöner Vogel, dessen dicht gefleckte Oberseite im schattigen Unterwuchs des Bergwaldes im Himalaja aufblitzt. Wenn er im Frühjahr die Henne umbalzt, umkreist er sie und neigt ihr seinen Rücken und die Oberflügel zu, um sich von seiner schönsten Seite zu zeigen. Doch diese faszinierende Zurschaustellung des intensiv rot und weiß gefleckten Gefieders bricht plötzlich ab. Er hält inne, wendet sich dem Weibchen zu und erstarrt für einen Augenblick. Dabei springen zwei bläuliche fleischige, etwa fünf bis sieben Zentimeter lange „Hörner" aus dem seidigen Gefieder des Oberkopfes, und ein purpur, rosa und blaßblau schillernder Fleck erscheint auf dem Brustgefieder wie ein schillerndes seidenes Halstuch. Hörner wie Kehllatz (etwa 15 Zentimeter lang und acht Zentimeter breit) bestehen aus nackter Haut, können innerhalb von Sekunden zur Schau gestellt werden und ebenso rasch wieder verschwinden. Für gewöhnlich sind sie unter den Federn verborgen; auf eine dafür empfängliche Henne müssen sie eine faszinierende Wirkung ausüben.

Tragopane brauchen einen größtmöglichen Fortpflanzungserfolg als Ausgleich für die Verluste, denen die Art in den vergangenen hundert Jahren ausgesetzt war. Ihr natürliches Verbreitungsgebiet erstreckt sich über den nordwestlichen Himalaja von Nordpakistan über Kaschmir bis Himachal Pradesh in Nordindien. Man findet sie auch heute noch in diesem Gebiet, doch ist das Areal in kleine voneinander isolierte Gebiete zerrissen, von denen nur wenige mehr als 100 Vögel beherbergen. Die Populationsgröße im gesamten Verbreitungsgebiet liegt wahrscheinlich unter 5000 Individuen.

Schwarzkopf-Tragopane bewohnen den dichten Unterwuchs aus Rhododendron und Bambus in den gemäßigten und subalpinen Wäldern an den Hängen der höchsten Bergkette der Erde. Sie leben im Sommer zwischen 2400 und 3600 Metern Höhe; im Winter kommen sie bis auf 1350 Meter herunter.

Die Vögel ernähren sich hauptsächlich von Pflanzen und Knospen, daneben von Insekten, Sämereien und Beeren. Viele Fasane fliegen zum Übernachten in Bäume, auch wenn sie am Boden Nahrung suchen und brüten. Tragopane aber brüten sogar auf Bäumen, oft in alten Nestern anderer Vögel, zum Beispiel in Krähennestern. Sie leben einzeln und sind scheu und wachsam. Ihre Anwesenheit läßt sich eher durch ihre rauhen Rufe als durch Beobachtung feststellen.

Die Menschen des Himalaja sind ein harter Menschenschlag. Ein Teil ihrer Überlebensstrategie beruht schon von alters her darauf, Vögel zu essen, Tragopane ebenso wie andere Hühnerarten, möglicherweise sogar in einem Umfang, der besonders in der Umgebung von Dörfern ausreicht, den Bestand zu verringern. Doch der Hauptgrund für den Rückgang des Tragopan liegt heute im Verlust an Lebensraum. Der Wald wurde auf großen Flächen abgeholzt; die übriggebliebenen Waldreste werden durch Ziegen verbissen. Die Bergbewohner versorgen sich zusätzlich mit Futter für ihr Vieh und Feuerholz. Jagd, Kahlschlag, Beweidung und Holzsammeln zerstückelten das Biotop des Schwarzkopf-Tragopans und dezimierten seinen Bestand auf ein Niveau, das sein Überleben in Frage stellt. Es ist fraglich, ob die Maßnahmen zum Schutz noch Aussicht auf Erfolg haben: In Pakistan ist ein umfangreiches Programm der Gefangenschaftszucht angelaufen, und die dichteste Population in Himachal Pradesh soll in einen Nationalpark einbezogen werden.

Drei weitere Tragopanarten sind ebenfalls durch Jagd und Verlust ihrer Lebensräume im Gebirge bedroht. Der Graubach-Tragopan *(Tragopan blythii)* lebt in dichten und feuchten Bergwäldern in Tibet, Bhutan, Assam und Nordburma; über seinen Bestand ist wenig bekannt. Die Verbreitung des Braunbauch-Tragopans *(Tragopan caboti)* ist auf die Berge Südostchinas beschränkt. Hier wurden die Wälder abgeholzt, um den Landhunger einer unglaublich schnell wachsenden Bevölkerung zu stillen. Im Himalaja konnte der Satyr-Tragopan *(Tragopan satyra)* noch ein großes Verbreitungsgebiet und einen relativ hohen Bestand halten. Da jedoch sein Lebensraum ebenfalls zerstört wird, dürfte auch er durch Bestandsrückgang und Zersplitterung seines Verbreitungsgebietes in Existenznöte kommen.

Wie andere Bergwälder haben auch die des Himalaja die Funktion eines Wassersammelbeckens. Die Bergwälder sind die einzige Wasserquelle für Millionen von Menschen, die in den weit von den Bergen entfernten Ebenen leben. Die Zukunft der Tragopane in den Bergen und die Zukunft der Millionen von Menschen in der Ebene hängt also davon ab, ob es gelingt, die Bergwälder und damit die lebensspendende Funktion der Berge als Wasserspeicher zu schützen und zu erhalten.

Schattenreiche Wälder aus Kastanien-, Haselnuß- und Walnußbäumen, die an den Bergflüssen des Himalaja wachsen, sind das Nahrungsrevier des Schwarzkopf-Tragopans.

Auf der Wunschliste von Fasanenzüchtern steht der Temminck-Tragopan *(Tragopan temminckii)* obenan. Ihre volle Pracht entfalten die Männchen bei der Balz, wenn sie im dunklen Wald ihre „Leuchtreklame“ für einen kurzen Augenblick zeigen. Die herrlichen Vögel leben nur noch in wenigen Refugien in den Bergwäldern des Osthimalajas bis in den Nordwesten Indochinas.

Darwinstrauß: Zu Tode gehetzte Schnelläufer

Die Puna ist ein einzigartiger Lebensraum im Bereich der Anden: eine kahle, dem Wind ausgesetzte Ödfläche, die von der Baumgrenze bei 3500 bis 4000 Meter bis zum Schnee und Eis der schroffen Felsgipfel reicht. Sie wird oft durch hellen Sonnenschein erwärmt, doch häufig liegt sie in Wolken und treibenden Nebelschwaden. Die anhaltenden Winde sind kühl und zu kalt für Baumwuchs; so werden die Hochländer hauptsächlich von Büschelgräsern und Seggen bedeckt. Auf den ersten Blick wirkt das kalte Hochplateau für Tiere ebenso lebensfeindlich wie für uns Menschen.

Aber die Puna ist nicht nur der Lebensraum für eine einmalige Vielfalt an Pflanzen und Tieren, sondern auch die Heimat von mehreren Millionen Menschen. Von Natur aus ist sie ein Biotop für Grasfresser, doch nicht für die Wildschafe und -ziegen Nordamerikas und Eurasiens, sondern für besonders angepaßte Abkömmlinge aus der Gruppe der Kamele: Lama, Alpaca, Guanaco und Vicuña. Die beiden letztgenannten haben durch die Jagd sehr gelitten.

Die ursprüngliche Graslandschaft wird nicht nur dadurch gefährdet, daß viel mehr Vieh auf die Weide getrieben wird, als der Lebensraum verkraften kann, sondern man auch den kargen Boden bearbeitet, um Kartoffeln und andere Pflanzen anzubauen.

Der Darwinstrauß *(Rhea pennata tarapacensis)* der Punazone ist ein großer flugunfähiger Vogel von über 1,5 Meter Körperhöhe, etwas kleiner als der bekannte afrikanische Strauß, doch ähnlich in Lebensansprüchen und Verhalten. Darwinstrauße, so benannt nach ihrem berühmten Erstbeschreiber, kommen in zwei Unterarten vor. Die südliche ist in Teilen Chiles und Argentiniens noch häufig; die nördliche in Nordchile und Nordargentinien sowie in Peru und Bolivien wurde bis an den Rand des Aussterbens bejagt und verfolgt.

Die Südrasse ist besser untersucht als die Punaform. Beide Unterarten sind jedoch einander in ihrer Lebensweise wahrscheinlich sehr ähnlich. Beim Darwinstrauß tragen die Weibchen vermutlich am wenigsten von allen Vögeln zur Aufzucht der Jungen bei. In einer Gruppe beobachten sie die Balz eines Männchens. Dann stellen sie sich hintereinander auf, um in die vom Männchen gescharrte Nestmulde Eier abzulegen. Danach verlassen sie das Männchen, das die Bebrütung der Eier und die Aufzucht der Jungen allein erledigt. Bis zu 50 Eier kann eine Nestmulde enthalten. Das brütende Männchen verteidigt seine Eier heftig durch Zischen und Schnabelbisse. Vorbeikommende Weibchen müssen entweder ihre Eier ablegen, wenn das Männchen gerade weg ist, oder sie legen sie dicht vor das Männchen hin, damit es dann das Ei mit dem Schnabel ins Nest rollt.

Die Puna ist das dichte Grasland der Anden, das von der Baumgrenze bei 3 500 – 4 000 m bis an den Rand des ewigen Schnees der höchsten Gipfel reicht. Als Weideland bietet es den Alpacas, aber auch Lamas und Vicuñas Nahrung.

Wesentlich kleiner als der afrikanische Strauß sind die Darwinstrauße, die von Südost-Peru bis Nord-Chile und Argentinien verbreitet sind. Nahe verwandt ist der ebenfalls in Südamerika beheimatete Nandu.

Die frischgeschlüpften Jungen stehen bald auf eigenen Füßen und laufen herum, um allein Nahrung zu suchen: Insekten, Sämereien, Blätter und Wurzeln. Wenn alle Jungen geschlüpft sind, scharen sie sich zusammen und verlassen, vom Männchen geführt, den Nestbereich. Sehr oft schließen sich dann die Schützlinge mehrerer Männchen zu großen Gruppen von Jungen verschiedenen Alters zusammen.

Wie Strauße machen auch Darwinstrauße ihre Flugunfähigkeit durch eine hohe Laufgeschwindigkeit wett. Ihre muskulösen Beine treiben sie zu einem schnellen schleudernden Lauf, schneller als ein galoppierendes Pferd. Bei höchster Geschwindigkeit wird der Körper horizontal gehalten und der Hals vorgestreckt; ein Flügel wird ausgebreitet, wenn der Vogel Kurven läuft. Ein rennender Darwinstrauß könnte seinem schnellsten Verfolger entkommen, wäre da nicht seine fatale Angewohnheit, sich im hohen Gras niederzulassen und nach einer Weile auf dem Fluchtweg zurückzukommen.

Jäger haben seit langem die Technik der Jagd auf Darwinstrauße vervollkommnet, indem sie mit der Bola hinterherreiten, einer langen Wurfleine aus drei Riemen, deren mit Gewichten beschwerte Enden sich um die Beine des Vogels schlingen und ihn zu Fall bringen. Man jagt die Vögel aus Sport, aber auch wegen ihrer Haut, ihres Fleisches und ihrer Federn, die allerdings nicht wie Straußenfedern zu Schmuckzwecken, sondern als Staubwedel verwendet werden. Auch der Lebensraum ist als Folge der Überweidung und des hier völlig unangebrachten intensiven Ackerbaus rapide zusammengeschmolzen.

Darwinstrauße der Puna sind in großen Teilen ihres Areals gesetzlich geschützt, doch ist das Gesetz weitgehend wirkungslos. Staubwedel aus Straußenfedern werden immer noch ganz offen in den Läden Boliviens verkauft, ebenso Häute. In Chile wird das Fett der Vögel als Heilmittel verwendet, Jäger hetzen sie in der Umgebung der Minensiedlungen der peruanischen Anden mit geländegängigen Kleinautos. Ihr Bestandsrückgang ist ein trauriges Zeugnis für die Zerstörung eines kargen, aber eindrucksvollen Lebensraumes und für die rücksichtslose Jagd auf eine der urtümlichsten Gestalten der Vogelwelt.

Männliche Darwinstrauße bebrüten allein die Eier mehrerer Weibchen. Bis zu 50 Eier sammelt das Männchen in flachen Bodenmulden, in die mehrere Weibchen nacheinander ihre Eier abgelegt haben.

Takahe: Die Ralle stirbt zum dritten Mal

Abgelegene Bergketten sind manchmal Refugien, in die sich eine Art zurückziehen und in der sie überleben kann. Die Region der Fjorde auf der Südinsel Neuseelands spielte lange Zeit die Rolle eines solchen Refugiums für die Takahe *(Notornis mantelli)*, eine große flugunfähige Ralle tief im unzugänglichen Seengebiet der Berge.

Zweimal ist die Takahe gewissermaßen vom Tode auferstanden. Die frühen europäischen Siedler fanden in Neuseeland die Knochen einer großen flugunfähigen Ralle zwischen denen der riesigen straußenähnlichen Moas, die hauptsächlich die fossilen Ablagerungen auf der Nord- und Südinsel ausmachten. So ist es nicht weiter verwunderlich, daß man die Art in die Liste der vor der Ankunft der Siedler ausgestorbenen Vögel aufnahm. Doch 1849 wurde durch Seehundjäger ein Vogel an der Küste der Südinsel erlegt, und die Beschreibung der Art konnte nun ergänzt werden durch Angaben über das schillernde blaugrüne und weiße Gefieder, den massiven roten Schnabel und die ebenso gefärbten dicken Beine.

Weitere Vögel wurden im 19. Jahrhundert gefangen, der letzte 1898. Für die folgenden 50 Jahre gab es nur gelegentliche unbestätigte Gerüchte über noch lebende Vögel; die Art wurde erneut als ausgestorben betrachtet.

1948 sorgte eine speziell geplante Expedition ins Fjordland für eine ornithologische Sensation: Man fing und filmte lebende Takahes. Teile der Murchison und Kepler Mountains, in denen sie lebten, wurden zum Reservat erklärt und ökologische Pflegemaßnahmen ausschließlich zur Erhaltung der Vögel vorgesehen. Weitere Nachsuche ergab, daß eine Population von mehreren hundert Individuen westlich des Lake Te Anau über etwa 650 Quadratkilometer verbreitet lebt sowie in einem kleinen Gebiet nördlich davon. Untersuchungen der Lebensweise der Vögel und ihrer Beziehungen zu ihrem Biotop und zu anderen Tieren des Gebiets enthüllten ein sehr deprimierendes Bild ihres Überlebenskampfes. Die schwerfälligen, aber herrlichen Vögel – über 60 Zentimeter hoch – leben im Laufe eines Jahres in verschiedenen Biotopen. Im Sommer brüten sie in feuchtem alpinem Grasland zwischen 1200 und 1800 Meter über dem Meer. Sie bauen unter Grasbüscheln laubenförmige Nester, in die sie zwei Eier legen. Männchen und Weibchen leben in Dauerehe und verteidigen ein Revier zwischen 10 und 350 Hektar. Sie ernähren sich von den Blattbasen, Wurzeln und Samen der Berggräser und scheinen von der Qualität des Grases sehr abhängig zu sein.

Bevor die Europäer nach Neuseeland kamen, gab es keine grasenden Großsäuger auf den alpinen Grasländern oder Raubsäuger in den Buchenwäldern. Trotz der enormen Größe von Neuseeland hatte sich das Tierleben ohne große Säugetiere entwickelt, die als Feinde der Takahes in Frage kämen oder ihre Nahrungsgrundlage schmälern könnten. Neuseeland war so lange isoliert, daß es auch Großsäuger aus anderen Kontinenten nicht erreichten. Die Folgen für Neuseelands Flora und Fauna waren verherrend, als die europäischen Siedler so viele Säugetiere wie möglich mitbrachten und die Tiere, die ihnen von ihrer Heimat her vertraut waren, in eine gar nicht darauf vorbereitete und dementsprechend schutzlose Inselwelt entließen. Die Fremdlinge, die den Takahes am meisten zusetzten, waren Wiesel, die als gefräßige kleine Räuber bis in die abgelegenen alpinen Grasflächen vordrangen. Aber auch die Einfuhr von Rotwild hat überraschenderweise zum Bestandsrückgang der Takahes beigetragen. Hirsche wurden aus jagdlichen Gründen eingeführt; die Landschaft der Berge Neuseelands entsprach ihren Lebensansprüchen hervorragend. Sie leben aber von dem Gras, das auch die Takahes als Nahrung benötigen. In den Wäldern, in denen das Rotwild Schutz vor den Schneestürmen suchte, äste es so viel ab, daß für die Rallen nur noch wenig übrigblieb.

Infolge des unzureichenden Nahrungsangebots, das hohe Verluste an Eiern und Jungen bewirkt, und unter dem Konkurrenzdruck des Rotwilds wird für die Takahes heute das Überleben immer schwerer. Die Lösung aller Probleme ist vom Wildlife Service und den damit zusammenarbeitenden Behörden Neuseelands in Angriff genommen worden. Man versucht, die Qualität des Grases zu verbessern, die Zahl der Hirsche zu reduzieren, sie von den Wäldern fernzuhalten und die Wiesel wieder aus dem Gebiet zu entfernen.

Die Population der Takahes zählt heute nur noch etwa 120 Individuen und scheint damit eine so geringe Größe erreicht zu haben, daß auch die Gefahr genetischer Defekte besteht, die sehr kleinen, sich untereinander fortpflanzenden Tierbeständen immer droht. Ein Pilotprogramm, Takahes in Gefangenschaft aufzuziehen – teils als Sicherungsmaßnahme, teils um mehr über sie zu erfahren – und sie anschließend wieder in Freiheit zu entlassen, ist angelaufen. Doch man wird alle Möglichkeiten eines großangelegten Schutzprogrammes ausschöpfen müssen, um Takahes vor einem dritten und dann endgültigen Aussterben zu bewahren.

Zur „Schädlingsbekämpfung" eingeführte Wiesel bilden eine der zahlreichen Gefahren für die Takahe. Eier und Küken sind vor diesem gewandten Räuber nicht sicher.

Takahe Valley: Hier wurde vor 40 Jahren der seltsame, flugunfähige Vogel wiederentdeckt. Schon nach einem eintägigen Fußmarsch ist das abgelegene Gebiet zu erreichen.

Bereits zweimal hielt man die Takahe für ausgestorben. Jetzt hat sie nur noch bei strengem Schutz in ihrem abgelegenen Lebensraum eine Zukunft.

Kabylenkleiber: Gerade noch vor dem Tod entdeckt

Mit Algerien verbindet man die Vorstellung abgelegener und extremer Wüsten. Doch hat das Land auch herrliche Bergketten, kaum 20 Kilometer von der Mittelmeerküste entfernt. Die Hochlagen der Kleinen Kabylei (höchste Erhebungen 2004 Meter) bilden einen scharfen Kontrast zu den heißen trockenen Wüsten des Inlandes. Im Winter liegen sie im tiefen Schnee und sind bitter kalt; im Sommer bilden sie eine kühlfeuchte Zuflucht für die Hirten mit ihren Ziegen und Rindern.

Die Gipfelregion des Djebel Babor birgt den Rest eines einmaligen Waldes, der hauptsächlich aus Numidischer Tanne *(Abies numidica)* und Portugiesischer Eiche *(Quercus faginea)* besteht. Dem Mischwald sind unter anderem Altlas-Zedern *(Cedrus atlantica)* beigesellt. Der Bestand bedeckt nur etwa 1100 Hektar, die seit 1934 zu einem Nationalpark gehören. Doch intensive Waldweide erlaubt dem Wald keine Selbstverjüngung; die Waldfläche verringert sich von Jahr zu Jahr. Und gerade hier wurde 1975 eine bemerkenswerte neue Vogelart entdeckt, der Kabylenkleiber *(Sitta ledanti)*. Der Vogel wurde sogleich zum Aushängeschild einer erfolgreichen Kampagne, dieses besondere Biotop zu erhalten. Nur etwa 70 Reviere des Kleibers wurden gefunden, jedes etwa vier Hektar groß im Mischwald der Gipfelregion und etwa zehn Hektar groß im Eichen-Zedernwald der tiefer liegenden Täler.

Der Kabylenkleiber ist ein typischer Vertreter seiner Familie, deren Name von der Eigenart der Vögel herrührt, den Eingang der Bruthöhle auf die richtige Körpergröße zuzukleben. Kleiber suchen den Stamm nach Nahrung ab und bewegen sich dabei im Unterschied zu Spechten und Baumläufern sowohl nach oben als auch nach unten. Sie pressen ihren Körper nicht an den Stamm und besitzen auch keine verstärkten Schwanzfedern, um sich abzustemmen. Die kräftigen Füße tragen den Körper ohne Unterstützung.

Es klingt bitter, aber der Kabylenkleiber ist möglicherweise gerade noch rechtzeitig vor seinem Aussterben entdeckt worden. Er wird nur dann überleben können, wenn es gelingt, seinen Lebensraum zu regenerieren und auf einer Fläche zu halten, die für eine lebensfähige Population groß genug ist.

Bergwald am Djebel Babor in Algerien. Bis in den April hinein liegen oft mächtige Schneemassen im Lebensraum des Kabylenkleibers. Das Foto stammt von J.P. Ledant, dem zu Ehren der erst 1975 entdeckte Kleiber seinen wissenschaftlichen Namen erhielt.

Lagebericht Gebirge: Erschließung bis zum Gipfel

Die verschiedenen Biotope der Bergregionen leiden unter all den Problemen, die auch anderswo für die einzelnen Ökosysteme gelten. Doch eine Reihe zusätzlicher Bedrohungen kommt dazu. Sie wurzeln zum Teil in der Isolation der Berge als Inseln und in ihrer Rolle, hohe Niederschläge auszulösen, deren Wasser die Nährstoffe aus den kahlen Felsen herauswäscht und in die Ebenen hinunterführt. Land in großer Meereshöhe ist meist feuchter als das umgebende Tiefland. Wenn aber dort Trockenheit herrscht oder die Bevölkerungsdichte zu groß wird, wandern die Menschen auf der Suche nach Wasser und fruchtbarem Boden immer höher.

Berge werden am häufigsten als Viehweide genutzt, in kalten Klimaten nur im Sommer. Wenn die Frühjahrssonne den Schnee schmilzt und Gras und Blumen zu neuem Leben erweckt, kommen die Herden aus dem geschützten Tiefland zurück. Im wärmeren Klima bewegen sie sich mehr in Abhängigkeit von den Regenfällen, denn in der feuchten Jahreszeit kann das Vieh genug frische Nahrung im Tiefland finden. Wenn dort das Grasland langsam vertrocknet, werden die Herden in höheren Lagen zu den dauernd fließenden Strömen und Quellen der Gebirge getrieben.

In vielen ariden Gebieten kann ein Berg das Wasser für eine sehr große Fläche der Umgebung einfangen. In der Folge kommt es dann zu einem raschen Wachstum der Bevölkerung und ihrer Herden. Wenn Bevölkerung und Herden zu groß werden, kann es in den empfindlichen Lebensräumen des Gebirges zu einem Desaster kommen, das wiederum nicht ohne Auswirkungen auf die Menschen und ihr Vieh bleibt. Bergbiotope sind sehr viel empfindlicher als andere Biotope, da der Boden auf steilen Hängen leicht weggeblasen oder weggewaschen wird. Die Wurzeln der Pflanzen halten ihn normalerweise fest. Doch wenn sie für Feuerholz geschnitten, zu stark abgeweidet oder von zu vielen Hufen zertrampelt wurden, wäscht der nächste Regenschauer den Boden aus. Die Zerstörung ist rasch und total.

In reicheren Ländern sind Berge oft die letzten verbliebenen Reste der Wildnis in einer von einförmiger Agrarproduktion und urbaner Häßlichkeit geprägten Landschaft. Die großen Mühen und Kosten, die viele Menschen aufwenden, nur um in die „Freiheit" der Berge zu entkommen, drückt den besonderen Gefühlswert des Gebirges aus. Doch gerade diese Kraft, die Menschen in die Berge zieht, birgt bereits den Keim ihrer Zerstörung. Die Bergnatur leidet unter dem Tritt der Touristenmassen und wird durch das Diktat einer Fremdenverkehrsindustrie zerstört. Verkehrswege und Siedlungen decken die Täler zu, viel zu viele Erschließungsgebiete in größerer Höhe führen zu Erosion, Bodenverschlechterung und Biotopzerstörung. Berggipfel, die dem Verkehrsknoten einer City gleichen, sind längst keine Ausnahme mehr. Natur verschwindet aus den letzten Resten der Wildnis mit atemberaubendem Tempo.

Obwohl es jedem Bergbewohner bekannt sein sollte, daß der Wald einen lebenswichtigen Schutz vor Lawinen und Bodenerosion bietet, wird er vielerorts für Skipisten skrupellos gerodet.

Viele Alpentäler wurden dem Massentourismus geopfert; transalpine Trassen haben die Landschaft für immer zerstört.

Kalte Winter und lange trockene Sommer sind für viele Klimazonen der Erde charakteristisch. An solche Bedingungen hat sich ein Waldtyp angepaßt, der mit einer Wachstumsruhe die ungünstige Jahreszeit überbrücken kann. Das Wachstum der Bäume verlangsamt sich in der kalten Jahreszeit oder hört vorübergehend ganz auf. Wälder mit ausgeprägtem Jahreszeitenwechsel haben oft ein sehr vielfältiges Pflanzen- und Tierleben. Den Menschen haben diese Wälder im Laufe seiner langen Geschichte mit Baumaterialien, Brennstoff, Nahrung und Arzneimitteln versorgt. Doch große Waldflächen wurden auch abgeholzt, um Ackerland zu gewinnen. Heute nehmen die Waldflächen nur noch einen Bruchteil ihrer ursprünglichen Ausdehnung ein, und auch die auf sie angewiesene Tierwelt ist nur noch in Resten erhalten.

Während einige Waldvögel auch die ungünstigste Jahreszeit dort überdauern können, suchen die meisten anderen Arten als Zugvögel günstigere klimatische Landstriche auf. Dieses von den Jahreszeiten abhängige Kommen und Gehen der riesigen Vogelscharen ist für uns immer wieder eines der faszinierendsten Naturspiele.

Wälder mit Jahreszeitenwechsel

Lebensraum im wechselnden Kleid

Die in den verschiedenen Höhenstufen eines Gebirges aufeinanderfolgenden Vegetationszonen spiegeln im kleinen die auf dem Globus vom Äquator bis zum Pol sich gegenseitig ablösenden Vegetationsgürtel wider. Eine der auffallendsten Zäsuren ist die zwischen den verschiedenen Waldtypen, vom üppigen Regenwald der Tropen über Mischwälder bis zu den verkümmerten Koniferen am äußeren Rand der Baumgrenze, die im Hochgebirge die alpine Stufe und in den Polargebieten die Tundra säumen. Wälder, die jahreszeitlichen Wechseln ausgesetzt sind, umfassen eine enorme Vielfalt an Lebensräumen. Ihre Lebensabläufe müssen sich dem strengen jahreszeitlichen Rhythmus anpassen. Mindestens während einer bestimmten Zeit im Jahr sind die Bedingungen für das Wachstum der Bäume so hart, daß sie ihren Stoffwechsel stark reduzieren müssen, ähnlich der Winterruhe vieler Säugetiere. Laubbäume bereiten dies durch das Abwerfen aller Blätter vor. Nadelbäume dagegen verlieren mit ihren widerstandsfähigen nadelfeinen Blättern in der Kälte des Winters nicht viel Wärme und Feuchtigkeit; so können sie funktionstüchtig bleiben und von den kurzen Erwärmungsperioden im winterlichen Sonnenschein und den ersten warmen Frühlingstagen profitieren.

Im Winter ruht der Wald

Die Ruhepause, die allen solchen Waldtypen gemeinsam ist, wird entweder durch sehr kalte oder sehr trockene Klimabedingungen ausgelöst. Geht man von der arktischen Tundra im nördlichen Eurasien oder von Nordamerika Richtung Süden – oder aus der alpinen Stufe fast aller Hochgebirge außerhalb der Tropen in die darunterliegende Vegetationszone –, so trifft man überall zunächst auf immergrüne Nadelbäume. Nahe der Existenzgrenze sind sie niedrig, knorrig und zersaust; sie stehen schütter über die herbe Landschaft verstreut. Bald bilden sie jedoch dichte Bestände düsterer Bäume auf einem dikken Teppich abgefallener Nadeln. Der starke Schatten und der aus den Nadeln entstehende saure Boden lassen nur den härtesten Bodenpflanzen eine Chance. Die Wälder sind dunkel und still; Einheitlichkeit des Baumbestandes und Armut an tierischem Leben sind charakteristisch.

Dort, wo die Sommertemperaturen höher und die Winterstürme weniger rauh sind, dauert das jährliche Wachstum viel länger. Nadelbäume werden hier großenteils durch Laubbäume abgelöst, die ihr Laub vor Eintritt des Winters abwerfen. Die langen milden Sommer mit reichen Niederschlägen ermöglichen den Bäumen, ausreichende Nährstoffvorräte in den Stämmen und Ästen anzulegen, die sie durch den Winter bringen, wenn keine Photosynthese abläuft. Trotz der großen jahreszeitlichen Unterschiede ist das Pflanzen- und das Tierleben viel reicher als in reinen Nadelwäldern.

Die vier Jahreszeiten Frühling, Sommer, Herbst und Winter zeichnen in den Laubmischwäldern Europas und Nordamerikas jeweils ihr eigenes Bild. Jahrtausende waren diese Wälder Schutz und Rohstoffquelle für eine wachsende menschliche Bevölkerung. Ihre heutigen Reste bilden für uns einen wichtigen Erholungsraum und für viele Tiere ein letztes Rückzugsgebiet.

Ein Lebensraum wird ausgebeutet

Wälder bedeckten einst riesige Gebiete unserer Erde. Sie wurden jedoch in Vergangenheit und Gegenwart stärker zerstört als alle anderen Biotope, da sie so viele Grundbedürfnisse der Menschen befriedigen. Laubwälder liefern tiefgrundigen braunen und fruchtbaren Boden, der leicht zu beackern und zu kultivieren ist. Die Bäume bieten ausgezeichneten Brennstoff, und ihr Holz ist ein wichtiger Rohstoff, aus dem fast alles hergestellt werden konnte, von Häusern und Möbeln bis zu Speeren, Schiffen und Telegrafenmasten.

Die Wälder bieten Lebensraum für das Wild, das Nahrung, Felle oder Trophäen liefert. Wälder beherbergen Bienen, deren Honig bis zum Anbau von Zuckerrohr oder Rüben die wichtigste Zuckerquelle war. Blumen, Kräuter und Gräser im Schutz der Waldbäume erfreuen nicht nur das Auge, sondern sind seit jeher eine reiche Quelle für Arzneien und Kräutertees für den gewesen, der ihre Geheimnisse kannte.

Doch mit wachsender Bevölkerung wurde der Bedarf an Agrarland viel dringlicher als der an allen anderen Ressourcen des Waldes. So holzte man die Wälder ab und verwandelte sie in Felder; die Gewinnung von Brenn- und Bauholz führte zu weiterem Raubbau. In Europa spiegelt die Vernichtung der Hartholzbäume den Lauf der Geschichte wider. Sie beschleunigte sich in Epochen mit großen Seekriegen, wenn große Bäume zum Schiffbau benötigt wurden, aber auch während der industriellen Revolution, als Bäume, gleich welcher Größe, in die Schlünde der Industrie-Öfen geschoben wurden. Viele Vögel der Wälder auf der Nordhalbkugel mußten sich an verstreute Waldinseln oder lange Heckenreihen anpassen, die das Überbleibsel der ursprünglichen Wälder bildeten.

Der Miombowald ist ein laubwerfender Trockenwald in großen Gebieten Südamerikas, Afrikas und Indiens. Viele Vogelarten leben hier, wandern aber während der Trockenzeit (Bild) großenteils in günstigere Gebiete.

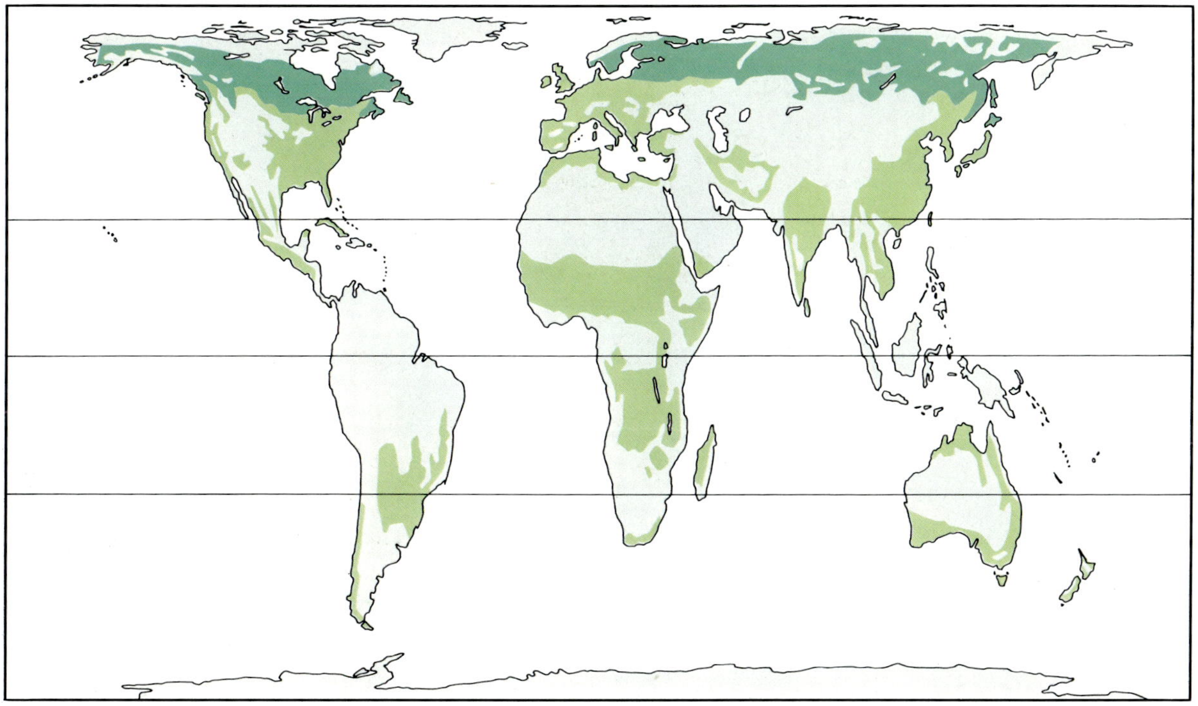

Wälder mit Jahreszeitenwechsel
Durch kalte Winter oder lange Trockenzeiten wird die Vegetationsperiode unterbrochen.

Nadelwälder

laubwerfende Wälder

Vogelleben im Wald

Nadelwälder des Nordens und der Gebirge bilden einen starken Kontrast zu den Wäldern der gemäßigten Zone, sowohl in bezug auf die Zahl als auch in bezug auf die Vielfalt der Tierarten.

Von Fichten und Kiefern beherrschte Nadelwälder sind einförmig und still, da hier als Folge des geringen Nahrungsangebots nur wenige Vögel leben können. Und sie sind schattig, so daß am Boden nur wenige Blumen wachsen. Armut an Insekten ist die Folge. Vögel nutzen die kurze sommerliche Vegetationsperiode aus, so gut es eben geht, und wandern dann für das Winterhalbjahr in günstigere Gebiete ab. Die Vögel, die dem harten Winter in den Nadelwäldern widerstehen können, sind auf Koniferensamen als Nahrung spezialisiert. Kreuzschnäbel in den Wäldern des Nordens und Papageien in den Hochlandwäldern der Tropen können mit ihren spitzen Krummschnäbeln die Samen aus den Zapfen herausholen. Großschnäbelige Finken, wie Kernbeißer und Hakengimpel, sowie einige Häher aus der Familie der Krähen sind ebenfalls typische Nadelwaldbewohner. Ähnlich wie Kreuzschnäbel verlassen sie aber manchmal den immergrünen Wald, wenn die Samenernte ausfällt oder zu mager ist, was alle paar Jahre passiert. Zu solchen Zeiten wandern sie in ferne Wälder ab, bilden oft große Invasionen und suchen sogar die für sie weniger typischen Laubwälder nach Samen und Früchten ab. Vögel sind wichtige Verbreiter von Samen der Waldbäume. Im Sommer helfen insektenfressende Vögel wie Laub-, Waldsänger und Meisen bei der Kontrolle von Raupen mit, die so zahlreich werden können, daß sie auf großen Flächen die Nadeln förmlich von den Bäumen fressen.

Im Gegensatz dazu bieten die Laubwälder ein sich ständig wechselndes Bild. Von der kahlen Kargheit des Winters über das frische Grün der aufspringenden Knospen im Frühling zu den dunkleren Farbtönen des Hochsommers bis hin zum buntschillernden Gelb, Rot, Braun im Herbst. Die längere und mildere Vegetationsperiode läßt eine Vielfalt an Pflanzen entstehen – Büsche, Kräuter, Kletterpflanzen, Moose und Pilze –, von denen zahllose fliegende, krabbelnde und wühlende Insekten leben.

Nahrungsspezialisten in Nadelwäldern
Vögel verschiedener Familienzugehörigkeit haben bei gleicher Nahrung ähnliche Schnäbel.

1. Bindenkreuzschnabel *(Loxia leucoptera)*
2. Prachtamazone *(Amazona petrei)*
3. Kiefernsittich *(Rhynchopsitta pachyrhyncha)*
4. Fichtenkreuzschnabel *(Loxia curvirostra)*
5. Kiefernkreuzschnabel *(Loxia pytyopsittacus)*

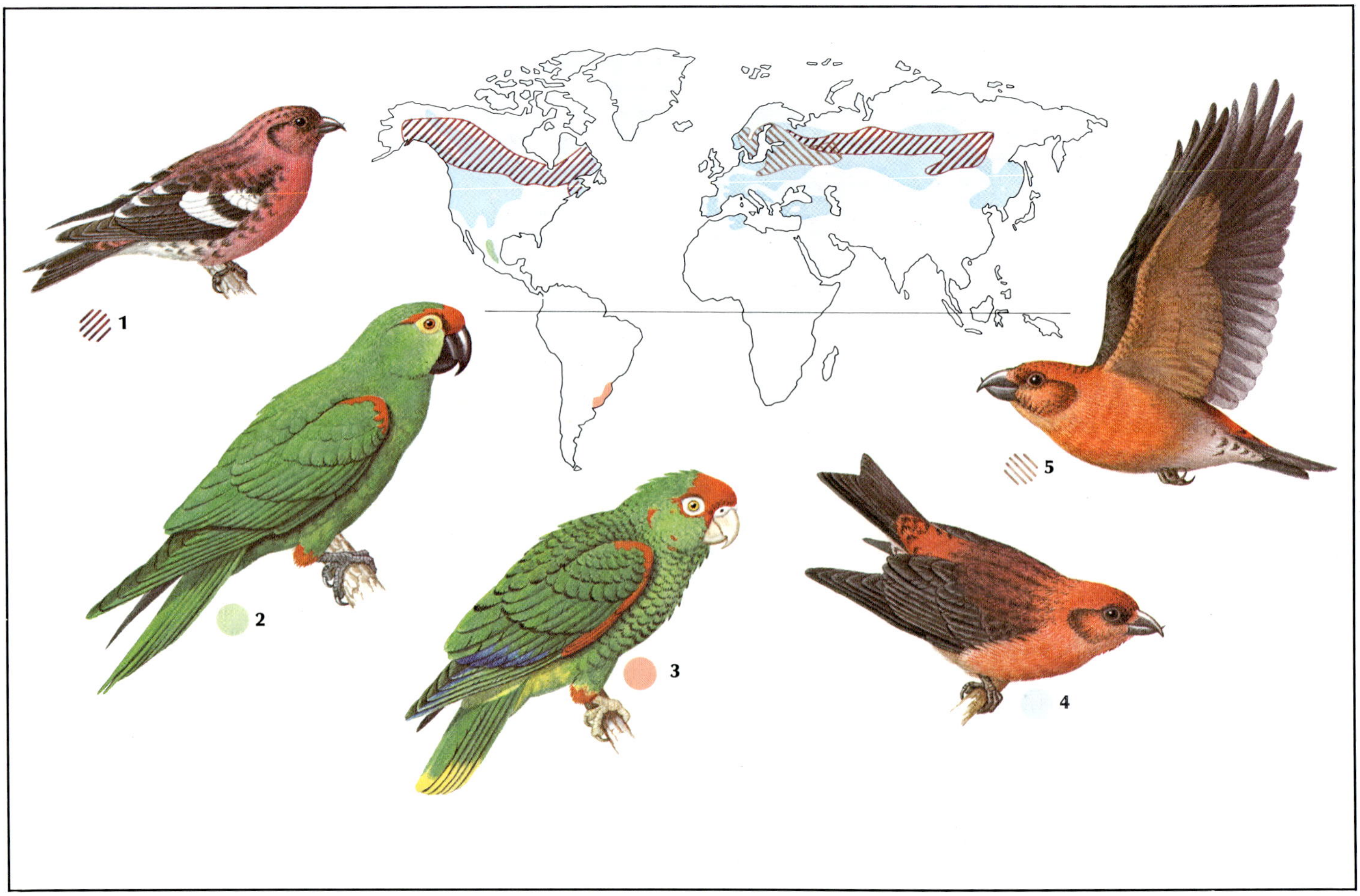

Folglich ist der Laubwald für eine größere Vielfalt an Vögeln geeignet; Waldschnepfen suchen im Fallaub nach Nahrung; Spechte holen ihre Insektennahrung aus Stämmen und Ästen; Buchfinken, Kernbeißer, Zeisige oder Fliegenschnäpper teilen sich die Nahrungsressourcen eines Baumes durch Nahrungssuche in verschiedenen Höhen untereinander auf; Eichelhäher leben als Opportunisten von einer großen Vielfalt an Sämereien, Früchten und Insekten sowie von Eiern und Jungvögeln. Doch auch in diesem reichen Biotop verändern sich die Ressourcen mit den Jahreszeiten, und Waldvögel stellen daher ihre Nahrungswahl darauf ab oder ziehen in andere Gebiete mit größerem Nahrungsangebot.

Noch werden Waldschnepfen *(Scolopax rusticola)* in vielen Ländern Europas gejagt, obwohl Fachleute seit langem den Schutz der immer seltener werdenden Art fordern.

Der Buntspecht *(Dendrocopos major)* ist der bekannteste Vertreter einer Gruppe sehr ähnlicher, auffallend schwarzweiß gezeichneter Spechte. Ihr Hämmern am Baumstamm hört man überall in den Wäldern der Nordhalbkugel.

Ein Auerhahn *(Tetrao urogallus)* bei der Bodenbalz. Auerhühner sind besonders gegenüber Störungen empfindlich und daher durch den Erholungsbetrieb in den Wäldern zu allen Jahreszeiten hochgradig gefährdet.

Nur selten sieht man den Zaunkönig *(Troglodytes troglodytes)* so frei auf einer Fichtenspitze singend. Sein eigentlicher Lebensraum ist das Dickicht nahe am Waldboden. Er gehört zu der Vielzahl von Singvögeln, die im Wald den Ton angeben.

Azorengimpel: Der Knospenfreund als Obstbaumfeind

Die abgelegenen Inseln der Azoren, 1800 Kilometer westlich von Portugal im Atlantik, waren einst mit dichtem immergrünen Lorbeerwald bedeckt, den es nur auf diesen subtropischen nordatlantischen Inseln gibt. 20 Millionen Jahre wuchsen diese Wälder in der Isolation und haben während dieser Zeit ihre eigene Flora und Fauna entwickelt. Der endemische Azorengimpel *(Pyrrhula murina)* von Sao Miguel im Südwesten des Archipels ist zum Beispiel ein Abkömmling des europäischen Gimpels *(Pyrrhula pyrrhula)* und wurde lange Zeit als Unterart dieses weitverbreiteten Vogels angesehen. Doch seine ganz auf den urwüchsigen Lorbeerwald beschränkte Verbreitung hat zu derart deutlichen Unterschieden in Aussehen und Verhalten geführt, daß er nun als eigene Art betrachtet wird.

Die Gimpel leben im ursprünglichen Lorbeerwald des Gebietes um den Pico da Vara im Ostteil von Sao Miguel. Die Wälder bedecken die Hänge der beiden Berge Pico da Vara und Pico Verde sowie das große Tal des Ribeira do Guilherme. Die Gegend wird von gezackten Graten und tief eingeschnittenen Schluchten bestimmt, deren große Vielfalt an Lebensräumen einen einmaligen Reichtum nur hier heimischer (endemischer) Pflanzen und Insekten hervorbrachte. Seit 500 Jahren, mit Beginn der menschlichen Besiedlung, werden die Wälder des Pico da Vara intensiv als Rohstofflieferant für Bau- und Brennholz sowie als Weide für Schafe und Ziegen, neuerdings auch für Rinder und Schweine genutzt. Sie lichteten sich, und ihre Fläche schrumpfte stark.

Immerhin sind jedoch unter den Relikten des azorischen Lorbeerwaldes die des Pico da Vara noch die reichsten und am besten erhaltenen. Die steile Hanglage hat ohne Zweifel dazu beigetragen, daß sie hier besser erhalten bleiben, als die Wälder auf ebenem Boden. Die geographische Lage hat gleichzeitig das Gebiet einer gründlichen Erforschung so schwer zugänglich gemacht, daß die Reliktpopulation des Azorengimpels trotz gelegentlicher Hinweise durch Einheimische sich 40 Jahre lang der Suche der Wissenschaftler entziehen konnte.

Den Lebensraum des Azorengimpels bilden ursprüngliche Wälder. Die Steilheit der Hänge am Pico da Vara hat bis heute die Rodung seiner letzten Zufluchtsstätten verhindert.

Bis 1968 gab es keine konkreten Angaben über den Gimpel mehr; er blieb 40 Jahre lang verschollen. In der Mitte des 19. Jahrhunderts waren die Vögel aber noch so häufig, daß eine Kopfprämie auf sie ausgesetzt wurde, da sie dem Obstbau erheblichen Schaden zufügten. Auch europäische Gimpel können den Obstbau empfindlich schädigen, wenn sie im Frühjahr die Knospen der Obstbäume abzwicken. Während aber die europäischen Gimpel durch Vertreibung nicht ernsthaft in ihrem Bestand bedroht werden, hatte die Inselform keine Ausweichmöglichkeit, um der menschlichen Verfolgung zu entkommen. Zusätzlich ging ihr natürlicher Lebensraum gerade zu der Zeit drastisch zurück, als man die Vögel auch im Kulturland heftig bekämpfte. 1920 war der Bestand bereits so sehr geschrumpft, daß die Regierung aufgefordert wurde, den Vogel unter Schutz zu stellen. Die Jagd, so dachte man, sei die Todesursache. Ohne Zweifel spielte sie eine große Rolle, doch waren auch noch andere Faktoren, wie Überweidung und Abholzung der Wälder, von Bedeutung.

Der kräftige Schnabel des Gimpels ist besonders zum Aufknacken von Samen und kleinen Nüssen gut geeignet. Tatsächlich leben die europäischen Gimpel auch hauptsächlich von Sämereien, doch können sie auch sehr gut die fest verschlossenen Schutzblätter der Obstbaumknospen öffnen. Wenn das Angebot an Wildsämereien und -knospen im späten Frühjahr knapp wird, kommen Gimpel in die Obstgärten. Falls für die Azorengimpel ein gleiches Verhalten gegolten hat, hat die Zerstörung ihres ursprünglichen Lebensraumes sie noch weit stärker von Obstbäumen abhängig werden lassen. Ihr Schicksal im Schrot der Bauernflinten ist daher wohl die Folge der Veränderung ihres angestammten Lebensraumes.

Was immer auch die Gründe für den Niedergang gewesen sein mögen, der einzigartige und äußerst bedrohte Gimpel des Pica da Vara wird nur dann überleben, wenn er und sein Lebensraum geschützt werden. Baumarten, die es bisher auf den Inseln nicht gab, schieben sich weiter in den Bereich des ursprünglichen Lebensraumes vor. Nutzhölzer werden immer noch unkontrolliert dem Wald entnommen und Lichtungen intensiv beweidet. Straßenbau und Wassergewinnung bedrohen die empfindlichen Waldreste. Vielleicht sind heute nicht mehr als 10 Azorengimpel übriggeblieben. Ihr Schutz ist untrennbar mit dem eines vielfältigen Lebensraumes verbunden, der auf der Welt nicht seinesgleichen hat.

Der europäische Gimpel *(Pyrrhula pyrrhula)* ernährt sich mit Vorliebe von Knospen und Beeren. Wird das Angebot in den Wäldern im Herbst und Winter knapp, kommt er in die Gärten und Parkanlagen der Städte und Dörfer.

Die ursprünglichen Wälder der Azoren sind durch ökonomisch orientierte Forstwirtschaft großenteils vernichtet: Auf riesigen Kahlschlägen werden einförmige Plantagen der Japanzeder *(Cryptomeria japonica)* angelegt.

Michiganwaldsänger: Überleben vom Staat gefördert

Kaum ein Vogel ist so anspruchsvoll in der Wahl seines Lebensraumes wie der Michiganwaldsänger *(Dendroica kirtlandii)*. Er brütet nur in einem offenen Grasland mit einem ganz bestimmten Sandboden, der außerdem noch mit jungen Kiefern bewachsen sein muß.

Ein solches Gebiet gibt es am Südrand der großen Bankskieferwälder *(Pinus banksiana)* Nordamerikas, dort wo sie mit den Grayling Sands, einem bestimmten Sandbodentyp, zusammentreffen. 90 Prozent der Population brüten im Einzugsbereich eines einzigen Flusses. Die Vögel nisten nur hier im hohen Gras auf dem Sandboden zwischen den Kiefern, die zwischen acht und 21 Jahre alt sind. Der sandige Boden garantiert das rasche Versickern der heftigen Regenfälle der Sommergewitter. Würde das Wasser stehenbleiben, wären die Nester bald überschwemmt.

Eine derartige Abhängigkeit von einem ganz bestimmten Stadium einer Sukzession (Abfolge von Entwicklungsstadien einer Pflanzengesellschaft) – besonders einer so kurzlebigen – ist unter Vögeln wahrscheinlich einmalig. Und einmalig dürfte auch die Konzentration auf ein so winziges Winterquartier sein, wie es die Bahama-Inseln darstellen.

Der erste Michiganwaldsänger wurde der Wissenschaft 1841 bekannt. Auf seinem Weg zu den Bahamas ließ er sich auf einem Schiff nieder und wurde gefangen. Über 60 Jahre dauerte es dann, bis man ein Nest fand. In dieser Zeit rodeten die Einwanderer aus der Alten Welt großflächig den Bankskiefernwald. So entstanden Lichtungen, die für den Vogel wahrscheinlich mehr Lebensraum geschaffen haben, als er je in seiner Geschichte zur Verfügung hatte.

Mit den rodenden Einwanderern drang aber auch eine andere Vogelart, der Braunkopf-Kuhstärling *(Molothrus ater)*, bis Michigan vor. Wie der Michiganwaldsänger ist sie ebenfalls auf offenes Grasland mit jungem Kieferbestand angewiesen, allerdings viel weniger eng an eine bestimmte Bodenart gebunden. Die Stärlinge legen ihre Eier in Nester anderer Vögel und lassen sie ausbrüten. Nicht zuletzt deshalb, weil sie sich nicht auf eine Wirtsvogelart beschränken, sind sie sehr erfolgreiche Brutparasiten. Ihre Jungen wachsen dann entweder mit dem Nachwuchs der Pflegeeltern auf, oder die Jungstärlinge verdrängen die Jungen der Pflegeeltern.

Als man 1951 die Michiganwaldsänger erstmals zählte, kam man auf etwa 500 Paare. Doch ungefähr 55 Prozent der Nester waren durch Kuhstärlinge parasitiert. Dadurch wurde die Nachwuchsrate etwa um ein Drittel reduziert. 1971 war der Bestand auf 200 Paare abgesunken; 80 Prozent der Nester waren inzwischen von Kuhstärlingen parasitiert. Die Zahl der ausfliegenden jungen Waldsänger reichte nicht mehr aus, den Bestand zu erhalten. So startete ein Schutzprogramm, in dessen Verlauf Kuhstärlinge reduziert werden mußten, um Michiganwaldsänger zu retten. Seit 1972 werden jährlich Tausende von Kuhstärlingen aus dem Brutgebiet der Waldsänger gefangen. Bevor man mit diesem Fangprogramm begonnen hatte, zog jedes Waldsängerpaar etwa ein Junges pro Jahr groß. Jetzt liegt die Nachwuchsrate bei vier Jungen pro Paar, mehr als bei jeder anderen Waldsängerart.

Doch merkwürdigerweise hat sich der Bestand kaum vergrößert. Auch nach sechs Jahren waren es immer noch etwa 200 Paare. In der Zeit zwischen dem Verlassen der Nester und dem Beginn der ersten Brut im folgenden Kalenderjahr muß irgendetwas mit den jungen Michiganwaldsängern geschehen, was bisher immer noch ein Rätsel ist.

Singendes Männchen des Michiganwaldsängers. Mit nur 200 Brutpaaren ist er einer der seltensten Zugvögel der Welt.

Der größte Teil des Brutgebietes ist jetzt Staatsbesitz. Der Biotop wird vergrößert. Man sorgt dafür, daß die Sukzession vom Grasland zum Altholz eines reifen Waldes gestoppt wird. Vielleicht reicht das als Überlebenshilfe aus. Das rätselhafte Verschwinden vieler Jungvögel irgendwo auf ihrer langen Wanderung zu den Bahamas aber führt uns deutlich vor Augen, daß ein Zugvogel zum Überleben mehr braucht als nur einen sicheren Brutplatz.

Der Braunkopf-Kuhstärling legt seine Eier in Nester anderer Vögel, auch in die des Michiganwaldsängers. Damit ist er für den bedrohten Waldsänger zu einer ernsten Gefahr geworden: Die fremden Eier im Nest reduzieren die Anzahl der eigenen Jungen drastisch.

Der Michiganwaldsänger stellt hohe Ansprüche an seinen Lebensraum. Nur zwischen Bankskiefern *(Pinus banksiana)*, die ein Alter von 10 bis 20 Jahren haben, kann er erfolgreich brüten.

Schopffasan: Tragödie im asiatischen Bergwald

Die Familie der Fasane, zu denen einige der auffallendsten und prächtigsten Vögel zählen, lebt vor allem in Asien, aber auch in der westlichen Welt ist ein Fasan weit verbreitet. Der Jagdfasan wurde dem Jagdsport zuliebe aus verschiedenen asiatischen und osteuropäischen Populationen eingeführt und wird noch heute für die Jagd und den Kochtopf gezüchtet.

In ihrer angestammten Heimat Asien aber sind viele Fasanenarten gefährdet. Das hat sicher auch mit ihrem prächtigen Federkleid und dem wohlschmeckenden Fleisch zu tun. Der Verlust an Lebensraum aber stellt die Hauptursache dar.

Ein Beispiel für die Bedrohung der Fasane ist der Schopffasan *(Catreus wallachi)*. Sein Federkleid weist nicht die Farbigkeit vieler seiner Verwandten auf, sondern wirkt mit einem Muster brauner und grauer Farbtöne ausgesprochen bescheiden. Die Art ist mit den chinesischen Ohrfasanen nahe verwandt, deren Männchen und Weibchen – für Fasane ganz ungewöhnlich – gleich gefärbt sind. Der Schopffasan ist daher sicher nicht wegen seines auffallenden Aussehens bejagt und im Bestand dezimiert worden.

Das Verbreitungsgebiet des Vogels fällt mit denen anderer Fasanenarten, wie dem Schwarzkopf-Tragopan, zusammen und reicht von Ostpakistan über Kaschmir bis Zentralnepal.

An den Margalla Hills in Pakistan wurden in Gefangenschaft erbrütete und großgezogene Schopffasane ausgesetzt, um eine kleine wildlebende Population zu verstärken. Diese Technik hat allerdings nur dann einen Sinn, wenn gleichzeitig wirkungsvolle Biotopschutzmaßnahmen getroffen werden.

Der Schopffasan braucht eine dichte Bodenvegetation in seinem Lebensraum. Wenn diese durch Feuer zerstört oder durch Ziegen und Schafe übermäßig abgefressen wird, fallen die Vögel leicht der Jagd zum Opfer.

Die Nahrung besteht aus Schößlingen, Wurzeln, Blättern, Beeren und anderen Früchten sowie Insekten und deren Larven, die er mit seinem kräftigen Schnabel aus dem Boden holt.

Die Vögel brüten in trockenen Eichenwäldern an steilen felsigen Hängen etwa zwischen 1200 und 4000 Metern Höhe. Im Winter wandern sie oft in tiefer gelegene Gebiete ab.

In Nepal zeigen Schopffasane eine Vorliebe für offene Buschwälder, die von grasbewachsenen Steilhängen unterbrochen sind. An steilen und felsigen Eichenwaldhängen jedoch hält sich der Bestand am besten.

Aber eine lokale Population nach der anderen stirbt aus. Die Ursachen schafft der Mensch, der Brennholz schlägt und große Flächen rodet, um auch hier Weideland für Vieh, meist Schafe und Ziegen, zu gewinnen. In Westnepal ist der Wald schon bis zu einer Höhe von 2300 Metern abgeholzt. Viele so geschaffene Weideflächen werden außerdem jedes Jahr abgebrannt, um die Grasqualität zu verbessern. Damit vernichtet man auch noch den letzten Schutz für die Fasane, nämlich hohes Gras. Ihr Lebensraum schrumpft auf jene Teilgebiete zusammen, die für Holzfäller und Vieh zu steil sind.

Schopffasane können recht erfolgreich in Gefangenschaft gezüchtet werden. Das haben schon verschiedene Projekte gezeigt. In England gezüchtete Vögel sind in den Margalla Hills in Pakistan und im Himachal Pradesh in Indien ausgesetzt worden. Doch der Erfolg solcher Projekte hängt letztlich von der Erhaltung der Bergwälder und der Einschränkung der Jagd ab.

Die Sicherung des Lebensraumes für den Fasan ist auch der Schlüssel für das Überleben des Menschen in diesem Raum. Denn die gerodeten und stark beweideten Hänge werden zunehmend durch Austrocknung und Bodenerosion bedroht. So ist das Aussterben der Fasane ein Vorbote der Gefahr, die auf die Bergbewohner zukommt.

Kaiserspecht: Kein Lebenszeichen seit 1958

Einen herrlichen Anblick bietet das Männchen mit seinem leuchtendroten Schopf. Das Weibchen schmückt eine nach vorn gekrümmte Locke auf dem schwarzen Kopf. Mit seiner Körperlänge von über einem halben Meter ist er der größte Specht der Erde. Er fliegt langsam und wellenförmig, sein Revieranspruch von 25 Quadratkilometern ist riesig, sein nasaler Ruf ähnelt dem Klang einer kleinen Trompete. Sein Name, so scheint es, ist standesgemäß: Kaiserspecht *(Campephilus imperialis)*.

Der Vogel wurde 1958 zum letztenmal gesehen. Doch nach unbestätigten Meldungen könnten noch einige Individuen überlebt haben, weil ihr Lebensraum in großen Teilen noch erhalten ist. Und der scheint auf die ursprünglichen Kiefern- und Eichenwälder Nordmexikos beschränkt zu sein. Eine große Population hat der Kaiserspecht wegen seines großen Gebietsanspruchs wohl zu keiner Zeit gehabt. So kommt es, daß die Ornithologen sehr wenig über sein Leben wissen, zumal es in Mexiko fast ebenso wenig Vogelkundler wie Kaiserspechte gibt.

Viel wissen wir dagegen über einen nahen Verwandten, den Elfenbeinspecht *(Campephilus principalis)*. Er ist zwar auch schon so gut wie ausgestorben, aber sein Untergang spielte sich vor den Augen der Ornithologen in den USA ab, in einem Land, von dem es scherzhaft heißt, daß es so viele Vogelbeobachter wie Vögel gibt. Folglich weiß man über den einen viel und über den anderen fast nichts. Zum Beispiel kann man nicht einmal sagen, ob der Kaiserspecht eine eigene Art oder nur eine vom Elfenbeinspecht leicht abweichende Unterart darstellt.

Das Verhalten dürfte aber dem der Elfenbeinspechte sehr ähnlich sein. Diese machen sich durch lautes Trommeln mit dem Schnabel auf Holz bemerkbar, markieren damit gleichzeitig ihre Reviere und zeigen wohl auch Paarungsbereitschaft an. Zur Nahrungssuche streifen sie die Rinde vom Stamm toter oder sterbender Bäume, um Käfer oder Larven freizulegen. Mit dem mächtigen Schnabel schlagen sie aber auch bis zu 12 Zentimeter tiefe Löcher in das Holz, um an bohrende Insekten heranzukommen. Auf großen Seitenästen suchen sie die Ober- und die Unterseite ab. Bruthöhlen legen die Vögel hoch oben in Kiefernstämmen an, wobei sie die charakteristischen weißen Eier ohne Unterlage ablegen. Männchen und Weibchen bebrüten die Eier und füttern die Jungen gemeinsam.

Während die Ornithologen beim Verhalten des Kaiserspechts auf begründete Vermutungen angewiesen sind, stehen ihnen über die Anatomie sehr gute Kenntnisse zur Verfügung. Selbst im Vergleich zu anderen hochspezialisierten Spechten war der „Kaiser" besonders gut an seine Lebensweise angepaßt.

Die Zunge ist wie bei anderen Vögeln am Hinterende in zwei Hörner gespalten. Die beiden Hörner sind aber so stark verlängert, daß sie um die gesamte Schädelkapsel herumreichen, über die Oberseite wieder nach vorn. Sie wurzeln entweder an der Schnabelbasis innerhalb eines Nasenloches oder an der Augenfassung. Mit Hilfe dieser langen Zungenbeine kann die Zunge weit aus dem Schnabel gestreckt werden. Mit Speichel überzogen dient sie als Leimrute, um Ameisen aufzusammeln. Die Spitze ist mit Borsten besetzt, die eine fette Made viele Zentimeter vor der Schnabelspitze aufspießen können.

Die Schwanzfedern der Spechte besitzen besonders verstärkte Schäfte und Strahlen, mit denen sich der senkrecht hängende Vogel gegen den Stamm abstützen kann. Die beweglichen Zehen lassen sich so weit abspreizen, daß der Halt am Stamm verstärkt wird.

Der Schnabel wirkt durch seine Verankerung an einem besonders stabilen Kopfskelett und durch eine hochentwickelte Nackenmuskulatur wie ein motorgetriebener Meißel.

Da alle spechttypischen Eigenschaften beim „Kaiser" besonders stark ausgeprägt sind, repräsentiert er wohl den Gipfel der Evolution seines Typs. Sein Aussterben bedeutet Verarmung. Verarmung droht auch seinem Lebensraum, den Kiefern- und Eichenwäldern Nordmexikos. Dort werden die wertvollsten Bäume selektiv gefällt. Obwohl diese Art der Nutzung weniger Schäden verursacht als der Kahlschlag, ist der majestätische Vogel, sollte es ihn noch irgendwo geben, gefährdet. Denn durch seinen langsamen Flug bietet er Jägern, die den Holzfällern folgen, ein leichtes Ziel. Wie andere Großvögel an der Spitze ihrer Nahrungsketten sind auch Kaiserspechte von Natur aus selten. Werden beide Partner eines Brutpaares geschossen, ist ein Gebiet von 25 Quadratkilometern Waldfläche von Kaiserspechten leer. Bei der ohnehin extrem niedrigen Dichte ist die Wahrscheinlichkeit ungeheuer gering, daß ein solches Territorium wieder besiedelt wird.

Im Hinterland Nord- und Mittelmexikos sind trotz der immer stärker um sich greifenden Abholzung noch ansehnliche Reste des urwüchsigen Waldes übriggeblieben. Vielleicht leben hier ja noch einige Exemplare des majestätischen Kaiserspechts.

Kapuzenzeisig: Ein Schwarzmarktfall

Der auffallende und farbenprächtige Kapuzenzeisig *(Serinus cucullatus)* ist so selten geworden, daß man über sein Leben in Freiheit kaum etwas weiß. Nicht einmal seinen typischen Lebensraum kennt man sicher, obwohl sein Verbreitungsgebiet abgesteckt werden kann. Es reichte ursprünglich vom Nordöstlichen Kolumbien (hier wurde seit 1947 keiner mehr gesehen) über Nordvenezuela nach Trinidad. Auf dieser Insel wurden allerdings so wenige Kapuzenzeisige beobachtet, daß keineswegs sicher ist, ob die Art ein fester Bestandteil der Fauna ist oder es sich dabei nur um verstrichene Vögel vom Festland handelt.

Ein großer Teil dieses Verbreitungsgebietes ist heute mit buschbestandenem Grasland bedeckt. Vermutlich waren aber diese Flächen früher mit offenem Waldland bedeckt. Die Nahrungswahl läßt darauf schließen. Die Zeisige leben nämlich von den Samen einer Vielzahl von Kräutern und Gräsern und von kleinen Insekten. Diese Nahrung nehmen sie vornehmlich an Waldrändern auf. Dabei muß es sich hauptsächlich um Laubwald gehandelt haben, weil solche Wälder mehr Licht durchlassen und deshalb meist viel mehr Graswuchs aufweisen als immergrüne dunkle Nadelbestände.

Kapuzenzeisige sind mit den als Käfigvögeln so außerordentlich populär gewordenen Kanarienvögeln nahe verwandt. Ihr Gesang ist aber nicht so klangvoll; die leuchtenden Farben wiegen jedoch diesen Nachteil bei Vogelliebhabern auf. So wurden die kleinen Vögel schon um die Jahrhundertwende in großer Zahl nach Nordamerika und Europa exportiert, und bald entdeckte man, daß Wildfänglinge sich leicht mit gezüchteten Kanarien kreuzen lassen. Dadurch konnte man Gene für rote Gefiederfärbung in den Kanarienstammbaum einbringen. Ein Wildfänglingsmännchen des Kapuzenzeisigs mit einem Kanarienweibchen gekreuzt, ergibt fruchtbare Bastardmännchen, die wieder mit Kanarienvögeln zurückgekreuzt werden können. So entsteht eine neue Spielart roter oder bronzefarbener Kanarienvögel.

Für solche Kreuzungen wurde der Kapuzinerzeisig so beliebt, daß er großräumig weggefangen wurde, zumal er auch sehr leicht in die Falle geht. Die venezolanischen Behörden reagierten mit Fangverbot. Der Nachschub an Wildvögeln begann zu versiegen. Die wenigen Vögel, die heute immer noch ihren Weg nach Europa und Nordamerika finden, sind fast immer illegal gefangen worden. Unglücklicherweise besteht nach wie vor ein großer Bedarf bei Vogelzüchtern, und skrupellose Sammler zahlen immer noch Hunderte von Dollar für ein Wildfangmännchen, ohne sich allzusehr über dessen Herkunft, die Legalität oder die Auswirkungen auf den freilebenden Bestand den Kopf zu zerbrechen.

So wird in einem neuen Buch zur Vogelpflege die traurige Aussicht beklagt, daß „in mehr oder minder ferner Zukunft die europäischen Vogelhalter sich mit Arten, die in ihren Volieren gezüchtet werden, bescheiden müssen". Ein anderer Autor gibt die Schuld für die Seltenheit des Vogels der venezolanischen Regierung, da sie den Fang verbietet. Ein derart kurzsichtiges Verhalten ist leider in Kreisen des Käfigvogelhandels nicht selten.

Der Regenwald in Venezuela ist wahrscheinlich der ursprüngliche Lebensraum des gefährdeten Kapuzenzeisigs.

Das intensiv rotorange gefärbte Gefieder dieses Kanarienvogels geht auf die Zucht mit rot gefärbten Männchen des Kapuzenzeisigs zurück.

Unsere geringen Kenntnisse über das Leben des Kapuzenzeisigs stammen von Vogelhaltern, die ihre Beobachtungen notierten. Das Weibchen ist weniger farbenprächtig als das Männchen, auf Rücken und Oberflügeln rötlichbraun, unterseits weiß; ihm fehlt der schwarze Oberkopf des Männchens. Das Gelege besteht aus vier blauweißen, rot getupften Eiern. Das Weibchen brütet 12 Tage und wird während dieser Zeit vom Männchen am Nest gefüttert. Beide Partner füttern dann die Jungen gemeinsam, bis sie endgültig selbständig werden. Das dauert etwa sechs Wochen. Die tropische Herkunft der Art macht sich in der Vorliebe für Temperaturen über 23 Grad Celsius bemerkbar. Bei niedrigen Temperaturen sind die Vögel inaktiv und brüten nicht. Viele der Volieren, in denen man sie zuerst hielt, waren für sie einfach zu kalt.

Offenkundig ist, daß Kapuzenzeisige hauptsächlich deshalb aussterben werden, weil zu viele gefangen und in Käfige gesteckt wurden. Andere Faktoren mögen auch eine Rolle gespielt haben, doch die überragende Bedeutung des Käfigvogelhandels wird heute nicht mehr ernsthaft in Frage gestellt. Anzuklagen ist die Sammlerwut und Gewinnsucht. Anzuklagen ist die oft doppelbödige Moral, hinter der sich solche Geschäfte verbergen. Die egoistische Ausbeutung fremder Faunen wird nicht selten von denjenigen betrieben, die zu Hause Naturschutzmoral predigen.

„Rote" Kanarienvögel werden unter Züchtern als wertvolle Kuriosität gehandelt und erzielen hohe Preise im Käfigvogelhandel. Ihre Zucht ist wie die der bekannten gelben „Gesangskanarien" eine weitverbreitete Liebhaberei.

Eulenpapagei: Brummend balzt das letzte Männchen

Dieser außergewöhnliche Vogel ist eine der am stärksten bedrohten Arten auf der bedauerlich langen Liste akut gefährdeter Vögel Neuseelands. Er zählt in jeder Hinsicht zu den merkwürdigsten Vögeln, die je lebten.

Der riesige nachtaktive Papagei war einst in den Podocarpus- und Buchenwäldern Neuseelands auf der Süd- und Nordinsel sowie auf den Stewart-Inseln weit verbreitet. Sein Rückgang mag schon eingesetzt haben, bevor die Maoris um 950 von Polynesien aus Neuseeland besiedelten, und hat sich ohne Zweifel beschleunigt, als die Europäer 900 Jahre später die Kolonisation begannen. Maoris und Europäer haben über drei Viertel der weiten Wälder, die den größten Teil Neuseelands bedeckten, abgeholzt. Das letzte Viertel wurde von eingeführten Raubsäugern wie Katzen, Wieseln und Hunden besiedelt sowie von fremden Pflanzenfressern wie Rotwild, Gemse und Opossum, die für drastische Änderungen der Waldstruktur sorgten.

Eulenpapageien *(Strigops habroptilus)* sind flugunfähige Pflanzenfresser und daher fast von allen Änderungen betroffen, die Menschen ihrem Lebensraum zufügten. Sogar in ihrem wichtigsten Rückzugsgebiet in der bergigen Fjordregion der Südinsel schwand die winzige Population während der 60er Jahre rasch. Anfang der 70er Jahre galt die Art praktisch als ausgestorben, da es sich bei allen noch bekannten Vögeln um Männchen handelte. 1976 entdeckte man jedoch in einem abgelegenen Gebiet von etwa 550 Quadratkilometern auf der Südinsel erneut eine kleine Population. Dieser Bestand enthielt auch einige Weibchen, so daß plötzlich wieder Hoffnung auf ein Überleben der Art bestand. Die Vögel werden seither intensiv erforscht; ein Programm zur Umsiedlung in besser gesicherte Gebiete ist angelaufen.

Eulenpapageien sind ganz anders als sonstige Papageien. Nur der Höhlensittich *(Geopsittacus occidentalis)* und der Erdsittich *(Pezoporus wallicus)* Australiens ähneln ihnen etwas in der Lebensweise. Eulenpapageien sind groß: Männchen wiegen während der Brutzeit bis 3,5 Kilogramm und sind bis 66 Zentimeter lang. Die wesentlich leichteren Weibchen erreichen kaum mehr als 1,5 Kilogramm. Die Brustmuskulatur ist stark zurückgebildet; die Vögel können daher nicht fliegen, wohl aber hüpfen und mit ausgebreiteten Flügeln vier bis fünf Meter herabsegeln. Eulenpapageien rennen jedoch erstaunlich schnell und wendig. Sie leben in so dichter Vegetation, daß Fangversuche der Menschen meist vergeblich bleiben.

Das gegenwärtige Areal des Eulenpapageis ist auf kleine Waldgebiete knapp unterhalb der Baumgrenze auf den Stewart-Inseln und im Fjordgebiet zusammengeschmolzen. Hier leben die Vögel im niedrigen und dichten Buschwald und auch im subalpinen Grasland. Für sie ist wahrscheinlich wichtig, daß beide Biotope leicht zu erreichen sind, da sie großenteils vom Grasland leben, den Wald aber zum Schutz und zur Anlage des Nests sowie als Nahrungsgebiet brauchen. Sie unternehmen anscheinend beträchtliche Wanderungen die Berghänge hinauf bei der Nahrungssuche, aber auch vor Beginn des Brutgeschäfts. Die Balzplätze der Männchen liegen nämlich oben auf den Berggraten.

Unter all seinen exzentrischen Verhaltensweisen und Anpassungen ist die Brutbiologie des Eulenpapageis vielleicht am sonderbarsten und geheimnisvollsten. Die Maoris kannten ein komplexes System gut kenntlicher Pfade, das die Wälder der Berghänge durchzog, in denen Eulenpapageien lebten. Europäer hielten sie für Pfade der Maorijäger und waren daher sehr überrascht, viele Jahre nachdem die Maoris das Gebiet verlassen hatten, immer noch frische und anscheinend benutzte Wege vorzufinden. Sie verbanden merkwürdige schlüsselförmige Vertiefungen im Boden. Die Pflanzen, die den Weg säumten, waren oft in einer sehr charakteristischen Weise angefressen: Kleine Bällchen gekauter Blätter oder Stengel hingen von ihnen herunter. Die Maoris wußten, daß solche Pfade von den Eulenpapageien stammten, und dachten, sie würden zum Hin- und Herwandern im Wald benützt. Auch die außergewöhnlichen Brummtöne in den Sommernächten wurden ihnen zugeschrieben. Nach der Überlieferung sollen Eulenpapageien nur einmal in fünf Jahren brummen, wenn die Früchte des Kiekie-Weins reif sind. Die Mulden entlang der Pfade wurden für die Überbleibsel von Staubbädern gehalten.

Der Eulenpapagei ist einer der seltensten und kuriosesten Papageien. Er lebt heute noch in kleiner Zahl in abgelegenen Berggebieten im Süden Neuseelands. Die Männchen bauen komplizierte Balzarenen mit langen Pfaden und „Balzgärten". Von solchen Verstecken aus wurde erst vor kurzer Zeit durch mühevolle Beobachtung das besondere Verhalten der Vögel erforscht.

Viele Jahre lang galt der Eulenpapagei als „verschollen". Dann wurden ein paar Männchen in Fjordland wiederentdeckt. Erst zehn Jahre später fand man eine Kolonie auf der Stewart-Inseln; hier haben auch noch einige Weibchen überlebt.

Die Pfade des Eulenpapageis sind Teil der Balzarena, die sich meist mehrere Männchen teilen.

In den Boden gescharrte Mulden (oben) wirken an den Berghängen wie ein Schalltrichter und tragen den eigenartigen Ton weit über das Tal.

Der nächtliche Balzruf des Männchens ist ein tiefer Brummlaut. Der Körper wird dabei durch eingeatmete Luft wie ein Ballon aufgeblasen.

Neue Untersuchungen an den wenigen überlebenden Eulenpapageien ergaben, daß Pfade und Mulden tatsächlich von ihnen stammen, aber die Deutung ihrer Entstehung falsch ist. Nur Männchen legen Pfade an, und mehrere von ihnen teilen sich ein System von Pfaden und Mulden, die zusammen eine Balzarena bilden. Jedes Männchen benützt eine eigene Bodenmulde wie ein Megaphon zur Verstärkung seines rohrdommelähnlichen Brummens, mit dem ein Weibchen angelockt werden soll. Bei keinem anderen Vogel ist die Anfertigung eines derartigen „Megaphons" bekannt. Die Balz ist eine regelrechte Arenabalz, wie sie von Arten der Nordhalbkugel, zum Beispiel vom Birkhahn oder Kampfläufer, oder von einigen tropischen Waldarten, wie Paradiesvögeln oder Schmuckvögeln, bekannt ist. Männchen solcher Arten zeigen ihre Stärke und Fortpflanzungskraft auf gemeinsamen Balzarenen, zu denen Weibchen kommen, um ihre Wahl zu treffen. Nach der Kopulation ziehen sich die Weibchen zurück und brüten in einiger Entfernung vom Balzplatz. Bei Arten mit typischer Arenabalz sind die Männchen meist deutlich größer als die Weibchen, weil sie miteinander um die Weibchen in Konkurrenz treten und mitunter auch kämpfen müssen. Berichte aus dem vorigen Jahrhundert lassen vermuten, daß Eulenpapageien heftige Kämpfe austrugen, die sogar tödlich ausgehen konnten. Neuere Augenzeugenberichte, die das bestätigen könnten, gibt es jedoch nicht.

Eulenpapageien brummen und brüten wahrscheinlich nicht regelmäßig alle fünf Jahre, wie die Überlieferung der Maori sagt. Doch sicherlich balzen die Männchen nicht jedes Jahr, und ohne Balzrufe findet auch keine Brut statt, so daß die Brutabstände unregelmäßig sind. Sehr wahrscheinlich ist die Fortpflanzung von ausreichender Nahrung abhängig, die nahe den Brutplätzen zur Verfügung stehen muß. Ein Männchen balzt viele Nächte, um ein Weibchen zu gewinnen. Möglicherweise brummt es tausendmal pro Stunde. Zusammen mit der Sauberhaltung der Pfade, durch die die Mulden seiner Arena miteinander verbunden werden, und deren Verteidigung gegenüber Rivalen fordert also eine Balzsaison viel Energie.

Die Weibchen müssen das Bebrüten der Eier und Aufziehen der Jungen allein besorgen. So können beide Geschlechtspartner nur dann eine Brutzeit versuchen, wenn ausreichende Nahrung vorhanden ist.

Die merkwürdigen Ballen aus gekauten Blättern und Stielen an den Pflanzen entlang der Pfade sind das Ergebnis einer einmaligen Art der Nahrungsaufnahme: Der Vogel saugt beim Durchkauen die Nährstoffe aus den Pflanzen heraus und läßt das Fasergewebe hängen. Gleichermaßen typisch ist ein gezähnter Rand an manchen Pflanzen, den der zangenartige Schnabel hinterläßt. Eulenpapageien leben von einer großen Vielfalt verschiedener Pflanzen und Pflanzenteile, wie Blättern, Blüten, Früchten und Samenschalen, auch von Wurzeln, die sie aus dem Boden graben. Besonders merkwürdig ist dabei, daß die Nahrung ausschließlich mit dem Schnabel zerkleinert wird. Andere Vögel haben dazu einen muskulösen Magenabschnitt, den Muskelmagen, oft mit Unterstützung kleiner Magensteinchen, die regelmäßig aufgenommen werden. Der Muskelmagen des Eulenpapageis dagegen ist verkümmert; seine Funktion hat der Schnabel übernommen.

Ein besonders schwieriges Problem beim Studium des seltsamen Papageis ist, die Vögel in der dichten Vegetation bei nächtlicher Lebensweise überhaupt zu finden.

Eine Kombination von alter und moderner Technik verspricht aber eine Lösung. Hunde mit passendem Maulkorb und speziell darauf trainiert, Eulenpapageien zu finden, wurden bei der Nachsuche mit großem Erfolg eingesetzt. Einige Vögel versah man dann mit einem kleinen Sender, dessen Signale es den Wissenschaftlern erlauben, die Vögel jederzeit wiederzufinden.

Eulenpapageien nisten unter der Vegetation am Boden, aber auch unter Felsen oder in Höhlungen unter Baumwurzeln. Sie legen zwei bis vier weiße Eier. Die Vögel ruhen in Höhlen, unter Überhängen oder in den unteren Abschnitten von Büschen und Bäumen. Folglich sind sie durch Wiesel, Katzen und Hunde außerordentlich gefährdet: Nicht weniger als ein Viertel aller in einem Gebiet bekannten Eulenpapageien wurden innerhalb eines einzigen Jahres von Katzen getötet. Die Dezimierung der Katzen ist daher ein wichtiger Punkt im Schutzprogramm.

Die beste Aussicht liegt jedoch vielleicht darin, die Vögel auf eine Insel mit passendem Biotop ohne Räuber oder Konkurrenten umzusiedeln. Der erste Versuch scheint erfolgreich. So besteht Hoffnung, daß diesen erstaunlichen Vögeln geholfen werden kann, zur Freude kommender Generationen.

Um die Lebensgewohnheiten des seltenen Vogels zu studieren und nach weiteren Tieren zu suchen, verbrachten Forschergruppen unzählige Wochen im entlegenen Bergland Neuseelands.

„Sindbad" heißt einer der Eulenpapageien, deren Leben in Freiheit genau erforscht wird. Mittels eines kleinen Radiosenders auf dem Rücken kann man diesem Vogel ständig folgen.

Lagebericht Wälder mit Jahreszeitenwechsel: Schwindende Rohstoffquelle

Die verschiedenen Typen der Wälder bilden in gemäßigten Zonen der Erde einen hohen Anteil der Biomasse und Produktion. Sie bedecken etwa ein Fünftel der Landoberfläche, produzieren aber mehr als zwei Fünftel der pflanzlichen und fast ein Drittel der tierischen Biomasse. Der unverhältnismäßig hohe Anteil an der pflanzlichen Produktion ist hauptsächlich auf die riesigen Bäume zurückzuführen. Sie sind so viel größer als andere Pflanzen, daß sie eine ungleich höhere Blattmasse tragen, mit der sie Photosynthese betreiben können. Im großen Volumen ihres Stammes lagern ansehnliche Nährstoffmengen.

Die Wälder der gemäßigten Zone enthalten einen großen Teil des Kohlenstoffs der Biosphäre; soviel wie die Vorräte der Erde an Öl und Erdgas zusammen. Wenn sie als Brennholz enden, bilden sie so viel Kohlendioxid, daß sie die Kohlendioxidkonzentration in der Atmosphäre mit Sicherheit erheblich verändern. Die möglichen Folgen einer solchen Veränderung werden im Zusammenhang mit den tropischen Regenwäldern behandelt (siehe Seite 232), denn die Wälder haben mehr Einfluß auf das chemische Gleichgewicht der Biosphäre als alle Landbiotope zusammen.

Für Vögel sind Wälder den größten Teil des Jahres über besonders attraktiv, da sie mit Ausnahme der Nadelwälder an der Waldgrenze im Hochgebirge und im hohen Norden ein reichhaltiges und vielseitiges Nahrungsangebot und viele Brutplätze enthalten. Doch die zeitliche Unterbrechung der Produktion in kalten Wintern oder heißen Trockenzeiten begrenzt die Zahl der Vögel, die hier ständig leben können. Sie zwingt viele Brutvögel zum Abwandern, führt zu einer Anpassung der Artenzahl und fordert besondere Methoden des Nahrungserwerbs.

Waldverwüstung in den Bergen Neuseelands: Hier wurde der Bergwald der Viehhaltung geopfert. Zwischen Walderhaltung und Weidewirtschaft besteht im Naturschutz ein dauernder Konflikt.

Die maschinengerechte Agrarlandschaft mit großen Monokulturflächen hat in vielen Teilen der Welt den Wald abgelöst.

Genutzt, verbrannt, verarbeitet
Außerhalb der Flußniederungen, in denen die Zivilisation ihren Anfang nahm, waren die Wälder der Nordhalbkugel die ersten Biotope, die dem menschlichen Druck ausgesetzt waren. Wälder boten reichlich Nahrung, Brennstoff, Schutz und Baumaterial. Auf ihren Braunerdeböden wuchs nach dem Abholzen gute Ernte rasch heran.

Bei ihrer Ausbreitung über die Alte Welt holzten die Völker Wälder ab und verwandelten sie in ein Mosaik von Feldern, Hekken, Gehölzen und Siedlungen, das den Bewohnern der Nordhalbkugel in den letzten paar tausend Jahren die Lebensgrundlage bot. In der Neuen Welt dagegen brauchten die europäischen Einwanderer nur ein paar hundert Jahre, um die Wälder im gleichen Ausmaß zu roden.

Waldvögel, die sich den vom Menschen verursachten Änderungen ihres Lebensraumes anzupassen versuchen, müssen sich oft rasch umstellen. Sie werden zum Beispiel zu Park- oder Gartenvögeln. Änderungen der Verbreitung und Häufigkeit sind mit solchen Entwicklungen fast immer verbunden. Das Zusammentreffen von Kuhstärlingen und Michiganwaldsängern ist nur eines der jüngsten Beispiele von Veränderungen als Antwort auf die schwindelerregende Schnelligkeit der Umweltveränderungen in der nordamerikanischen Waldzone.

Heftige und lang anhaltende Regenfälle können in lichten Trockenwäldern, wie hier in Äthiopien, zu schweren Erosionsschäden führen und gewaltige Bodenmengen fortspülen.

Im ökologischen Kreislauf des Waldes und der Graslandschaften spielt Feuer eine natürliche Rolle. Doch absichtliches großflächiges Abbrennen von Wald, um Ackerland zu gewinnen, kann rasch zu Bodenerosion führen.

Immer noch ein gewohntes Bild im Namen des „Fortschritts“: Unersetzlicher Wald muß einer Autobahn weichen.

Die wechselfeuchten Wälder der Tropen kommen jetzt unter den gleichen Druck wie einst die Wälder der Nordhalbkugel, doch mit noch viel größerer Geschwindigkeit, denn die Bevölkerung wächst heute schneller als je zuvor in der menschlichen Geschichte. Bewohner der Industrieländer vergessen leicht, daß mehr als die Hälfte der Weltbevölkerung nicht von Öl, Erdgas oder Elektrizität profitieren kann, sondern auf selbstgesammeltes Brennholz angewiesen ist. Das trockene Holz am Boden der laubwerfenden tropischen Wälder und Buschgebiete ist dafür ideal. Wenn es aufgebraucht ist, werden die abgestorbenen Bäume gefällt; sind sie verschwunden, folgen lebende Bäume bald nach.

Die toten Holzstümpfe am Boden werden von Ameisen, Termiten und Käfern befallen, die wiederum Nahrung für viele Vögel bilden. Dies gilt auch für abgestorbene Bäume. Sie ergänzen damit die lebenden, die wiederum eine ganz andersartige Skala von Nahrungsressourcen für Vögel darstellen. Von jedem Eingriff durch den Menschen sind Pflanzen, Vögel und andere Tiere des Waldes betroffen. Artenreiche Lebensgemeinschaften verschwinden, wenn der Wald zerstört ist.

Für die Menschen, die ihn vernichten, hat der Tod des Waldes schlimme Folgen. Menschen sind nämlich kaum weniger stark auf den Wald angewiesen als Vögel. Allerdings lassen sich die Probleme nicht so ohne weiteres lösen, denn in den Teilen der Tropen, in denen man am stärksten von der Landgewinnung und vom Brennholz abhängig ist, bleibt keine andere Wahl, als Holz zu fällen, um die nächsten Wochen und Monate zu überleben. Das Argument, die Bewohner hätten bei dieser Ausbeutung keine Chance für die Zukunft, hat mangels Alternative kein Gewicht. Es kommt auch vor, daß die örtliche Bevölkerung ihre Wälder gegen diese Zerstörung verteidigt, wie es in Teilen Indiens geschieht, in denen der Druck inbesondere von Gewerbebetrieben ausgeht. Doch solange Menschen verzweifelt um Brennholz und Land kämpfen, ist es um die Zukunft der betroffenen Wälder und ihres Tierlebens schlecht bestellt.

Während in den Industrieländern die Energieverschwendung wächst, ist mehr als die Hälfte der Weltbevölkerung noch immer auf selbstgesammeltes Brennholz angewiesen.

In Gebieten mit geringen Niederschlägen wird der Baumwuchs durch die Viehhaltung oft schwer geschädigt. Besonders ungünstig wirkt sich dabei die Ziegenhaltung aus. Um an das letzte Grün heranzukommen, steigen sie sogar auf die Bäume, wie hier im Bergland von Marokko.

Anpassen an eine Welt ohne Wald?
Obwohl Wälder heute noch große Landflächen bedecken, nehmen sie im Vergleich zu der ursprünglichen Größe nur noch einen Bruchteil der Fläche ein. So war der größte Teil des Agrarlandes von China, wo jede Handbreit Boden, die Frucht tragen kann, auch wirklich ausgenützt wird, einmal bewaldet. Wie viele Vogelarten mit dem Abholzen der Wälder ausgestorben sind, werden wir nie wissen. Die wenigen Vögel, die man in vielen Teilen Chinas und in anderen dichtbesiedelten Gebieten nördlicher Länder noch beobachten kann, sind die kümmerlichen Reste einer in Umfang und Vielseitigkeit weitgehend unbekannten Avifauna. Doch die Fähigkeit, mit Veränderungen fertig zu werden, ist ein grundlegendes Merkmal jener Vögel, die sich an das Leben in Wäldern mit jahreszeitlichem Wechsel angepaßt haben. Vielleicht sind die Bewohner gerade solcher Waldtypen mehr als andere geeignet, sich den vom Menschen erzwungenen Veränderungen anzupassen.

In Europa und Nordamerika leben viele Waldvögel in hohen Beständen in den winzigen Waldresten, die übrigblieben. Einigen von ihnen geht es in den künstlichen Waldresten der Feldgehölze, Hecken, Gärten und Stadtparks sogar besser als zuvor.

Wälder schützten und ernährten die Menschheit, als sie sich über die Nordhalbkugel ausbreitete. Sie bedeuten noch heute einen wichtigen Beitrag für Klima, Boden und Wasserhaushalt. Sie nehmen aber auch einen besonderen Platz in unserer Gefühlswelt ein und üben immer noch eine starke Anziehung auf uns aus. Wir können uns nicht so einfach wie einige Waldvögel den veränderten Verhältnissen anpassen. Der Verlust der Wälder, heute dramatisch geworden durch ihre Vergiftung mit Schadstoffen, ist ein bedenkliches Anzeichen für eine ungewisse Zukunft.

Wie dieser sterbende Wald in der Bundesrepublik zeigt uns die Natur in vielen Lebensräumen der Erde, daß wir die Grenzen der Umweltbelastung bereits überschritten haben.

Trotz gesetzlichen Schutzes wird der spanische Kaiseradler *(Aquila heliaca adalberti)* immer noch verfolgt. Ein wichtiges Rückzugsgebiet ist der Nationalpark Coto Doñana. Normalerweise zieht dieser bedrohte Adler nur ein oder zwei Junge hoch; in seltenen Fällen sind es drei.

Im Regenwald übertreffen Reichhaltigkeit und Vielfalt bei weitem alle anderen Lebensräume der Erde. Bereits auf wenigen Hektar Regenwaldfläche leben Tausende von Pflanzenarten dicht beisammen und wachsen zu einem vielschichtigen Gebilde heran, das vom fast kahlen Waldboden bis zum geschlossenen Laubdach in luftiger Höhe hinaufreicht. Die mächtigen Stämme sind meist mit Kletterranken, Würgepflanzen oder Epiphyten besetzt; Früchte, Beeren und reichlich nektarspendende Blüten sind das ganze Jahr über im Überfluß vorhanden; die dichte Vegetation wimmelt von grabenden, holzbohrenden, fliegenden und krabbelnden Insekten. Natürlich ist auch das Vogelleben entsprechend reichhaltig. Auf einer kleinen Fläche des mittelamerikanischen Urwaldes stellten Wissenschaftler 15 Arten bodenwohnender Vögel, 75 Arten im Unterwuchs und 130 im Laubdach des Waldes fest. Insgesamt leben etwa 2500 Vogelarten allein in tropischen Regenwäldern, weit mehr als ein Viertel aller bekannten Vögel der Welt.

Die tropischen Wälder

Hochsaison das ganze Jahr

Hitze und Feuchtigkeit der Tiefländer am Äquator schaffen ein natürliches Gewächshaus, in dem Leben frei von Frost und Trokkenheit gedeihen kann. Überall sonst werden die meisten Pflanzen und Tiere zu bestimmten Zeiten ihres Lebens durch niedrige Temperaturen oder Wassermangel beeinflußt. In den tropischen Tieflandwäldern jedoch ist Wasser immer reichlich vorhanden, und die Temperaturen liegen nahe dem Wachstumsoptimum. Dort wo die Temperaturen kaum unter 20 Grad Celsius sinken und mindestens zehn Zentimeter Regen pro Monat fallen, beherrscht der tropische Regenwald die Landschaft.

So ist es natürlich nicht verwunderlich, daß die Tropenwälder die reichsten und produktivsten Biotope unseres Planeten darstellen. Zwar bedecken sie nicht mehr als sechs Prozent der Landfläche, enthalten jedoch vermutlich die Hälfte aller lebenden Pflanzen- und Tierarten sowie etwa 30 Prozent der bekannten Vogelarten. Als Vorratskammer für Arten und genetische Ressourcen, als Quelle der organischen Produktion und als Erzeuger von Sauerstoff, der alles Tierleben erhält, bilden tropische Regenwälder bei weitem das wichtigste Ökosystem der Erde.

Kleine Welten in großer Welt

Ein Geheimnis des Reichtums solcher Wälder liegt ganz einfach in der Größe ihrer Bäume. Ein alter Baum kann gut über 50 Meter Höhe erreichen, so daß Licht bis zu einer Höhe von 50 Metern über dem Boden in Energie umgewandelt werden kann. In einem jungen Wald stehen Bäume solcher Höhe einsam über einem geschlossenen Dach niedrigerer Kronen, die so dicht geschlossen sind, daß tiefer Schatten auf den Waldboden fällt. Nicht mehr als ein Prozent des Lichtes, das auf das Blätterdach trifft, erreicht den Boden. Dort ist es so dunkel, daß nur noch wenige Pflanzen wachsen können.

Die riesigen Waldbäume schaffen ihr eigenes Klima. Von der enormen Biomasse der Pflanzen wird ebensoviel Wasser in die Atmosphäre abgegeben wie von der Oberfläche eines Sees. Nachdem das Wasser in die Luft aufgestiegen ist, kondensiert es zu Wolken und fällt als Regen wieder herunter. Innerhalb des Waldes wird der Regen von den Blättern aufgenommen und an Ästen und Stämmen in den schwammigen Boden hinuntergeleitet, wo es sofort von durstigen Wurzeln aufgesogen wird, um von neuem in den Kreislauf zurückgeführt zu werden.

Der Wald ist ein grünes Gebäude mit einem reichen System unterschiedlicher Mikro-Lebensräume. Die Mauern und das Dach des Waldes sind der vollen Gewalt von Wind, Regen und Sonne ausgesetzt, doch im Innern ist die Luft ruhig, dunkel, kühl und mit Feuchtigkeit gesättigt. Von der Unterseite des Laubdaches bis zum Boden herrscht 30 oder mehr Meter eine stille, schattige Welt, so verschieden von dem sonnenüberfluteten Kronendach und Waldsaum wie eine Höhle von einem offenen Feld.

In einem Klima ohne Jahreszeiten können die Bäume des tropischen Regenwaldes das ganze Jahr über blühen und wachsen. Früchtefressern und Nektarsaugern steht daher jederzeit Nahrung zur Verfügung.

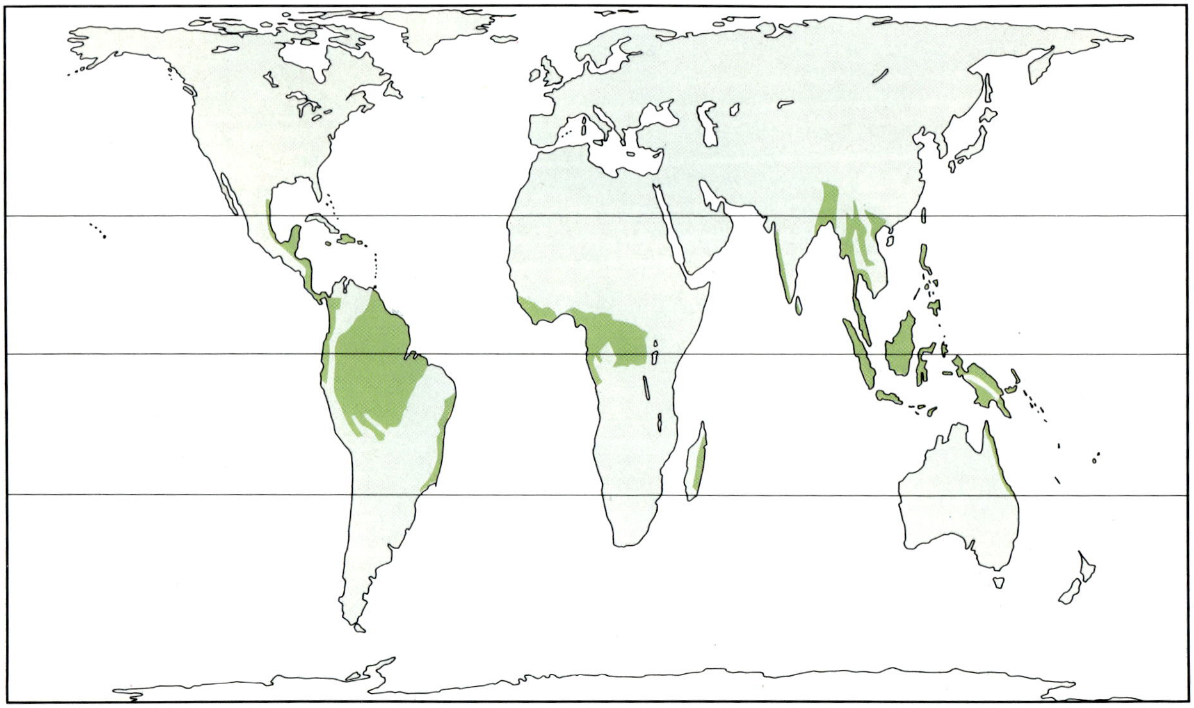

Die tropischen Regenwälder
Man unterscheidet zwei Arten des tropischen Regenwaldes: den immergrünen Regenwald und den jahreszeitlichen Monsunwald. Zusammen bedecken sie rund 11 Millionen Quadratkilometer und nehmen damit etwa die Hälfte der Waldfläche der Erde ein. 56% des Regenwaldes entfallen auf Mittel- und Südamerika, 26% auf Südostasien und 18% auf West- und Zentralafrika.

Ein System im Ungleichgewicht

Wärme und Feuchtigkeit des Waldes lassen chemische Reaktionen schneller als in anderen Biotopen ablaufen; der Prozeß der Zersetzung ist hier ganz normal. Jedes abgebrochene Stück Holz, das zu Boden fällt, wird von einer großen Menge von Zersetzern bearbeitet. Ameisen, Termiten bis hin zu mikroskopischen Bakterien, die es rasch in seine chemischen Bausteine zerlegen. Wenn eine Pflanze die dabei freiwerdenden Nährstoffe aufnehmen will, müssen ihre Wurzeln so nah wie möglich an der Bodenoberfläche liegen, oder eine andere flacher wurzelnde Pflanze kommt ihr zuvor. Als Folge dieser Konkurrenz breiten die Bäume des tropischen Regenwaldes ihre Wurzeln zu einer dichten Matte knapp unter der Bodenoberfläche aus.

Zwischen 75 und 90 Prozent der Nährstoffe eines tropischen Regenwaldes sind jedoch nicht im Boden gelagert, sondern in den lebenden Pflanzen. Infolge dieses geringen Nährstoffvorrats im Boden können gerodete Flächen meist nur eine oder zwei Vegetationsperioden lang kultiviert werden, dann ist der Boden erschöpft. Ohne den lebenden Wald zählen sie zu den sterilsten Böden der Erde.

Die flachwurzelnden Bäume erhalten ihre Nährstoffe zum Teil auch von den Nachbarbäumen; gegenseitig schützen sie sich vor der vollen Wucht des Windes. Nur am Waldrand wurzeln die Bäume tiefer; sie wirken als Windbrecher. Wenn der Waldrand zerstört wird, ist das Innere schutzlos den Stürmen ausgesetzt.

Ein Netz gegenseitiger Abhängigkeit

Viele Pflanzen und Tiere des tropischen Regenwaldes sind miteinander durch komplizierte Beziehungen verbunden. Viele Blüten werden durch spezielle Vogelarten bestäubt, und viele besitzen Früchte, die wieder von anderen Arten verbreitet werden. Einige haben sogar Samen, die nicht auskeimen, ehe sie nicht durch den Darm eines Vogels gewandert sind.

Viele Waldvögel leben ausschließlich von Früchten, die sie mit allen Nährstoffen versorgen und die vor allem das ganze Jahr über zur Verfügung stehen. Einige Arten können ihren gesamten Tagesbedarf in wenigen Minuten der Nahrungsaufnahme decken. Solchen Arten, wie zum Beispiel den Paradiesvögeln und Laubenvögeln Neuguineas und Australiens oder Schmuckvögeln der amerikanischen Tropen, steht deshalb die meiste Zeit für erstaunlich komplizierte und optisch eindrucksvolle Verhaltensformen der Balz und Revierverteidigung zur Verfügung. Viele südamerikanische Vögel benötigen als Grundlage ihres Nestes eine bestimmte Pilzart und polstern das Nest mit einem Gras aus, das dadurch wiederum verbreitet wird. Andere benützen Spinnennetze als Unterlage und Baumaterial.

Der Verlust einer einzigen Art im tropischen Regenwald kann bedeuten, daß viele Arten davon betroffen sind. Das Verschwinden einer Spinne könnte zum Beispiel das Abwandern einer Vogelart bedeuten, die auf bestimmte Baustoffe für das Nest angewiesen ist. Das Abwandern des Vogels kann wiederum den Ausfall einer Bestäubungs- oder Verbreitungsmöglichkeit für eine bestimmte Pflanze bedeuten. Biologen haben eine ganze Zeitlang angenommen, daß die komplexe Struktur des tropischen Regenwaldes ihm eine große Stabilität und Widerstandsfähigkeit verleiht. Aber jetzt sehen sie, wie weit die Wirkungen der gegenseitigen Abhängigkeit reichen können. Der tropische Regenwald als Ganzes ist weit mehr als die Summe seiner Teile. Die Teile hängen voneinander ab und beeinflussen sich gegenseitig in einem Ausmaß, das in anderen Biotopen nicht bekannt ist und das diesem komplexen Ökosystem die Zerbrechlichkeit eines Kartenhauses verleiht.

Während die meisten größeren Landtiere des Regenwaldes bekannt sind, hat die Wissenschaft gerade erst begonnen, die verwirrende Vielfalt an Pflanzen und Insekten zu erfassen.

Ein Symbol für die üppige Tier- und Pflanzenwelt in einem tropischen Wald: Ein Veilchenohr-Kolibri *(Colibri thalassinus)* holt im Rüttelflug Nektar aus einer Passionsblume.

Leben im Überfluß

Die größeren Bäume des tropischen Regenwaldes bieten eine verschwenderische Vielfalt an Möglichkeiten, die von vielen anderen Pflanzen und Tieren genutzt werden können. Die Äste tragen komplette Pflanzengemeinschaften, die nur hier leben und niemals Kontakt zum Boden haben. Bromelien drängen sich auf den großen Bäumen wie phantastische Ananaspflanzen, die im Wasser, das sich zwischen ihren Blättern ansammelt, Miniaturlebensgemeinschaften von Insekten und Fröschen beherbergen. Kolibris ernähren sich vom Nektar der Blüten, andere Vögel, wie zum Beispiel der Bromelienstärling *(Nesopsar nigerrimus)* von Jamaica, von den Lebewesen in den Miniaturtümpeln. Lianen hängen von den Ästen herunter, und Flechten bedecken die Bäume, die ihrerseits ein Mikrobiotop für spezialisierte Wirbellose bilden und damit auch wieder insektenfressende Vögel anlocken. Sogar die ausgefaulten Löcher der älteren, abgestorbenen oder sterbenden Bäume bilden noch Ruhe- und Brutplätze für Vögel und Fledermäuse.

In einem Wald, in dem die Primärproduktion hoch über dem Boden stattfindet, bilden Blätter die Nahrung der Pflanzenfresser. So sind Pflanzenfresser hier nicht die am Boden lebenden Hirsche oder Antilopen, sondern Insekten, Affen und Hörnchen, die hoch oben im Labyrinth der leicht schwankenden Äste leben. Früchte bilden die Nahrung der Hörnchen, kleiner Affen und Fledermäuse sowie für eine bunte Vogelwelt, der Tauben, Sittiche, Papageien, Tukane, Hornvögel, Tanager, Bartvögel und Schmuckvögel angehören. Blüten locken nektarsaugende Schmetterlinge und Käfer, aber auch schillernde Nektarvögel, Kolibris oder Honigfresser an.

Die meisten Pflanzenfresser des Waldes sind aber Insekten, die von den Blättern oder den Blattstielen, aber auch unter der Baumrinde leben. Sie bilden wiederum die Nahrung insektenfressender Vögel, von denen jede Art ihren eigenen Bereich innerhalb des Waldes absucht. Waldsänger oder Vireos suchen emsig Zweige und Blätter ab; Baumsteiger und Baumhopfe sondieren in Ecken und Ritzen der Rinde nach versteckten Käfern, Larven und Spinnen; Spechte hämmern in das Holz auf der Suche nach irgendwelchen holzbohrenden Insektenlarven.

Ein junges Dreizehen-Faultier *(Bradypus tridactylus)* im Amazonas-Regenwald. Den grünen Schimmer des Fells bewirken Algen, die an den Haaren wachsen.

Die Ameisenvögel Südamerikas, wie der Braunflecken-Waldwächter *(Hylophylax naevia)*, leben von den größeren Wirbellosen des Waldbodens, die von wandernden Ameisenheeren aufgeschreckt werden.

Der kleine Frosch *Dendrobates auratus* aus Panama lebt in kleinen Wassertümpeln in luftiger Höhe. Sie bilden sich zwischen den Blättern baumbewohnender Pflanzen (Epiphyten).

Unter die kleineren Jäger sind Fliegenschnäpper einzuordnen. Ihre kurzen Jagdflüge starten sie von Sitzplätzen über, unter oder mitten im Laubdach aus und schnappen pfeilschnell nach fliegenden Insekten. Unten auf dem Boden dagegen folgen Ameisenvögel den Bataillonen wehrhafter Ameisen, um die Insekten und Kleintiere aufzupicken, die vor den Straßen der alles verschlingenden Scharen fliehen. An der Spitze der ökologischen Pyramide stehen die riesigen Waldadler – der Kronenadler Afrikas, die Harpyie des tropischen Amerika, der Affenadler Asiens –, jeder in der Lage, einen voll erwachsenen Affen fortzutragen, jeder mit einem riesengroßen Jagdterritorium.

Die Blauschwanzpitta *(Pitta guajana)* lebt auf dem dunklen Waldboden in Thailand, Westmalaysia und auf den Großen Sundainseln. Sie ernährt sich von Insekten im Fallaub. Pittas sind sehr scheu und trotz ihrer bunten Farben schwer zu entdecken.

Nahrung zu jeder Zeit

Jede Vogelart lebt ihren eigenen Stil in einer berechenbaren Umwelt, die in Jahrmillionen der Evolution unter den günstigsten Bedingungen der Biosphäre entstanden ist. Auch wenn der tropische Regenwald Jahreszeiten kennt, so sind die Änderungen doch unerheblich. Sie reichen zwar aus, um dem Leben der Vögel einen gewissen jahreszeitlichen Rhythmus zu geben, sind aber nicht so gravierend, daß Vögel zum Beispiel ihre Nahrung von einem Monat auf den anderen umstellen müßten. Während zum Beispiel eine Drossel in Wäldern der gemäßigten Breiten in der einen Jahreszeit sich von Raupen ernähren muß, in einer anderen von Würmern und dann wieder von Beeren oder Schnecken, kann sich in einem tropischen Wald jede Drosselart auf eine bestimmte Nahrung spezialisieren, die das ganze Jahr hindurch verfügbar ist.

Die reiche Vielfalt des Lebens in einem tropischen Wald spiegelt eine fast jahreszeitenlose Umwelt wider, in der die Wälder wachsen, sterben, neu entstehen und auf diese Weise über Generationen hinweg bestehen bleiben.

Die Männchen der Blauscheitelpipra *(Pipra coronata)* treffen sich in einer Balzarena auf dem Waldboden. Aufwendige und komplizierte Balzspiele sind nur dann möglich, wenn der Lebensraum zu allen Zeiten reichlich Nahrung liefert.

Bunte Schmetterlinge versammeln sich oft auf Wildwechseln oder in ausgetrockneten Flußbetten. Die Weibchen brauchen Stickstoff zur Eibildung, der ihnen vom Urin der Säugetiere geliefert wird.

Blauparadiesvogel: Sein Paradies wird immer kleiner

Im feuchten Tropenwald gibt es zu allen Jahreszeiten Früchte in so großer Menge, daß Früchtefressern viel Zeit bleibt, um einen Partner anzulocken. Die Konkurrenz um die Weibchen hat über zahllose Generationen hinweg bei den Männchen zu prächtigen und bizarren Schmuckfedern und in Verbindung damit zu einer auffälligen Balz geführt. Auf dem Höhepunkt einer solchen Entwicklung stehen die Paradiesvögel.

Bei den meisten Arten besitzen die Männchen schillernde Federn und zusätzlich einige Büschel besonders verlängerter oder in anderer Weise spezialisierter Federn als Schmuck, der während der Balz präsentiert wird. Die Männchen posieren auf hohen Ästen, stolzieren herum und führen komplizierte ritualisierte Tänze aus, die zum Teil durch einige rauhe Rufe begleitet werden. Der Blauparadiesvogel *(Paradisea rudolphi)* zeichnet sich durch eine extrem spektakuläre Balz aus. Er balzt kopfunter an einem Ast hängend, wobei er langsam hin und her schaukelt und sich mit einem außergewöhnlich durchdringenden Schwirren begleitet, das wie der Motor eines außerirdischen Flugkörpers klingt. Sein auffälligster Schmuck sind glänzendblaue Federn, die aus einem Büschel rotbrauner Federn auf den Brustseiten sprießen, sowie zwei dünne Schwanzfedern, die langen, schwarzen Bändern mit schillernd blauen Spitzen gleichen.

In den Morgenstunden hüllt dichter Nebel die unwegsamen Täler im zentralen Hochland Neuguineas ein. In diesen feuchten Wäldern liegt der Lebensraum der farbenprächtigsten aller Paradiesvögel.

Wie bei den meisten seiner Verwandten ist das Gefieder im allgemeinen schwärzlich. Der Vogel ist daher im Wald schwer zu entdecken, wenn er nicht gerade seine reich gefärbten Federpartien bei der Balz enthüllt. Die Farben des Gefieders sind größtenteils Schillerfarben, die durch die physikalische Federstruktur entstehen, nicht durch Pigmente. Solche Farben werden besonders bei den schaukelnden Bewegungen während der Balz auffällig zur Schau gestellt. Da das Licht dabei immer wieder unter sich verändernden Winkeln auf die Federn trifft, entsteht ein Glitzern und Schimmern, wie es Pigmente nicht erzeugen können. Bei der Balz werden auch zwei weiße Flecken über und unter dem Auge vergrößert, so daß für den Vogel nur ein kleiner Sehschlitz übrigbleibt.

Über diesen prächtigen Vogel ist merkwürdigerweise wenig bekannt. Selbst seine außergewöhnliche Balz ist bisher selten beobachtet worden. Den einfacher gefärbten Weibchen fehlen die Schmuckfedern und die langen Schwanzfedern. Sie hüpfen während der Balz hin und her. Der Blauparadiesvogel ist höchstwahrscheinlich polygam wie die meisten Paradiesvögel; jedes Weibchen legt ein cremeweiß gefärbtes, mit braunen und grauen Strichen gezeichnetes Ei in ein nicht weiter ausgepolstertes Nest aus Baumblättern und Palmfasern in einen niedrigen Baum.

Der Blauparadiesvogel ist in seiner Verbreitung auf den Regenwald mittlerer Höhe im östlichen Neuguinea zwischen 1100 und 2000 Metern Meereshöhe beschränkt. In geringeren Höhen lebt der Kleine Paradiesvogel, ein naher Verwandter mit gelbem Kopf, braunem Rücken und Schwanz und einem großen Büschel orangefarbener Flankenfedern. Diese Art ist besser als der Blauparadiesvogel an das Leben in besiedelten und wirtschaftlich genutzten Wäldern angepaßt. Der Blauparadiesvogel lebt nur in ungestörten Wäldern und ist daher sehr selten geworden. Aber auch seine außergewöhnliche Schönheit liefert einen Grund für seinen Bestandsrückgang. Alle besonders prächtigen Arten der Familie litten im 19. und frühen 20. Jahrhundert unter dem weitverbreiteten Schmuckfedernhandel, dem auch die weißen Reiher und andere farbenprächtige Vögel zum Opfer fielen. Schon die Ureinwohner Neuguineas jagten die Paradiesvögel ihrer schönen Federn wegen, die sie zu einem raffinierten Kopfschmuck verarbeiteten. Statt Pfeil und Bogen versprechen heute die Feuerwaffen einen größeren Jagderfolg. Und da die Vogelpopulation als Folge der intensiven wirtschaftlichen Nutzung des Regenwaldes ohnehin stark reduziert wurde, ist mit einem Aussterben dieser attraktiven Vögel wohl bald zu rechnen.

Federn der Paradiesvögel und anderer bunter Tropenwaldvögel sind seit alters wichtige Bestandteile des festlichen Kopfputzes der Papuas auf Neuguinea.

Dieser junge Blauparadiesvogel wurde zum Forschungszentrum im Hochland Neuguineas gebracht. Seine Eltern sind wahrscheinlich Opfer von Federjägern geworden.

Paradiesvögel: Höllenleben auf Erden

Bevor die Europäer überhaupt das erste Mal ihren Fuß auf Neuguinea setzten, kannte man in Europa schon Federn von unglaublicher Schönheit, die aus dem fernen Osten kamen. Dieses „Wunder" in Verbindung mit der Tatsache, daß Vogelbälgen gewöhnlich die Füße fehlten, beflügelte die kuriose Idee, die Vögel kämen von der Sonne oder aus dem Paradies.

Das Schicksal dieser legendären Vögel war eng mit dem Menschen verbunden, sicherlich für Hunderte von Jahren, möglicherweise auch schon seit Jahrtausenden, als ihre Wälder zum ersten Mal von Menschen besiedelt wurden. Fast alle der 43 Arten besitzen metallisch glänzende Gefiederpartien, lebhaft gefärbte Hautlappen oder ungewöhnlich geformte Schmuckfedern; über 25 Arten sind so bizarr geschmückt, daß man sich an den Vögeln nicht satt sehen kann.

Eine derartige Konzentration auffallender Schmuckgebilde auf eine einzige Vogelfamilie in einem der von der Zivilisation am weitesten entfernten Gebiete hat die Menschen für Jahrhunderte in ihren Bann geschlagen. Eine Zeitlang waren die Federn wertvoller als Gold, und vom Beginn europäischer Besiedelung in Neuguinea im 16. Jahrhundert bis zum Ende des weltweiten Schmuckfedernhandels in den 20er Jahren unseres Jahrhunderts florierte ein lebhafter Handel in der papuanischen Region. Auf seinem Höhepunkt verließen Neuguinea mindestens 80 000 Bälge pro Jahr. Viele Jahre lang bildeten sie die einzige Bargeldquelle für europäische Siedler, die in einer für sie feindlichen Umwelt Pflanzungen anzulegen versuchten.

Doch schon die Ureinwohner Neuguineas schätzten seit Generationen die Federn als die buntesten und auffälligsten Bestandteile ihres riesigen Kopfschmucks, der von den Männern bei zeremoniellen Gelegenheiten getragen wurde. Die Papuas zählten zu den kriegerischsten Stämmen; bei einigen Gruppen konnte ein junger Mann erst den sozialen Status des Kriegers erreichen, nachdem er einen Mann getötet hatte. Die Begeisterung für die Paradiesvögel und die Geschicklichkeit, die Federn zu Gebilden von atemberaubender Schönheit zu verbinden, beweist allerdings auch einen hochentwickelten Sinn für Ästhetik.

Die Papuas kennen das Verhalten der Vögel genau, spüren die Balzplätze auf und nähern sich den Männchen nahe genug, um sie mit drei- oder vierzackigen Pfeilen zu erlegen. In einigen Fällen ist der Besitz eines traditionellen Balzplatzes mit dem Besitz des darauf stehenden Baumes verbunden. Im Wahgi-Tal zum Beispiel balzt der herrlich rotgefiederte Kleine Paradiesvogel auf Bäumen, deren Besitzer auch als Eigentümer der Vögel gelten.

Die Paradiesvögel von Neuguinea
Insgesamt 43 verschiedene Arten leben auf der Insel. Für ihre Vielfalt und Farbenpracht stehen diese vier.

1. Braunschwanz-Sichelhopf *(Drepanornis bruijnii)*
2. Schmalschwanz-Paradieselster *(Astrapia mayeri)*
3. Langschwanz-Paradigalla *(Paradigalla carunculata)*
4. Brillenparadiesvogel *(Macgregoria pulchra)*

Wie ist es möglich, daß es heute überhaupt noch Paradiesvögel gibt nach einer Tausende von Jahren alten Jagdtradition und nach dem über Jahrhunderte dauernden Hinschlachten durch die Europäer? Wenn auch für den Blauparadiesvogel die akute Gefahr des Aussterbens besteht – so sind doch die meisten Arten nicht unmittelbar vom Aussterben bedroht. Der Blauparadiesvogel ist auch mehr durch Verlust des Lebensraumes als durch die Jagd gefährdet. Einige der Arten, deren Federn bei den Papuas am populärsten sind, zählen immer noch zu den häufigsten. Wahrscheinlich sind gegenwärtig nur Blauparadiesvögel, Brillenparadiesvögel *(Macgregoria pulchra)* und Breitschwanz-Sichelhopf *(Epimachus fastuosus)* gefährdet.

Die Überlebenskraft der Vögel liegt in ihrer Sozialstruktur. Bei den am prächtigsten gefiederten Arten braucht das Männchen fünf bis zehn Jahre bis zur Geschlechtsreife; in dieser langen Zeit sind sie schlicht gefärbt wie die Weibchen. Bevor sie sich fortpflanzen können, müssen sie einen Balzplatz in Besitz nehmen. Dies setzt aber den Wettstreit mit Rivalen voraus. Zu jeder Zeit behaupten nur relativ wenige ausgewachsene Männchen einen Balzplatz, der Rest der Population wartet an den Rändern. Die Weibchen bewerten die Qualität der balzenden Männchen, die jungen Männchen warten, bis sie voll fortpflanzungsfähig geworden sind. Es scheint so, daß sie ihre volle Geschlechtsreife erst erreichen, nachdem sie einen Balzplatz erobert haben, so daß immer dann, wenn ein voll ausgefärbtes Männchen durch einen Jäger getötet wird, ein junges oder überzähliges Männchen vorhanden und bereit ist, schnell in das Prachtkleid zu mausern und den verwaisten Balzplatz sofort zu übernehmen.

Nicht alle Arten verfügen über eine solche Männchenreserve. Beim Brillenparadiesvogel sind die Geschlechter gleich gefärbt, ohne Prachtfedern; sie teilen sich die Aufzucht der Jungen, ganz im Gegensatz zu den Arten mit Prachtkleid der Männchen, die polygam sind und bei denen die Weibchen allein die Brutpflege übernehmen. Monogame Arten sind dementsprechend gegenüber einer bevorzugten Auslese der Männchen auch sehr empfindlich.

Die Männchen des Kaiserparadiesvogels *(Paradisea guilielmi)* kurz bevor sie mit der Balz beginnen: Der Vogel wippt mit dem Körper und schlägt die Flügel, bevor er dann kopfunter am Zweig hängend seine prächtigen Schwanzfedern fächert.

Opfer einer einzigen Jagd: Diese vier großen Paradiesvögel sind die Beute eines eingeborenen Jägers geworden. Er hat sie in den Wäldern der indonesischen Insel Aru erlegt.

Kagu: Opfer der Kolonialpolitik

Ein schriller kläffender Vogelschrei hallte einst durch die schwarzen Tropennächte Neukaledoniens und drang bis zu zwei Kilometer durch den Wald. Der Urheber war ein Relikt der Tierwelt vor 10 Millionen Jahren. Neukaledonien ist eigentlich ein Teil des australischen Kontinents, das vor langer Zeit abbrach und mit seiner lebenden „Fracht" an Pflanzen und Tieren in den westlichen Pazifik driftete. Während die Arten auf dem australischen Festland allmählich untergingen oder sich mit einwandernden Arten vermischten, blieben die Bewohner der Wälder Neukaledoniens auf ihrer Arche isoliert. Die Wälder bewahrten viele Pflanzen und Tiere, die heute nirgendwo sonst mehr zu finden sind und die uns einen kleinen Eindruck von dem tropischen Wald aus einer etwa 10 Millionen Jahre zurückliegenden Zeit vermitteln.

Der Kagu *(Rynochetos jubatus)* ist so eigenartig und so abweichend von allen anderen Vögeln, daß es schwerfällt, seine nächsten Verwandten unter den heute lebenden Vögeln herauszufinden. Für gewöhnlich stellt man ihn allein in eine eigene Familie in die Nähe der Rallen und der Sonnenralle *(Eyrypyga helios)*. Er ist etwas größer und langbeiniger als ein Haushuhn; im Erscheinungsbild ähnelt er dem Rallenreiher.

Ohne sofortige Schutzmaßnahmen wird bald nur noch in Gefangenschaft jene einmalige Vogelform zu betrachten sein, wie sie der Kagu repräsentiert. Lebensraumvernichtung und eingeschleppte Beutefeinde hatten verheerende Folgen.

Die Reste des ursprünglichen Waldes in Neukaledonien vermitteln einen Eindruck von der Vegetation vor 10 Millionen Jahren. Nur in diesen einmaligen, aber stark bedrohten Wäldern kann der Kagu überleben.

Heute leben Kagus in den abgelegenen dichten Bergwäldern Neukaledoniens, etwa 1000 Kilometer östlich von Australien. Kagus waren einst viel häufiger und weiter verbreitet, doch menschliche Kolonisten (zuerst Melanesier, seit der Mitte des 19. Jahrhunderts dann die Europäer) jagten den flugunfähigen Bodenbrüter mit Hunden. Außerdem töteten japanische Soldaten während des zweiten Weltkrieges viele Kagus. Für den Bestand wirkt sich jedoch die Zerstörung des Lebensraumes katastrophal aus. Der Wald, jeder Teil so einmalig wie die Vögel, wird zur Gewinnung von Brennholz und Ackerland abgeholzt. Außerdem wird an den Berghängen Nickel abgebaut, eine wichtige Einnahmequelle für die ansonsten exportschwache Region.

Kagus sind faszinierende Vögel. Neben ihrem bezeichnenden Ruf verfügen sie über ein auffälliges Balzverhalten, bei dem die Flügel ausgebreitet und gefächert werden. Der balzende Kagu erinnert sehr an eine Sonnenralle, deren gefächerte Flügel ein ganz ähnliches Streifenmuster zeigen. Bei Vogelhaltern sind Kagus schon lange sehr begehrt, denn sie können in Gefangenschaft 20 bis 30 Jahre alt werden. Auch heute noch melden Zoos und Vogelzüchter immer wieder Bedarf an, nicht zuletzt Neukaledonier selbst, die den Vogel gern zu Hause halten wollen.

Die Sonnenralle *(Eurypyga helios)*, hier in ihrer kuriosen Balzpose, ist möglicherweise die nächste Verwandte des Kagu. Sie lebt in den dichten Regenwäldern Südamerikas.

Die Nahrung besteht hauptsächlich aus Schnecken, Würmern und vielen Wirbellosen, die im Fallaub und in den obersten Schichten des Waldbodens leben. Zum Öffnen der Schnecken haben die Vögel eine besondere Technik entwickelt. Mit einem Schlag ihres kräftigen Schnabels schlagen sie ein Loch in die Mitte des Gehäuses, packen den Weichkörper mit der Schnabelspitze und schütteln die Schale ab.

In der Erde lebende, bis 40 Zentimeter lange Würmer werden vorsichtig aus dem Boden gezogen und ganz hinuntergeschluckt. Frei im Wald herumlaufende, von den Menschen mitgebrachte Schweine durchwühlen jedoch den Boden und das Fallaub und vernichten damit den Lebensraum der Nahrungstiere des Kagu. Die Deckung für die Vögel wird durch den Laubverbiß der ebenfalls vom Menschen eingeführten Sambahirsche zerstört. Obwohl die Jagd auf Kagus jetzt verboten ist, erholt sich der Bestand kaum. Schutz des Lebensraumes und Dezimierung fremder Räuber und Laubfresser ist heute wohl vordringlicher als das Jagdverbot.

Kagus brüten in Gefangenschaft; einige werden wohl auch in Freiheit überleben. Noch kann man die Vögel in den abgelegenen Teilen der Wälder Neukaledoniens beobachten, doch wird ihr Bestand wahrscheinlich weiter abnehmen, wenn man nicht sehr bald wirkungsvolle Maßnahmen ergreift, die sowohl die Erhaltung ihres Lebensraumes als auch den direkten Schutz der Vögel zum Ziel haben. Als eine flugunfähige Reliktart auf einer abgelegenen Insel ist der Kagu wie kaum ein anderer Vogel der modernen Welt ein Äquivalent zur sagenumwobenen Dronte. Vielleicht hat ja der Mensch in den vergangenen 400 Jahren seit dem Tod der letzten Dronte wenigstens so viel gelernt, daß sich ein solches sinnloses Töten nicht wiederholt?

Schildschnabel: Zimmermann ohne Zukunft

Der wissenschaftliche Name des Schildschnabels *Rhinoplax vigil* bezieht sich auf zwei seiner auffälligsten Merkmale: auf den riesigen Schnabelaufsatz ähnlich einem waagerechten Horn eines Nashorns und auf die große Wachsamkeit, durch die sich der mächtige Waldvogel vor Gefahr zu schützen weiß. Ein weniger wachsamer Vogel hätte mit einer derart auffälligen Schnabelzier wohl kaum Überlebenschancen, denn der Aufsatz besteht aus reinem Elfenbein, ebenso wertvoll wie ein Stück Elefantenzahn oder wie das Horn des Nashorns.

Das Schildschnabelhorn war im alten China als „Ho-ting" bekannt, das höher als Gold, Jade oder Elfenbein bewertet wurde. Die Chinesen importierten es von den Waldstämmen Borneos und Sumatras, die es zu schönen und geschmackvollen Kunstwerken von prächtiger tiefroter Farbe verarbeiteten. Schnabel und Hornaufsatz sind beim lebenden Vogel rot. Das Pigment stammt aus der Bürzeldrüse am Schwanzansatz. Ihr Sekret wird durch Reiben des Schnabels an der Drüse aufgestrichen und verteilt.

Das Horn des Schildschnabels war im alten China noch wertvoller als Gold. Den Papuas auf Neuguinea dient der mit tiefen Kerben gezeichnete Schnabel des Papuahornvogels *(Aceros plicatus)* zusammen mit den Hauern eines Ebers als festlicher Schmuck.

Schildschnäbel leben in Tieflandwäldern Indonesiens und Malaysiens, zusammen mit dem Rhinozerosvogel *(Buceros rhinocerus)*. Beide Arten spielen eine große Rolle in der Mythologie der Waldvölker, besonders auf Borneo.

Nashornvögel sind die altweltlichen Gegenstücke der Tukane in der Neuen Welt. Neben ihrem grotesk langen, hohen gekrümmten Schnabel tragen viele noch einen Hornaufsatz, ähnlich dem des Schildschnabels, doch statt solidem Elfenbein mit einem lockeren Gewebe ausgefüllt. Der Schildschnabel produziert als einziger Vogel echtes Elfenbein. Die Art ist daher auch für die Wissenschaft sehr interessant.

Trotz seiner schwerfälligen Erscheinung ist der mächtige Schnabel ohne Zweifel ein nützliches Werkzeug. Die Reichweite beim Pflücken von Früchten ist groß, aber auch Hörnchen und Kleinvögel können damit gefangen werden. Er wird ebenfalls als Meißel zum Ausschlagen holzbewohnender Insekten und zum Bau einer Bruthöhle eingesetzt.

Der Schildschnabel hat mit den meisten Nashornvögeln eine seltsame Brutbiologie gemeinsam. Das Weibchen legt ein Ei in die Bruthöhle und mauert dann von innen her den Eingang mit einem Gemisch aus Schlamm und Speichel zu, das nach dem Trocknen steinhart wird. Nur ein schmaler Schlitz bleibt ausgespart, gerade so groß, daß das Männchen mit seiner Schnabelspitze Nahrung durchreichen kann. Bis zu dreieinhalb Monate lang sitzt das Weibchen eingemauert in seinem Gefängnis. In dieser Zeit wird nicht nur das Ei ausgebrütet, sondern das Junge wächst zur vollen Größe heran, bis es die Nesthöhle verlassen kann. Währenddessen mausert das Weibchen alle Federn. Die sanitären Probleme werden teilweise durch Abgabe von Speiballen (Gewöllen) nach außen gelöst, teilweise durch erstaunlich zielsicheres Kotspritzen durch den schmalen Eingangsschlitz und teilweise auch durch eine besonders spezialisierte Lebensgemeinschaft von kotfressenden Insekten in der Nesthöhle. Jedes Paar zieht nur ein Junges groß, das zwei bis drei Jahre bei seinen Eltern bleibt. Eine neue Brut wird erst begonnen, wenn sich der Jungvogel einem herumstreunenden Trupp anderer Jungvögel angeschlossen hat.

Schildschnäbel leben vorzugsweise im unberührten Urwald und ernähren sich von Kleintieren und Wildfeigen, die sporadisch und dann meist an weit auseinanderliegenden Plätzen reifen. Wie viele andere Großvögel (der Schildschnabel wird bis 1,20 Meter lang und drei Kilogramm schwer) brauchen sie viel Lebensraum. Ein Paar verteidigt ein Revier von 300 bis 500 Hektar. Es macht seine Besitzansprüche durch merkwürdig tutende Rufe geltend, die sich beschleunigen und schließlich in ein gackerndes Gelächter beider Partner übergehen.

Einige Arten der Nashornvögel kann man auch in ausgeholzten Wäldern antreffen. Oft suchen sie hier jedoch nur einzelne fruchtende Bäume auf. Auf Dauer können sie in durchforsteten Wäldern aber nicht existieren, besonders da kaum geeignete große Bäume übrigbleiben. Lebensraumzerstörung bildet heute eine akute Gefahr für den Schildschnabel. Der größte Teil des Urwaldes auf Sumatra und Borneo ist bereits Holzfällern vertraglich zugewiesen. Die Tieflandwälder im Verbreitungsgebiet des Vogels werden rascher gefällt als irgendwo sonst in der Welt, so daß in den nächsten Jahren mit einem drastischen Rückgang im Bestand der Nashornvögel zu rechnen ist.

Der Schnabel des Rhinozerosvogels *(Buceros rhinoceros)* ist aus reinem Elfenbein und genauso wertvoll. Bei diesem jungen Schildschnabel beginnt sich der Aufsatz an der Basis des mächtigen Oberschnabels gerade zu entwickeln.

Buntkopf-Stelzenkrähe: Seltsamer Höhlenbewohner

Tropische Wälder sind so reich und komplex, daß sie Biotope einschließen können, die so verschieden und in sich abgegrenzt erscheinen, daß man glauben möchte, sie würden auch für sich selbst ohne den umgebenden Wald existieren können. So bieten zum Beispiel Höhlen in den Wäldern Westafrikas Raum für reiche Lebensgemeinschaften von Insekten, Schlangen, Fledermäusen und auch einem seltenen Vogel, der dort den größten Teil seines Lebens verbringt, die Buntkopf-Stelzenkrähe *(Picathartes oreas)*.

Solche Höhlen sind jedoch selten. Man findet sie nur in eisenerzhaltigen Felsen des fast undurchdringlichen Hügellands, das überall vom Urwald bedeckt ist. Alle diese Gebiete durchströmt ein Fluß, der die Luftfeuchtigkeit bis fast 100 Prozent steigen läßt und damit zu einer ganz besonders feuchten Umgebung beiträgt. Die vielleicht wichtigsten Glieder einer solchen Höhlengemeinschaft sind Fledermäuse. Meist sammeln sich vier verschiedene Arten in einer solch großen Zahl, daß es zum Beispiel in der größten Kolonie der Stelzenkrähen in Gabun dreieinhalb Stunden dauert, bis allabendlich alle Fledermäuse die Höhlen verlassen haben. Die Fledermäuse bilden die Nahrung des Fledermausaars *(Maceirhamphus alcinus)*, der den Höhleneingang in den wenigen Minuten aufsucht, in denen das Licht der Dämmerung noch ausreicht, die Fledermäuse optisch wahrzunehmen. Die Scharen der Fledermäuse erzeugen einen ständigen Kotregen auf den Höhlenboden, der einer großen Zahl von Insekten, darunter einer riesigen, nur hier entdeckten Schabe, Lebensmöglichkeiten bietet.

Die ausgesucht schönen Buntkopf-Stelzenkrähen halten sich meist in Paaren und kümmern sich wenig um die anderen Höhlenbewohner, mit Ausnahme der Insekten am Höhlenboden, die ihnen als Nahrung dienen.

Morgens und abends verlassen die Vögel die Höhle und suchen auch in der Umgebung nach Nahrung. Sie hüpfen bei der Suche nach kleinen Wirbellosen unermüdlich umher, fliegen und flattern dauernd auf Wurzeln oder umgestürzten Baumstämmen herum. Dabei verhalten sie sich still und machen einen furchtsamen und vorsichtigen Eindruck. Bei Beunruhigung schwillt der Hals an, und ein für einen Vogel ganz untypisches Knurren ist zu hören. Bei Gefahr und auch in der Zeit, wenn die Sonne am höchsten steht, kehren die Vögel oft in die schützende Höhle zurück. Während der Brutzeit verlassen sie diese nur für kurze Zeit.

Im März oder April legen sie zwei gefleckte Eier, die viel lebhafter gefärbt sind als sonst bei höhlenbrütenden Vögeln üblich. Die Nester unter einem Überhang bestehen aus rotem Schlamm, der mit Gräsern verstärkt ist, ganz so, wie die Eingeborenenstämme die Wände ihrer Hütten bauen. Die Nester halten mehrere Jahre; bei Bedarf werden sie ausgebessert. Von der Brutbiologie weiß man kaum etwas, denn die Brutkolonien liegen oft weit ab, sind schwer zu erreichen und daher für genauere Untersuchungen sehr schlecht geeignet.

Unglücklicherweise liegen aber die Brutkolonien nicht unzugänglich genug, um Sammler für Zoos und private Vogelsammlungen abzuhalten. Die Population ist so klein, daß selbst Zulieferer für einen so begrenzten Markt großen Schaden anrichten können. Die größte bekannte Kolonie umfaßt zehn Paare; die Brutplätze sind so außergewöhnlich, daß die meisten nur den Eingeborenen bekannt sind. Das Hauptverbreitungsgebiet liegt in Kamerun.

Etwa 1100 Kilometer westlich lebt eine nahverwandte Art ein ähnliches Höhlenleben an Felswänden von Guinea, Sierra Leone, Elfenbeinküste und Ghana bis Togo im Osten, die Gelbkopf-Stelzenkrähe *(Picathartes gymnocephalus)*. Ebenso wie bei der Buntkopf-Stelzenkrähe ist ihr Kopf unbefiedert; ihre prächtig gefärbte Kopfhaut scheint für das Leben in der Dunkelheit der Höhle ein besonderer Luxus ohne Vorteil. Die Bedeutung dieser Färbung ist ebenso mysteriös wie die verwandtschaftliche Zugehörigkeit beider Arten. Die unbefiederten Köpfe oder das merkwürdig lockere Gefieder findet man sonst nur noch bei wenigen Vögeln aus der Gruppe der Timalien, die auch im tropischen Regenwald leben. Es handelt sich aber um sehr viel kleinere Vögel.

So sind Stelzenkrähen den Krähen, den Staren oder den Droßlingen nahegestellt worden, Vogelgruppen, die voneinander so verschieden sind, daß schon diese Zuordnung andeutet, daß die Stelzenkrähen eine Sonderstellung einnehmen. Ihr extrem spezialisierter Lebensraum mag sie bis zu einem gewissen Grad vor der Waldzerstörung schützen, die fast in allen westafrikanischen Ländern mit Ausnahme von Gabun um sich greift. Doch selbst dieser Schutz, wenn er wirklich besteht, kann nur vorübergehend sein, denn das Wasser, das durch die Höhlen fließt, und das Dickicht in deren unmittelbarer Nachbarschaft hängen letztlich von der Existenz des Waldes ab.

Gelbkopf-Stelzenkrähe in einem zoologischen Garten. Beide Stelzenkrähenarten werden zwar in den Zoos gehalten, doch ist der Nachzuchterfolg sehr gering. Nur der gezielte Schutz ihrer Lebensräume in Westafrika wird die Stelzenkrähen erhalten können.

Eine Buntkopf-Stelzenkrähe an ihrem Nest aus Schlamm und Gras, das an die felsige Höhlenwand geklebt ist. Die Vögel leben in dunklen Höhlen des Tropenwaldes von Gabun und Kamerun.

Buschwürger: Im Würgegriff des Waldverbrauchs

Auf zwei einander gegenüberliegenden Seiten Afrikas findet man in den schrumpfenden Waldbeständen Restpopulationen von jeweils einer Buschwürgerart. Beide sind hübsche, mittelgroße, etwas gedrungene Vögel, oberseits grün gefärbt, mit großem Kopf und einem gekrümmten Schnabel, wie für Würger typisch. Die westliche Art auf dem Mount Kupe, der Halsbandwürger *(Malaconotus kupeensis)*, ist unterseits grau mit einer auffallend weißen Kehle, schwarzem Augenstrich und grauem Scheitel. Das Gegenstück in den Uluguru-Bergen Ostafrikas, der Schwarzkappenwürger *(M. alius)*, ist an Kehle und Brust gelb; der Bauch ist grünlich, der Oberkopf glänzend schwarz.

Der Mount Kupe, ein isolierter Berg in Kamerun, weist eine der reichsten Vogelfaunen des Kontinents auf, die aber leider auch besonders gefährdet ist. Der Wald wurde in einem solchen Tempo abgeholzt, daß viele Berggipfel, ehemals dicht bewaldet, heute nur noch von Büschen und Grasland bedeckt sind. Die erhalten gebliebenen Waldreste auf isolierten Bergen, wie dem Mount Kupe, sind Waldinseln in einer Kulturlandschaft. Der einheimische Halsbandwürger ist erst 1949 entdeckt worden; seither sind noch einmal 1951 drei Vögel gesehen worden. Nest, Nahrung und Verhalten sind unbekannt. Wenn der Wald auf dem Mount Kupe nicht erhalten bleibt, besteht keine Hoffnung, daß die Art überleben könnte.

Mehr Hoffnung besteht für den Schwarzkappenwürger der Uluguru-Berge. Zwischen 1947 und 1962 wurden einige Schwarzkappenwürger auf der Ostseite gefunden, doch für die folgenden 19 Jahre blieb jede Nachsuche erfolglos. Die Uluguru-Berge liegen in Tansania. Hier ist zwar der Bevölkerungsdruck weniger stark als in Westafrika, doch die Wälder sind in ihrem Fortbestand trotzdem bedroht. 1981 wurden zwei Vögel gesehen und ihre sehr bezeichnenden Rufe gehört. Später hörte man die Rufe noch in einigen anderen Teilen des Waldes. Dies könnte andeuten, daß die Vögel noch ziemlich weit verbreitet sind.

Vom Halsbandwürger, erst 1949 entdeckt und nur einmal 1951 wiedergesehen, gibt es kein Foto. Dieses Bild wurde von Norman Arlott für den ICBP gemalt.

Die Gipfelregion der Uluguru-Berge gehören zu den meist bedrohten Waldregionen Afrikas. Ob der Schwarzkappenwürger *(Malaconotus alius)* in diesem Waldreservat überleben kann, ist ungewiß.

Erdracken Madagaskars: Zugvögel mit unbekanntem Ziel

Die Wälder des Inselkontinents Madagaskar beherbergen eine einmalige Vogelwelt, die sich unter den besonderen Bedingungen der Isolation entwickeln konnte, seit sich Madagaskar vor etwa 70 Millionen Jahren von Indien und Afrika getrennt hat. Viele Formen dieser Vogelwelt sind nun ausgestorben, der Rest ist durch die Zerstörung des Regenwaldes schwer bedroht.

Einige der am wenigsten bekannten und am höchsten spezialisierten Formen unter Madagaskars Waldvögeln sind die Erdracken, eine Unterfamilie mit fünf Arten, nahe verwandt mit den Racken Afrikas und Indiens, von denen manche bei Flugspielen akrobatische Loopings vollführen. Im Gegensatz dazu sind die Erdracken Madagaskars in erster Linie Bodenvögel, deren Balz bisher allerdings noch nicht beschrieben wurde. Vier Arten der Gruppe sind auf die Regenwälder Madagaskars beschränkt, eine auf die ariden Halbwüsten.

Die Waldarten sind alle wundervoll blau, grün, beige und rotbraun gemustert. Sie rennen und stehen ähnlich wie Drosseln; nur wenn sie gestört werden, fliegen sie mit raschen Schlägen ihrer runden Flügel auf. Sie ernähren sich von Insekten, Spinnen, kleinen Reptilien und Amphibien auf dem kahlen Boden in den schattigsten Bereichen des Waldes. Ihre Eier legen Erdracken wahrscheinlich in Höhlen, die sie in den Boden eines Steilufers graben, oder auch in Baumhöhlen. Eingeborene schwören, daß Erdracken hier überwintern. Doch diese Erzählungen erinnern an das Märchen von den Schwalben, die im Schlamm überwintern sollen. Solche Vorstellungen entstehen, wenn man nichts vom Vogelzug weiß. Wohin die Erdracken jedoch ziehen und warum, ist heute noch ein solches Geheimnis, wie es der Schwalbenzug vor etwa 200 Jahren für die Europäer war.

Die Erdracken Madagaskars bilden nur ein Beispiel für die vielen bedrohten Waldvögel dieses magischen und geheimnisvollen Inselkontinents. Der reiche und exotische Wald, dessen Flora und Fauna einen größeren Anteil an nur hier lebenden Arten enthielt als jeder andere Kontinent, wird zerstört, seit Menschen vor 1400 bis 1600 Jahren das Land kolonisierten.

Die Langschwanz-Erdracke *(Uratelornis chimaera)* lebt nur im Südwesten Madagaskars in einem kleinen Gebiet mit trockenem Laubwald und Buschland.

Riesige Erosionstrichter und schlammbefrachtete Flüsse deuten den Bodenverlust an und sind die Folge der Übernutzung des Waldes auf Madagaskar. Nur langsam kann sich Sekundärwald auf den abgeholzten Flächen wieder ansiedeln.

Quetzal: Zeuge einer versunkenen Kultur

Die Nebelschwaden, die den Tropenwald in höheren Lagen einhüllen, schaffen einen besonderen Lebensraum, den man Nebelwald nennt. Hier hat sich eine ganz besondere Lebensgemeinschaft von Pflanzen und Tieren entwickelt. Aber auch die Besiedlung dieses Raums durch Menschen wurde durch fruchtbaren Boden, kühles Klima und reichlich Wasser begünstigt. In Zentralamerika besiedelten die Menschen der präkolumbianischen Zeit das Nebelwaldgebiet recht dicht und brachten einem seiner Vögel hohe religiöse Verehrung entgegen. Er wurde höher als Gold geschätzt: der Quetzal *(Pharomachnes mocinno)*.

Dieser Vogel ist sicher einer der schönsten der Welt. Der meterlange Schwanz des Männchens aus brillantgrünen Federn war seit alters Bestandteil des Quetzalcoatl, eines Gottes, zu dem Azteken und Mayas beteten. Die Federn zeigen ihren Glanz erst im vollen Sonnenlicht. Normalerweise lebt der Quetzal im von Wolken eingehüllten Nebelwald. Die laubgrüne Oberseite der Vögel bildet eine hervorragende Tarnung. Meist sitzen sie still und aufgerichtet auf einem hohen Ast, 20 Meter oder höher über dem Boden, und drehen von Zeit zu Zeit den Kopf von einer Seite auf die andere. Sie ernähren sich durch zielgerichtete kurze Flüge, wobei sie eine Frucht abpflücken, ein Insekt fangen oder gelegentlich eine Eidechse oder einen Frosch unter dem Laubdach des Tropenwaldes erbeuten.

Die Männchen fliegen ihr sechs bis zehn Hektar großes Revier in der Morgen- und Abenddämmerung ab und rufen immer wieder von bevorzugten Sitzwarten hoch in den Bäumen. Ihre Nesthöhle graben die Vögel in verrottende Baumstämme in einer Höhe zwischen vier und 24 Metern. Doch geeignete weiche Stämme sind nicht häufig, da sie von Erdbeben, Blitzschlag, Holzfällern oder Honigsammlern zerstört werden. Das Weibchen legt zwei einfarbig blaue Eier, normalerweise in der Zeit von März bis Juni; beide Partner wechseln sich bei der Brut ab.

Quetzals leben in den Nebelwäldern Zentralamerikas in Höhen ab etwa 1500 Metern. Man findet sie aber nur selten in den vom Menschen genutzten oder aufgesuchten Wäldern. Die kulturelle und religiöse Bedeutung, die sie bei den präkolumbianischen Indianern hatten, wirkt noch so stark nach, daß man sie mancherorts immer noch ihrer Federn wegen bejagt, die man bei religiösen Zeremonien verwendet. Hinzu kommt, daß die Schönheit ihres Federkleides die Vogelliebhaber in der ganzen Welt fasziniert; dadurch besteht ein dauernder Bedarf für den Export lebender Vögel.

Der Quetzal wurde zum Nationalsymbol Guatemalas. Sein Name steht für die Währungseinheit, die Münzen tragen sein Bild; die höchste öffentliche Ehrung ist der Quetzal-Orden. Diese staatliche Anerkennung bedeutet jedoch einen Rückschlag für den Schutz, denn sie ermuntert die Bürger, Quetzals als patriotische Geste in Gefangenschaft zu halten.

Der meterlange schillernde Schwanz des Quetzal-Männchens spielte in den religiösen Zeremonien der Azteken und Mayas eine bedeutende Rolle. Die Vögel wurden angebetet und gaben dem mächtigen Gott Quetzalcoatl seinen Namen.

Quetzals sind allerdings keineswegs die seltensten Vögel des tropischen Nebelwaldes. Viele andere Vögel sind mindestens ebenso oder noch erheblich stärker bedroht. Doch ist der Quetzal ein Symbol für die Probleme der gesamten Lebensgemeinschaft der Nebelwaldvögel. Viele der Traditionen und religiösen Vorstellungen der Azteken und Mayas starben mit ihrer Zivilisation unter dem Schwert der Konquistadoren vor etwa 400 Jahren. Der Quetzal jedoch hat in seiner abgelegenen Waldfestung überlebt. Doch heute ist auch dieses kulturelle Symbol und Lebewesen ganz besonderer Schönheit zusammen mit den letzten Resten der ehemaligen Hochkultur durch die Zerstörung eines Lebensraumes bedroht, den sie für Jahrhunderte miteinander teilten.

Der Gott Quetzalcoatl war eine gefiederte Schlange, wie die Steinplastik an den Mauern des Tempels von Teotihuacan in Mexico erkennen läßt.

Bechsteinara: Vom Regenwald ins Wohnzimmer

Die Tieflandwälder im tropischen Süd- und Mittelamerika gelten in der allgemeinen Vorstellung als die Urwälder schlechthin. Dies verdanken sie nicht zuletzt den bunten Aras, deren durchdringend rauhe Schreie und faszinierende Farbenpracht Assoziationen mit feuchtheißem grünem Dschungel vermitteln.

Aras sind große langschwänzige Vertreter der Papageienfamilie. Unter diesen Großpapageien zählen die Bechsteinaras *(Ara ambigua guayaquilensis)* mit 85 Zentimetern Länge wiederum zu den größten. Sie leben im Tiefland des südlichen Mittelamerika und im nordwestlichen Südamerika und bilden zwei voneinander isolierte Populationen. Die nördliche Unterart ist in manchen Gebieten Mittelamerikas wohl noch ziemlich häufig; die südliche in Westecuador ist dagegen heute sehr selten und wahrscheinlich auf das Chongonbergland in der Nähe von Guayaquil beschränkt.

Papageien zählen zu den auffallendsten Vögeln. Ihr kräftiger, kurzer und stark gekrümmter Schnabel, die dicke Zunge und die starken mit rauhen Schuppen besetzten Greiffüße mit je zwei nach vorn und hinten gerichteten Zehen werden eingesetzt, um harte Nüsse zu knacken und geschickt auf Bäumen herumzuklettern. Berühmt ist auch ihre „Intelligenz“, ihre legendäre Langlebigkeit und das Talent vieler Arten, alle möglichen Laute nachzuahmen, einschließlich der menschlichen Sprache.

Die wenigsten Menschen haben je einen dieser tropischen Vögel in Freiheit gesehen, doch in Gefangenschaft sind Papageien den meisten bekannt. Sie zählen zu den bekanntesten Käfigvögeln der Welt. Langlebigkeit, Intelligenz, Größe, Farbenpracht und Nachahmungstalent haben ihnen diese Popularität verschafft, sie aber auch in ernste Gefahr gebracht. Vor dem Hintergrund der sich beschleunigenden Vernichtung ihres Lebensraumes sind viele Ara-Arten durch den Tierhandel vom Aussterben bedroht.

Papageien, ob der kleine Wellensittich aus Australien oder ein großer Ara aus Südamerika, sind begehrte Käfigvögel. Viele seltene Arten sind durch den blühenden, oft illegalen Handel mit Wildfängen ernstlich bedroht.

Die Kontrolleure des Käfigvogelhandels werden aber vor das Problem gestellt, daß einige besonders bedrohte Arten solchen Arten sehr ähnlich sind, die heute noch häufig und weniger gefährdet sind. Verwechslungen sind daher häufig. Selbst für Kenner ist es schwer, zum Beispiel die beiden Unterarten des Bechsteinaras sicher zu unterscheiden. Beide ähneln wiederum dem viel häufigeren und weiter verbreiteten Soldatenara *(Ara militaris)*. Alarmierend zurückgegangen ist der vielleicht bekannteste aller Aras, der Arakanga *(Ara macao)*. Gleichzeitig ist der Preis enorm gestiegen.

Immer noch schlüpfen Vögel dieser Art als Grünflügelara *(Ara chloroptera)* durch das Netz der gesetzlichen Kontrollen, da beide Arten für das ungeschulte Auge kaum zu unterscheiden sind.

Die großen Aras sind aber auch sehr wohlschmeckend und werden daher immer noch für den Kochtopf geschossen. Unter einer solch konzentrierten Vielfalt potentieller Gefährdungsursachen ist es sehr schwer, die wichtigsten Faktoren herauszufinden. Auf lange Sicht zeichnet sich der Verlust der Waldgebiete als die größte Gefahr für den Bechsteinara ab. Eine stabile Population in einem intakten Lebensraum kann möglicherweise einen kontrollierten und mäßigen Aderlaß durch Jagd und sogar Tierhandel verkraften. Wenn aber solche Eingriffe sich auf eine durch schrumpfenden Lebensraum bereits gefährdete Population auswirken, besteht wenig Hoffnung, daß die Unterart überleben kann.

Ein zusätzliches Problem liegt in der hohen Lebenserwartung des Vogels, die zwar einerseits den Altvögeln viele Jahre lang die Möglichkeit bietet, durch Nachwuchs Rückschläge aufzufangen, andererseits aber auch lange Zeit unzureichende Vermehrung überdeckt. Solange man viele Vögel herumfliegen sieht, hält man den Bestand noch für ausreichend, auch wenn die Vögel längst keinen Nachwuchs mehr aufziehen können. Wenn dann die Abnahme schließlich erkennbar wird, ist es oft zu spät, um das Ruder noch herumzureißen. Die trüben Aussichten für die ecuadorianische Unterart des Bechsteinaras können sich bald auch für die anderen abzeichnen und vielleicht auch für weitere Arten dieser so spektakulär und wundervoll gefärbten Vögel.

Unwegsame dichte Wälder an den Andenhängen in Westecuador sind der ursprüngliche Lebensraum des Bechsteinaras.

Asiatische Fasane: Skrupellos vermarktet

Das Haushuhn ist eine der wichtigsten tierischen Eiweißquellen der Menschheit. Sein wildlebender Vorfahr ist das Bankivahuhn *(Gallus gallus)*, das sein Brutgebiet in tropischen Wäldern Asiens mit einigen weiteren Hühnervögeln aus der Familie der Fasane teilt. Einige von ihnen zählen zu den schönsten, am wenigsten bekannten und vielleicht auch gefährdetsten Waldvögeln.

Fasane sind Landvögel, die am Boden Nahrung suchen und brüten, aber vor überraschenden Störungen und zum Übernachten auf Bäume fliegen. Sie laufen auf kräftigen Beinen mit langen Zehen und Krallen, mit deren Hilfe sie Nahrung aus dem Boden scharren. Viele Arten tragen auch scharfe Sporen, vor allem die Männchen. Meist sind die Männchen auch prächtiger gefärbt als die Weibchen, sie sind wie Paradiesvögel polygam und die meiste Zeit mit der Balz beschäftigt. In solchen Fällen tragen die Weibchen dunkelbraune und graue Tarnfarben, die ihnen beim Brüten und während der Betreuung der Jungen, die allein ihre Aufgabe ist, Schutz bieten. Wenn die Küken schlüpfen, sind sie schon weit entwickelt und können gleich hinter der Henne herlaufen und nach wenigen Tagen auch zum Übernachten auf Bäume fliegen.

Einige nahverwandte Arten in den tropischen Wäldern Asiens sind ernstlich bedroht. Sie gehören alle zur Gattung Lophura. Der Kaiserfasan *(L. imperialis)* wurde erst 1923 im unzugänglichen Bergland im zentralen Vietnam entdeckt. Man brachte ein Paar nach Europa, das mehrere Jahre in Gefangenschaft erfolgreich brütete. Seine Nachkommen aber kreuzte man mit anderen Arten, so daß der Bestand heute aus Bastarden besteht. Aus der Freiheit ist über den Vogel so gut wie nichts bekannt. Sein Brutgebiet fällt unglücklicherweise mit der ehemaligen Grenze zwischen Nord- und Südvietnam zusammen. Während des Vietnamkrieges wurde das Gebiet durch den Einsatz laubvernichtender Chemikalien schwer geschädigt. Wahrscheinlich hat der Bestand der Fasane sowohl unter unmittelbarer Vergiftung als auch durch Lebensraumverlust gelitten. Über die gegenwärtige Situation weiß man leider nichts.

Im selben unwirtlichen Gebiet lebt eine sehr ähnliche Art, der Edwardsfasan *(L. edwardsi)*, der zwar schon länger als der Kaiserfasan bekannt, doch stets sehr scheu und daher schwer in Freiheit zu sehen ist. So wurde zwischen 1895, als zum ersten Mal Bälge gesammelt wurden, und 1925, als man die ersten Vögel nach Europa importierte, kein einziges Individuum mehr gesehen. Über sein Schicksal im Vietnamkrieg gibt es widersprüchliche Meldungen. So sollen die Vögel heute im Sekundärwald, der nach der Zerstörung der Primärwälder entstanden ist, häufiger sein als früher. Andererseits sollen auch viele Vögel von den Amerikanern zur Ernährung geschossen worden sein. Wie es um die Art in Freiheit wirklich bestellt ist, weiß man nicht, doch gibt es hier wenigstens gute Bestände in Gefangenschaft.

Dem Bankivahuhn *(Gallus gallus)* verdanken wir das Frühstücksei. Es ist die Stammutter aller Haushuhnrassen und lebt in den dichten Salbaum- und Teakholzwäldern im Bergland am Fuß der Himalajaketten.

So sieht ein Wald nach der Behandlung mit „Agent Orange" aus – einer laubvergiftenden Chemikalie, die im Vietnamkrieg eingesetzt riesige Wälder vernichtete.

Die Balz der Männchen ist für diese Fasanengruppe sehr typisch, wenn auch besonders einfach: Die Federn der weißen Kopfhaube werden hochgestellt und die Rückenfedern aufgeplustert, wenn das Männchen mit raschem Flügelschwirren um das Weibchen paradiert.

Der Swinhoefasan *(L. swinhoei)*, auf die Insel Taiwan beschränkt, zeigt dagegen ein wesentlich auffälligeres Balzverhalten. Schwanz und weiße Rückenfedern werden aufgestellt; mit abgespreizten roten Gesichtslappen stößt das Männchen den Kopf auf und ab, springt herum und schlägt mit den Flügeln. Seit 1886 wird die Art bereits in Gefangenschaft gezüchtet.

Der freilebende Bestand ist seit einiger Zeit durch viele Gefahren bedroht: Landwirtschaft, Bergbau, Elektrizitätserzeugung, Straßenbau, Tourismus. Alle diese Aktivitäten vernichten seinen Lebensraum, den Hartholzwald.

Für den Swinhoefasan und den langschwänzigen Mikadofasan *(Syrmaticus mikado)* richtete man Reservate ein, deren Wirksamkeit sich aber erst noch erweisen muß. Beide Arten werden trotz gesetzlichen Schutzes noch für den Tierhandel gefangen. Einige in Gefangenschaft gezüchtete Swinhoefasane wurden in Taiwan wieder ausgesetzt, doch hängt der Erfolg solcher Wiedereinbürgerungsversuche natürlich vom nachhaltigen Schutz ihres Lebensraumes ab.

Besonders extravagant ausgestattet ist der Bulwerfasan *(L. bulweri)* auf Borneo. Die unbefiederten Hautlappen im Gesicht der Männchen sind enorm vergrößert und schwellen bei der Balz so stark an, daß die Länge des jeweils oberen und unteren Paares auf einer Seite über 18 Zentimeter erreichen kann. Diese Hautlappen leuchten himmelblau und tragen schwarze Spitzen; sie bilden zu den roten Augen und der roten Gesichtshaut einen lebhaften Kontrast, der durch den weißen Schwanz noch erhöht wird. Der Bulwerfasan besitzt mehr Schwanzfedern als jeder andere Vogel. Sie werden bei der Balz in der Mitte gefaltet und dann nach vorn gefächert. So entsteht eine weiße, senkrechte Scheibe. Die mittlere Kante des zusammengelegten Schwanzes berührt dann den Mittelrücken. Die sieben äußersten Federpaare tragen an den Schäften keine Fahnen; sie schleifen auf dem Boden und erzeugen im Laub ein raschelndes Geräusch.

Bulwerfasane kommen in tiefen Waldschluchten im Inneren Borneos vor. Wie für andere Waldvögel liegt auch für sie die Hauptgefahr in der Zerstörung des Lebensraums. Fast der gesamte Urwald der riesigen Insel ist bereits an Holzverwertungsgesellschaften vergeben, sogar die Wälder in einigen Nationalparks. Bulwerfasane hat man neuerdings in Gefangenschaft gezüchtet, so daß etwas Hoffnung für das Überleben der Art besteht. Doch für andere Waldvögel Borneos sieht die Zukunft hoffnungslos aus. Fasane haben glücklicherweise genügend Menschen in ihren Bann geschlagen, die sich der Fasanenzucht in Volieren widmen. Weniger bunte und auffallende Arten der großen Fasanenfamilie haben aber diese Überlebenshilfe nicht.

Bedrohte Fasane der Wälder Asiens
Fasane sind zwar durch mehrere Faktoren bedroht, ihr Überleben jedoch wird allein von der Erhaltung der Urwälder abhängen.

1. Swinhoefasan *(Lophura swinhoei)*
2. Edwardsfasan *(Lophura edwardsi)*
3. Bulwerfasan *(Lophura bulweri)*

Lagebericht tropische Wälder: Lokale Zerstörung – globale Folgen

Weit über 2500 Vogelarten leben in den tropischen Regenwäldern der Erde und damit in einer Umwelt, die so stark von anderen Ökosystemen abweicht, daß die meisten von dieser stattlichen Zahl nirgendwo sonst existieren könnten. Der Verlust großer Flächen des Regenwaldes würde daher die Ausrottung fast eines Viertels der Vogelarten der Welt bedeuten. Doch ähnliche Schlußfolgerungen ergeben sich für fast alle Lebewesen, denn bei den meisten Gruppen ist der Artenreichtum im Regenwald einmalig. Die absichtliche Vernichtung der tropischen Wälder in hohem Tempo hat daher schon aus diesem Grund verheerende Folgen für die Vielfalt des Lebens auf der Erde. Wir sehen einer Ausrottungswelle entgegen, die sich im Ausmaß mit dem Aussterben der Dinosaurier vergleichen läßt, allerdings in ungleich kürzerer Zeit abrollt.

Auch der Mensch, obwohl an das Leben im tropischen Regenwald nicht angepaßt, wird als Art von dieser Waldvernichtung betroffen. Nur ein winziger Bruchteil der menschlichen Bevölkerung lebt im Regenwald. Natürlich wäre auch die Vernichtung des Lebensraums dieser wenigen Menschen ein grundlegendes humanitäres Problem, die Ausrottung einer Art bedeutete sie jedoch nicht. Könnten wir daher nicht vielleicht, wenn auch unter Bedauern, den Verlust der Regenwälder verschmerzen in dem Bewußtsein, daß die meisten Menschen davon eigentlich nicht unmittelbar betroffen sind?

Um diese Frage zu beantworten, müssen wir uns an die Rolle erinnern, die tropische Wälder im globalen Ökosystem spielen, in der Biosphäre. Wir müssen daran denken, daß Pflanzen den Sauerstoff produzieren, den wir atmen, und mit Hilfe der Sonnenenergie das Kohlendioxid, das wir ausatmen, wieder in unsere Nahrung zurückführen. Wir haben ferner zu berücksichtigen, daß ein Viertel des Kohlenstoffes, der auf dem Land gebunden wird, in den tropischen Regenwäldern lagert. Allein dieses ungeheure Kohlenstoffreservoir macht deutlich, welche bedeutende Rolle der Regenwald für die Kreisläufe in der Atmosphäre spielt. Gehen die Wälder zugrunde, wird das chemische Gleichgewicht der gesamten Biosphäre nachhaltig beeinflußt.

Der Untergang der Wälder wird sich auf den globalen Kohlenstoffhaushalt nicht nur infolge des Verlusts an Kohlenstoff assimilierenden Pflanzen auswirken, sondern auch durch die Art und Weise, wie sie verlorengehen. Bei den meisten Abholzungsmaßnahmen wird mit Feuer gearbeitet. In dem Tempo, mit dem heute tropische Wälder gerodet werden, bewirkt die Brandrodung einen meßbaren Zuwachs an Kohlendioxid in der Atmosphäre. Zwar wird nicht alles Kohlendioxid in der Luft bleiben; ein Teil wird zum Beispiel durch die Ozeane absorbiert, ein anderer Teil wird wiederum von jenen Pflanzen aufgenommen, die auf den abgeholzten Flächen wachsen. Doch bleibt genug, um die atmosphärische Konzentration des Kohlendioxids wahrscheinlich zu verdoppeln. Ein äußerst gefährliches Spiel mit der für uns alle unersetzlichen Ressource Luft.

Die voraussichtlichen Folgen reichen aber noch weiter. Kohlendioxid absorbiert die Infrarotstrahlung, die von der Erdoberfläche abgegeben wird. Damit erhöht sich die Temperatur der Atmosphäre. So wird wahrscheinlich mit einem weltweiten Ansteigen der Mitteltemperaturen als Folge dieses sogenannten „Treibhauseffektes" zu rechnen sein.

Schon von Natur aus selten ist der Affenadler *(Pithecophaga jeffereyi)* als Vertreter des letzten Gliedes in der Nahrungskette tropischer Waldökosysteme Asiens. Experten schätzen, daß es heute nur noch etwa 500 Exemplare gibt. Sein rapider Rückgang ist ein Warnsignal für die Folgen der Regenwaldvernichtung.

Brennende Wälder erhöhen in der Atmosphäre aber nicht nur die Kohlendioxidkonzentration, sondern tragen auch kleine Staubpartikel aus dem nicht vollständig verbrannten Material in die Luft, denen sich später noch Staub vom kahlen, zurückbleibenden Boden zugesellt. Die Staubkonzentration in den unteren Schichten der Atmosphäre hat sich in den letzten 60 Jahren verdreifacht. Der größte Teil ist eine Folge des Waldverlustes besonders in den Tropen. Atmosphärischer Staub hat in der Atmosphäre den gleichen Effekt wie Kohlendioxid und trägt daher auch zum Anstieg der Mitteltemperaturen überall in der Welt bei.

Die Folgen dieser Erwärmung sind heute keineswegs eindeutig einzugrenzen. Sie könnten zum Beispiel einen Anstieg des Meeresspiegels bedeuten, wenn Eis an den Polkappen schmilzt. Dadurch würden Millionen von Menschen, die nahe dem Meeresspiegel leben, betroffen. Eine weitere Folge wären Mißernten von ungeheurem Ausmaß, da die Pflanzensorten der modernen Agrarproduktion schon auf minimale Änderungen der Mitteltemperaturen äußerst empfindlich reagieren.

Der mögliche Effekt einer globalen Erwärmung würde auch noch durch die Veränderungen in den nun kahlgeschlagenen Gebieten verstärkt. Wälder sind dunkel und reflektieren wenig Wärme. Felder oder kahle Böden, die nun an die Stelle des Waldes getreten sind, reflektieren einen größeren Anteil der Wärme und tragen damit zu einer weiteren Erhöhung der Lufttemperaturen in den Tropen bei. Die Tropen spielen eine wichtige Rolle für Klima und Witterung auf der ganzen Erde. Die Auswirkungen tropischer Hurrikane und Wirbelstürme sind nur ein Beispiel dafür, in welchem Ausmaß die Tropen auch das Wetter anderswo beeinflussen.

Tausende Hektar unberührten tropischen Regenwaldes haben sich allein beim Bau der Transamazonica im Rauch der Rodungsfeuer aufgelöst. Die Zerstörung der tropischen Wälder geht in atemberaubendem Tempo weiter.

Bedeutung für den Wasserkreislauf

Im globalen Wasserkreislauf spielen die tropischen Wälder zwar eine viel geringere Rolle als etwa Ozeane, doch sie können von großer regionaler Bedeutung sein. In einem ausgedehnten Waldgebiet, wie etwa in Amazonien, erreicht zum Beispiel weniger als die Hälfte der Niederschläge die Flüsse; der Rest wird durch die Bäume an die Atmosphäre zurückgegeben. Dieser Kreislauf bewirkt, daß sich ein großer Teil der örtlichen Regenfälle wieder aus dem verdunsteten Wasser bildet. Wenn der Wald den Kreislauf durch die Wasserverdunstung antreibt, folgen auch entsprechende Niederschläge. Auch wenn einige Waldstücke als Reservate übrigbleiben, werden sie nicht sehr lange lebensfähig sein, da die Regenmenge nicht mehr ausreicht, den Wald auf Dauer zu erhalten.

Über den Kreislauf des benötigten Wassers hinaus regulieren die Wälder aber auch seinen Abfluß in andere Gebiete. Ihre Wirkung reicht oft Hunderte von Kilometern stromabwärts. Tropische Regenfälle sind meist extrem ergiebig; ein halbstündiges Gewitter bringt mitunter 40mal soviel Wasser zur Erde wie ein ebenso langer Regen außerhalb der Tropen. Ein Wald kann ein Drittel bis die Hälfte solcher Niederschläge aufnehmen und ihnen dadurch die gefährliche Wirkung für den Boden nehmen. Das Wasser sickert langsam und stetig in den Boden und mitunter auch in die Flüsse. Ist der Wald erst einmal verschwunden, verwandelt sich der stetige Wasserabfluß in eine vernichtende Folge von Hochwasser und Austrocknung.

In weiten Gebieten der Tropen leben die meisten Menschen am oder nahe dem Ufer von fließenden und stehenden Gewässern. Die Bevölkerung ist unmittelbar von der Qualität und Quantität, aber auch vom Rhythmus der Fluten abhängig. In Indien wurde zum Beispiel in den letzten 30 Jahren über 40 Prozent des Einzugsgebietes des Ganges abgeholzt; der Fluß bewässert über 70 Prozent der Flußniederungen des Subkontinents. Die Folgen von Hochwässern mit Verlusten an Menschen, Tieren, Ernten und Landbesitz sind mittlerweile verheerend und werden immer noch schlimmer.

In weiten Teilen Südostasiens hatte die Grüne Revolution ein enormes Ansteigen der Reisproduktion zur Folge. Die Überschwemmungen, die heute als Folge der Abholzungen des Waldes auftreten, sind fast nicht mehr zu verkraften. Die meisten menschlichen Siedlungen liegen an Flüssen, von denen die Bewohner in ihrem Ackerbau und der Erzeugung von tierischem Eiweiß abhängen. Viele solcher Flüsse entspringen in den Anden, in denen bewaldete Gebiete heute großzügig für Anbauflächen gerodet werden. Die Menschen, die in die Osthänge der Anden eindringen bzw. durch Waldrodungen tiefgreifend die Landschaft verändern, bedrohen auch die Lebensmöglichkeiten der Bevölkerung in etwa 2000 Kilometer Entfernung, indem sie zum Beispiel den Rhythmus des Wasserstands und die Schwebstofffracht der Flüsse beeinflussen.

Kahler Boden entsteht

Heftige Regenfälle auf ungeschütztem Boden waschen riesige Nährstoffmengen aus den oberen Bodenschichten und spülen sie in die Wasserläufe, von denen sie stromabwärts oder sogar bis weit hinaus ins Meer verfrachtet werden. In Indonesien, einst fast ganz von tropischen Wäldern bedeckt, ist mittlerweile ein Fünftel des Landes gefährlich erodiert. Auf der Insel Java könnte allein der Boden, der Jahr für Jahr von dem ehemaligen Waldland ins Meer gespült wird, 15 Millionen Menschen ernähren.

Auf seinem Weg zum Meer kann der Schlamm das Niveau eines Flußbettes anheben und so die Gefährlichkeit von Überschwemmungen vergrößern. Außerdem ändert er die Strömungsverhältnisse im Wasser und damit auch das Leben im Fluß. Die Menschen in Südostasien decken ebenso wie die Bewohner Amazoniens den größten Teil ihres Bedarfs an tierischem Eiweiß mit Süßwasserfischen. Ihre Fischgründe werden aber immer unergiebiger, da die Flüsse im Schlamm ersticken.

In den Tropen führen die Ströme große Mengen ausgewaschenen Bodens mit sich, der vor der Küste abgelagert wird. Durch die Abholzung des Regenwaldes hat sich dieses Problem verstärkt. Im Delta des Sepik in Neuguinea kann man das braune Flußwasser noch weit vor der Küste gut verfolgen.

Immer noch werden etwa 85 Prozent des Energiebedarfs der Welt durch Holzverbrennung gewonnen. Allein Brennholz ist für einen großen Teil der Abholzung tropischer und außertropischer Wälder verantwortlich. Um den Energiebedarf zu dekken, machen viele tropische Länder ihre hohen Niederschläge als Wasserkraft nutzbar. Riesige Dämme werden gebaut, die nicht nur der Stromgewinnung dienen, sondern auch Überschwemmungen und Hochwässer kontrollieren sollen. Doch allzu oft wird zugleich das Einzugsgebiet entwaldet. Die Stauseen füllen sich so schnell mit Schlamm, daß sie nur einen Bruchteil der geplanten Energie erzeugen können; viele werden ohnehin bald verlanden und nutzlose Dokumente menschlichen Machbarkeitswahns sein.

Handelswert der Wälder

Der Verlust der tropischen Wälder wird auch die Qualität unseres täglichen Lebens viel stärker beeinflussen, als wir vermuten. Ganz abgesehen von wohlbekannten Nutzhölzern verwenden wir viele Rohstoffe aus tropischen Wäldern. Ölhaltige Essenzen, Gummistoffe, Milchsaftprodukte, Harze, flüchtige Öle, Tannine, Wachse, Speiseöl, Duft- und Süßstoffe, Gewürze, Giftstoffe, Farben und viele weitere Substanzen sind Bestandteile von Kosmetika, Nahrung, Polituren, Insektiziden und zahllosen weiteren täglich benutzten Produkten. Bis jetzt sind erst sehr wenige der schätzungsweise 100000 tropischen Waldpflanzen untersucht und noch weniger sind kommerziell genutzt worden. Viele nützliche Pflanzen sind bereits zum Aussterben verurteilt, bevor ihr Wert überhaupt erkannt werden konnte.

Selbst bei dem derzeit niedrigen Grad der kommerziellen Nutzung beträgt der Umsatz des Welthandels an Ölen, Kampher, Kassia, Zimt, Gewürznelken, Muskat, Kardamon und Ingwer mehr als 1000 Millionen US-Dollar im Jahr. Palmöl wird zum Beispiel zur Herstellung von Margarine, Kochöl, Eiscreme, Mayonnaise und anderen Nahrungsmitteln verwendet, aber auch zur Herstellung von Schmiermitteln für Maschinen. Viele synthetische Produkte, die derzeit auf der Basis von Erdöl hergestellt werden, lassen sich billiger aus dem Öl tropischer Waldpflanzen erzeugen, zum Beispiel Plastik-, Faser- und Klebstoffe sowie Formaldehyd. Auch der Bau von Häusern wird uns mehr kosten, wenn der Zustrom tropischer Hölzer versiegt, denn alternative Materialien kosten viel Energie. Zement zum Beispiel erfordert 4,5 mal soviel Energie wie fertiges Bauholz; der Vergleichsfaktor für Stahl beträgt 23, für Aluminium nicht weniger als 126.

Holzkohleproduktion als Wirtschaftsbasis eines großen Dorfes in Madagaskar. Für mehr als 2000 Millionen Menschen ist Holz die alltägliche Energiequelle.

Waldrodung in Malaysia. Fachleute schätzen, daß weltweit in jeder Minute 30 Hektar Tropenwald verschwinden.

Vernichtung der Reserve

Tropische Wälder werden oft abgeholzt, um Nahrung zu erzeugen. Doch langfristig tritt das Gegenteil ein: Das Nahrungsangebot wird verringert. Viele der wichtigen Nahrungspflanzen der Erde stammen von tropischen Pflanzen, viele von ihnen leben im Regenwald und viele, die möglicherweise Nutzung und Kultivierung lohnen, sind noch gar nicht untersucht. In Papua-Neuguinea gibt es zum Beispiel über 250 Baumarten mit eßbaren Früchten, doch weniger als 50 werden angepflanzt. Waldbewohnende Eingeborene in Indonesien essen über 4000 Pflanzen, doch weniger als zehn Prozent davon werden in größerem Stil kultiviert. Es gibt ohne Zweifel ein enormes Reservoir potentieller Nahrungspflanzen, die in den tropischen Wäldern auf ihre Entdeckung warten – vorausgesetzt, uns bleibt die Zeit dazu.

Moderne Nahrungspflanzen sind das Ergebnis einer selektiven Zucht. Diese genetische Manipulation erfordert einen dauernden Nachschub an genetischem Material derselben oder sehr nahverwandter Arten. Eine ausdauernde Varietät des Mais wurde kürzlich in einem mexikanischen Wald entdeckt. Wenn der Teil der genetischen Information, die für diese Dauerhaftigkeit verantwortlich ist, in den Kulturmais eingeschleust werden kann, müßte der Farmer nicht jedes Jahr von neuem pflanzen.

Das Rosa-Immergrün *(Catharanthus roseus)* ist nur eine der zahlreichen tropischen Pflanzen mit medizinischer Bedeutung. Die meisten sind heute noch unerforscht.

Zuckerrohr, Kaffee, Kakao und Banane sind wichtige Kulturpflanzen, die in den letzten Jahren durch Einbau von genetischem Material wildwachsender Pflanzen tropischer Wälder verbessert worden sind. Die Wälder enthalten ein bedeutsames Potential neuer Kulturpflanzen und genetische Ressourcen, die auch für den zukünftigen Anbau von bisherigen Kulturpflanzen nötig sein werden.

Tragischerweise entdecken jetzt die Wissenschaftler, daß genetische Ressourcen, die wir benötigen, knapp werden. Die wilden Vorfahren vieler Kulturpflanzen nähern sich dem Aussterben. Etwa ein Viertel der Arzneien, die wir in den Industrieländern kaufen, haben ihren Ursprung in tropischen Waldpflanzen. Viele von ihnen werden auch jetzt noch billiger durch Isolation aus den Pflanzen als durch Synthese gewonnen; viele können überhaupt nicht in Labors hergestellt werden. Morphin, Chinin, Atropin, Koffein und Nikotin sind altbekannte Stoffe tropischer Waldpflanzen. Von über 1000 Pflanzenarten der tropischen Wälder nimmt man an, daß sie möglicherweise gegen Krebs wirksam sein könnten. Eine dieser Pflanzen lieferte bereits zwei Mittel, die bei Kindern die Chancen der Heilung von Leukämie vervierfacht haben.

Profit für heute – Verlust von morgen

Satellitenfotos liefern zunehmend genauere Informationen über den Umfang der Waldvernichtung. Pro Jahr verliert der tropische Wald etwa die Fläche von England; manche Schätzungen gehen vom Doppelten aus. Warum wird der tropische Wald so rasch vernichtet, daß in vielen Gebieten am Ende dieses Jahrhunderts nur noch sehr wenig, wenn überhaupt, etwas Wald übrigbleibt?

Die wichtigste Ursache für den Waldschwund ist bei den Kleinbauern zu suchen. Überall in den Tropen besteht der traditionelle Anbau darin, ein kleines Waldstück (etwa ein Hektar pro Familie und Jahr) abzubrennen oder das gefällte Holz zu verkaufen. Dann werden für zwei bis drei Jahre Pflanzen angebaut, bis der Boden erschöpft oder die Rodung wieder zugewachsen ist. Daraufhin wechselt man zu einem neuen Fleck, und der alte kann sich erholen.

Wanderhackbau der Einheimischen hinterläßt kleine kreisförmige Rodungsstellen im Regenwald von Venezuela und bedeutet heute ebenfalls eine Bedrohung.

Derartig extensiver Anbau mit Waldrodung bestand in einigen Gebieten seit Tausenden von Jahren. Er konnte sich bis in die Neuzeit halten, da die Bevölkerung klein genug war, um sich von den Flächen zu ernähren. Doch deren Dichte ist heute etwa auf das Dreifache dessen angestiegen, was der Wanderhackbau ohne Umweltgefährdung noch ernähren kann. Folglich wird das einmal bebaute Land wieder genutzt, bevor sich der Boden regenerieren kann. Der Ertrag ist niedriger, und der Farmer braucht zur Ernährung seiner Familie mehr Waldfläche als vorher. Das Wachstum der menschlichen Bevölkerung in den Waldgebieten ist stärker als irgendwo sonst in der Welt und beträgt oft über drei Prozent pro Jahr. Die Kombination von wachsender Bevölkerung, schlecht entwickelter Anbaumethoden und rapide zurückgehendem Nachschub an fruchtbarem Boden droht in manchen Gebieten den Wald endgültig zu vernichten.

Doch Art und Ursachen der Waldvernichtung sind von Gegend zu Gegend verschieden. In Amazonien und Mittelamerika wird der meiste Wald der Viehzucht geopfert. Man exportiert das Rindfleisch hauptsächlich nach Nordamerika, um es preisgünstig zu Hamburgern zu verarbeiten. Nordamerika und Europa könnten leicht ihr eigenes Rindfleisch erzeugen, aber auf dem Papier ist brasilianisches eben billiger. Die wirklichen Kosten, nämlich die des zerstörten Waldes und die darauf zurückgehenden Folgelasten, erscheinen aber in keiner Bilanz.

In Indonesien und Borneo ist der größte Teil des Tieflandwaldes der Holzindustrie zugewiesen worden. Der Naturholzhandel ist hier bedeutend und trägt zusammen mit den in den Wald geschlagenen Straßen und einer wachsenden Bevölkerung zu den höchsten Waldvernichtungsraten in den Tropen bei.

Die Ausrottung von Hunderten, möglicherweise sogar Tausenden von Vogelarten wird also nur eine der vielen tragischen Konsequenzen sein, die sich aus dem Verlust großer Teile der tropischen Wälder ergeben. Gleichzeitig mit dem Verschwinden der Vogelarten werden Probleme für die gesamte Menschheit erwachsen, wie sie in diesem Umfang noch nie auf uns und unsere Umwelt zugekommen sind.

Massenviehhaltung auf ehemaligem Urwaldboden in Brasilien versorgt zwar die Schnellimbißketten und -restaurants der Industrieländer mit billigem Rindfleisch, vernichtet aber lebenswichtige Ökosysteme; Boden und Klima verändern sich. Für den zerstörten Wald gibt es keinen Ersatz.

Grasländer bilden meistens die Herzstükke der Kontinente. Ursprünglich waren sie der Lebensraum riesiger Herden grasender Säugetiere und auch die Heimat großer flugunfähiger Vögel. Heute bilden sie die Nahrungskammern der Menschheit: Wir leben vom Fleisch der weidenden Viehherden und von den Körnern der Getreidearten, die wildlebende Gräser ersetzt haben.

Sich selbst überlassen, verwandelt sich Grasland über verschiedene Zwischenstufen von Buschland in Wald. In manchen Klimabereichen kommt es allerdings nicht so weit, und Buschland beherrscht das Bild. Eine spezielle Form dieses Buschlands bildet das Heideland. Jeder Typ beherbergt eine eigene Lebensgemeinschaft von Tieren. Da Bäume nur spärlich sind, sind Grasländer die Heimat vieler bodenlebender Vögel. Nur wenige Grasländer allerdings haben ihr ursprüngliches Gesicht bewahrt, denn weite Bereiche werden heute vom Menschen intensiv genutzt. Grasländer spielen auch in der Menschheitsgeschichte eine wichtige Rolle: In ihnen vollzog sich der Wechsel vom nomadisierenden Jäger und Sammler zum Bauern und Stadtbewohner.

Die Savannen und Steppen

Land zwischen Wüste und Wald

Der Mensch ist eigentlich ein Bewohner des Graslands. Als er vor vielen tausend Jahren erstmals lernte, Grasgebiete zu nutzen, hatte er eigentlich seine ökologische Nische gefunden. Denn unser Hauptgrundnahrungsmittel, das Getreide, ist nichts anderes als domestiziertes Gras.

Grasland und Wald stehen in einem unausgewogenen Gleichgewicht, das von Menschen und Tieren sowohl in der einen als auch der anderen Richtung verschoben werden kann. Gras wächst von Natur aus dort, wo es für Bäume zuwenig Regen oder Nährstoffe im Boden gibt. Doch trifft man Gras auch in solchen Gebieten an, in denen Wald wachsen könnte. Es verdankt dann seine Entstehung entweder dem Abbrennen der Vegetation oder weidendem Vieh, das die Keimlinge der Bäume abfrißt und damit dem Graswuchs Platz macht. Feuer wird oft eingesetzt, um totes Gras oder aufkommenden Waldwuchs zu beseitigen und das Wachstum des frischen Grases anzuregen. Viele der größten Grasländer der Welt werden durch eine Kombination von Grasbrand und Beweidung erhalten, die Savannengebiete im tropischen Afrika ebenso wie viele Grasgebiete der Mittelmeerländer oder im Süden der USA.

Sich selbst überlassen, würden Grasflächen über ein Stadium lockeren Buschbestandes mit hohem Graswuchs allmählich in Wald übergehen. Buschsteppe ist häufig ein Zwischenstadium, bei dem man durch Feuer, Beweidung oder Abholzung verhindert, daß sie sich in Hochwald verwandeln. Einige Buschlandtpyen bleiben aber auch ohne solche Eingriffe auf Dauer erhalten, zum Beispiel der Chapparal des westlichen Amerika oder die Macchie der Mediterrangebiete, wenngleich auch solche Formationen oft von Buschfeuern heimgesucht werden. Heiden sind eine besondere Art der Zwergstrauchvegetation; einige von ihnen, besonders in Westeuropa, verdanken ihre dauerhafte Existenz der menschlichen Einwirkung. Grasgebiete, Buschländer und Heiden werden hier zusammenfassend dargestellt, da sie häufig ineinander übergehen, eine ähnliche Vogelwelt aufweisen und von gleichartigen Problemen betroffen sind.

Die Vögel solcher hauptsächlich vom Graswuchs bestimmten Lebensräume können wesentlich weniger ökologische Nischen besetzen als Waldvögel. In reinem Grasland gibt es keine Nistbäume; Vögel müssen ihre Nester am Boden verstecken. Als Singwarten bieten sich nur wenige Möglichkeiten; daher sind hier besonders auffällige Singflüge verbreitet. Die Feldlerche Europas, die Buschlerche Australiens und die Spornammer der Prärien Nordamerikas sind Beispiele dafür. Die weiten offenen Ebenen bieten auch großen flugunfähigen Laufvögeln, wie Straußen, Emus und Kasuaren, Lebensraum.

Der Blutschnabelweber *(Quelea quelea)* lebt in riesigen Kolonien in den Savannen Afrikas. Die gewaltigen Schwärme können vor allem den Reisfeldern großen Schaden zufügen. Meist wandern die Vögel den unregelmäßigen Regenfällen in ihrem Lebensraum nach.

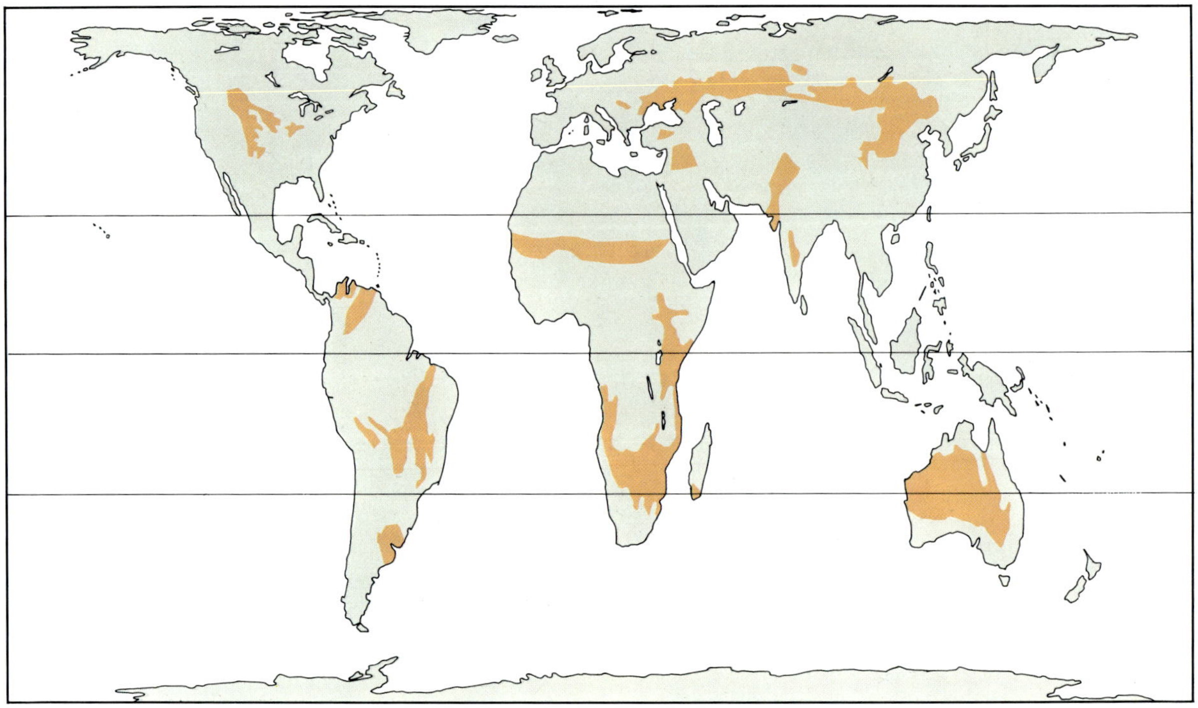

Grasländer der Welt
Die Grasländer der Tropen werden Savannen genannt, solche außerhalb der Tropen faßt man unter dem Begriff Steppen zusammen.

Das Grasland der nordamerikanischen Prärie, hier in South Dakota (USA), war früher das Weideland für Millionen von Bisons. Der Mensch brauchte nur knapp ein halbes Jahrhundert, um die großen Tiere nahezu auszurotten. Durch Schutzmaßnahmen ist ihr Bestand wieder auf einige Tausend angewachsen.

Viele Grasgebiete beherbergten eine Begleitfauna großer grasfressender Säugetiere, die das Bild beherrschten, bevor sie vom Menschen ausgerottet und durch Haustierherden ersetzt wurden. Vögel lernten bald, solche Herden zu nutzen. In den afrikanischen Savannen und Steppen sind derartige Partnerschaften noch zu beobachten. Geier kreisen in der Luft und warten geduldig auf die zwangsläufig anfallenden Kadaver; Kuhreiher sitzen auf dem Rücken der Büffel oder stolzieren durch das Gras und picken Insekten auf, die durch die weidenden Großtiere aufgescheucht wurden. Madenhacker flattern geschäftig von einem Tier zum anderen und picken die Zecken aus den Falten. Die meisten der großen Grasfresserherden sind jedoch heute verschwunden, und die Vögel mußten sich einem Lebensraum mit weniger Möglichkeiten zur Einmischung und mehr Menschen anpassen.

Große Herden pflanzenfressender Säugetiere bevölkern die Savannen Afrikas. Ihnen folgen große Raubtiere wie Löwen, Hyänen und Geparde. Übriggebliebene Beutereste werden von den Aasfressern verwertet.

Der Bruthügel des Thermometerhuhns (*Leipoa ocellata*) Australiens erreicht einen Durchmesser bis zu fünf Metern. Der fast ein Meter tiefe Innenraum ist mit trockenem Laub gefüllt, das mit einer dicken Sandschicht zugedeckt wird. Das Gelege von 5 bis 35 Eiern wird bei konstanter Temperatur von 33° C gehalten. Die Temperaturregulierung besorgt das Männchen, das je nach Situation das Gelege ab- oder zudeckt.

Ausgesprochene Wüstengebiete sind die einzigen Lebensräume, deren Größe ständig zunimmt, und zwar pro Jahr etwa um eine Fläche, die der Größe Belgiens entspricht. Diese neuen Wüsten aber entstehen auf Kosten feuchterer Lebensräume, die mehr Vögel, mehr Vieh und mehr Menschen ernähren können. Die Umwandlung von halbtrockenen Gebieten in extreme Wüsten ist fast immer mit einer katastrophalen Hungersnot verbunden.

Vögel, die in Trockengebieten leben, zeigen viele Anpasssungen im Körperbau und im Verhalten, die ihnen auch unter den harten Wüstenbedingungen das Überleben ermöglichen. Viele von ihnen, die von Wasserloch zu Wasserloch fliegen oder auf ihren langen Zugwegen in eine Oase einfallen, spielen eine entscheidende Rolle in der Verbreitung jener Pflanzen, die wüstenähnliche Gebiete als Pioniere besiedeln können. Das Wachstum der Wüsten als Folge größerer Trockenheit und menschlicher Mißwirtschaft macht eigentlich die Entwicklung von Anpassungen an das Überleben in Trockenheit und Hitze für Tier und Mensch immer wichtiger.

Die Trockengebiete

Land ohne Schatten

Mehr als ein Viertel der Landoberfläche der Erde erhält weniger als 50 Zentimeter Niederschläge pro Jahr und wird daher als arid (trocken) eingestuft. Von dieser Gesamtfläche ist wiederum etwa die Hälfte Wüste. Doch einige Trockenbiotope sind überraschend reich an Vögeln. Ihre hervorragende Körperisolation und hohe Beweglichkeit ermöglicht ihnen, auch dort zu überleben, wo andere Tiere nicht mehr existieren können.

Wirkliche Wüsten haben kein Leben. Doch nur das ewige Eis an den Polen entspricht dieser strengen Definition. Gebiete, die wir normalerweise als Wüsten bezeichnen, erhalten bis zu 20 Zentimeter Niederschläge im Jahr und zeichnen sich oft durch weite Flächen aus Felsen, Sand und Steinen aus, in denen Leben noch möglich ist. Wüsten sind nicht einfach nur sehr heiß, sie sind oft auch extrem windig, so daß jede Bodenfeuchtigkeit rasch verdunstet. Nachts können Wüsten bitter kalt sein; einige, wie zum Beispiel die Wüste Gobi in Asien, sind sogar dauerkalt.

Wüsten sind auch nicht wirklich tot und öde. Dornige Sträucher und Grasbüschel wachsen verstreut; eine große Vielfalt an Wirbellosen lebt unter den Steinen und im Sand. Die Pflanzen scheinen verdorrt oder sogar tot, doch unter der Oberfläche können sich ihre Wurzeln meterlang erstrecken, und zwischen den Sandkörnern liegen unzählige Samen. Wenn Regen fällt, blüht die Wüste, Büsche werden grün und Samen keimen aus.

Viele Jahre können vergehen, bis einmal für wenige Viertelstunden nach einem plötzlichen Regenguß Wasser durch dieses Flußbett in einem Trockengebiet Nordostafrikas fließt.

Leben unter extremen Bedingungen

Die vielen kleinen Säugetiere überleben, weil sie sich in den Boden vergraben, um der Tageshitze zu entkommen. Sie erhalten ihren gesamten Wasserbedarf aus der Nahrung, und sie geben nur hochkonzentrierten Urin ab, um Wasser zu sparen. Wüstenvögel scheinen sich weniger stark an solche extremen Bedingungen anpassen zu müssen – sie können ja zum nächsten Wasserloch fliegen. Einige Vögel gleichen, ähnlich manchen Seevögeln, das Wasser-Salz-Gleichgewicht im Körper bei Wasserknappheit durch besondere Salzdrüsen aus, die einen Teil des aufgenommenen Salzes ausscheiden und dadurch den Wasserbedarf herabsetzen. Doch im allgemeinen bedarf es nur einer geringen grundsätzlichen Anpassung eines Vogels an das Leben in der Wüste.

Die Wüsten der Erde
Die großen Wüsten entstanden im regenarmen Inneren der großen Kontinente (z. B. zentralasiatische Wüsten, im Passatgebiet der heißen Subtropen (z. B. Sahara und arabische Wüste; Kalahari) oder im Hinterland kalter Meeresströme (z. B. Atacama-Wüste in Südamerika oder Namib in Südafrika). Kleinere Wüstengebiete liegen im Hochlandbecken, die allseits von hohen Bergen umschlossen sind (z. B. Iran, südliches Felsengebirge in Nordamerika).

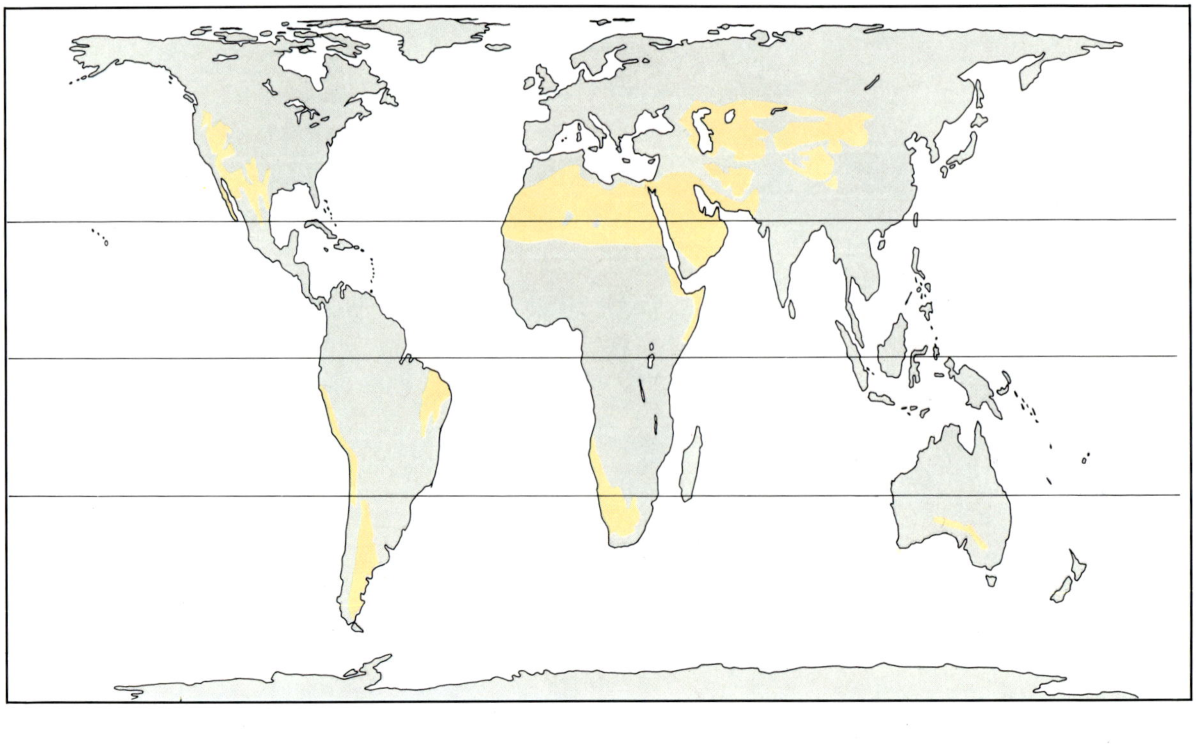

Geheimnisse der Wüstenwanderung

Verschiedene Hauptrouten des Vogelzuges verlaufen über Wüsten. Die Sahara wird zum Beispiel jährlich von vielen Millionen Kleinvögeln zweimal überflogen, nämlich auf ihrem Weg vom Brutplatz in Europa und Asien in das Winterquartier im tropischen und subtropischen Afrika und wieder zurück. Obwohl diese Wüstenüberquerungen große Risiken bedeuten – Sandstürme können in wenigen Stunden riesige Verluste verursachen –, meistern jährlich Millionen von Zugvögeln diese Hürde.

Die wenigen Oasen, die ständig Wasser und Vegetation aufweisen, sind dabei für die Vögel ebenso wichtig wie für die Nomaden der Wüste.

Viele Arten wandern in aride Gebiete ein, andere verlassen sie, wenn irgendwo Niederschläge fallen. Solche lokalen Wanderungen, Langstreckenzüge oder regelmäßige Flüge zwischen Wasserstellen spielen für das Ökosystem Wüste eine sehr wichtige Rolle. Die Vögel wirken dadurch als Verbreiter von Pflanzensamen.

Die semi-ariden Gebiete besitzen ein reicheres Vogelleben, stellen aber immer noch sehr extreme Lebensräume dar. Obwohl ergiebigere Niederschläge fallen, sind Regenfälle auch hier außerordentlich unregelmäßig. In einem durchschnittlichen Jahr fallen 50 Zentimeter, 150 in einem guten, doch gibt es viele Jahre mit unterdurchschnittlichen Mengen. Der Lebensraum gleicht dann einer Wüste. Viele Vögel der ariden Gebiete sind nomadische Opportunisten, die weite Wanderungen zu Gebieten unternehmen, in denen ausreichende Niederschläge gefallen sind und geeignete Bedingungen zum Brüten herrschen. Wie sie aus Entfernungen von vielleicht Hunderten von Kilometern Regenfälle wahrnehmen können, ist eines der Geheimnisse der Wüstenvögel.

Aride Lebensräume sind sehr empfindlich, weil die Umweltbedingungen, unter denen hier Leben überhaupt gedeihen kann, so extrem sind und eine hohe Anpassung erfordern. Wenn wir in Zukunft eine ständig wachsende Bevölkerung ernähren wollen, müssen wir lernen, auch solche Lebensräume zu nutzen. Wir werden die Nutzung des Lebensraums Wüste aber wohl nie schaffen, wenn wir jene Arten vernichten, die bereits gelernt haben, mit der Wüste zu leben.

Wüsten sind nicht leer und tot. Auch hier leben hochspezialisierte Pflanzen und Tiere. Das Bild zeigt eine sich immer weiter ausdehnende Wüste im Nordosten Brasiliens.

Flughühner als Bewohner von Wüsten und Steppen fliegen in der Morgen- oder Abenddämmerung zu den Wasserstellen. Besonders gebaute Federn auf der Unterseite können bis zu 40 Kubikzentimeter Wasser aufnehmen. Nach der Rückkehr saugen die Jungen das mitgebrachte Wasser aus dem Brustgefieder. Namaqua-Flughühner *(Pterocles namaqua)* legen dabei in der Namib Südafrikas bis zu 80 Kilometer zurück.

Kragentrappe: Fürstliche Beute

Trappen sind große Bodenvögel der Grasländer und semi-ariden Ebenen Afrikas, Eurasiens und Australiens. Die Kragentrappe *(Chlamydotis undulata)* ist die am besten an wirklich arides Land angepaßte Art. Jahrhunderte hindurch war sie die bevorzugte Beute von Sportjägern und Falknern in Arabien und im Fernen Osten.

Kragentrappen können gut und schnell fliegen, ziehen es aber vor zu rennen. Ihr Gefieder und ihr Verhalten verleihen ihnen eine ausgezeichnete Tarnung. Bei Beunruhigung ducken sie sich und bewegen sich nur ganz vorsichtig. Oft drücken sie sich mit lang ausgestrecktem Hals flach auf den Boden und verstecken sich damit so gut wie irgend möglich. Werden sie zur Flucht gezwungen, erreichen sie Laufgeschwindigkeiten bis zu 40 Kilometern pro Stunde. Sie können sich auch energisch mit Schnabel und Flügel verteidigen und dazu noch mit einem besonderen Trick: Die Trappe wendet ihren Rücken gegen den Angreifer, hebt und fächert den Schwanz wie einen Schild und spritzt klebrigen Kot, der Federn oder Fell des Gegners beschmutzt.

In ihrem ganzen Verbreitungsgebiet in Nordafrika, im Mittleren Osten und in den russischen Steppen werden Kragentrappen als begehrtes Wildbret gejagt. Für die Tiere, die heute noch in Rußland leben, besteht allerdings die größte Gefahr in der Jagd in den Winterquartieren in Arabien, Pakistan und Indien. In Vergangenheit und Gegenwart sind die Trappen hier das Hauptopfer der Falknerei, des Sportes der Prinzen. In der traditionellen Version dieses Sportes reiten arabische Würdenträger mit ihrem Gefolge in die Wüste, um hochtrainierte Falken auf verschiedene Beutetiere zu hetzen, die dann der Gesellschaft zum Festschmaus dienen. Dabei handelt es sich in erster Linie um Hasen und Triele. Besonders hochgeschätzt ist aber die Kragentrappe.

Einige der Kragentrappen, die auf diese Weise getötet werden, waren sogar Brutvögel der Arabischen Wüste. Doch heute brüten dort nur noch sehr wenige Trappen, und fast alle gejagten Vögel stammen aus den Steppen und Halbwüsten der UdSSR. Als Folge der hohen Verluste im Winterquartier gehen die Brutpopulationen selbst in den abgelegensten Gebiete zurück. Kragentrappen sind mittlerweile in Arabien so selten geworden, daß die Falkner nach Nordafrika und Pakistan kommen, um ihren Sport weiter betreiben zu können, oft genug als Gäste der Regierung.

Winterquartier der Kragentrappen in Nordasien sind die trockenen Halbwüstenplateaus des Sind-Gebietes Südostpakistans.

Sakerfalken *(Falco cherrug)* im Falkenhof eines Palastes. In vielen arabischen Staaten wird die Falknerei als Relikt feudaler Gesellschaftsformen heute noch im großen Stil betrieben.

Der traditionelle Falkner war an das Pferd oder Kamel gebunden, jagte nur mit wenigen Falken und tötete normalerweise nur so viel Beute, um seine Gesellschaft für einen Tag ernähren zu können. Heute benützen Falkner geländegängige Motorfahrzeuge, die mit Vorräten beladen sind, so daß die Jagdgesellschaft tiefer in die Wüste eindringen und länger bleiben kann. Man hat bis zu 90 Falken dabei und benützt dazu oft noch Feuerwaffen, um die Jagdausbeute zu erhöhen. Diese Modernisierung führte zur Ausrottung vieler Wüstentiere und droht jetzt auch, die Kragentrappe auszulöschen.

Auch in den übrigen Teilen ihres Verbreitungsgebietes von den Kanarischen Inseln im Westen über Nordafrika bis nach Ägypten werden diese Vögel bedroht. Hier sind sie nicht das Opfer der Falknerei, sondern werden hauptsächlich infolge der Umwandlung ihres Lebensraumes in Ackerland bedroht. Aber auch industrielle Entwicklungen sowie die Vergiftungen mit Pestiziden als Folge chemischer Feldzüge gegen Heuschrecken machen sich im Bestandsrückgang bemerkbar. Selbst die abgelegensten und härtesten Landlebensräume haben also diese schönen Vögel nicht vor der Bedrohung durch den Menschen retten können.

Ein junger Habicht *(Accipiter gentilis)* in einer traditionellen Falknerei in Pakistan. Abgesehen von den Auswirkungen der Falkenjagd auf bedrohte Vogelarten des Landes, ist die Beschaffung der wertvollen, seltenen Greifvögel eine Ursache des illegalen Handels mit gefährdeten Arten.

Glanzsittich: Ohne Regen keine Brut

Der auffällige, kleine Glanzsittich (*Neophema splendida*) scheint die buntesten Farben auf kleinstmöglichem Platz zu vereinigen. Er bewohnt die ariden Atriplex- und Spinifex-Steppen des südlichen Australiens. Hier kann man ihn aber nicht häufig beobachten, einmal weil er ein extremer Nomade ist und selten für längere Zeit an einem Platz bleibt. Zum anderen, weil er trotz seines schreiend bunten Gefieders leicht übersehen werden kann, wenn er ruhig Nahrung aufnimmt. Glanzsittiche leben hauptsächlich von Sämereien und verbringen die meiste Zeit in niedrigen Büschen oder am Boden. Hier zeigen sie typisches Papageienverhalten. Sie biegen mit dem Fuß den Grashalm so weit herunter, bis der Fruchtstand in Reichweite ihres Schnabels gelangt. Wie andere „Grassittiche" Australiens fliegen sie pfeilschnell und wenden sich dabei von einer Seite auf die andere wie Strandläufer in einem Schwarm.

Papageien haben sich in Australien dem Leben in Trockengebieten ebenso erfolgreich angepaßt wie in Südamerika dem tropischen Regenwald. Viele Arten leben im weiten, trockenen Innern des Kontinents und haben mit dem Glanzsittich einige charakteristische Eigenarten gemeinsam, wie sie für Vögel in Trockengebieten typisch sind. So verschwinden sie aus manchen Gebieten für Jahre vollkommen, erscheinen plötzlich wieder als Invasoren und brüten in jedem Gebiet, in dem Regen gefallen ist. Nach der Brut verschwinden sie so plötzlich, wie sie gekommen sind, und bleiben mitunter wieder jahrelang aus. Normalerweise treten Glanzsittiche in Paaren auf, manchmal in kleinen Gruppen bis etwa zehn Individuen; bei einer Invasion bilden sie auch Schwärme bis zu 100 oder mehr. Ihre Fähigkeit, sich zwischen weit voneinander entfernten Plätzen zu bewegen, in denen jeweils ausreichend Nahrung für eine Brut zu finden ist, bildet eine Grundvoraussetzung zum Überleben. Unter Klimabedingungen, in denen Brut nur nach Regenfällen möglich ist und die Regenfälle oft ein zufälliges und unvorhersehbares Ereignis sind, müssen Vögel weite Strecken zurücklegen können.

Wie andere Papageien brüten Glanzsittiche in Höhlen, für gewöhnlich in Bäumen, aber manchmal auch in einem Holzstumpf am Boden oder sogar in einem Zaunpfosten. Die Brutzeit variiert und hängt ganz vom Regen ab; meist fällt sie in die Zeit von August bis Januar. Drei bis sechs runde, weiße Eier werden auf einer weichen Unterlage von Holzspänen abgelegt. Bevor die Weibchen aber für etwa drei Wochen allein brüten, tragen sie noch grüne Blätter aromatischer Pflanzen in die Nesthöhle. Dies geschieht nicht mit dem Schnabel oder mit den Füßen, sondern mit den Rükkenfedern. Auch einige andere Papageienarten befördern so ihr Nestmaterial. Dieses sonderbare Verhalten ist von keiner anderen Vogelgruppe bekannt. Da aber die eingetragenen Blätter zuwenig sind, um wirklich zum Nestbau beizutragen, vermutet man, daß das Weibchen sein beengtes Quartier für die nächsten drei Wochen etwas „parfümieren" will.

Nomadisch lebende Arten mit offensichtlich kleinen Populationen in abgelegenen Gebieten sind extrem schwer zu untersuchen. Selbst wenn sie zehn oder mehr Jahre nicht mehr in größerer Zahl gesehen worden sind, kann man daraus keine exakten Rückschlüsse ziehen, ob ihr Bestand zu- oder abnimmt. Gefährdet ist die Art aber auf alle Fälle. Wie sollte es auch anders sein, da die Art als Ware für den Käfigvogelhandel begehrt ist. Der Vogel ist so beliebt und sein Preis so hoch, daß Glanzsittiche heute regelmäßig in Vogelhandlungen auftauchen und schon vielfach in Gefangenschaft gezüchtet werden, sowohl in Australien als auch anderswo. Der Bestand in Gefangenschaft kann sich mittlerweile selbst erhalten, da die Vögel relativ leicht nachzuzüchten sind. Es gibt daher keinen Grund mehr, Glanzsittiche in Freiheit zu fangen.

In den Trockengebieten Zentralaustraliens leben große Schwärme buntgefärbter Wellensittiche und andere Papageien, die den unregelmäßigen Regenfällen nachwandern.

Blutbauchsittiche *(Psephotes haematogaster)* haben zwar nicht die Farbenpracht der Glanzsittiche, sind aber trotzdem als Käfigvögel sehr begehrt. Vor allem die Zerstörung von Nestern, um Junge zu fangen, bedroht lokal ihren Bestand. Alexandrasittiche *(Spathopterus alexandrae)* sind die ausgeprägtesten Nomaden unter den drei Arten; ihre Wanderungen fallen wahrscheinlich mit dem vorübergehenden Vorkommen von Oberflächenwasser und der Blüte der Akazien zusammen. Beide Arten der ariden Gebiete Australiens sind so selten, daß man sie als gefährdet betrachten muß.

Ein Paar Goldschultersittiche *(Psephotus chrysopterygius)* an ihrem Nest in einem großen Termitenbau. Das Innere der Nesthöhle ist gegenüber den Termiten abgeschlossen, die ihrerseits einen wichtigen Schutz für die Vogelbrut bedeuten. Unglücklicherweise aber sind Termitenbauten in der flachen, nur dünnbewaldeten Landschaft sehr auffällig, so daß illegale Händler die Nester schnell finden und die Höhlen aufgraben.

Lear-Ara: Kopfgeld 20000 Dollar

Der größte aller Papageien ist der leuchtendblaue meterlange Hyazinthara (*Anodorhynchus hyacinthinus*) Südamerikas. Über den Tierhandel wird der Vogel regelmäßig nach Nordamerika eingeführt. Dabei wurde im Laufe der Zeit gelegentlich auch eine andere Art mitverschifft, die nur etwa drei Viertel so groß ist, doch das gleiche tief indigoblaue Gefieder trägt und an der Schnabelbasis einen kahlen gelben Fleck hat. Etwa 100 Jahre lang war diese kleinere Art nur durch wenige Vögel in Gefangenschaft bekannt. Man wußte gar nicht einmal sicher, aus welchem Land sie stammte, und kannte natürlich auch nicht ihren typischen Lebensraum. Die Kenntnisse waren so dürftig, daß man sogar vermutete, es könnte sich um einen Bastard zwischen Hyazinthara und dem kleineren, mehr grauen Türkisara (*Ara glaucus*) handeln.

Nach vielen Jahren sorgfältiger, aber ergebnisloser Suche brasilianischer Ornithologen blieb nur ein Teil des riesigen Landes noch unerforscht, nämlich die entlegene und unwirtschaftliche Rasa da Catarina im Staat Bahia in Nordbrasilien – ein heißes, trockenes Kalkplateau, von tiefen Cañons und trockenen Flußbetten durchschnitten, bedeckt mit niedriger, aber sehr dichter Vegetation.

Im Dezember 1978 drangen unerschrockene Biologen schließlich in die Rasa da Catarina ein und fanden endlich eine freilebende Population des Lear-Ara (*Anodorhynchus leari*). Die Wissenschaftler konnten fast einen Monat lang das Verhalten einer Kolonie studieren. Bis zu 21 Vögel zählte man gleichzeitig, die in Trupps zu ihren bevorzugten Nahrungsquellen flogen, nämlich den Licari-Palmen, deren kleine Nüsse sie entweder auf dem Baum abpflückten oder auf dem Boden herumlaufend suchten.

Kurz vor Einbruch der Dämmerung flogen die Papageien zu ihren Schlafplätzen in Höhlungen der stark erodierten Felswände eines Cañons. Hier kletterten sie herum, wobei sie nach Papageienart auch den Schnabel zu Hilfe nahmen und nach den dichten Fliegenschwärmen schnappten, die in den Cañons leben. Später im Jahr dienen dann ähnliche Höhlungen und Felsnischen als Nistplätze.

Die Gefahr für den Lear-Ara liegt darin, daß das nun bekanntgewordene Refugium dieses äußerst seltenen Vogels unterdessen von zahlreichen Vogelfängern und Jägern aufgesucht wird, die die Aras unbedingt für den Tierhandel fangen wollen. Ein derart seltener Vogel erzielt Preise bis zu 20 000 US-Dollar. Zufällig liegt das Verbreitungsgebiet der Aras in einem ökologischen Reservat der Regierung und genießt daher einen gewissen Schutz. Doch um die Vögel wirksam zu schützen, müßte das Reservat viel größer sein und außerdem wirkungsvoll überwacht werden.

Die beiden anderen Arten, Hyazinth- und Türkisara, sind zwar mehr Waldvögel als Bewohner des offenen Landes, doch hat ihr Schicksal auch gewisse Bedeutung für die Einschätzung der Situation des Lear-Aras. So gibt es zur Zeit überhaupt keine Nachweise freilebender Türkisaras mehr; der letzte lebende Vogel wurde 1936 in Gefangenschaft gezeigt. Die Art ist wohl so gut wie ausgestorben. Mit ihr wäre die erste Vogelart Südamerikas seit der Kolonisation durch die Europäer ausgerottet worden. Die Hintergründe werden wir im einzelnen wohl nie mehr erfahren. Der Rückgang fällt zumindest nicht mit einer einschneidenden Änderung des Lebensraumes zusammen. Türkisaras wurden zwar gegessen und für den Tierhandel gefangen, doch das gilt auch für andere Arten, die im gleichen Gebiet noch recht verbreitet sind. Auch Hyazintharas werden von Jahr zu Jahr seltener als Folge der Jagd für Kochtopf und Käfigvogelhandel. Darüber hinaus liegt ihr Verbreitungsgebiet in dem Teil Brasiliens, der am raschesten besiedelt wurde, so daß die Zukunft des Vogels nicht gerade rosig aussieht.

Noch stärkere Parallelen zur Situation des Lear-Aras zeigt die Bestandsentwicklung einer weiteren Art der Trockengebiete, nämlich des Rotohraras *(Ara rubrigenys)* in Zentralbolivien. Dieser Papagei hat das kleinste Verbreitungsgebiet aller Aras. Es umfaßt nur etwa 5000 Quadratkilometer und wird wahrscheinlich von kaum mehr als 3000 Vögeln bewohnt. Bis vor kurzem schienen sie in ihrem abgelegenen und von Menschen nicht besiedelten Rückzugsgebiet sicher. In den 70er Jahren wurde jedoch damit begonnen, viele Rotohraras für den Export zu fangen. Jetzt werden über 100 Vögel pro Jahr exportiert – sicher mehr als die freilebende Population ausgleichen kann.

Die Aras der Trockengebiete sind also weniger durch Verlust an Lebensraum bedroht als vielmehr durch die Bereitschaft von Menschen, Zehntausende von Dollar für einen einzigen Vogel zu zahlen und so die kommerzielle Jagd ermöglichen. Unabhängig davon, ob die Existenz ganzer Arten dadurch bedroht wird, gibt es für ein solches Verhalten keine Rechtfertigung.

Arakangas *(Ara macao)* und Grünflügelaras *(Ara chloroptera)* sammeln sich an einer salzhaltigen Erdwand in den Feuchtwäldern Perus. Sie werden in großer Zahl für den Käfigvogelhandel gefangen und erzielen in Nordamerika hohe Preise. Die Angewohnheiten, sich an natürlichen Salzstellen zu versammeln, macht es den Jägern leicht, sie zu fangen. Obwohl beide Arten noch häufig sind, ist es wahrscheinlich nur noch eine Frage der Zeit, bis sie auf der Liste der bedrohten Vogelarten stehen werden.

Godavari-Rennvogel: Hoffnung für einen Totgeglaubten

Seit 1900 hatte niemand mehr den Godavari-Rennvogel *(Rhinoptilus bitorquatus)* gesehen. Doch 1985 wurde laut Presseberichten nach jahrelanger Suche von indischen Ornithologen ein Individuum wiederentdeckt, so daß noch Hoffnung besteht, die rätselhaften Vögel könnten überlebt haben.

Aber selbst vor 1900 sahen nur wenige Ornithologen den Godavari-Rennvogel, so daß wir eigentlich sehr wenig über ihn wissen. Rennvögel sind regenpfeiferartige Watvögel, die Feuchtgebiete, den Lebensraum ihrer Verwandten, verlassen und aride Gebiete Afrikas, Asiens und Australiens besiedelt haben. Sie suchen ausschließlich auf dem Boden Nahrung, nisten auch dort und sind überwiegend Standvögel. Ihre Eier sind hervorragend getarnt, ebenso ihre Jungen, die bereits wenige Stunden nach dem Schlüpfen ihren Eltern nachlaufen können. Alle Arten leben in Trockengebieten, einige in richtiger Wüste; der Godavari-Rennvogel scheint jedoch in dichter bewaldeten Gebieten gelebt zu haben als seine Verwandten. Die wenigen Sichtbeobachtungen stammen von weitverstreuten Plätzen zweier Flußtäler, des Godavari und des Penner in Südostindien, einer hügeligen Landschaft mit wenigen dürftigen Bäumen auf felsigem Boden. Ein Beobachter berichtete, die Vögel würden offenes Gelände meiden und sich in Deckung halten. Doch diese Meldung mag mehr der Jagdbegeisterung vieler Naturforscher im kaiserlichen Indien des 19. Jahrhunderts zuzuschreiben sein.

Vielleicht haben wir die Chance, die Ursachen des Niedergangs zu erforschen und die Art zu retten. Vögel arider Gebiete, die in Vergessenheit geraten, sollten mehr als nur bloße Neugier erregen, denn sie leben in einem Landökosystem, das der Mensch bis jetzt wahrscheinlich weniger beeinflußt hat als andere. Verluste sind daher ein besonders bedenkliches Warnzeichen einer beginnenden Verschlechterung der Lebensbedingungen.

Amerikanische Nachtschwalben: Wüstenvögel mit Winterschlaf

So wie viele „Experten" den Godavari-Rennvogel als ausgestorben betrachten, waren sie sich auch 1961 darüber einig, daß die Puerto-Rico-Nachtschwalbe *(Caprimulgus noctitherus)* ausgerottet ist. Bis man den Vogel wiederentdeckte, und zwar im Buschwald auf den Kalkfelsen Puerto Ricos und anderer karibischer Inseln.

Hervorragend getarnt durch komplizierte Muster aus braunen, sandfarbenen, grauen und schwarzen Farbzeichnungen, verbringen sie den Tag auf dem Boden. Die großen, glänzenden Augen sind fest geschlossen, so daß sie den Vogel nicht verraten. Mit der Dämmerung verwandeln sich die Vögel jedoch in wendige, schlanke Jäger auf Nachtfalter und fliegende Käfer. Ein breiter Mundspalt, an den Rändern mit langen steifen Borsten besetzt, wirkt als Insektenkescher, ähnlich wie wir es von den Seglern kennen.

Die Puerto-Rico-Nachtschwalbe, verwandt mit dem Ziegenmelker der Alten Welt, bewohnt heute die trockensten Teile der Insel, die Küstenstreifen. Hier brüten weniger als 500 Paare an drei Plätzen. Früher war die Art sicher sehr viel weiter verbreitet, denn es gibt große Gebiete mit geeigneten Lebensbedingungen. Trockener als die feuchten Bergwälder sind sie doch etwas feuchter als die extrem trockenen Küstenstriche. Solche halbtrockenen Wälder könnten sicher besiedelt werden, wenn es dort keine Mungos gäbe. Diese wurden zur Reduzierung der Ratten in den Zuckerrohrplantagen eingeführt. Infolge der Störung durch die Mungos haben sich die Nachtschwalben in einen trockenen und ungastlichen Lebensraum zurückgezogen, der von Mungos und Menschen gemieden wird. Möglicherweise halten also Störungen durch Menschen und Verluste durch Mungos die Nachtschwalben in ihrem extremen Refugium fest.

Ein naher Verwandter der Puerto-Rico-Nachtschwalbe hat sich wie keine andere Vogelart an eine wüstenhafte Umwelt angepaßt. In den Gebirgswüsten der mittleren und westlichen Staaten der USA übersteht der Poorwill *(Phalaenoptilus nuttallii)* die kalten Winter ohne Insekten in einem „Winterschlaf". Ähnlich wie bei manchen Säugetieren sinkt die Körpertemperatur und damit der Stoffwechsel auf minimale Werte ab, so daß der Vogel erstarrt. Poorwills wählen eine enge Spalte im Fels oder eine geschützte Stelle unter einem dichten Wüstenbusch, um dort den Winter zu überdauern. Die Körperfunktionen werden so stark verlangsamt, daß die Vögel mit ihren wenigen Gramm Fett etwa 150 Tage auskommen. Die Körpertemperatur sinkt dabei bis auf fünf Grad Celsius ab. An warmen Wintertagen können die Vögel innerhalb weniger Stunden zu normaler Aktivität zurückkehren. Erst seit 40 Jahren weiß die Wissenschaft vom Winterschlaf der Nachtschwalben. Die Hopi-Indianer Arizonas dagegen wußten davon schon lange. Sie nannten den Vogel deshalb „Schläfer".

Der Poorwill ist sicher eine Art mit einer langen Evolution dieser Anpassung an das Wüstenleben, die zu einem Grad physiologischer Umstellung geführt hat, der unter Vögeln einmalig ist. Sein Verwandter in Puerto Rico verfügt teilweise über ähnliche Möglichkeiten, ist jedoch nicht so vollkommen an den Lebensraum angepaßt, in den ihn erst der Mensch hineingetrieben hat.

Die am Boden brütende Puerto-Rico-Nachtschwalbe ist wie fast alle Nachtschwalben durch ihr Federkleid perfekt getarnt.

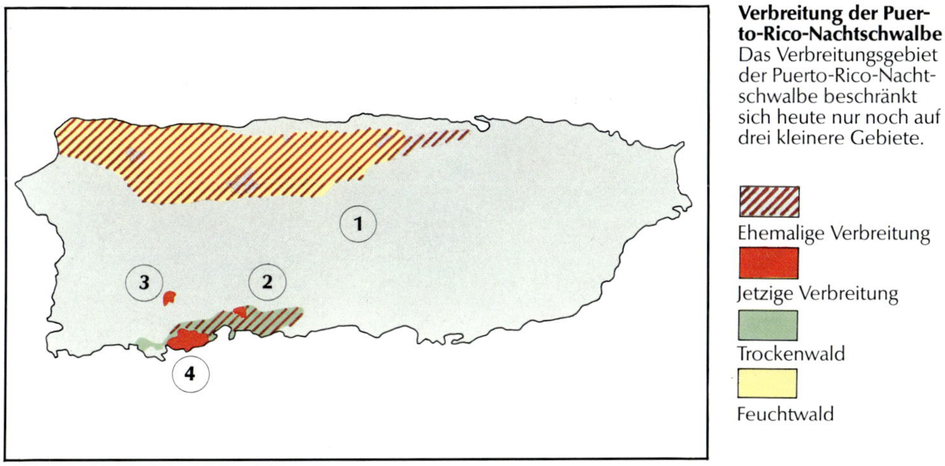

Verbreitung der Puerto-Rico-Nachtschwalbe
Das Verbreitungsgebiet der Puerto-Rico-Nachtschwalbe beschränkt sich heute nur noch auf drei kleinere Gebiete.

Bekannte Vorkommen
1. Zentralkordilleren
2. Guayanilla Hills
3. Susua forest
4. Guanica forest

Lagebericht Trockengebiete: Wüsten im Vormarsch

Trockengebiete sind die einzigen Lebensräume, die weltweit an Fläche zunehmen. Wüsten „sorgen für sich selbst" und sind sicher die letzten Biotope, die der Mensch zerstören wird. Im Unterschied dazu sind die Halbwüsten außerordentlich bedroht. Ein jährlicher Niederschlag von 20 bis 50 Zentimeter kann nämlich in durchschnittlichen oder überdurchschnittlichen Jahren ein extensiv nutzbares Weideland garantieren. Aber es gibt eben auch unterdurchschnittliche Jahre, die oft in Folge hintereinander auftreten und dann das Land in eine Wüste verwandeln.

Durch die lange Trockenzeit in der Sahelzone am Rande der Sahara in den 60er und 70er Jahren starben Millionen Stück Vieh und wahrscheinlich Zehntausende von Menschen. Viele waren zuvor eingewandert, angelockt durch die wenigen Jahre mit hohen Niederschlägen und ein Netz von Wasserlöchern, das in bester Absicht, aber ohne Kenntnis der ökologischen Belastbarkeit des Landes von Entwicklungshelfern angelegt worden war.

Wüsten vergrößern sich in erschreckendem Tempo. Jedes Jahr gehen etwa 60 000 Quadratkilometer wertvollen Landes in Wüste über; das entspricht der Fläche von Belgien. Noch größer ist die Fläche des ariden Landes, das zwangsläufig zu Wüste wird, wenn es weiter so übernutzt wird wie bisher. Diese potentielle Wüste entspricht etwa der Fläche Kanadas.

Ungefähr 80 Millionen Menschen sind als Folge dieser Verwüstung unmittelbar bedroht durch den Verlust des Landes, auf das sie angewiesen sind. Ein Gebiet von der doppelten Größe Kanadas ist jetzt schon in dieser Notsituation. Die bereits als Wüste zu bezeichnende Landfläche und das von Verwüstung bedrohte Land zusammengenommen bedecken 30 Prozent der Landoberfläche unseres Planeten. Man schätzt, daß 80 Prozent des Weidelandes und 60 Prozent des Ackerlandes langfristig durch die Ausdehnung der Wüsten gefährdet sind.

Das unaufhörliche Wachstum von Trokkengebieten ist eine der größten Bedrohungen der Menschheit. Ursache ist ausschließlich der Mensch durch seinen Raubbau an der Pflanzendecke störanfälliger Böden. Freilich schafft ein entsprechendes Klima schon die Voraussetzungen, aber der Prozeß der Verwüstung geht ganz auf unser Konto.

Überweidung hat auf weiten Flächen im nördlichen Kenia fast die ganze Grasvegetation zerstört. Die hohen Viehbestände verhindern das Nachwachsen des Grases.

Die Gebeine der toten Rinder sind die Zeugen einer jahrelangen katastrophalen Trockenperiode in der Sahelzone in Niger.

Eine Spirale ohne Ende

Um einem zu trockenen Boden Ernten abzuringen, muß man ihn bewässern. Eine sinnvolle Bewässerung erfordert jedoch enorme Investitionen an Material und menschlicher Arbeitskraft. Bewässert man unvorsichtig, wird der Boden mit Salz oder Alkali durchtränkt und auf lange Sicht unfruchtbar. Durch Bewässerung wird im Augenblick etwa soviel Land gewonnen, wie durch Verwüstung wieder verlorengeht. Bohrungen sollen Menschen und Vieh mit dem nötigen Wasser versorgen. Doch das Ergebnis ist häufig, daß die Wasserstellen durch den Kot der Rinder verseucht werden und viele Hufe den Boden auf großen Flächen um die Wasserlöcher festtrampeln. Die Vegetation wird bis auf den Boden abgefressen oder als Brennmaterial von den Familien der Hirten verbraucht. Der Grundwasserspiegel sinkt so weit ab, daß die wenigen noch verbliebenen Pflanzen vertrocknen und absterben. Die entstandene Wüste ist meist noch unbelebter als die natürliche. Vielleicht können in Zukunft einige der am extremsten angepaßten Wüstenvögel ihr Areal ausdehnen. Aber die Vögel der ariden Gebiete benötigen wenigstens etwas Vegetation, die der „menschengemachten" Wüste meistens gänzlich fehlt. Viele Arten, die zwar arides Land, nicht aber reine Wüste nutzen können, werden ebenso zum Aussterben verurteilt wie jene menschlichen Eindringlinge, die durch eine falsche Bewirtschaftungsform das Land in Wüste verwandeln und dem Verhungern entgegensehen.

Aride Gebiete am Rande der Wüsten sind oft wichtige Lebensräume, nicht nur für Brutvögel, sondern auch für Langstrekkenzieher aus kühleren Zonen. Sie nutzen Trockengebiete als Raststationen oder halten sich sogar die ganze Zeit außerhalb der Brutperiode dort auf. Die westafrikanische Sahelzone wird jedes Jahr im Herbst und Frühjahr überschwemmt. Manche Arten, wie die Dorngrasmücke, verbringen sogar den ganzen Winter dort. In den späten 60er und 70er Jahren gingen während der großen Trokkenperiode zahllose Dorngrasmücken zugrunde. Ein starker Bestandsrückgang in vielen Teilen Europas war die Folge. Die Bestände haben sich davon bis heute noch nicht ganz erholt.

Die immer kleiner werdenden Vogelpopulationen in nördlichen Breiten sind also auch ein Warnsignal für die Verwüstung der Lebensräume am Rande des Tropengürtels, Lebensräume, die eines Tages auch uns Menschen fehlen werden.

Wegen der zunehmenden Intensivierung der Landwirtschaft werden Weidegebiete im Tiefland immer knapper, und weidende Haustiere werden höher und höher ins Bergland getrieben. Dort tritt sehr schnell, wie hier bei Shadi in Indien, Übernutzung der spärlichen Grasnarbe ein, der dann die Bodenerosion folgt.

Oasen in der Wüste sind nicht nur Zufluchtsstätte für den Menschen, sondern bieten auch vielen Zugvögeln auf der Reise zwischen Afrika und Europa günstige Rastplätze.

Zwar bedecken solche vom Menschen geschaffenen Lebensräume weniger als ein Zehntel der Landoberfläche unseres Globus, doch hier wächst der Großteil unserer Nahrung. Im Durchschnitt sind Agrarlebensräume weniger produktiv als viele natürliche Ökosysteme. Je wirtschaftlicher sie jedoch genutzt werden können, desto weniger Lebensraum für Tiere und Pflanzen bleibt übrig, da heute die ökonomisch rentabelste Agrarproduktion die Monokultur darstellt. Nur wenige wildlebende Tierarten können sich hier noch halten.

Monokulturen sind auch für einige wenige Vogelarten attraktiv, die aber oft in so großen Scharen einfallen, daß sie der Ernte gefährlich werden können und Bekämpfungsmaßnahmen eingeleitet werden. In Ländern mit hohem landwirtschaftlichen Flächenanteil, wie in Europa und Nordamerika, steht heute so viel Land unter dem Pflug, daß die Änderung der Methode der Bodenbearbeitung oft einschneidende Folgen für die Existenz vieler Vogelarten hat.

Die Agrarlandschaften

Lebensräume unterm Pflug

Agrarland, die wichtigste Bodennutzung für die Menschheit, schaffte sich der Mensch selbst. Jeder der 14 Millionen Quadratkilometer entstand auf Kosten natürlicher Biotope. Unser Nahrungsbedarf wächst mit der Bevölkerung und der höheren Lebenserwartung so schnell, daß das Schicksal vieler anderer Lebensräume weitgehend von der Zukunft des Agrarlandes bestimmt wird.

Je stärker der Nahrungsbedarf steigt, desto mehr natürliche Biotope werden in Kulturland umgewandelt, oft mit der Aussicht, daß man die Ursprünglichkeit natürlicher Biotope zerstört, ohne dadurch wirklich viel Nahrung produzieren zu können. Das geeignete Land ist nämlich meistens bereits unter den Pflug gekommen. Der Rest ist zu naß, zu arm an Bodenauflage oder dauernd gefroren.

Gutes Ackerland ist auf der Erde nicht gleichmäßig verteilt: Länder mit dem geringsten Anteil liegen hauptsächlich in den Tropen (in vielen asiatischen Ländern eignen sich nur zehn Prozent der Fläche oder weniger für den Ackerbau), solche mit dem größten Anteil auf der Nordhalbkugel (Europa 36, Nordamerika 22 Prozent). Länder mit der größten Bevölkerungsdichte verfügen oft über die geringsten Anteile guten Ackerlandes, so daß sie Hungerkatastrophen fürchten müssen und weitgehend vom Agrarüberschuß der weniger dichtbesiedelten Länder abhängig sind.

Familienbetrieb in Kenia: Nach dem Tod des Besitzers wird die Landfläche eines Kikuyu-Gehöfts unter den Kindern aufgeteilt. Nach vielen solchen Erbteilungen sind die Landstücke oft zu klein für die Ernährung einer Familie. Fast 30% der Bauern in Kenia sind heute praktisch ohne Land.

Zweitklassiger Lebensraum für Vögel

Obwohl Agrarland über neun Prozent der Landoberfläche auf der Erde einnimmt, trägt es mit weniger als acht Prozent zur Primärproduktion für Nahrungsmittel bei und enthält weniger als ein Prozent der pflanzlichen Biomasse. Trotz der enormen Investitionen an Zeit, Geld, Technik und Chemie, die zur Nahrungsproduktion aufgewendet werden, schneidet Ackerland im Vergleich zu manchen natürlichen Ökosystemen sehr mäßig ab. Das produktivste Agrarland läßt sich in etwa mit natürlichen Ökosystemen vergleichen. Doch viele Agrargebiete bringen deutlich weniger Ertrag als maximal möglich wäre.

Agrarökosysteme unterscheiden sich von natürlichen Ökosystemen in einigen Eigenschaften ganz erheblich. In der Regel werden die rentabelsten Erträge in Monokulturen erzielt. Eine einzige Pflanzenart wird auf großen Flächen angebaut, intensiv mit Mineraldünger versorgt und mit Pestiziden behandelt.

Industrialisierte Landwirtschaft in Nordamerika: Riesengroße Weizenfelder können nur noch mit modernsten Maschinen bestellt werden. Der Bauer ist zum Leiter eines industriellen Betriebs geworden mit Mechanikern als Gehilfen. Alles ist auf Rationalisierung und Maximalertrag ausgerichtet.

In einer derartig einförmigen Vegetation können nur wenige Vogelarten existieren: Baumbrüter finden keinen Nistplatz, Bodenbrüter werden vom Maschineneinsatz beim Säen, Behandeln und Ernten der Pflanzen bedroht. Arten, die sich anpassen, werden oft zur Plage, weil für sie riesige Nahrungsmengen vorhanden sind. Welche Arten am stärksten von der Umwandlung betroffen werden, hängt davon ab, welches Biotop zerstört wurde. Die großen Weizenfelder Nordamerikas waren ehemals Prärie-Grasland; bodenlebende Graslandvögel, wie das Präriehuhn, waren die Hauptopfer. In Europa trat Ackerland für gewöhnlich an die Stelle von Waldflächen. Bis in die neueste Zeit waren viele Waldvögel in der Lage zu überleben, da sie ausreichend Nistplätze und Deckung in den Hecken fanden, die die Felder säumten. In den letzten 30 Jahren jedoch wurden die meisten Hecken zerstört, um maschinengerechte Felder zu erzielen. Hohe Vogelverluste waren die Folge.

Als die Felder noch klein und von Wald umgeben waren, haben sicher viele Waldvögel das günstige und leicht erreichbare Nahrungsangebot genutzt und verschwanden bei Störung in die Sicherheit des Waldes. Hühner mit Auslauf wurden oft durch Greifvögel geschlagen. Die Landbevölkerung der ganzen Welt bezeichnet den erfolgreichsten lokalen Greifvogel einfach als „Hühnerhabicht". Doch übernahmen viele Vögel auch für den Menschen nützliche Funktionen, besonders Insektenfresser bei der Kontrolle von Insekten, die bei Massenvermehrung als Schädlinge auftraten.

Kein Vogel ist von Natur aus ein typischer Bewohner der Agrarlandschaft. Als im Laufe der Zeit mehr und mehr Land kultiviert wurde, konnten sich manche Vogelarten allmählich daran anpassen und sich auf Kosten anderer vermehren. Doch dieser „Gewinn" ist kümmerlich vor dem Hintergrund der gewaltigen Verluste infolge der Zerstörung ursprünglicher Biotope.

Landwirtschaft in Europa: Die reichgegliederte Agrarlandschaft, geprägt durch ihre Mischkulturen, wird heute zunehmend durch große maschinengerechte Anbauflächen abgelöst.

Terrassenanbau in Nepal: Die Berghänge an vielen Orten in Asien sind in Terrassen angelegt, um mehr Nahrung für Menschen und Vieh zu produzieren. Die Anpflanzung von schnellwüchsigen „Brennholz-Bäumen" wird an steilen Hängen gefördert, um die Abschwemmung des Bodens zu verhindern.

Farmgemeinschaft in Ecuador: Im gemischten Anbau wird hier der Boden in 4000 m Höhe geschickt genützt.

Yarell-Elfe: Der Kolibri als Kulturfolger

Kolibris vereinen Zartheit und Widerstandskraft der Vögel ganz besonders eindrucksvoll. Sie sind die kleinsten Wirbeltiere – die kleinsten Kolibris wiegen nur zwei Gramm – und gleichzeitig so hochspezialisierte Flieger, daß ihre winzigen Füße zum Gehen nicht mehr taugen. Dennoch bilden sie eine der artenreichsten Vogelfamilien: Nicht weniger als 315 Arten leben von der Küstenwüste bis zum Berggipfel in allen Biotopen des tropischen Südamerika.

Die Yarell-Elfe *(Eulidia yarellii)* ist die einzige gefährdete Vogelart, die auf einen vom Menschen geschaffenen Lebensraum beschränkt ist. Doch das ist wahrscheinlich einfach eine Folge davon, daß der natürliche Lebensraum durch Kulturland vollkommen ersetzt wurde, wohl kaum eine zwischenzeitlich eingetretene Anpassung an ein neues Biotop.

Die Art scheint von jeher eine sehr engbegrenzte Verbreitung in Nordchile gehabt zu haben. Hier wird sie heute nur in den kultivierten Tälern der Flüsse Azapa und Lluta gefunden sowie in den Gärten der Stadt Arica und ihren Vororten. Einzelne Vögel sind zwar schon bis zu 130 Kilometer entfernt beobachtet worden, doch regelmäßig und daher wahrscheinlich als Brutvogel bisher nur in der Umgebung von Arica. Die Stadt und ihre beiden Täler sind vollständig von Wüste umgeben. Die Küstenebenen von Chile bilden ja eine der extremsten Wüsten der Erde. Die Yarell-Elfe lebte wohl einst in einigen der engen fruchtbaren Taleinschnitte. Alle sind heute vom Menschen besetzt und in Kulturlandschaft umgewandelt worden.

Bis etwa 1948 waren die Kolibris in ihrem Verbreitungsgebiet noch häufig, doch 1971 hatten sie bereits sehr stark abgenommen. Gelegentlich sah man sie in größerer Zahl an blühenden Bäumen mitten in der Stadt. In letzter Zeit ist es jedoch sehr schwierig, auch nur ein oder zwei zu entdecken. Der nur halb so große Atacama-Kolibri *(Rhodopis vesper)* war dagegen noch 1943 in Arica selten, ist aber heute wesentlich häufiger als die Yarell-Elfe. Er scheint sich inzwischen erfolgreich an die Kulturlandschaft angepaßt zu haben.

Man weiß nicht, ob die Umwandlung der natürlichen Vegetation der Täler in eine Kulturlandschaft die Yarell-Elfe zurückgedrängt hat. Mehrere Gründe sprechen dafür. Kolibris sind auf ein geeignetes Angebot an kleinen Insekten und Blütennektar angewiesen. Wahrscheinlich hat die Kultivierung der Täler unter massiertem Einsatz giftiger Chemikalien das Gleichgewicht im Insektenangebot für den Kolibri entscheidend verändert. Gleichzeitig wurden die nektarreichen Pflanzen durch Kulturpflanzen ersetzt, die viel weniger Nektar spenden. Die wahren Gründe für den Rückgang bleiben spekulativ, da in so abgelegenen und ungastlichen Teilen der Erde wenig Aussicht besteht, die Lebensweise der Yarell-Elfe jemals eingehend untersuchen zu können.

Eine Vogelart, deren Lebensraum total kultiviert wurde, kann nicht überleben, wenn es ihr nicht gelingt, sich rasch an die neuen Lebensbedingungen anzupassen. Anpassung und Überleben sind dabei durchaus möglich. Vogelarten mit großem Verbreitungsgebiet, die nicht auf einen Schlag ihren natürlichen Lebensraum verloren, haben sich so erfolgreich umstellen können, daß sie heute zu typischen Kulturfolgern geworden sind.

Die Yarell-Elfe beschließt die Reihe der Arten, die wir hier als bedroht im klassischen Sinn vorstellen und diskutieren. Die Vogelarten der nächsten Seiten sehen sich keiner unmittelbaren Gefahr des Aussterbens gegenüber. Sie sind im Gegenteil außerordentlich erfolgreich, denn viele von ihnen haben sich in jüngster Vergangenheit stark vermehrt. Einige nehmen immer noch zu. Es handelt sich um Arten, die sich von natürlichen Biotopen auf Kulturlandschaft umstellen konnten, die der Mensch beherrscht oder sogar völlig neu geschaffen hat.

Manche solcher Kulturfolger haben sich sogar von ihren ehemaligen Lebensräumen so stark gelöst, daß sie heute ohne den Menschen nicht mehr existieren könnten.

Inmitten einer der extremsten Wüstengebiete der Erde nahe der chilenischen Stadt Arica wurden zwei fruchtbare Taleinschnitte für die Landwirtschaft kultiviert. Auf sie beschränkt sich der heutige Lebensraum der Yarell-Elfe. Kann sie hier auf Zeit überleben?

Nest der Yarell-Elfe mit zwei fast flüggen Jungvögeln. Der Bestand des seltenen Kolibris hat in neuester Zeit stark abgenommen. Experten vermuten einen Zusammenhang mit dem steigenden Einsatz von Insektenbekämpfungsmitteln. Er reduziert erheblich ihr Nahrungsangebot.

Kuhreiher: Im Gefolge der Viehherden

Schon bei den frühesten Formen der Landwirtschaft handelte es sich um die Haltung domestizierter Grasfresser für die Produktion von Milch, Fleisch, Blut und Häuten. Weidebetrieb ist auch heute noch eine weitverbreitete Form der Landnutzung in aller Welt. Er beeinflußt mehr Lebensräume als der Ackerbau, da das Vieh auch noch in Landschaften weiden kann, die für den Ackerbau nicht mehr geeignet sind.

Kuhreiher *(Bubulcus ibis)* sind dem menschlichen Weidebetrieb außerordentlich erfolgreich gefolgt. Bis vor kurzem waren sie auf die Tropen und Subtropen der Alten Welt beschränkt, von Afrika und Südwesteuropa durch Asien bis nach Japan. In ihrem ganzen Verbreitungsgebiet schließen sie sich Weidetieren an und leben von Großinsekten und kleinen Wirbeltieren, die durch die weidenden Großsäuger aufgescheucht werden. Die Reiher schreiten langsam mit einem etwas schwerfälligen, fast gänseartigen Gang. Wenn sie mit einer schnell laufenden Kuh Schritt halten wollen oder einer besonders lebhaften Heuschrecke hinterherrennen, eilen sie mit komisch wirkender Hast vorwärts, gar nicht dem würdigen Gehabe anderer Reiher ähnlich. Kuhreiher stehen entweder auf dem Rücken der Weidetiere oder streifen auf der Nahrungssuche um deren Füße herum. Untersuchungen haben ergeben, daß die Reiher von Weidetieren profitieren, da sie mehr Beute fangen, als wenn sie allein auf Jagd gehen müßten.

Bis etwa 1930 war der Kuhreiher auf die Alte Welt beschränkt; dann siedelte er sich in Südamerika an, nachdem einige Reiher offenbar ohne Hilfe den Atlantik überquert hatten. Sie breiteten sich über die Inseln der Karibik bis Nordamerika aus, wo sie 1953 erstmals brüteten. Eine halbe Weltreise entfernt, auf der anderen Seite ihrer Verbreitungsgrenze, besiedelten sie 1948 ohne Hilfe Australien. Die nachfolgende Ausbreitung über die pazifischen Inseln bis nach Hawaii wurde durch absichtliche Einfuhren unterstützt.

Kuhreiher wurden bereits im 19. Jahrhundert in Südamerika nachgewiesen, doch brüteten sie hier über 50 Jahre lang nicht. Möglicherweise konnten sie sich weder hier noch in anderen, neuerdings kolonisierten Gebieten erfolgreich ansiedeln, bevor die Viehzucht eingeführt wurde. In ihrem ursprünglichen Verbreitungsgebiet hat der Mensch im Laufe einiger tausend Jahre allmählich die wildlebenden Pflanzenfresser durch seine Haustiere ersetzt, so daß die Reiher sich langsam von den wilden Arten auf die domestizierten umstellen konnten. In Afrika begleiten sie auch heute noch Wildtierherden, so wie sie das früher in allen anderen Gebieten getan haben mögen. In Afrika schließt sich der Kuhreiher den Herden der Massai und anderer Viehzüchterstämme ebenso an wie den wandernden Gnu- und anderen Wildtierherden, die allmählich aus dem Grasland durch Haustierherden oder Akkerbauern vertrieben werden. Offensichtlich bevorzugen sie Herden domestizierter Grasfresser, die nicht so weit wandern wie wildlebende Huftiere und sich auch meist nicht weit vom offenen Wasser entfernt aufhalten.

Kuhreihernest in einer australischen Brutkolonie. Anfangs nur in Afrika und Asien heimisch, ist der Kuhreiher heute auch in Amerika und Australien verbreitet.

Erfolgreiche Anpassung: Kuhreiher sind sozusagen vom Büffel auf die Kuh umgestiegen. Sie leben nicht mehr ausschließlich mit den Wildtierherden, sondern folgen zunehmend auch den Viehherden im Weideland.

Obwohl Kuhreiher viel weniger an Wasser gebunden sind als die meisten anderen Arten der Reiherfamilie, sammeln sie sich für gewöhnlich in der Nähe des Wassers, bevor sie in die Schlafplätze einfliegen. Ebenso wie die Nistplätze liegen sie auf Bäumen oder Büschen nahe am Wasser. Das scheint der Reiherkolonie eine gewisse Sicherheit zu geben, zumindest gegenüber Landraubtieren. Oft aber liegt eine Kolonie oder ein Schlafplatz nur an einem Tümpel, der mit der Zeit austrocknet und sich erst nach einem Regen wieder füllt. Damit entfällt dann auch eine dauernd seßhafte Population wasserlebender Feinde.

Da der Mensch mit seinen Herden immer weiter in die Wälder und in die ariden Gebiete der Erde vordringt, werden Kuhreiher in Zukunft wahrscheinlich ihr Verbreitungsgebiet weiter ausdehnen. Die Population wird dabei möglicherweise durch ein beschränktes Angebot an Nistplätzen begrenzt bleiben. Kuhreiher breiten sich zwar über erhebliche Distanz aus, legen aber gewöhnlich keine weiten Strekken zu den Brutplätzen zurück.

Für den Herdenbesitzer sind Kuhreiher eher willkommen als schädlich, und so haben sie von den Menschen wenig zu fürchten. Die Reiher fangen Insekten, die vom Gras der Weidetiere leben, düngen mit ihrem Kot den Boden und warnen die Weidetiere vor Räubern. Kuhreiher haben eine durch den Menschen geschaffene neue Nische besetzt und Gebiete besiedelt, in denen ihre ökologische Nische vorher nicht existierte. Eine der wichtigsten Ursachen ihrer Ausbreitung in den letzten Jahren war die weite Verbreitung der Reiskulturen auf überschwemmten Feldern. Die meisten Kuhreiher der Welt sind heute wohl auf die Wirtschaftsweise des Menschen angewiesen.

Von der Lebensgemeinschaft profitieren beide Seiten. Die durch das trockene Gras laufenden Tiere jagen Insekten hoch, die so eine leichte Beute der kleinen weißen Reiher werden. Bei Gefahr warnt der Reiher die Großtierherden. Er fliegt immer von der Gefahrenstelle weg und gibt somit die Fluchtrichtung an.

Türkentaube: Siegeszug durch Europa

Bis zum Ende des letzten Jahrhunderts war die Türkentaube *(Streptopelia decaoto)* in Süd- und Zentralasien anzutreffen. Ostwärts bis Japan, wo sie von China eingeführt wurde, und westwärts bis in die Türkei. Sie bewohnte hauptsächlich trockene, locker mit Bäumen bestandene Landschaften, gewöhnlich nahe an menschlichen Siedlungen und landwirtschaftlichen Kulturen.

Dann begann die Art sich nach Norden auszubreiten und erreichte die britischen Inseln 1952. Drei Jahre später brütete sie dort bereits. Bis etwa 1969 hatte sie sich über das ganze Land ausgebreitet und war ein von den Scilly-Inseln im Süden bis zu den Shetlands im Norden häufiger Vogel geworden. Im folgenden Jahrzehnt vermehrte sich die britische Population um das Vierfache.

Die erstaunliche Ausbreitung hat unter den Vögeln nur wenige Parallelen. Lediglich der Kuhreiher und der Eissturmvogel haben ihr Areal ähnlich schnell erweitert. Alle sich stark vermehrenden Populationen haben von einem durch Menschen verbesserten Nahrungsangebot profitiert, wenn auch im einzelnen die Rolle des Menschen bei der gewaltigen Arealausdehnung nicht sicher ist.

In den Parks und Gärten der Städte und Dörfer Europas ist die Türkentaube bereits ein vertrauter Vogel. Die Hintergründe ihrer Einwanderung sind bis heute jedoch noch nicht endgültig geklärt. Genetische Veränderungen oder Klimaverschiebungen werden als Ursache vermutet.

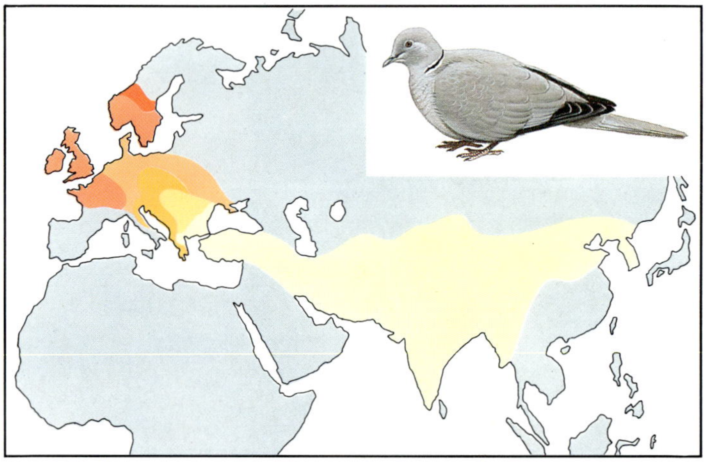

Invasion der Türkentaube
In den letzten 50 Jahren hat sich die Türkentaube von ihrer Heimat in Südasien weit nach Nordwesten über fast ganz Europa ausgebreitet. Es handelt sich um eine der erfolgreichsten Arealausweitungen einer Tierart in jüngster Zeit.

Verbreitung

- 1930
- 1938
- 1945
- 1955
- 1965
- 1975

Türkentauben ernähren sich hauptsächlich von kleinen Sämereien am Boden. In Europa sind sie heute fast ausschließlich vom Menschen abhängig und leben von Dreschabfällen in Bauernhöfen oder von Geflügelfutter. Sie sind Nahrungskonkurrenten von Haussperling, Star und verwilderter Stadttaube. Im Winter gibt es für sie oft keine andere Nahrung als Brotkrumen an den Futterstellen in Gärten oder Stadtparks. In den meisten Gebieten Europas und wohl auch in Teilen ihres ursprünglichen Verbreitungsgebietes überstehen die Türkentauben den Winter nur mit Hilfe des Menschen.

Obwohl alle drei Arten, die ihr Verbreitungsgebiet so schnell vergrößerten, auf ein Nahrungsangebot zurückgreifen, das vom Menschen zur Verfügung gestellt wird, müssen die eigentlichen Gründe für die Ausbreitung ganz andere gewesen sein. Denn menschlicher Landbau ging der Ausbreitung der Türkentaube schon mehrere tausend Jahre voraus. Vielleicht hat eine genetische Veränderung in der Population Kleinasiens den Anstoß für die plötzliche Ausbreitung in Europa gegeben. Vielleicht sind aber auch klimatische Verschiebungen beteiligt.

Europa ist keineswegs arm an Vogelarten, die Körner in ländlichen Anwesen oder in der Nähe von Geflügelhaltungen auflesen. Haussperlinge benötigen kleine Sämereien. Ringeltauben suchen in denselben ländlichen Gebieten nach Nahrung wie Türkentauben. Straßentauben, Haussperlinge und Stare sind in manchen Städten und Vorstadtparks ebenfalls gut etablierte Nutznießer von Brotkrumen.

Wie fand die Türkentaube nicht nur ausreichend ökologischen Raum, sondern auch ausreichend Nahrung, um sich in einem so erstaunlichen Maß zu vermehren, ohne eine andere Art zurückzudrängen? Ein ökologischer Grundsatz sagt, daß zwei verschiedene Arten nicht eine identische ökologische Nische besetzen können. Doch die Türkentaube scheint genauso wie andere Arten zu leben.

Wahrscheinlich liegt das Geheimnis der Türkentaube in ihrer Anpassungsfähigkeit und in der Tatsache, daß ihre Bedürfnisse sich zwar mit denen anderer Arten überlappen, aber eben doch noch unterscheiden. Sie ist kleiner als die Ringeltaube und viel weniger scheu gegenüber Menschen. So kann sie Nahrung an Plätzen aufnehmen, die von Ringeltauben gemieden werden. Straßentauben sind mehr oder minder auf Städte beschränkt und suchen Agrargebiete viel weniger auf als Türkentauben. Haussperlinge stellen ganz andere Ansprüche an den Brutplatz und suchen auch nicht so weit von den Häusern entfernt nach Nahrung wie Türkentauben.

Innerhalb weniger Jahre nach ihrer ersten Beobachtung an einem bestimmten Ort können Türkentauben oft so häufig werden, daß man sie als Schädlinge betrachtet. Sicherlich verzehren sie viel Hühnerfutter. Da aber die Geflügelhaltung in Europa sich heute meist in geschlossenen Räumen abspielt, dürften sie kaum viel Schaden verursachen. Der Lärm ihres penetranten Balzrufes ist vielleicht die unangenehmste Begleiterscheinung dieses Vogels, zumindest für die Städter.

Wie die Kuhreiher sind auch Türkentauben möglicherweise mittlerweile so abhängig vom Menschen, daß sie Änderungen in der Form der Bodenbewirtschaftung nicht überleben würden. Sie zeigen uns gleichzeitig, daß die Kulturlandschaft oft Möglichkeiten für Vögel anbietet, die lange Zeit ungenutzt bleiben, bis eine Art sich daran anpaßt.

Der Erfolg der Türkentaube liegt in ihrer Anpassungsfähigkeit. Sie hat es rasch gelernt, sich neben Hausgeflügel und anderen Vogelarten in der Nähe des Menschen durchzusetzen.

Lagebericht Agrarlandschaften: Industrialisierte Natur

Die Menschheit mißbraucht ihren wertvollsten Lebensraum so rücksichtslos, daß ein Drittel davon innerhalb der nächsten 15 Jahre zerstört sein wird. Gutes Ackerland, das schon jetzt für unsere Ernährung nicht mehr ausreicht, wird übernutzt und degradiert, so daß Zunahme des Hungers in der Welt und Ansteigen der Nahrungspreise unvermeidlich werden. Verschärft wird die Lage durch die ungleiche Verteilung der Produktion: Die einen, wie viele europäische Staaten, produzieren unter Zerstörung ihres Bodens Überschüsse, die nicht verwertet werden. Die anderen versuchen, aus kargem Boden bei geringen Niederschlägen das Äußerste herauszuholen, und müssen trotzdem hungern.

Nicht besonders hochentwickelte Landnutzung ist in unserer Vorstellung oft für Entwicklungsländer charakteristisch und besonders in den Tropen verbreitet. Es gibt in der Tat keinen Zweifel, daß ein großer Teil der niedrigen Nahrungserträge und der Verluste an Oberboden, wie sie vor allem für die Tropen typisch sind, das Ergebnis einer schlechten landwirtschaftlichen Praxis darstellen. Das Ausmaß dieser Probleme ist furchterregend.

Allein in Indien leiden 40 Prozent Oberfläche von 3,3 Millionen Quadratkilometern unter Bodenerosion, und große Gebiete werden durch Überflutung und Anhäufung von Salz und Alkali degradiert. Der Nährstoffverlust pro Jahr durch die erodierenden oberen Bodenschichten ist größer als der Umfang an Nährstoffen, die dem Land in Form von Kunstdünger zufließen. In vielen Teilen der Tropen erzielen Bauern nur einen Bruchteil der potentiellen Agrarproduktion ihres Landes, oft als Folge ungeeigneter Landbautechnik oder fehlender Geldmittel für die Ausrüstung.

Wachsende Flut aus Beton

Die Entwicklungsländer haben nur einen relativ geringen Anteil an der globalen Agrarproduktion. Das meiste Getreide der Welt wächst in Nordamerika. Hier schlagen Produktionsverluste im wahrsten Sinne des Wortes zu Buche. Die USA haben zwar den umfangreichsten und am höchsten entwickelten Bodenschutzdienst der Welt, dennoch werden jedes Jahr 12 000 Quadratkilometer amerikanisches Farmland durch Bodenerosion zerstört.

Nicht wieder gutzumachenden skandalösen Mißbrauch von hochwertigem Akkerboden bedeutet aber auch sein Überbauen mit Asphalt und Beton. Allein in den USA wird dadurch ebensoviel Farmland zerstört wie durch Erosion. In Kanada wurden zwischen 1961 und 1971 8000 Quadratkilometer Ackerland unter Straßen und Gebäuden begraben. Die Folgen dieser ruinösen Zerstörung guten Farmlandes sind auf der ganzen Welt zu bemerken. Die USA allein ernährt 300 Millionen Menschen mit den Erzeugnissen aus einer Fläche von ungefähr 1600 Millionen Quadratkilometern. Die Ackerfläche, die jedes Jahr in diesem Land zerstört wird, würde weitere zweieinviertel Millionen Menschen ernähren, etwa die Zahl, um die die Weltbevölkerung alle 12 Jahre wächst.

Dort, wo traditionelle Landwirtschaft auch heute noch betrieben wird, kann sich der Weißstorch behaupten. In der modernen Agrarlandschaft aber reicht das Nahrungsangebot zur Aufzucht der Jungen nicht mehr aus.

Die weltweite Landwirtschaftsindustrie hat enorme ökologische und ökonomische Folgen. Die riesigen Feldfluren sind von Wildpflanzen und Tieren leergefegt. Die Kulturpflanzen sind dadurch anfälliger für Krankheiten und Schädlinge. Der zwangsläufig höhere Einsatz von Agrarchemikalien verursacht höhere Kosten.

Natürlich begraben auch andere Industrienationen ihr Ackerland unter Straßen und Städten. Japan – ein Land, schon von Natur aus mit Ackerboden schlecht ausgestattet – zerstörte zwischen 1960 und 1971 7 Prozent seines Ackerlandes; europäische Länder verloren zwischen 1,5 und 4,5 Prozent. Viele Entwicklungsländer nützen zwar ihr Ackerland nicht richtig, doch bis in die jüngste Zeit haben nur ganz wenige solches Land für immer überbaut. Doch in aller Welt braucht man Flächen für rasch wachsende Städte und Verkehrsstraßen. So wird auch in den Entwicklungsländern wertvolles Land für immer begraben.

Verstädterung ist ein weltweites Problem. Das Klima verändert sich. Pflanzen und Tiere werden verdrängt.

Kein Biotop bleibt verschont

In ganz verschiedenen Gebieten schafft der wachsende Nahrungsbedarf einen Druck auf noch erhaltene natürliche Biotope. In den Niederlanden, dem am dichtesten besiedelten Land Europas, ist Ackerland so knapp, daß man Land der See abgewinnt, dabei aber marine und Küstenökosysteme zerstört. Feuchtgebiete werden in vielen Teilen der Welt trockengelegt, um ihre hohe natürliche Produktivität zum Anbau von Nahrungspflanzen nutzbar zu machen. Wälder der verschiedensten Typen werden abgeholzt und durch Äcker ersetzt, ohne Rücksicht darauf, ob sich der Boden auch für einen fortdauernden Akkerbau eignet. Oder man treibt Vieh in die Wälder, das keinen Jungwuchs mehr aufkommen läßt und den Übergang zum Grasland einleitet. Grasflächen und Trokkengebiete sind überweidet und entwikkeln sich allmählich zu Wüsten. Siedlungen kriechen höher und höher die Gebirgshänge hinauf, und sogar steile Hanglagen werden in Kulturland verwandelt.

Der kahle Boden, während mancher Stadien der Kultivierung unausbleiblich, wird ausgewaschen, die Hochwässer der Flüsse schütten Mündungsgebiete auf, decken Korallenriffe zu und ersticken die küstennahen Laichgründe von Meeres- und Küstenfischen. Selbst die Polargebiete und Ozeane geraten wegen ihrer Nahrungsressourcen verstärkt unter Druck.

Das Schicksal der Vögel aller Biotope hängt direkt oder indirekt zu einem beträchtlichen Grad von der Effizienz ab, mit der Ackerland Nahrung produziert: Je geringer die Erträge, desto mehr natürlicher Boden wird beansprucht. Extensive, traditionelle Landwirtschaft hat in vielen Gebieten der Erde noch genügend Möglichkeiten für ein reiches Tier- und Pflanzenleben übriggelassen. Der Reichtum an Vogelarten in vielen Gebieten der Nordhalbkugel hat sich durch die Entstehung einer mosaikartigen Kulturlandschaft oft erst entwikkeln können. Doch mittlerweile ist durch das Wachstum der menschlichen Bevölkerung und die moderne landwirtschaftliche Produktion eine Form der Bodennutzung entstanden, die man häufig nur noch als Raubbau an natürlichen Ressourcen bezeichnen kann. Das große Bodensterben hat bereits mit aller Macht eingesetzt.

Immer mehr Menschen in allen Kontinenten leben in explosionsartig wachsenden Ballungsgebieten mit ihren umweltzerstörenden und landschaftsfressenden Verkehrssystemen.

Der immer weiter um sich greifende Maisanbau in Mitteleuropa schädigt den Boden katastrophal. Der Mais laugt ihn extrem aus und erfordert daher eine intensive Düngung.

Städte sind Lebensräume, in denen die ökologischen Gesetze scheinbar außer Kraft gesetzt sind. Vom Menschen gestaltet, bieten sie erst einmal nur dem Menschen Schutz, Wohnung und Arbeitsmöglichkeiten. In den modernen Großstädten dominieren Beton, seelenlose Häuserfassaden in tiefen Straßenschluchten, Verkehrslärm, Abgase, Staub und Smog. Der Mensch hat sich eine Lebenswelt geschaffen, die mit Natur nur noch wenig zu tun zu haben scheint.

Die vielen Millionen Großtstadtbewohner leben aber von den Überschüssen, die auf den Flächen des Agrarlandes erwirtschaftet werden, benötigen zum Ausgleich die erfrischende Atmosphäre des Waldes oder die abwechslungsreiche Vielfalt eines Seeufers. Stadtbewohner sind stärker als andere von der Struktur ihrer Umgebung abhängig und wirken auf sie ein. Diese gegenseitige Abhängigkeit von Land und Stadt wird heute ein immer größeres Problem.

Das Zentrum einer Großstadt ist für die meisten Vögel ebenso ungastlich wie für den Menschen. Durch Parks, Gärten, Teiche und Flüsse können Städte eine Vielzahl unterschiedlicher Lebensräume enthalten und weisen daher manchmal auch ein sehr reiches Vogelleben auf. Städte sind in gewisser Beziehung sogar sicherer als die ursprüngliche Wildnis: Zum Beispiel ist die Anzahl der Beutegreifer und die Gefährdung durch Pestizide geringer als in der modernen Agrarlandschaft. Manche Vogelarten haben sich daher an das Leben in Städten so hervorragend angepaßt, daß man sie heute kaum noch außerhalb antrifft.

Die Städte

Lebensraum vom Reißbrett

Städte, der wichtigste Lebensraum des Menschen, haben nicht zuletzt infolge des Autobooms an Lebensqualität verloren. Die Abgase der Autos sind zu einem ernsten Gesundheitsproblem für die Stadtbevölkerung geworden.

Städte sind in der Geschichte der Natur der jüngste Lebensraum. Schon früh in der Menschheitsgeschichte entstanden in den fruchtbarsten Gebieten, zum Beispiel in breiten Flußniederungen, die ersten Siedlungen, die sich in den vergangenen 5000 Jahren immer weiter ausdehnten und zu Ballungszentren unvorstellbaren Ausmaßes entwickelt haben.

Zum Beispiel nehmen in der Bundesrepublik Deutschland Siedlungen und Verkehrsflächen etwa fünfmal soviel Raum ein wie Seen, Teiche, Flüsse und Bäche und damit etwa 10 Prozent der Gesamtfläche des Landes. Während im Jahr 1900 nur etwa 14 Prozent der Weltbevölkerung in Städten gelebt haben, werden es im Jahr 2000 bei viermal soviel Menschen etwa 50 Prozent sein, sogar 80 Prozent in den industrialisierten Regionen. Weltweit ist der Lebensraum Stadt ähnlich wie die Wüste in rasantem Wachstum begriffen, dem notwendigerweise andere Landflächen, vor allem fruchtbares Ackerland in der Umgebung der bestehenden Siedlungen, zum Opfer fallen.

Eine große Stadt bildet ihr eigenes Klima. Durchschnittlich steigen die Temperaturen im Vergleich zum Umland um etwa ein oder zwei Grad. Mitunter ändern sich auch Niederschlagsmengen und -verteilung, da die Dunstglocke über der Stadt die Wolkenbildung beeinflußt.

Jede Stadt ist ein Lebensraum ganz besonderer Prägung. Von Grüngürteln durchzogen, mit vielen Kleingärten durchsetzt, am Ufer eines Flußes oder Sees kann sie eine Vielzahl unterschiedlicher Lebensräume beherbergen. Als in Beton gegossener Ausdruck menschlichen Machbarkeitswahns wirkt sie lebensfeindlich und eintönig. Die großen Steinbauten der älteren Stadtzentren bieten gute Nist- und Ruheplätze für Straßentauben, Haussperlinge oder Stare, die vom Abfall oder ausgestreuten Futter leben. Vorstadtgärten werden von den Vögeln oft dichter besiedelt als Wälder, ihre ursprünglichen Lebensräume. Obwohl einzelne Vogelarten in den Städten ausgezeichnet gedeihen und in großer Zahl vorkommen, ist das Vogelleben weniger vielfältig als in jenen natürlichen Lebensräumen, die sich vor ihrem Bau dort befanden.

Vielerorts ist die alte Stadtbegrünung innerhalb der historischen Stadtmauern der letzte Naturraum im riesigen ausufernden Häusermeer.

Exotische und einheimische Wasservögel drängen sich im Winter um die offenen Futterstellen an Stadtteichen. Für viele Menschen eine der wenigen Möglichkeiten zu einem direkten Kontakt mit der Natur.

Straßentaube: Vom Felsenfreund zum Stadtbeschmutzer

Das Vogelleben ist im Zentrum einer Großstadt überall auf der Erde gleich einförmig. Straßentauben, Haussperlinge und Stare sind die drei häufigsten Arten in den Stadtzentren von Kanada bis Australien. Sie sind vielerorts vom Menschen eingeführt worden, doch ihr Sprung von Stadt zu Stadt geschah aus eigenem Antrieb.

Straßentauben sind die freilebenden Abkömmlinge von Haustauben, die wiederum von der Felsentaube *(Columba livia)* abstammen. Sie sind heute viel häufiger und weiter verbreitet als ihre Vorfahren, die in Nordafrika, Süd- und Westeuropa, Inner- und Südasien in Felshöhlen und -nischen brüten. Straßentauben haben statt den entlegenen Felswänden ihrer Vorfahren die Fensterfronten der Steinbauten in den meisten größeren Städten der Welt gewählt. Sie sind wohl die erfolgreichsten aller Stadtvögel und auch am engsten an die Stadt gebunden. Einige Populationen rasten und brüten an Gebäuden, fliegen aber dann in die Landschaft der Umgebung; die größten Populationen aber leben ständig in der Stadt. Tauben sind in erster Linie Körnerfresser, und ehemals waren die aus den Futtertaschen der Pferde fallenden Körner eine Hauptnahrungsquelle für sie. Heute leben viele von Brot, obwohl es eigentlich als Nahrung wenig geeignet ist. Wenn irgend möglich, ziehen die Vögel daher Körnerfutter vor.

Ein großer Teil der Nahrung wird von den Städtern gefüttert. Für sie sind Tauben ein Bindeglied zur Natur. Die Stadtverwaltungen müssen sich mit den negativen Begleiterscheinungen der Tauben befassen: dem Kot, der Pflaster und Gehsteige beschmutzt und die Fassaden der Gebäude verätzt; den Nestern, die Fenstersimse und Feuerleitern beschmutzen; der Möglichkeit, daß die Vögel einige Krankheiten übertragen. Tauben „fressen" sogar Gebäude. Zur Zeit der Eiablage, wenn zusätzlich Kalk zur Eischalenbildung benötigt wird, picken die Weibchen im verwitternden Mörtel oder Stein.

Die Straßentaube hat die Stadt zu ihrem Lebensraum gemacht und sich in jeder Beziehung optimal daran angepaßt.

An vielen sehenswürdigen Plätzen der Großstädte sind Stadttauben eine beliebte Touristenattraktion. Für die Stadtverwaltungen sind sie jedoch ein Problemfall: Ihr ätzender Kot beschädigt Statuen, Gebäudefassaden und technische Einrichtungen.

Stadttauben sind verwilderte Haustauben, deren Stammform die Felsentaube ist. Sie bevölkern heute in großer Zahl die Städte in allen Kontinenten. Die Häuserfronten mit ihren Nischen und Vorsprüngen bieten ihnen ideale Nistmöglichkeiten und einen Lebensraum ohne natürliche Feinde. Ein Grund für ihre explosionsartige Vermehrung.

Star: Allein willkommen, im Schwarm verdammt

Kein Vogel kann den Lärm des Stadtverkehrs so deutlich übertönen wie der Star *(Sturnus vulgaris)* am Massenschlafplatz. Schwarze Wolken von Zehn- oder Hunderttausenden von Staren, die am dunkelnden Abendhimmel in exakten Manövern kreisen, bevor sie dann zum Übernachtungsplatz hinabtauchen, gehören in vielen Städten der Erde wie der Verkehr oder die Straßenbeleuchtung zum gewohnten Bild der hereinbrechenden Nacht. Noch Stunden vor Einbruch der Dunkelheit hört man lautes Krächzen und Pfeifen, das wohl wegen des Lärms und der Beleuchtung der Stadt noch so lange andauert. Der Starengesang ist für unsere Ohren nicht gerade wohlklingend; er gewinnt auch nicht an Klangschönheit, wenn Tausende zu gleicher Zeit singen. Die Vögel sind daher wegen ihres „Geschreis" wohl noch weniger beliebt als wegen der unvermeidlichen Kotansammlungen unter ihren Übernachtungsplätzen.

Die natürliche Verbreitung des Stars erstreckt sich über Europa nach Osten bis Zentralasien; in den 40er Jahren besiedelten Stare auch Island ohne fremde Hilfe. Das heutige Verbreitungsgebiet ist aber noch viel größer. Mit viel Unterstützung durch den Menschen haben Stare sich über das ganze bewohnte Nordamerika ausgebreitet, über Südostaustralien und Neuseeland und sogar an der Südspitze Afrikas, an der 1889 Cecil Rhodes 18 Vögel freiließ. In den USA fand die erste erfolgreiche Einbürgerung 1890 im Central Park in New York statt. Nur 50 Jahre dauerte es, bis die 4000 Kilometer bis zur Westküste überbrückt waren; heute reicht das besiedelte Areal von Alaska bis Südmexiko.

Stare sind Vögel der Agrarlandschaft und auch der Städte; ihr phänomenaler Eroberungszug durch Amerika ist ihrer Fähigkeit zu verdanken, Ackerlandschaften ebenso wie Städtelandschaften zu nutzen. In London oder New York zum Beispiel sind sie zu ausgesprochenen Stadtvögeln geworden. Neben Tauben und Sperlingen stellen sie sich in Parkanlagen ein und stolzieren an den Futterplätzen zutraulich mit ihrem etwas ruckartigen Gang herum. Stare sind gesellige Vögel und beherrschen einen Nahrungsplatz oft infolge ihrer großen Zahl. Einzeln sind sie nicht besonders aggressiv. Sie verteidigen nur einen kleinen Teil des Nahrungsplatzes und versuchen nicht, wie etwa Amseln oder Rotkehlchen, einen ganzen Futterplatz für sich zu beanspruchen. Auf dem Rasen haben sie eine ganz spezielle Methode des Sondierens nach bodenbewohnenden Wirbellosen entwickelt, wobei sie den Schnabel leicht öffnen und das Gras teilen, um ihre Beutetiere freizulegen.

Die großen Winterschwärme in milderen Gegenden lösen sich im Frühjahr auf, wenn die Paare ihre Nestreviere beziehen. Für einen derart geselligen Vogel zeigen Stare bemerkenswert wenig Neigung, in Kolonien zu brüten. In ländlichen Gebieten sind sie Höhlenbrüter in Bäumen, in Städten nisten sie jedoch gewöhnlich unter Dachrinnen, in Mauerlöchern oder Kaminen und anderen geeigneten Höhlungen an Gebäuden. Kamine und Dachfirste sind beliebte Singwarten der Männchen, die ein vielfältiges Schwätzen, Krächzen und Pfeifen hören lassen, häufig vermischt mit Imitationen anderer Vogellaute oder Geräuschen der Stadt.

Oft suchen mehrere Stare während der Brutzeit gemeinsam nach Nahrung. Vögel, die entweder nicht brüten oder ihre Brut verloren haben, übernachten übrigens auch während der Brutzeit oft in Schwärmen, ähnlich wie im Herbst und Winter. Solche Sommerschlafplätze werden in nördlichen Großstädten manchmal übersehen, weil die Dämmerung so spät eintritt, daß die in der City arbeitenden Menschen bereits ihre eigenen „Schlafplätze" aufgesucht haben.

Erst aus der Nähe erkennt man die ganze Pracht des Starengefieders. Stare suchen im weichen Boden nach Insektenlarven; im Spätsommer und Herbst leben sie auch von vielen Früchten im Garten.

In der Abenddämmerung, besonders nach der Brutzeit, versammeln sich Stare in riesigen Schwärmen und übernachten dann auf Dächern, Mauersimsen und Bäumen mitten in der Großstadt.

Es ist schwer zu sagen, warum Stare so oft in neuen Gebieten eingebürgert wurden, denn sie erfreuen sich nicht gerade großer Wertschätzung. Sie beschmutzen Gebäude und Straßenpflaster mit ihrem Kot, verstopfen Kamine mit ihrem Nistmaterial, wecken uns im Sommer durch ihr Rufen und Singen schon früh auf, und ihre Schlafplatzansammlungen verstärken noch den Lärm im Nachtleben einer Stadt. Sie können vielleicht auch Krankheiten übertragen (obwohl dies nicht nachgewiesen ist) und richten häufig erhebliche Schäden in der Landwirtschaft, zum Beispiel im Weinbau, an. Doch waren sie offenbar für Europäer ein so vertrauter Bestandteil ihrer Umwelt, daß sie die Vögel mit viel Mühe in die Städte der neuen Erdteile einführten. Heute sind Stare in der Agrarlandschaft mindestens ebenso erfolgreich wie in den Städten und werden daher wohl fast jeden Wechsel im Lebensstil des Menschen überleben.

Starenschwärme machen gern auf Telegrafen- und Überlandleitungen Rast. Hier sitzen sie zwar dicht gedrängt und in großer Zahl, halten jedoch dabei sorgfältig einen ganz bestimmten Individualabstand ein, der ungefähr zwei Schnabellängen beträgt.

Mauersegler: Insektenjagd über dem Großstadtdschungel

Mauersegler *(Apus apus)* und ihre Verwandten sind die am extremsten an das Leben in der Luft angepaßten Vögel. Auf festen Untergrund kommen sie nur, um ins Nest einzuschlüpfen. Nahrungsaufnahme, Sammeln von Nestmaterial, Trinken, Übernachten, Kopulieren – alles geschieht in der Luft. Sie sind mit den Kolibris am nächsten verwandt, denen sie in ihren langen spitzen Flügeln und sehr kurzen Beinen gleichen. Während Kolibris Spezialisten für den Rüttelflug auf der Stelle sind, gehören die Segler zu den Spezialisten für hohe Geschwindigkeiten. Sie zählen zu den schnellsten Vögeln und können Geschwindigkeiten bis zu 240 Kilometer pro Stunde erreichen.

In vielen europäischen Städten wird der Frühling endgültig durch das plötzliche Erscheinen kleiner Trupps von Mauerseglern eingeläutet, die in halsbrecherischer Geschwindigkeit mit schrillen Rufen über die Dächer jagen. In vergangenen Zeiten trug das plötzliche Erscheinen der schwarzen sichelförmigen Gestalten, die schreiend um den Kirchturm jagten, dazu bei, die Segler als Teufelsvögel zu bezeichnen, wie in vielen englischen Landgegenden.

Mauersegler nisteten ursprünglich in Felshöhlen, mitunter auch in Baumhöhlen, doch seit vielen Generationen brüten sie hauptsächlich in Gebäuden. Vor etwa hundert Jahren waren die beliebtesten Brutplätze die Traufen unter den strohgedeckten Landhäusern oder in Dorfkirchtürmen. Heute brüten die Vögel an ähnlichen Stellen in unseren Städten. Das Nest besteht aus hoch in der Luft schwebenden Partikeln, hauptsächlich Federn und kleine Pflanzenteile, die mit Speichel zusammengeklebt werden. Ihre versteiften sichelförmigen Flügel tragen die Segler höher und weiter als Schwalben, die sich ebenfalls von fliegenden Insekten ernähren.

Mauersegler sind Flugspezialisten, deren typische Merkmale schon dieser junge Mauersegler zeigt. Der enorme Schnabelspalt mit großer Mundhöhle ist ein idealer Fangtrichter für fliegende Insekten. Steife Federn als „Augenbrauen" schützen die Augen vor Verletzungen. Die Beine sind verkümmert, doch vier kleine Zehen ermöglichen das Hängen an senkrechten Flächen. Beim Abflug dreht er sich einfach um und läßt sich fallen.

Segler suchen regelmäßig in über 300 Meter Höhe nach Nahrung und können am Tag 800 bis 1300 Kilometer zurücklegen, wenn sie Futter für die Nestlinge sammeln. Ihre größere Reichweite verschafft ihnen gegenüber Schwalben im Stadtleben Vorteile. Sie erlaubt ihnen nämlich, über der Dunstglocke der Städte zu jagen. Im Dunst ist das Insektenleben zu dürftig, um eine Brut zu ernähren. Ein jagender Segler kann für seine Jungen mehrere Stunden hintereinander Futter sammeln und einen Futterballen von einigen tausend Insekten in seiner elastischen Mundhöhle speichern.

Bei trockenem und einigermaßen warmem Wetter, bei mindestens 10 Grad Celsius, finden die Segler immer ausreichend Nahrung. Kaltes, nasses und windiges Wetter verringert die Anzahl fliegender Insekten stark; die Vögel haben dann Ernährungsprobleme. Während der Bebrütung der beiden weißen Eier kann Nahrung so knapp werden, daß beide Altvögel das Nest gleichzeitig verlassen müssen, um zu jagen. Die Eier sind jedoch normalerweise gegenüber Auskühlung ausgesprochen unempfindlich.

Tritt schlechtes und damit für die Insektenjagd ungünstiges Wetter ein, und sind Junge im Nest, können die Altvögel sie möglicherweise nicht mehr hudern. Doch Alt- wie Jungvögel reagieren auf das Absinken ihrer Körpertemperatur mit einer Herabsetzung ihres Stoffwechsels, vergleichbar mit einer sehr kurzen Winterschlafperiode.

In vielen Ländern der Erde haben die Städte ihre jeweils besonderen Segler. In Nordamerika ist die stadtbewohnende Art der Schornsteinsegler *(Chaetura pelagica)*. Seit Europäer den Kontinent besiedelten, ist dieser Segler von seinen natürlichen Nist- und Rastgewohnheiten in riesigen ausgehöhlten Baumstämmen, die von den Kolonisten rasch gefällt wurden, auf die Kamine der Fabriken und anderer großer Gebäude ausgewichen. Solche Kamine dienen auch als Rastplatz auf dem Zug. Bis zu 12 000 Vögel können in einer trichterförmigen Wolke hinabtauchen, um die Nacht an den senkrechten Wänden im Innern eines Schornsteins hängend zu verbringen. Auch in Afrika, wo Städte mit großen Bauten eine Erscheinung der letzten Jahrzehnte sind, gibt es schon einen stadtbewohnenden Segler, den Haussegler *(Apus affinis)*. In Asien brütet diese Art schon seit langem in Tempeln und anderen großen Gebäuden.

Segler als Jäger des Luftplanktons sind anfällig gegenüber Luftverschmutzung, die über unseren Städten zunimmt. Sie sind aber andererseits so hervorragende Flieger, daß sie den Dunstglocken und dem mageren Nahrungsangebot im Stadtinnern ausweichen können. Insofern sind sie hervorragend an das Leben auch in verschmutzten Städten angepaßt.

Überwiegend im Luftraum lebend, sammeln sich noch bei Einbruch der Dunkelheit Hunderte von Seglern zu lärmenden Flugspielen. Mit schrillen Schreien jagen sie über die Häuser der Stadt.

Wie die Mauersegler haben sich auch die Rauchschwalben *(Hirundo rustica)* an den Menschen angepaßt. Mit dem Segler sind sie jedoch trotz äußerer Ähnlichkeit nicht näher verwandt.

Fast flügge Rauchschwalben erwarten hier einen anfliegenden Altvogel zur Fütterung.

Haussperling: Unter jedem Dach zu Hause

Der Haussperling *(Passer domesticus)* hat sich am engsten dem Menschen angeschlossen. Von selbst besiedelte er die Städte Europas und Asiens. Mit Hilfe des Menschen hat er sich über ganz Nordamerika und weite Gebiete Australiens ausgebreitet.

Der Haussperling *(Passer domesticus)* – gewitzt, frech und ein geborener Opportunist – hat sich besonders eng an den Menschen und seine Städte angeschlossen; er ist heute einer der verbreitetsten und häufigsten Vögel der Erde.

Haussperlinge sind wahrscheinlich in den trockenen Buschgebieten des Mittelmeerbeckens entstanden, wo sie wohl wie andere Sperlingsarten hauptsächlich von Grassamen gelebt haben. Wahrscheinlich zählten auch die wildlebenden Vorfahren der später angebauten Getreidesorten zu ihrer Nahrung. Über viele Generationen wurden sie zunehmend mit der Nachbarschaft der Menschen vertraut, als diese lernten, verschiedene wilde Grassorten zu kultivieren.

Da landwirtschaftlicher Anbau unweigerlich zu festen menschlichen Ansiedlungen führte, ist der Haussperling von den Feldern in die Dörfer eingewandert. Zunächst hat er wohl von Körnerabfall gelebt und dann allmählich auch anderen Abfall genutzt. Als die Dörfer zu kleinen Städten und diese schließlich zu Großstädten heranwuchsen, wurde der Haussperling mehr und mehr ein Stadtbewohner. Er besiedelt jedoch auch weiterhin das Agrarland, wobei er sich aber kaum von den Häusern entfernt.

Trotz ihrer langen und engen Nachbarschaft mit dem Menschen ist das Mißtrauen der Sperlinge jedoch erhalten geblieben.

Sie werden kaum handzahm, und selbst in den Städten kommen sie nur dann nahe an den Menschen heran, wenn knappe Nahrung sie zwingt, neben Straßentauben oder Möwen das Futter fast aus der Hand zu nehmen. Werden Sperlinge bekämpft oder reduziert, lernen sie schneller als andere Stadtvögel, auf der Hut zu sein. Ihre Wachsamkeit hat sicher seit frühesten Zeiten zu ihrem Erfolg beigetragen, denn früher wird man sie wohl hauptsächlich als Getreidediebe verfolgt haben.

Auch andere Sperlingsarten können Städte besiedeln, wenn sie nicht mit dem Haussperling in Konkurrenz treten müssen. In Ostasien, wo es keine Haussperlinge gibt, ist der Feldsperling *(Passer montanus)* zum Stadtbewohner geworden. In Gebieten, in denen er gemeinsam mit dem Haussperling vorkommt, ist sein Vorkommen dagegen auf die Agrarlandschaft beschränkt. Auf den Kanarischen Inseln lebt der Weidensperling *(Passer hispaniolensis)* in den Städten. Im Mittelmeergebiet kommen beide Arten vor; hier leben die Haussperlinge in den Städten und die Weidensperlinge in den ländlichen Gebieten der Umgebung. In Teilen Nordafrikas hat in den Städten der Wüstensperling *(Passer simplex)* die Rolle des Haussperlings übernommen.

Haussperlinge wurden erstmals 1850 nach Nordamerika in Brooklyn eingeführt, später noch in etwa 100 weitere Städte in den USA und Kanada. Dank dieser Einbürgerung war um 1905 das ganze Land vom Sperling erobert. Sperlinge wurden nicht nur einfach als vertraute Erinnerung an die Heimat ausgesetzt, sondern auch als Hilfe gegen schädliche Insekten, besonders gegen einen Spanner. Sperlinge füttern zwar ihre Jungen mit Insekten, doch während des größten Teils des Jahres leben sie von Körnern. Infolgedessen hatte sich, 20 Jahre nach seiner Einführung als Insektenvertilger, dieser kleine allbekannte Vogel in vielen Gebieten der USA unbeliebt gemacht.

Haussperlinge entdekken im Winter schnell jeden Futterplatz und nehmen als Allesfresser jedes Futter. Doch sind sie wachsam und auf Distanz bedacht. Blitzschnell verschwinden sie ins nächste Gebüsch, um dort, aufgeplustert zur besseren Wärmeisolation, auf die nächste gute Gelegenheit zu warten.

Lagebericht Städte: Lebensraum zwischen Mauern

Die Einwohnerzahl der Großstädte der Erde nimmt noch schneller zu, als allein aufgrund der Bevölkerungsexplosion zu erwarten ist. Eine gewaltige Landflucht treibt zahllose Menschen in der Hoffnung auf Arbeit in die Städte. In bisher wenig verstädterten Regionen entstehen auf diese Weise Ballungszentren, deren Bevölkerung nur noch geschätzt werden kann, und ihre rasche Zunahme läßt jede Planung aus den Fugen geraten. Das Wachstum der Städte geht meist auf Kosten von fruchtbarem Ackerland. Für Vögel bedeutet es den Verlust an natürlichem Lebensraum, denn die Stadt ist zwar ein System mit Energiefluß und Stoffkreislauf, aber kein Ökosystem wie andere. Die Lebensbedingungen für Pflanze und Tier werden hier ganz vom Menschen bestimmt; sie müssen sich Mauern, Beton und Asphalt anpassen.

Gleichwohl haben sich einige Vogelarten ganz gut an die Stadt angepaßt. Straßentauben, Stare oder Haussperlinge werden sich auch in Zukunft in neuen Städten ansiedeln und mit dem Wachstum der alten vermehren. Auch die Glanzkrähe *(Corvus splendens)* Indiens, die heute nur noch in enger Verbindung mit dem Menschen existieren kann, sieht guten Zeiten entgegen, da die heute schon hoffnungslos übervölkerten Städte Indiens immer noch weiter anwachsen. Haussperlinge werden auch in Zukunft den Turmfalken in der Innenstadt von London, den Waldkäuzen in Europas beziehungsweise den Kreischeulen in Nordamerikas Vorstädten als Nahrung dienen. Segler werden ebenfalls gute Aussichten haben, solange die Luft über den Städten nicht zu sehr mit Schadstoffen belastet ist oder das Häusermeer so groß wird, daß die Vögel innerhalb eines Tages keinen günstigen Jagdgrund mehr erreichen können.

Doch diese wenigen Arten leben gewissermaßen auf Kosten vieler, deren Lebensraum zerstört wurde. Städte bedrohen noch bestehende naturnahe Biotope durch die Verschmutzung von Luft und Wasser. Für große Ballungszentren braucht man riesige Wassermengen, die zum Bau von Talsperren in weitentfernten Flußlandschaften oder zur Ausbeutung von Seen und Flüssen zwingen. Heute leben eigentlich nur noch wenige Vögel von Städten so weit entfernt, daß sie nicht von ihnen beeinflußt werden. Von den Punatauchern auf ihrem kalten Hochlandsee in den peruanischen Anden, dessen Wasser schon für die 160 Kilometer entfernte Stadt Lima vorgesehen ist, bis zum Schneereiher, durch Rauchschwaden aus seinem Brutgebiet bei Hongkong vertrieben, vom Waldrapp bis zur Yarell-Elfe, in allen Kontinenten fordern die Städte ihren Tribut.

Mehr als jeder andere Lebensraum ist die Stadt von den sie umgebenden Lebensräumen abhängig. Der Stadtmensch trägt mit zu ihrer Zerstörung bei, ohne sich darüber Rechenschaft zu geben. Was in der Stadt geschieht, bleibt nicht ohne Einfluß auf die noch verbliebenen naturnahen Gebiete der Umgebung.

Mittlerweile haben jedoch Städte und Siedlungen in vielen Gebieten der Erde einen so hohen Flächenanteil erreicht, daß sie selbst als Lebensraum immer größere Bedeutung gewinnen. Die Stadtplanung der Zukunft wird daher vor große Probleme gestellt, da es nicht nur gilt, eine gefällige Wohnlandschaft für Menschen zu gestalten, sondern gleichzeitig Lebensräume für Tiere und Pflanzen zu schaffen.

Durch Autoscheinwerfer beim nächtlichen Beuteflug geblendet, werden Eulen häufig Opfer des Straßenverkehrs.

Vogelleben in der Stadt: Wer überleben will, muß sich anpassen. Vögel, die ihre Scheu vor dem Menschen weitgehend abgelegt haben, nisten häufig an den merkwürdigsten Orten und ziehen dort ihre Jungen auf.

Seit Menschengedenken begleiten Vögel unseren Weg. Wir erfreuen uns an ihrem Gesang, genießen ihre Schönheit und sind von ihrem Flug fasziniert. Die Vorstellung von einer Welt ohne Vögel ist ein Alptraum.

Eine Welt ohne Vögel wäre für uns aber wohl auch unbewohnbar, denn wir teilen miteinander den Lebensraum. Wir atmen dieselbe Luft, trinken dasselbe Wasser und sind Glieder natürlicher Nahrungsketten.

Im komplexen Gefüge der Ökosysteme spielen Vögel eine wichtige Rolle. Unsere Existenz hängt von ihrem Überleben ab. Ihre Artenvielfalt trägt zur Kontinuität der Lebensprozesse bei, in die auch wir Menschen eingebunden sind. Jede Art erfüllt Aufgaben für andere und damit für das gesamte Leben auf der Erde.

Ohne die vielfältigen Leistungen der Vogelwelt in allen Ökosystemen würde wahrscheinlich die Natur, von der wir alle abhängen, empfindlich gestört. Vögel wirken an natürlichen Prozessen mit, die wir noch lange nicht erforscht haben, die aber für unseren Fortbestand neue Möglichkeiten aufzeigen könnten. Die heutige Menschheit ist von neuen Erkenntnissen der Biologie, Medizin und Technik abhängig.

Auf vieles können wir verzichten, sicher aber nicht auf die Vielfalt der Vogelarten. Vielfalt ist das grundlegende Überlebensprogramm auf unserem Planeten, das auch erdgeschichtliche Katastrophen überstehen konnte. Wir sind auf dem besten Wege, einer vielfach bewährten Strategie des Überlebens aus Mangel an Einsicht den Garaus zu machen.

Es geht um die Erhaltung der Lebensmöglichkeiten für alle Lebewesen, nicht nur um Vögel. Vogelschutz ist Menschenschutz. Rettet die Vögel steht für „Retten wir uns!"

Rettet die Vögel – wir brauchen sie

Warum brauchen wir die Vögel?

Manche Menschen stellen immer mal wieder ernsthaft die Frage: „Wozu brauchen wir eigentlich die Vögel?" Schon diese Frage macht deutlich, wie sehr wir uns angewöhnt haben, die Anwesenheit anderer Lebewesen auf „unserem" Planeten nur nach unserem Bedürfnis zu bewerten. Die Welt wird unter den Gesichtspunkten der Zweckmäßigkeit für den Menschen betrachtet. Doch haben wir überhaupt das Recht, die Existenz anderer Kreaturen in Frage zu stellen?

Während seiner ganzen bisherigen Geschichte hat sich der Mensch von der Vogelwelt immer wieder tief beeindrukken lassen. Die Vogelbeobachtung hat eine lange Tradition. Vögel lieferten Nahrung und Federn für Kleidung, Polster und Schmuck. Einige Vogelarten domestizierte der Mensch als Nahrungslieferanten auf seinem Anwesen, andere richtete er zur Jagd ab, viele holte er sich als Hausgenossen in die Stube. Die darstellende Kunst, Literatur und Musik wurden von der Vogelwelt inspiriert; Manche Vogelarten genossen sogar religiöse Verehrung.

Unsere eigenen Vorfahren, und auch die heute noch lebenden Naturvölker, standen in so enger Verbindung mit der Natur, daß sie vielen Vögeln und auch anderen Tieren eine religiöse Bedeutung zumaßen. Viele östliche Religionen – vor allem der Buddhismus und Hinduismus – haben sich einen tiefen Respekt vor der Existenz anderer Lebewesen bewahrt. Die westlichen Religionen gaben jedoch solch animistisches Denken und Fühlen auf. Mit der Metapher „Macht euch die Erde untertan", förderten sie die Ansicht, andere Lebewesen seien nur dem Menschen zuliebe auf der Erde.

Es ist noch nicht lange her, da war in vielen Teilen der Welt noch die Ansicht weit verbreitet, auch Menschen mit anderer Hautfarbe oder anderen Aussehens seien so zu behandeln. Die Überheblichkeit gegenüber tierischen Lebewesen und die rassistischen Vorurteile liegen nicht sehr weit auseinander.

Der Zynismus der Frage: „Wozu brauchen wir Vögel?" wird deutlich, wenn man sie mit der Frage nach dem Nutzen eines anderen Lebewesens verbindet: „Was nützen uns Vögel – was nützen uns Menschen?" Beide Fragen suggerieren, der Mensch könne „Gott" spielen und über Leben und Tod entscheiden. Vom Standpunkt der Ethik aus haben beide Fragen in einer Welt keinen Platz, die für sich in Anspruch nimmt, zivilisiert zu sein. Faktisch basiert aber unsere Zivilisation, unser Fortschritt, unser Wohlstand und unsere Art des Wirtschaftens darauf, daß der Mensch Lebensräume vernichtet, andere Lebewesen tötet und vertreibt oder Naturvölker ausrottet. Es ist an der Zeit, Ethik und Handeln wieder zusammenzuführen, wenn sich an der lebenszerstörenden Lebensweise der Menschen etwas ändern soll.

Plädoyer für eine Naturschutzethik

Der ökologische Standpunkt, der in diesem Buch vertreten wird, sieht die Menschheit als einen untrennbaren Teil aller ökologischen Systeme, die ihrerseits das Leben auf diesem Planeten darstellen. Unsere enge kulturelle Beziehung zu Vögeln mag dabei als ein Ausdruck unserer Verwandtschaft mit anderen Lebewesen gelten, die diese für uns lebenswichtigen Systeme mit aufbauen.

Zwar ist dieser Standpunkt teilweise von Eigeninteresse bestimmt, aber sein Schwergewicht liegt doch in der Betonung des Ganzen. Jedes Lebewesen hat sein Recht auf Leben. Sowenig wie wir billigen können, daß irgendeine Art, auch wenn sie keinerlei direkten Nutzen für uns zu haben scheint, ausgerottet wird, können wir gutheißen, daß ein einzelner Mensch oder eine Gruppe von Menschen durch unseren Umgang mit der Umwelt in Bedrängnis oder Lebensgefahr geraten. Das Verhalten, das unseren Umgang mit dem Mitmenschen bestimmt, muß auch die Richtschnur unseres Umgangs mit anderen Mitgeschöpfen werden.

Unsere ökologischen Standpunkte, die sich auf die grundlegenden Erkenntnisse der entsprechenden Wissenschaften stützen, können auf diese Weise mit religiösen oder philosophischen Haltungen in Einklang gebracht werden. Denn Wissenschaft allein kann das Lebensrecht einer Kreatur weder beweisen noch widerlegen, gleichgültig, ob es sich um Mensch oder Tier handelt. Glücklicherweise handeln Menschen nicht nur nach dem, was nach wissenschaftlicher Analyse und ökonomischer Beurteilung der Situation geboten zu sein scheint. Die Moral spielt eine entscheidende Rolle in der Planung unserer Handlungen und der Formulierung unseres Urteils. An die moralische Instanz müssen wir appellieren und sie aktivieren, wenn wir einen pfleglichen Umgang mit der Natur erhoffen.

Schon immer sind die Vögel die Wegbegleiter des Menschen. Sie inspirieren unsere Religion, Kunst und Kultur. Sie kündigen den Frühling an, erfreuen uns mit ihrem Gesang, bieten Naturerlebnisse, für die es keinen Ersatz gibt, und sind fliegende Botschafter zwischen den Kontinenten.
Sie beeinflussen die Vielfalt der Lebensgemeinschaften, erhalten die Stabilität des ökologischen Gefüges und sichern direkt und indirekt unsere Ernährung.

Angesichts ihres Aussterbens lautet die Frage nicht, wie wir in einer Welt ohne Vögel, sondern ob wir in einer Welt ohne Vögel überleben können?

Vögel als Nahrungsquelle: Hühnerbrust und Straußenei

Fleisch und Eier der Vögel liefern fast 15 Prozent des tierischen Eiweißes unserer Nahrung. Domestiziertes Geflügel stellt dabei die Hauptquelle. Hühner sind seit mindestens 4500 Jahren domestiziert und in der Welt weiter verbreitet als jedes andere Haustier, mit Ausnahme des Hundes. Hühner sind klein, leicht zu halten, fressen fast alles und sind sehr widerstandsfähig. Da sie auch für die ärmsten Mitglieder der menschlichen Gesellschaft erschwinglich sind und auf kleinsten Flächen gehalten werden können, bilden sie wahrscheinlich die wichtigste tierische Eiweißquelle in der menschlichen Ernährung. Neben Hühnern wurden vor allem Truthühner, Enten und Gänse domestiziert. Bei traditionellen Festlichkeiten bilden sie den Festtagsschmaus. Eine andere Möglichkeit der Nutzung bieten neuerdings die Straußenfarmen, doch sie produzieren nicht nur Federn und Leder, sondern auch Eier: Der Welt größte einzelne Zelle endet oft als der Welt größtes Frühstücksei.

Wildlebende Vögel liefern überall auf der Erde erhebliche Nahrungsmengen für Menschen. Krähen- und Taubenpasteten sind die traditionelle Lieblingsspeise der Landbevölkerung mancher europäischen Landstriche. In Südeuropa werden auch heute noch kleine Singvögel in großem Stil gefangen und verzehrt. Die Eier von Wachteln, Perlhühnern und Kibitzen beliefern einen speziellen Feinkostmarkt in den Industrieländern.

Möwen- und Seeschwalbeneier bieten den Sammlern einen wichtigen Beitrag zur Bereicherung ihrer Nahrung und stellen andernorts eine Delikatesse dar.

Auf den Seychellen im Indischen Ozean werden nach alter Tradition die Eier der Rußseeschwalbe auf den äußeren Inseln gesammelt. Sie bedeuten eine solch willkommene Abwechslung vom Fisch (der oft getrocknet oder gesalzen gegessen wird), daß die Einheimischen sich um einen Platz an der Mole raufen, wenn die Boote mit den Eiersammlern eintreffen. Rußseeschwalben sind wohl die häufigsten und am weitesten verbreiteten aller tropischen Seevögel. Sie brüten in so riesigen Kolonien, daß selbst Hunderttausende, ja sogar Millionen Eier pro Saison gesammelt werden können, ohne daß die Population dadurch nachhaltig reduziert wird. Die Rußseeschwalbe trägt wahrscheinlich mehr zur Eiweißnahrung des Menschen in der Welt bei als jede andere wildlebende Vogelart.

Haltung von Haushühnern ist die am weitesten verbreitete Intensivproduktion von tierischem Eiweiß in der Welt von heute.

Auf den Färöer-Inseln werden Papageitaucher *(Fratercula arctica)* von den Einwohnern mit Netzen im Flug gefangen.

Lebende Speisekammern

Seevögel werden als Fleisch- und Eierlieferanten genutzt. Inselbewohner auf beiden Seiten des Nordatlantik fingen jahrhundertelang Eissturmvögel, Papageientaucher und Lummen; junge Baßtölpel werden noch heute jeden Sommer auf Sule Skerry vor Schottland „geerntet". Auf St. Kilda wurden Eissturmvögel im Sommer als Nahrung für den Winter eingesalzen. In Island, auf den Färöer und auf St. Kilda wurden lange Zeit die überlieferten Rechte, Seevögel auf ganz bestimmten Klippen zu Nahrungszwecken zu nutzen, genau beachtet, und die Nutznießer wachten über den Schutz der Vogelkolonien. Mit abnehmender Bedeutung der Tiere als Nahrungsquelle verlor sich mit der Zeit auch der Schutzgedanke.

Die Eskimos in Kanada beuten regelmäßig die riesigen arktischen Lummen- und Eissturmvogelkolonien aus. In Neufundland, im St.-Lorenz-Golf und in Westgrönland sind die Populationen von Lummen und Papageitauchern schon stark reduziert worden. In Australien und Neuseeland dagegen erbeutete man junge Dunkel- und Kurzschwanzsturmtaucher, hier Muttonbird genannt, viele Jahrzehnte lang zu Zehntausenden ohne merklichen Einfluß auf ihren Bestand.

Beim „Kaviar des Ostens", besonders von den Chinesen als Zusatz für Suppen und Süßigkeiten geschätzt, handelt es sich um nichts anderes als Vogelspeichel. Für den Menschen hat er kaum Nährwert, aber im Leben mehrerer Salanganen-Arten spielt er eine wichtige Rolle. Diese Segler Südostasiens benützen ihn beim Nestbau und zum Festkleben des Nests an Wände und Decken in Felsenhöhlen. Für Menschen, die sich Fleisch nicht kaufen können, stellen die Jungvögel mancher Arten eine wichtige Eiweißquelle dar. Wenn nur ein gewisser Prozentsatz an Jungvögeln getötet wird, solange also die „Zinsen" verbraucht und das Kapital nicht angegriffen wird, kann das „Ernten" fortgesetzt werden. Das Töten von fortpflanzungsfähigen Altvögeln ist dagegen meist nicht ohne Bestandsrückgang zu verkraften.

Eismöwen *(Larus hyperboreus)* dienen grönländischen Eskimos als Winternahrung. Der Fortbestand der Vögel ist für die Eskimos überlebensnotwendig.

Tausende von jungen Kurzschwanz-Sturmtauchern *(Puffinus tenuirostris)* werden Jahr für Jahr auf Tasmanien aus ihren Nesthöhlen zur Verarbeitung in Fleischfabriken geholt.

Zu Beginn der Brutsaison werden auf den Westmänner-Inseln vor der Küste Islands die Eier des Eissturmvogels *(Fulmaris glacialis)* zu Tausenden gesammelt.

Vögel als Handelsware: Federschmuck und Vogeldünger

Während der Wert der Vögel als Nahrungsquelle leicht ersichtlich ist, ist der Handelswert eines Vogels schon deutlich schwerer zu bestimmen. In China und Japan war es lange Zeit üblich, Kormorane zum Fischen abzurichten. Dazu wurden sie mit einem Halskragen versehen, der sie daran hinderte, ihre Beute zu verschlingen. Ihren Fang brachten sie den wartenden Fischern. Vögel wurden aber nicht nur zur Jagd, sondern auch zur Übermittlung von Botschaften abgerichtet. Tauben befördern heute noch Informationen in besonderen Situationen. Ihr rätselhaftes Vermögen, immer wieder heimzufinden, hat den Menschen so fasziniert, daß die Zucht von Reise- und Brieftauben sich bald zu einem populären Sport entwickelte. Insulaner im Südpazifik richteten Arielfregattvögel dazu ab, Botschaften von einer Insel zur anderen zu tragen.

In Europa ist der Jagdsport mit Greifvögeln, die Falknerei, weitgehend vom Jagdsport mit der Waffe abgelöst worden, eine Freizeitbeschäftigung, deren volkswirtschaftlicher Wert nicht so sehr in der erbeuteten Nahrung als vielmehr in den Dienstleistungsunternehmen, in Reisebüros, Hotels usw. besteht. In Europa und Nordamerika kann die Jagd sogar in bestimmten Regionen eine der Hauptnutzungsformen einer Landschaft sein.

Die unvergleichliche Isolationswirkung von Federn wird schon seit Jahrhunderten genutzt. Die weichen Daunen, die vor allem Enten und Gänse aus ihrer eigenen Brust zupfen, um ihr Nest auszupolstern, sind bei weitem das beste Material, um Bettdecken und Winterkleidung auszustopfen. In Island wurden die Dunen der Eiderenten lange Zeit kommerziell genutzt. Eine moderne Art der Federnutzung ist die Herstellung künstlicher Fliegen für die Angler.

Federn, Mode und Kunsthandwerk

Seit Jahrtausenden schmücken sich die Menschen mit Federn. Nur wenige Völker der Welt machen da eine Ausnahme. In Europa und Nordamerika zieren die bunten Federn eines Eichelhähers oder eines Stockerpels auch heute noch das Band der Herrenhüte. Erfreulicherweise gehört das massenhafte Hinschlachten von Vögeln für einen üppig blühenden Federhandel der Vergangenheit an. Die meisten heute von Putzmachern verwendeten Federn kommen aus Straußenfarmen.

Der prächtige Federschmuck nordamerikanischer Indianer bestand aus Adler-und Bussardfedern. In Süd- und Mittelamerika werden die bunten Ara- und Papageienfedern heute noch von vielen Stämmen als Kopfschmuck geschätzt. Künstler in China benutzen bei der alten Kunst der Federschmuck-Herstellung immer noch die leuchtendblauen Federn vom Halsbandliest zur Fertigung von Juwelen, während in Kenia rosa Flamingofedern zu Blütenimitationen verarbeitet werden.

Straußenfedern krönten den Kopfschmuck der Massai- und Zulukrieger. Eine wichtige Rolle in den Mannbarkeitsriten der Massai spielt noch heute ein Kopfputz aus kleinen Vogelfedern. Auf den Indonesischen Inseln werden die schwarzweißen Federn der Hornvögel in den Umhängen und im Kopfputz der Tänzer verarbeitet. Das „Elfenbein“ der Schnäbel hatte ehemals rituelle Bedeutung und spielte im Handel eine Rolle. Lange bevor die Europäer Neuguinea entdeckten, war der weitreichende Handel mit Federn in dieser Region ein einträgliches Geschäft.

In Japan werden noch heute mit gezähmten Kormoranen nachts Fische gefangen. Vom Licht der Bootslaterne angelockt, sind die Fische für die Kormorane eine leichte Beute. Die Fische werden ihnen dann vom Fischer aus dem Schnabel geholt.

In vielen industrialisierten Ländern Europas ist die Zucht von Brief- und Reisetauben ein populäres und traditionsreiches Hobby.

Der traditionelle Kopfschmuck der Massaikrieger besteht aus Straußenfedern. Man sieht ihn heute kaum noch. Auch die traditionelle Lebensweise der Massai scheint kaum noch eine Zukunft zu haben.

Die aufwendigsten Beispiele für Federschmuck waren die weiten Mäntel der Häuptlinge auf Hawaii. Doch der Preis ist unvorstellbar: Zehntausende von Vögeln mußten für einen einzigen Mantel ihr Leben lassen.

Der wohl aufwendigste und herrlichste Federschmuck aber wurde auf Hawaii hergestellt. Riesige Umhänge, am Saum vier Meter breit, wurden für die Könige aus den Federn der einheimischen Kleidervögel gefertigt. Etwa 100 Jahre dauerte es, bis der Umhang des Königs Kemehameha I. fertig war. Etwa 450 000 Federn, die meisten vom gelben Mamo, mit einigen scharlachroten Federn des Iiwi am Kragen, wurden dabei verarbeitet. Ungefähr 80 000 Mamos mußten dafür ihre Federn lassen. Einige Vögel ließ man wieder frei, nachdem man die gewünschten Federn herausgezogen hatte, meist aber wurden sie getötet und gegessen. Federn dienten auf Hawaii als Steuerabgabe und als Schmuck, was auch ihre Bedeutung für die Könige und das Brauchtum erklärt.

Rücksichtslose Ausbeutung einer Ressource

Der Kot fischfressender Vögel hat sich als der beste organische Dünger erwiesen. Wenn Seevögel auf sehr trockenen Inseln in reichen Fischgründen brüten, kann sich ihr Guano zu gewaltigen Lagern anhäufen. Doch als die Menschen darangingen, den hochwertigen Dünger abzubauen, übersahen sie das Wesentlichste: den Produzenten. Die Vogelpopulationen wurden dezimiert, ihre Brutplätze oft sogar zerstört. Man schlachtete die Kuh, die man noch länger melken wollte.

Abbau von Guano auf einer kleinen Insel vor der Küste Perus. In Säcken wird der Rohstoff auf das Festland zu den Düngemittelfabriken gebracht.

In Freiheit scharen sich junge Strauße meist zu großen Trupps zusammen. Diesen Drang zur Geselligkeit nutzen Farmer in Südafrika zur gewerbsmäßigen Zucht und Haltung.

Vögel als Symbol: Indianergott und Wappentier

Seit frühester Zeit spielen Vögel eine wichtige Rolle in kulturellen, religiösen und ästhetischen Bereichen des menschlichen Lebens. Die Leichtigkeit und Freiheit, mit der sie sich zwischen Himmel und Erde bewegen, haben die Phantasie der Menschen seit jeher angeregt und den Vögeln einen besonderen Platz in den Traditionen der Völker und ihren Religionen verschafft. Die Eleganz ihrer Bewegungen, die Schönheit ihrer Form und der Klang ihrer Stimmen gaben der Kunst wichtige Anregungen. Früher waren sie das Sinnbild für Schönheit, Anmut und Weisheit, heute sind sie ein Gradmesser für die Vergiftung der Umwelt und für den dramatischen Rückgang an naturnahem Lebensraum.

Totem bedeutet Schutzgeist und weist auf die mystische Verwandtschaft und Schicksalsgemeinschaft zwischen Mensch und Tier hin.

Donner- und Sonnengötter

Vögel, ganz besonders Greifvögel, spielten eine wichtige Rolle in den frühesten spirituellen Vorstellungen. In Europa ist die Legende eines riesigen Raubvogels mit blitzenden Augen und rauschenden Schwingen bekannt, der den Sturm und den willkommenen Regen bringt. Die Indianer Nordamerikas kennen ihn als Donnervogel und die Menschen in Mittelamerika als „Voc", als Bote des Sturmgottes Jurakan, an den das Wort Hurrikan erinnert. Die gleiche ehrfurchtgebietende Figur taucht in der Vorstellungswelt der Kariben von Brasilien, der Basuto in Afrika, der Karen in Burma und der Cook-Insulaner in Australien auf. Ein solcher Donnergott scheint auch ein Vorläufer des Herrn der Heerscharen zu sein, der sich jüdischen Propheten vor 2700 Jahren offenbarte und der nun von mehr Völkern angebetet wird als jede andere Gottheit.

Greifvögel werden auch im Alten Testament im Zusammenhang mit den Prüfungen des Stammes Israel erwähnt. Die Israeliten haben vermutlich den gewaltigen Greifvogelzug aus Europa über die Halbinsel Sinai und das Rote Meer nach Afrika gesehen. Dieser Zug kann auch heute noch beobachtet werden, wenngleich es sich wohl nur um einen schwachen Abglanz dessen handelt, was die Menschen damals zu Gesicht bekamen.

Einer der ersten Vögel, der in religiösen Fabeln auftauchte, war Garuda, halb Mensch, halb Greifvogel, der mächtige Gott des Himmels, der die Sonne auf seinen Schwingen trug. Im 13. Jahrhundert erhielt er in Buddhistentempeln Menschengestalt. Die Hindus trugen die Kunde vom Himmelsgott bis nach Japan. Und heute ist Garuda das Nationalsymbol des Moslemstaates Indonesien. Seine Statue steht noch in den Ruinen des Tempels von Angkor Wat. Seine Verehrung lebt in den Brahmanen fort, bei denen er die roten Flügel und den weißen Kopf der Brahminenweihe hat, eines heute noch in Indien häufigen Greifvogels.

Emblem für Macht und Weltreich

Warum unsere Vorfahren von Greifvögeln so sehr beeindruckt waren, ist leicht einzusehen. Als Jäger müssen sie die Vögel wegen ihrer Schnelligkeit und Kraft beneidet haben. Holzmasken und Totems von Vögeln, besonders von Greifvögeln, galten in vielen Kulturen als religiöse Symbole. Das Entfernen der Masken während eines Tanzes symbolisierte oft die Herkunft des Menschen von einem niedrigeren Tier. Reste dieses Totemkultes sind in fast jedem Kontinent zu finden.

Greifvögel erhielten bald auch eine kriegerische Bedeutung. Abbildungen oder Federn von Adlern wurden als Militärzeichen oder als Symbole der Macht und Herrschaft von verschiedenen Völkern verwendet. Von den Babyloniern im 6. Jahrhundert vor Christus, den Prärieindianern Nordamerikas, den Armeen Karls des Großen und des Heiligen Römischen Reiches bis zu den Bürgern des modernen Amerika.

Römische Soldaten zogen mit bronzenen oder goldenen Adlerstandarten in den Krieg. Ob und wann eine Schlacht stattfand, entschieden die Auguren am Hausgeflügel, das sie für solche Zwecke mit sich führten. Die aztekischen Eroberer von Mexiko wurden von einem Greifvogel beschützt – möglicherweise einem Habicht –, der in einem Tempel gehalten wurde; Adler und Jaguar waren die Totems der beiden Eliteeinheiten ihrer Soldaten. Greifvögel sind in den Abbildungen, die von den frühen Hochkulturen stammen, so hervorragend und oft auch so groß dargestellt, daß man annehmen könnte, sie seien einst häufiger und größer als heute gewesen. Kondore mit einer Spannweite von bis zu 5,2 Meter und dem bezeichnenden Namen *Teratornis incredibilis* starben in Nordamerika im Pleistozän zusammen mit anderen Greifvögeln aus, die sehr viel größer waren als die heutigen Arten. Als Folge von klimatischen Veränderungen verschwand mit ihnen auch eine erstaunliche Vielfalt an großen Säugetieren. Für die Greifvögel von damals bedeuteten diese mächtigen und in viel größerer Populationsdichte als heute anzutreffenden Tiere sicher eine hervorragende Ernährungsbasis.

Gutes oder schlechtes Omen

Auch die Geier waren in der Vergangenheit sehr viel weiter verbreitet als heute. Sie werden noch von den Parsen Indiens verehrt, Anhängern der Religion des Zoroaster (Zarathustra), die aus dem Iran flohen, als das Land im 7. Jahrhundert von den Moslems überrannt wurde. Auch heute noch verbrennen oder begraben die Parsen ihre Toten nicht, sondern setzen sie auf Türmen den Geiern zum Fraß aus. Hebammen im alten Griechenland und Rom benutzten Geierfedern als Zaubermittel. Geier galten auch bei den Mayas auf Yucatan und bei den alten Ägyptern als Symbol für die Geburt. Die ägyptische Göttin Nechebt wurde als Geier dargestellt, wie überhaupt verschiedene Vögel von den Ägyptern zu Gottheiten erklärt wurden: Allen voran der Ibis – heute noch als Heiliger Ibis bekannt – und der Falkengott, oberste Gottheit des Sonnenkultes von Heliopolis.

Eulen haben im Volksglauben eine ganz unterschiedliche Bedeutung. Als schlechte Vorzeichen werden sie gefürchtet, wegen ihrer legendären Weisheit respektiert. Die griechische Göttin Athene (Minerva bei den Römern) verkörperte die Weisheit und wurde auf den Münzen durch eine Eule dargestellt.

Vögel in Kunst und Religion

An den frühesten Zeugnissen der Kunst erkennen wir, daß die Verehrung von Tieren die älteste Form der menschlichen Religion darstellt. Höhlenmalereien der Steinzeitmenschen in Europa und Afrika befassen sich größtenteils mit Tieren, die weit über ihren praktischen Wert als Nahrung hinaus eine magische Bedeutung besaßen. In vergangenen Epochen wurde die europäische Kunst durch die Kirche kontrolliert. Sie spiegelte Religion in so enger Verbundenheit wieder, daß sie davon untrennbar wurde. Erst in der Renaissance begannen die Künstler die reale Umwelt in ihrer eigenen Sichtweise zu interpretieren. Bis zu diesem Zeitpunkt erschienen Vögel in der Kunst nur als religiöse Symbole. Die ziehende Schwalbe war Sinnbild für die Auferstehung. Der Stieglitz mit seinem roten Kopf und seiner Vorliebe für Dornen und Disteln symbolisierte die Leiden Christi. Der Pfau galt als Symbol der Auferstehung und erschien daher sowohl auf Gemälden der Geburt Christi als auch der Verkündung. Er galt auch als Symbol der Eitelkeit und des Stolzes, zum Beispiel in Rubens "Urteil des Paris". Die Taube war das Symbol für Reinheit und Frieden und wurde oft mit der Heiligen Jungfrau zusammen abgebildet.

Auch in der Chinesischen Kunst spielen Vögel eine wichtige Rolle, jedoch nicht als Symboltiere, sondern als besonders schöne Tiere, deren Mannigfaltigkeit des Gefieders in Porträts von bezaubernder Schönheit ihren Niederschlag findet. Auch in China sind es die Greifvögel, die sich besonderer Beliebtheit erfreuen und verhältnismäßig oft auf Gemälden erscheinen. Offensichtlich gibt es einen Zusammenhang zur Falknerei. Diese Jagdart kam möglicherweise in China auf und breitete sich dann, zusammen mit der Maltechnik, nach Japan aus. Überall dort wo die Falknerei vor der Einführung der Feuerwaffen eine Rolle spielte, also fast in der ganzen Alten Welt nördlich des Äquators, war die Kunst der Falkenjagd ein strenges Ritual. Es handelte sich um den Sport der höheren Gesellschaftsschichten, die sowieso häufiger in der zeitgenössischen Kunst dargestellt wurden.

Shakespeare – der Schwan von Avon – war sicher ein begeisterter Vogelbeobachter. In allen seinen Werken erscheinen Vögel, und mehr als 60 Arten lassen sich genau identifizieren. Häufig benutzten Dichter die Vögel eher als Symbole für ihre eigenen Gefühle, anstatt sie zu beobachten und ihr Verhalten zu interpretieren. Komponisten haben den Gesang der Vögel oft als eine Quelle der Inspiration genutzt, wenn auch die direkte Verwendung von Vogellauten häufig auf den Kuckuck, die Nachtigall oder die Amsel beschränkt blieb. Die meisten Komponisten haben wohl mehr dem Vogelgesang gelauscht als versucht, mit seiner Schönheit und erstaunlichen Vielfalt in Konkurrenz zu treten. Die Stimmen der Vögel, die Schönheit ihres Gefieders, die Faszination ihres Fluges und das magische Geheimnis des Vogelzugs haben immer wieder die Menschheit mit Ehrfurcht auf diese Tiergruppe blicken lassen.

Der Steinkauz lebt weit verbreitet in Europa und Asien bis zu den felsigen Halbwüsten in Nordafrika und galt im alten Griechenland als Symbol der Weisheit.

Eine frühe indianische Felszeichnung auf einem Felsen in der Mesa Verde, Mexiko. Sie erinnert an europäische Abbildungen des Weißstorches als Kinderbringer.

Vögel als Warnsignal: Pestizide und Schwermetalle

Pestizide sind giftige Chemikalien, die mit der Absicht zu töten in die Umwelt gebracht werden. Viele weitere Gift kommen durch Zufall in die Natur und können in ihrer Wirkung genauso tödlich sein. Schon die alten Griechen benutzten die Eingeweide der Vögel, um einen Blick in die Zukunft zu werfen. Dreitausend Jahre später tun wir das gleiche: Unsere Wissenschaftler analysieren das Gewebe, um zu messen, wie stark unsere Umwelt verseucht ist und was sie möglicherweise noch vertragen kann.

Der unsichtbare Feind

Jahrhundertelang waren die Höckerschwäne die Zierde der Flüsse Englands; ihre Eleganz wurde zu einem vertrauten Bestandteil der Landschaft. Doch in den letzten zehn Jahren hat in ganz Südengland ihre Zahl drastisch abgenommen. Viele Vögel starben an Bleivergiftung und machten damit auf eine weitverbreitete Verseuchung der Umwelt durch Bleistückchen aufmerksam, die Angler verwenden, um ihre Angelschnüre zu beschweren. Diese gehen aber oft verloren oder werden weggeworfen und dann von den Schwänen aufgenommen.

Viele Lacke und Kunststoffe, die in den letzten 50 Jahren hergestellt und verwendet wurden, enthalten Stoffe, die man als polychlorierte Biphenyle (PCBs) zusammenfaßt. PCBs sind auch wichtige Bestandteile von Transformatoren und elektrischen Isolatoren, die in den letzten Jahrzehnten in großen Stückzahlen produziert wurden. Diese Stoffe sind in die Umwelt gekommen, ohne daß offensichtlich Nachteile für die Lebewesen entstanden, bis Rückstände in den Körpern von Vögeln und anderen Tieren die Menschen auf die mögliche Gefahr aufmerksam machten. PCBs zählten zu den häufigsten Rückständen in den Körpern der über 17 000 Seevögel, die 1969 auf geheimnisvolle Weise in der Irischen See starben. Der starke Verdacht, daß PCBs die Gesundheit von Mensch und Tier schädigen, hat dazu geführt, daß heute die Verwendung von PCBs eingeschränkt wird.

Verschmutztes Wasser muß nicht immer übel riechen oder dreckig aussehen. Es gibt auch gefährliche unsichtbare und geruchlose Giftstoffe, die zunächst unerkannt in unsere Gewässer geraten, bis sterbende Fische oder Wasservögel unübersehbar auf die Umweltvergiftung aufmerksam machen.

Mit pflanzenvernichtenden Chemikalien gegen „Unkräuter" behandelte Feldfläche (links). Der Einsatz dieser Herbizide ist stark gestiegen und zeigt weltweit negative Folgen: Manche Schädlingsbekämpfungsmittel verbleiben in der Umwelt, reichern sich in Nahrungsketten an und stören das natürliche Gleichgewicht zwischen den Lebewesen im Boden.

Kupferablagerungen verschmutzen und vergiften den Rio Tinto unterhalb der Mine von Huelva in Südspanien

Quecksilber zählt zu einer Gruppe von Elementen, die als Schwermetalle zusammengefaßt werden und auch in der Natur vorkommen, doch in bestimmter Form als Gifte wirken. Quecksilber war die Ursache der Minamata-Krankheit, der 1953 über 40 Menschen in Japan zum Opfer fielen. In Schweden war der Tod von Seeadlern und anderen Vögeln eine deutliche Warnung vor der sich gefährlich vergrößernden Konzentration des Quecksilbers im Boden. Die Verwendung von Quecksilber wird daher heute streng kontrolliert.

Botulismus

In den letzten Jahren häufen sich Fälle rätselhaften Massensterbens von Wasservögeln. In manchen Jahren fallen allein im Binnenland Mittel- und Westeuropas Hunderttausende von Enten, Bläßhühnern und Watvögeln einer tödlichen Seuche, dem Botulismus, zum Opfer. Todesursache ist ein Gift, das vom Bakterium *Clostridium botulinum* erzeugt wird. Es ist ein auch für den Menschen gefährliches Nervengift. Wie es zum Ausbruch der immer stärker um sich greifenden Seuche kommt, ist noch nicht ganz geklärt.

Fest steht jedoch, daß die Bakterienzellen nur in einer Umgebung ohne Sauerstoff überleben können. Sauerstoffmangel in stark verschmutzten Binnengewässern und große, auf engem Raum zusammengedrängte Wasservogelscharen bieten günstige Voraussetzungen für eine Epidemie. Schlammbewohnende Insektenlarven, die das für sie ungefährliche Gift aufnehmen, werden zur tödlichen Nahrung vieler Wasservögel, die in den meist viel zu kleinen Reservaten der Gefahr nicht ausweichen können.

Für die Wasservögel ist in vielen Ländern der Botulismus zu einer ernsten Bedrohung geworden. Die gefährliche Seuche wird durch Sauerstoffarmut in den Gewässern gefördert.

Jährlich fallen allein in Mitteleuropa Zehntausende von Enten, Möwen und Watvögeln der Krankheit zum Opfer.

Ein Beispiel für viele: Giftige Industrieabwässer werden ungeklärt einfach in den nächsten Fluß geleitet. So kommt das Gift über die Flüsse ins Meer.

Ausbeute von drei Tagen: Zahlreiche Vögel, von der Grasmücke bis zum Habicht, sind einer Mäusevergiftungsaktion in der Kulturlandschaft Südwestdeutschlands zum Opfer gefallen. Mißbräuchlicher Umgang mit giftigen Chemikalien wird zu einer tödlichen Gefahr.

Verringerung der Eischalendicke bei Wanderfalken seit 1947
Im Unterschied zu vielen heute verwendeten Pestiziden, die nach ihrer Anwendung abgebaut werden, bleibt DDT in der Umwelt bestehen und konzentriert sich in den Tierkörpern. Ein Warnsignal für diese Giftkumulation war der Wanderfalke. Durch die schleichende Vergiftung mit DDT ging bei vielen Falken (wie auch bei anderen Greifvögeln) die Eischalendicke zurück, was einen geringeren Schlüpferfolg zur Folge hatte. Die Dicke der Eischalen wurde weltweit untersucht. Der Bestandsrückgang der Falken hängt direkt mit der Verwendung dieser langlebigen Chemikalien zusammen.

Die Prozentzahlen geben den Rückgang der Eischalendicke an.

Lebensräume von Wanderfalken

Pestizide

Seit man in den 60er Jahren in den Nestern von Wanderfalken, Sperbern und Steinadlern zum ersten Mal zerbrochene Eier fand, wurde die Öffentlichkeit auf eine neue, für den Bestand vieler Vogelarten bedrohliche Gefahr aufmerksam: Pestizide stören die Eibildung im Vogelkörper, so daß die Kalkschale zu dünn wird und den Keimling nicht mehr schützen kann. Bei über 20 Vogelarten, meist Greifvögeln und Wasservögeln, haben Freilanduntersuchungen in Nordamerika und Europa oft bedrohlich dünne Eischalen nachgewiesen. Sicher sind auch viele weitere Arten davon betroffen. Sorgfältige Laborexperimente ergaben einen eindeutigen Zusammenhang zwischen Pestizidbelastung und der verminderten Bruchfestigkeit der Eischalen. Strikte Verbote in der Anwendung von DDT und verwandten Stoffen führte in manchen Gebieten mittlerweile zu einer Verbesserung der Situation.

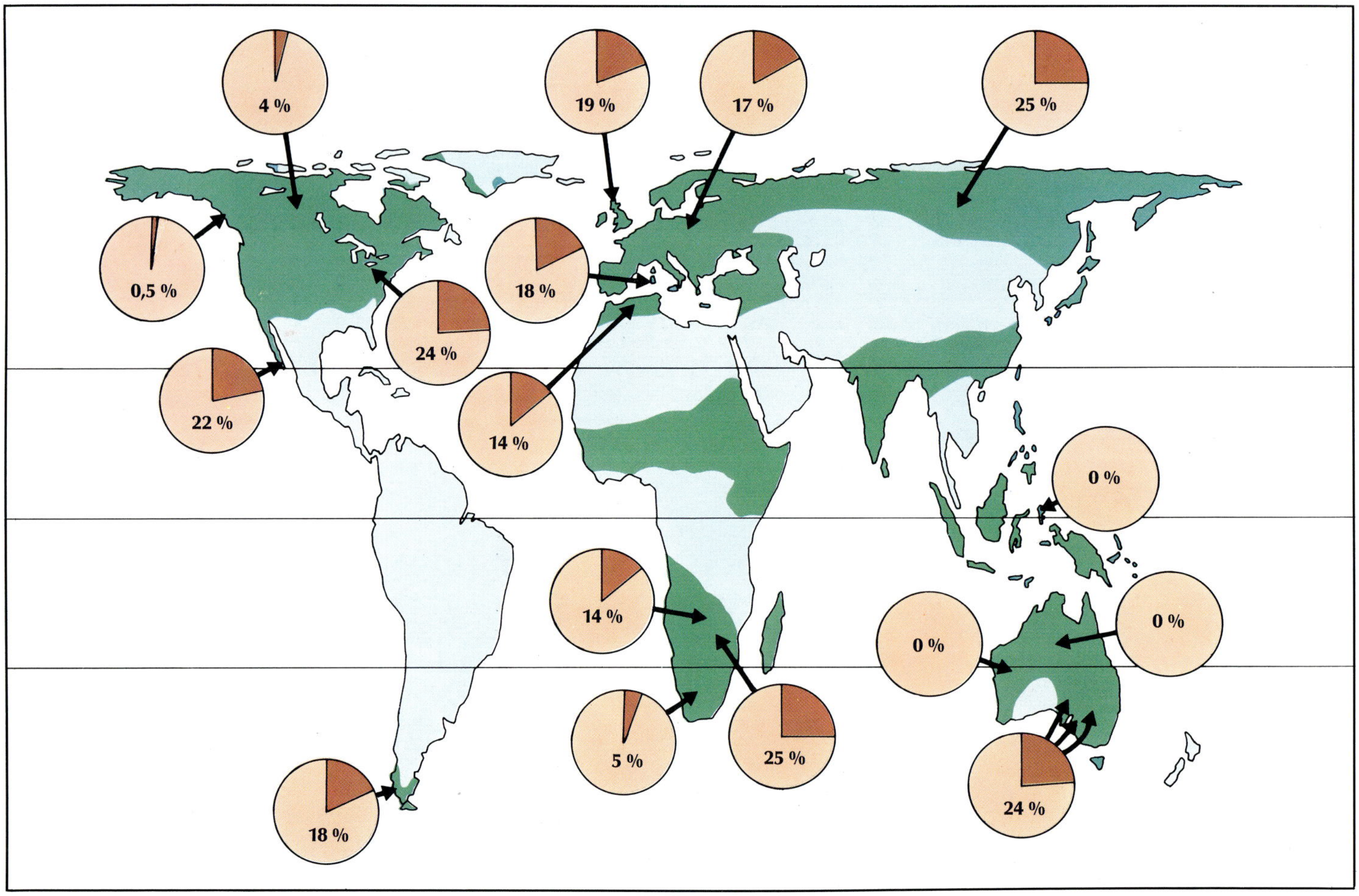

Vögel als Warnsignal: Ölpest und Verseuchung

Vielen von uns sind die Ferien an der See durch Teer an Füßen und Kleidung vergällt worden. Wer sich aber erst seinen Weg über die verölten Körper toter Seevögel bahnen muß, erkennt das wahre Ausmaß des Schadens, der den Meeres- und Küstenökosystemen durch das Ablassen von Rohöl auf See zugefügt wird. Die meisten Länder raffinieren heute das Öl selbst, und so wird es in einem Zustand verschifft, in dem es sich nicht verflüchtigen kann und sich nur langsam verteilt. In der Regel reinigen die Kapitäne ihre Tanks nach dem Entladen auf hoher See, weil es hier nichts kostet. Auf diese Weise kommen mit der Waschlösung erhebliche Mengen an Öl ins Meer. Dieses Öl verschmiert das Gefieder vieler Seevögel. Besonders betroffen sind Lummen und Papageitaucher, die von der Meeresoberfläche aus nach Nahrung tauchen. Zehntausende sterben alljährlich an dem Öl, das heute bereits auf der See schwimmt; Hunderttausende und mehr gehen zugrunde, wann immer einer der modernen Supertanker sinkt oder auf See beschädigt wird. Eine der besten Meßlatten für die Ölverschmutzung der Weltmeere ist daher bedauerlicherweise die grauenhafte Masse der Vogelkadaver, die in der Nähe bestimmter Schiffahrtsrouten die Küstenstrände wie ein Leichentuch bedecken.

Tankerunglücke kommen immer wieder vor und sind ein Grund für die zunehmende Ölverschmutzung der Meere. Das Bild zeigt den nach einer gewaltigen Explosion sinkenden Tanker Golar Patricia.

Ein Vogel mit ölverschmutztem Gefieder ist meistens zum Tode verurteilt. Das Öl macht sein Gefieder wasserdurchlässig, und er erstickt oder erfriert.

Auch nach sorgfältiger Reinigung überlebte diese Weißkopflachmöwe *(Larus novaehollandiae)* nicht.

Im März 1978 lief der Supertanker Amoco Cadiz vor der Küste der Bretagne auf Grund. Über 220 000 Tonnen Rohöl flossen ins Meer. Tausende Vogelkadaver wurden an den Küsten Nordwestfrankreichs und der Kanalinseln gefunden. Mindestens 33 Seevogelarten waren von der Ölkatastrophe betroffen, am stärksten Papageitaucher, Tordalken und Lummen.

Vögel als Warnsignal: Waldsterben und Artentod

In der Welt von heute ist die größte Umweltbedrohung der sogenannte saure Regen. Bei der Verbrennung fossiler Brennstoffe sowie bei vielen industriellen Prozessen entstehen Schwefeldioxide und Stickoxide, die durch die Schornsteine an die Atmosphäre abgegeben werden. Aber nicht nur in großtechnischen Anlagen, sondern auch in den Verbrennungsmotoren der Automobile und den vielen privaten Heizungsanlagen entstehen die schädlichen Gase und entweichen in die Atmosphäre. Die Gase lösen sich im Regenwasser unter Bildung von schwefeliger Säure und salpetriger Säure. Diese beiden Säuren haben in Verbindung mit etwa 3000 weiteren luftverunreinigenden Substanzen dazu geführt, daß der einst so erfrischende Regen sich in ein schädliches Gebräu von Chemikalien veränderte, das Fische tötet, Seen für Wasservögel unbewohnbar macht, Ernteerträge in Frage stellt und riesige Waldgebiete zu Wüste macht.

In den Seen von Nordamerika bis Skandinavien steigen Fische luftschnappend zur Wasseroberfläche auf, weil ihre Kiemen verstopft sind und die Aufnahme von Sauerstoff und Salzen aus dem Wasser blokkiert ist. Die Fische sterben durch Ersticken und durch den Zusammenbruch des Eiweißstoffwechsels, wenn der Salzspiegel im Körper zu stark sinkt. Die Ursache ist Aluminium, ein giftiges Metall, das normalerweise in unlöslicher Form an Bodenpartikeln angelagert ist. Doch wenn der pH-Wert des Bodens sinkt, steigt die Löslichkeit von Aluminium, bis es aus dem Boden in das Grundwasser und die Flüsse und Seen gewaschen wird. Aus 2000 Seen in Norwegen und 4000 Seen in Schweden sind mittlerweile Fische so gut wie verschwunden. Viele Seen Kanadas sind heute so fischarm, daß der Eistaucher *(Gavia immer)* dort nicht mehr brüten kann.

Saurer Regen setzt auch Aluminiumionen im Boden frei, wo sie für Bäume und andere Pflanzen ebenso giftig sind wie für die Fische im Wasser. Wo Fische in vergifteten Seen sterben, folgen bald die Bäume nach und schließlich die Kulturpflanzen, Insekten, Vögel und wohl irgendwann auch der Mensch, denn alle Lebewesen sind auf reines Wasser angewiesen.

Das Sterben riesiger Waldflächen in Europa und Nordamerika kündigte das ungeheure Ausmaß der Umweltbedrohung durch den sauren Regen an. Und die Hinweise nehmen zu, daß nicht nur Pflanzen und Fische, sondern auch viele Vogelarten auf die ökologischen Folgen des sauren Regens reagieren. Sie könnten dem Menschen daher als empfindliche Indikatoren der Luftverschmutzung dienen. Seetaucher auf den Seen Kanadas können nicht mehr brüten, wenn die Fischdichte in sauren Seen absinkt; die Populationen kleiner Waldvögel reagieren in ihrer Bestandsgröße auf die Vergiftung ihres Lebensraums durch den sauren Regen – andere Waldvögel wandern ab. Angesichts der Katastrophe erkennt man den potentiellen Wert von Vögeln in der Umweltvorsorge: Als Lebewesen der Luft sind sie hervorragende Indikatoren der Luftverschmutzung.

Staubpartikel in Industrieabgasen bedrohen die Lebensqualität in unseren Großstädten. Doch gefährlicher sind die unsichtbaren, geruchlosen Gase, die gleichzeitig in die Atmosphäre geblasen werden. Sie sind die Ursache chronischer Krankheiten und schädigen die Natur.

Der Eistaucher *(Gavia immer)*, ein markanter Wasservogel der nordamerikanischen Binnenseen, wird zunehmend durch Versäuerung seiner Brutgewässer bedroht.

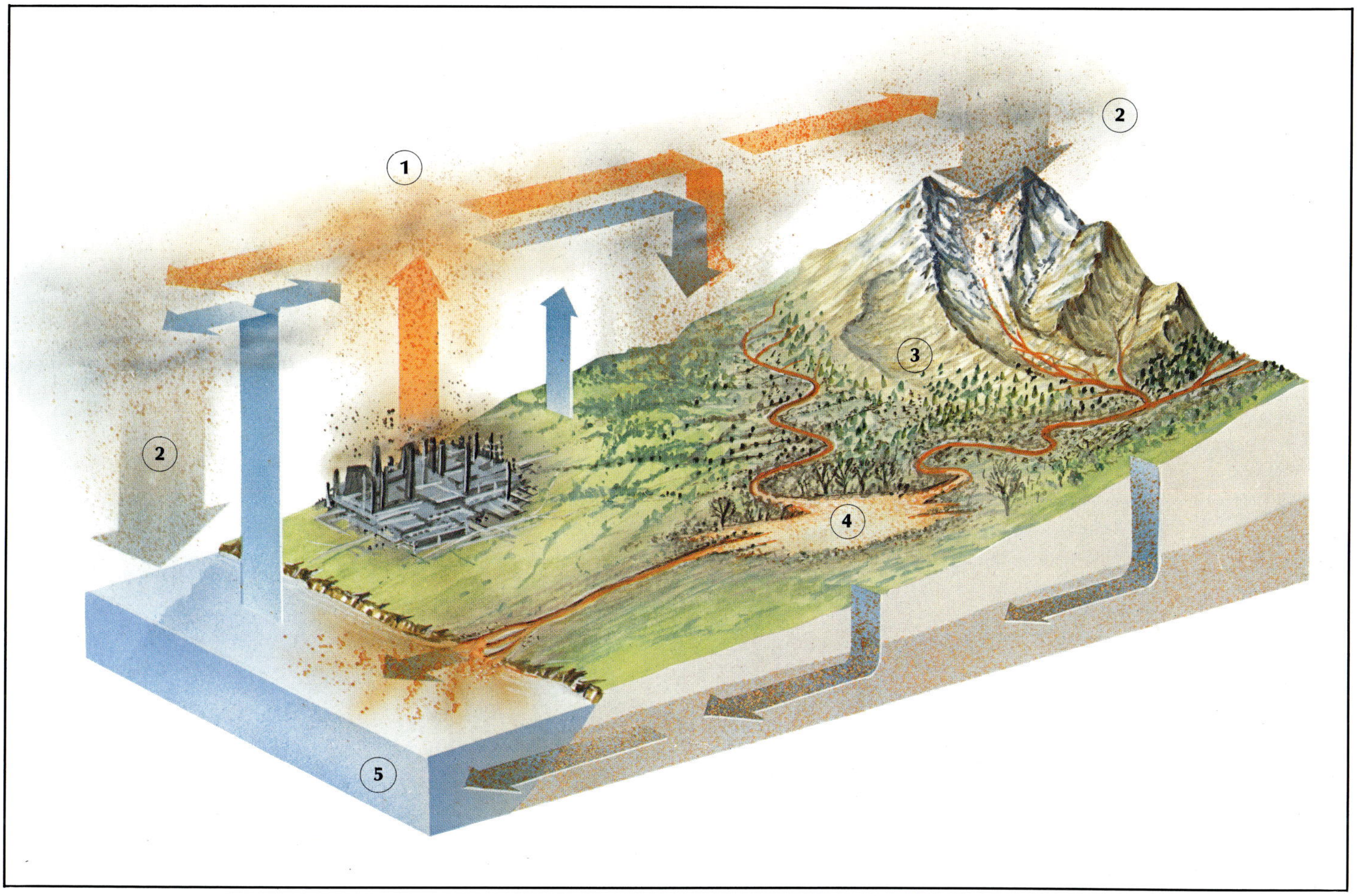

Der saure Regen
Schwefeldioxid und Stickoxide aus den Schornsteinen werden im Wasser der Regenwolken gelöst. Die sauren Niederschläge, ein vielfältiges Gemisch von verschiedenen Säuren, wirken sich auf die Vegetation, den Boden und auch das Grundwasser verheerend aus.

1. Die luftverunreinigenden Abgase und Staub bleiben in den Regenwolken hängen
2. Saurer Niederschlag
3. Verluste von Pflanzen und Tieren
4. Konzentration der Säuren
5. Die Lösung wird ins Meer geschwemmt

Tote und sterbende Bäume im Harz sind stumme Zeugen eines vom sauren Regen vergifteten Waldes. Nach Meinung der Experten ist die Hälfte der deutschen Wälder bis zum Ende dieses Jahrhunderts vernichtet.

Warum sind die Vögel bedroht?

Seit es Lebewesen auf der Erde gibt, waren immer wieder einzelne Arten oder ganze Tiergruppen vom Aussterben bedroht. Während die einen im Kampf ums Überleben unterlagen, entwickelten sich die anderen zu einer ungeheuren Vielfalt. In den vergangenen 400 Millionen Jahren hat es Blütezeiten von Tier- und Pflanzengruppen gegeben, die heute nur noch vereinzelt oder überhaupt nicht mehr auftreten. Veränderungen des Klimas und geologische Prozesse waren für dieses Kommen und Gehen der Arten auf der Erde ausschlaggebend. Aber auch die Entstehung ganz neuer, besser angepaßter Arten oder die Konkurrenz um die gleiche Nahrung und den gleichen Lebensraum ließ Tier- und Pflanzenarten aussterben.

Die Naturgesetze, nach denen sich neue Arten entwickeln und andere aussterben, wirken auch heute noch. Wir leben in einer Epoche, die durch die grenzenlose Übermacht eines einzigen Lebewesens gekennzeichnet zu sein scheint. Der wirtschaftende Mensch hat sich durch seine Landwirtschaft und die von ihm betriebene industrielle Warenproduktion, durch seine lebensraumvernichtende Siedlungsweise und seinen ruinösen Umgang mit der Natur sowie durch seine ungeheure Vermehrung und immer noch zunehmende Verbreitung zum größten Feind aller anderen Lebewesen gemacht. Im Zusammenspiel von Bevölkerungswachstum, Umweltverschmutzung und Lebensraumvernichtung bleiben heute viele Pflanzen und Tiere auf der Strecke, unterliegen dem Konkurrenzdruck des Menschen. Allein seit Darwins epochaler Arbeit über den Ursprung der Arten sind nachweislich bereits 115 Vogelarten ausgestorben.

Das Bevölkerungswachstum

3,7 Milliarden Menschen im Jahre 1970, 5 Milliarden Menschen im Jahre 1986, über 6 Milliarden (geschätzt) werden im Jahre 2000 die Erde bevölkern. In den 30 Jahren nach 1970 wird sich die Zahl der Menschen nahezu verdoppelt haben. Wachstum ohne Ende? Selbst wenn man einen allmählichen Rückgang der Geburtenzahl in den Ländern der Dritten Welt unterstellt, wird die Zahl der Menschen bis zum Jahr 2025 auf 8,2 Milliarden anwachsen, um sich dann in den folgenden hundert Jahren bei 11 bis 13 Milliarden allmählich zu stabilisieren.

Die Wachstumsrate einer Population wird durch das Zusammenspiel von Geburtenrate und Sterberate bestimmt. Je größer der Geburtenüberschuß und die Wahrscheinlichkeit sind, daß die Kinder überleben, desto schneller verdoppelt sich die Anzahl einer Bevölkerung. Diese sogenannte Verdopplungszeit betrug im Jahre 1977 für das hochindustrialisierte Westeuropa 693 Jahre, für ganz Europa 173 Jahre, für Nordamerika 116 Jahre, für Südostasien 29 Jahre, für Afrika 27 Jahre und nur 26 Jahre für Lateinamerika. Während sich in den Staaten mit allgemein hohem Lebensstandard Geburtenrate und Sterberate die Waage halten oder sogar wie in der Bundesrepublik Deutschland die Sterberate überwiegt, zeichnen sich die Länder der Dritten Welt durch einen besonders hohen Geburtenüberschuß aus. Infolge der Verringerung der Säuglingssterblichkeit sterben dort immer weniger Kinder. Zum Beispiel leben in Brasilien heute nicht nur doppelt so viele Menschen wie vor 30 Jahren, sondern die Hälfte der Bevölkerung ist unter 20 Jahre alt.

Wenn die Alterspyramide einer Bevölkerung einen so hohen Anteil an jungen Menschen aufweist, wird auch in Zukunft ein rasantes Bevölkerungswachstum stattfinden, ein Prozeß, der nur nach Generationen zu stoppen ist. Hier können nur konsequente Programme der Familienplanung und Geburtenbeschränkung eine Änderung bewirken, wie sie zum Beispiel in China mit dem Ziel der „Ein-Kind-Familie" verfolgt werden. Aber selbst bei einem solchen Programm werden erst etwa Mitte des nächsten Jahrhunderts in China ebenso viele Kinder geboren wie Menschen sterben. Bis zu dem Zeitpunkt wird die Bevölkerung noch weiter zunehmen, muß die Nahrungsmittelproduktion gesteigert werden, werden sich die Städte und Siedlungen vergrößern.

Etwa 95 Prozent der Weltbevölkerung leben in Ländern, die in irgendeiner Weise versuchen, die Geburtenrate zu beeinflussen. Erste Erfolge dieser Politik zeigen sich in Ostasien, Lateinamerika und Südasien, wo die Wachstumsraten wieder sinken. Besonders in den „Armenhäusern der Erde" braucht es seine Zeit, bis die Frauen begreifen, daß von ihren 6, 8 oder 10 Kindern nicht mehr die Hälfte im ersten Lebensjahr stirbt, sondern daß fast alle überleben. Die Bevölkerungen der meisten armen und dichtbesiedelten Länder der Welt haben heute eine Wachstumsrate zwischen zwei und vier Prozent pro Jahr. Bei drei Prozent verdoppelt sich die Bevölkerung in 23 Jahren, bei vier Prozent in 17,5 Jahren. Wenn man sich zusätzlich vor Augen hält, daß 75 Prozent der Weltbevölkerung in den weniger industrialisierten Ländern leben und 38 Prozent der Gesamtbevölkerung der Erde jünger als 15 Jahre sind, wird deutlich, in welchem Ausmaß und in welchen Gebieten die Anzahl der Menschen auf der Erde zunehmen wird.

Die heutige Menschheit lebt zu 95 Prozent auf rund 10 Prozent der Festlandsfläche, wenn man die Pole nicht mitrechnet. Die mittlere Bevölkerungsdichte der Erde betrug 1980 rund 36 Menschen pro Quadratkilometer (ohne Antarktis). In manchen Gegenden sind jedoch 600 und mehr Menschen pro Quadratkilometer keine Seltenheit. Häufig führt die Flucht der Landbevölkerung in die Ballungsgebiete zu einem explosionsartigen Wachstum der Slums am Stadtrand.

Die Folgen des Wachstums

Mehr Menschen brauchen mehr Nahrung, mehr Wohnraum, mehr Brennstoff und mehr Wasser. Mit der Steigerung der Besiedlungsdichte wächst der Grad der Ausbeutung der Ressourcen unseres Lebensraums, den wir mit den Pflanzen und Tieren teilen. Schon heute hat ein Drittel der Weltbevölkerung nicht genug zu essen, verhungern jährlich etwa 40 Millionen Menschen oder sterben an den Folgen der Unterernährung. Zwar läßt sich infolge der Fortschritte im Gesundheitswesen die Säuglingssterblichkeit immer weiter verringern, dafür sterben aber immer mehr Kinder und Jugendliche den Hungertod. Jede Bevölkerungszunahme ist auch mit einer Vergrößerung der Zahl der verhungernden Kinder verbunden. Schon heute sterben pro Jahre etwa 15 Millionen Kinder an mangelnder Ernährung.

So wie den Kindern geht es auch vielen anderen Lebewesen auf der Erde, deren Überleben bei fortschreitendem Bevölkerungswachstum des Menschen immer stärker in Frage gestellt ist. Wenn sich die Art und Weise des Umgangs mit den natürlichen Ressourcen nicht ändert, vervielfacht jedes Bevölkerungswachstum auch unsere Probleme.

Der Vorgang des Bevölkerungswachstums läßt sich am besten graphisch veranschaulichen. Lassen wir den Wachstumsprozeß mit einer Figur am rechten unteren Rand dieser Seite beginnen. Auf jeder folgenden Seite verdoppelt sich die Anzahl der Figuren. Wie oft muß man umblättern, bis sich die Seite mit Figuren gefüllt hat?

Gefährdung durch Lebensraumvernichtung

Etwa zwei Drittel der gefährdeten Vogelarten sind durch den Verlust ihres Lebensraums bedroht. In diese Zahl sind jene Arten noch nicht eingerechnet, die allein durch den Verlust großer Teile des tropischen Regenwaldes gefährdet sind. Vermutlich muß man etwa weitere 2000 Arten hinzurechnen. Verlust des Biotops oder eine Verringerung des Fortpflanzungserfolgs durch Störung und durch Umweltgifte haben auf lange Sicht gesehen immer den Artentod zur Folge. Ganz anders als die Menschen können die Vögel nicht einfach einen neuen Ort ihres Biotops aufsuchen und sich dort niederlassen, denn er ist wahrscheinlich schon besetzt. Auch können sie sich über Nacht nicht an einen neuen Biotoptyp anpassen; das dauert eine Vielzahl von Generationen und ist bestenfalls in Jahrzehnten abgeschlossen.

Nur sehr wenige Biotope sind durch den Menschen gar nicht verändert worden. Bei den anderen variiert der Einfluß, dem sie ausgesetzt sind, von Ort zu Ort. Ein Wald kann zum Beispiel wegen seiner kommerziell wertvollen Bäume oder zur Brennholzgewinnung genutzt, aber auch für Viehweiden völlig abgebrannt werden. Jede dieser unterschiedlichen Einflußnahmen ändert die Ökologie des Waldes und reduziert seine Bedeutung für die Vögel, die an ihn angepaßt sind.

Die Zerstörung eines Biotops hat oft Auswirkungen auf ein anderes, nicht selten über große Entfernungen hinweg. So ist zum Beispiel die größte Gefahr für die fischreichste Flußmündung von Sri Lanka, die Negombo Lagune, die Entwaldung von Gebieten weit weg im Inland. Jeder Regen spült große Mengen an Schlamm von diesen Flächen in die Flüsse. Im Mündungsbereich wird dieser Schlamm abgelagert und schüttet die Fischgründe langsam zu.

Die Probleme an der Negombo Lagune sind jedoch noch relativ klein im Vergleich zu denen im Wattenmeer Norddeutschlands, dem größten Watt der Welt. Dieser weite Komplex von Küstenbiotopen bietet einer riesigen Menge von Vögeln und anderen Tieren Lebensraum und Rastplatz. Es wurde jedoch in großem Stil eingedeicht und wird vom Abwasser mehrerer auch entfernt liegender Industrienationen verseucht. Elbe, Ems und Rhein, belastet mit Schwermetallen und vielfältigen Giftstoffen aus Industrieabwässern aus Deutschland, der Schweiz, den Niederlanden und Frankreich, vergiften allmählich das Wattenmeer und damit auch riesige Scharen von Eiderenten und Brandseeschwalben.

Große Touristenmassen auf den Nordsee-Inseln tragen dazu bei, daß Sanddünen und Küstenwiesen erodieren, und stimulieren zum Bau neuer Häuser und Straßen. Andere Inseln werden als Militärziele für NATO-Übungen benutzt. So formieren sich Umweltverschmutzung, Eindeichung und Störung durch den Menschen zu einem konzentrierten Angriff auf den Lebensraum aus ganz verschiedenen Richtungen. Dies ist ein durchaus normales Muster für bedrängte Lebensräume in Industrienationen, gilt aber auch für alle jene Länder, die den guten wie den schlechten Seiten der westlichen Zivilisation nacheifern.

Während diese Pipeline durch das Innere Alaskas vielleicht keinen unmittelbaren Einfluß auf das Ökosystem ausübt, birgt sie viele latente Gefahren und ist Zeichen des immer weiteren Vordringens des Menschen in eine der letzten großen unberührten Wildnisse der Erde.

Biotopzerstörung im Namen der Energiegewinnung. In allen Kontinenten werden Landschaften, wie hier am Columbia River in Kanada, durch die Errichtung von Staudämmen gewaltig verändert. Statt eines rasch strömenden Flusses in einem tiefen Tal entstehen künstliche Seen.

Trotz dieser schädigenden Einflüsse bestehen in einigen Teilen des Wattenmeers noch scheinbar ungestörte Biotope. Die Verschmutzung ist nicht immer und überall zu erkennen. Noch lassen sich Seeschwalben die Küste entlangtreiben, Enten paddeln auf dem Wasser. Kaminschlote, Schiffskräne oder Ferienhochhäuser stören den sich im Dunst verlierenden Horizont noch nicht. Doch ein so großer Lebensraum wie das Watt kann schon tödlich getroffen sein, aber gleichwohl noch oberflächlich gesund erscheinen. Wie ein antiker Tisch, dessen polierte Oberfläche noch glänzt, während er von innen bereits von Holzwürmern zerfressen wird.

Wir haben in diesem Buch jedes der wichtigsten Ökosysteme der Welt für sich behandelt, seine ihm eigene Vogelwelt, seine Ökologie, seine Ressourcen, und haben gesehen, wie sie voneinander abhängen und einander beeinflussen. Kein Ökosystem ist eine isolierte Insel, unberührt von den Vorgängen außerhalb. Das Ausmaß an Veränderungen, das die Menschen in den Biotopen auf unserer Erde bewirken, hat wahrscheinlich auch globale Folgen. Es beeinflußt grundlegende physikalische und chemische Parameter. Die Zusammensetzung der Gase in der Atmosphäre, das Gleichgewicht der eingestrahlten und reflektierten Strahlung, die Verteilung des Wassers im Boden, Fluß, Meer und in der Luft oder unser Klima werden heute durch den wirtschaftenden Mensch nachhaltig beeinflußt. Der größte Teil der Biotopänderungen geht letztlich auf das Konto einer immer noch ständig wachsenden Bevölkerung. Der Schaden wird aber heute nicht nur durch die wachsende Zahl, sondern vielmehr durch wachsende Erwartungen und Ansprüche verursacht. Die Menschen wollen nicht nur mehr Nahrung und mehr Land für Häuser, sondern auch mehr Energie und mehr Rohstoffe, um die materiellen Früchte der modernen Industriegesellschaft auch in vollen Zügen genießen zu können.

Bild einer totalen Landschaftszerstörung: Um die Minensiedlung Queenstown in Westtasmanien waren die Hänge einst mit Regenwald bewachsen. Der Wald ist vernichtet, der Boden durch Chemikalien verseucht. Was die Natur in vielen Hunderten von Jahren aufgebaut hat, wurde hier in kürzester Zeitspanne vernichtet.

Viele Feuchtgebiete und andere wertvolle Biotope sind Binnenschiffahrtskanälen zum Opfer gefallen. Der im Bau befindliche Rhein-Main-Donau-Kanal schneidet sich hier tief in die Landschaft hinein. Sein wirtschaftlicher Nutzen wird von vielen bezweifelt.

Gefährdung durch Landwirtschaft und Umweltgifte

Die modernen Agrarmethoden haben schädliche Folgen für alle Vögel. Eine der wichtigsten ist die Verringerung der Biotopvielfalt als Folge von Monokulturen großen Stils, die die gemischten Kulturen ersetzen. Hecken und Feldgehölze werden entfernt, und kleine Äcker werden zu riesigen maschinengerechten Steppen kombiniert. Dieser Kultursteppe fehlt die Vielfalt, die selbst noch der einförmigsten natürlichen Steppe eigen ist. Nur wenige Vögel können in einer solchen Umgebung überleben. Der kahlen Landschaft fehlen nicht nur Nahrung, Deckung und Nistplätze. Auch die an offene Landschaften angepaßten Bodenbrüter können hier kaum überleben. Maschinen walzen über Nester, Eier, Jungvögel und manchmal sogar auch Altvögel hinweg.

Pyrrhussieg der chemischen Schädlingsbekämpfung

Monokulturen benötigen einen konzentrierten Einsatz von Pestiziden und Kunstdünger, um die Erträge möglichst hoch und damit rentabel zu halten. Natürliches Bodenleben, das die Umstellung nicht überlebt hat, versucht man durch Chemie zu ersetzen. Pestizide töten Schädlinge der Kulturpflanzen, doch damit ist das Problem höchstens für den Augenblick gelöst. Als Folge stellen sich zunehmende Kosten und Gefahren ein. Hierfür gibt es eine grundlegende biologische Erklärung: Pflanzenfressende Insekten sind das Produkt einer Millionen Jahre dauernden Auseinandersetzung zwischen Tier und Pflanze. Auf der einen Seite stehen viele Insekten, die sich von pflanzlichem Material ernähren, und auf der anderen Seite stehen die Pflanzen, die mit in der Evolution entstandenen Abwehrmaßnahmen Insekten abhalten oder gar töten.

Daher enthalten viele Pflanzen natürliche Insektizide. Insekten, die diese Pflanzen trotzdem fressen können, sind gegenüber diesen natürlich vorkommenden Giften resistent. Zu solchen Resistenzerscheinungen kommt es infolge eines wechselseitigen Entwicklungsprozesses zwischen Pflanze und Insekt. Durch ein Insektizid werden zunächst viele Individuen sterben. Doch einige sind genetisch widerstandsfähig und produzieren einen neuen, resistenten Stamm. Die Pflanze versucht dann eine andere Substanz, das Insekt paßt sich seinerseits an und so fort. Der Schädling begegnet heute den Pestiziden des Landwirts ebenso wie einem natürlichen Gift. Er wird resistent. Feinde des betreffenden Schadinsekts jedoch sind nicht so gut angepaßt und werden daher vernichtet, entweder infolge der Giftanreicherung oder infolge direkter Vergiftung durch ein unspezifisch wirkendes Insektizid.

Einfalt statt Vielfalt: Eine der nachhaltigsten Einflüsse auf die Vogelwelt in Europa und Nordamerika ist die zunehmende Intensivierung und Mechanisierung der Landwirtschaft. In der einst von Hecken, Gehölzen und kleinen Wasserläufen durchzogenen Landschaft dominieren jetzt riesige Monokulturen, die kaum mehr Lebensraum für wilde Pflanzen und Tiere bieten.

Pestizide verringern oft nur für kurze Zeit den Bestand des Schadinsekts. Danach vermehrt es sich oft in höherem Maß, weil für die nun resistenten Stämme die natürliche Feinde fehlen. Vögel vergiften sich an den mit Pestiziden behandelten Insekten. Unfruchtbarkeit und Tod können die Folge sein.

Pestizide sind extrem stabil. DDT, das über 40 Jahre lang weit verbreitet angewendet wurde, hat mittlerweile alle Lebensräume einschließlich der Antarktis durchdrungen und kommt sogar in der Muttermilch vor. Die massive Anwendung der Pestizide im modernen Landbau ist nicht nur zu beklagen, weil dadurch Vögel getötet, Lebensräume vergiftet und Menschen gefährdet werden, sondern auch, weil ihr Einsatz immer nur einen kurzfristigen Erfolg im Kampf um bessere Ernten bewirkt.

Folgen der gewaltigen Nährstoffanreicherung

Moderne Agrartechnik erschöpft sich aber nicht in der Vernichtung der Vielfalt und der Verbreitung beständiger Gifte. Hinzu kommen die Folgen, die durch den Einsatz synthetischer Dünger entstehen. Kunstdünger ersetzt im Boden die Nährstoffe, die die Kulturpflanzen während ihres Wachstums dem Boden entziehen. Doch dem Kunstdünger fehlen organische Substanzen, die dem Boden seine physikalischen Eigenschaften und die Fähigkeit verleihen, Wasser zu halten.

Wenn Vögel zur Plage werden: Ein getöteter Gelbhaubenkakadu *(Cacatua galerita)* soll in dieser australischen Sonnenblumenkultur nahrungssuchende Artgenossen fernhalten.

Ihre chemische Zusammensetzung kann außerdem die natürliche Fruchtbarkeit eines Bodens vermindern, indem einige Bodennährstoffe für Pflanzen nicht mehr verwertbar sind. Zudem wird ein großer Teil des Kunstdüngers auch in Flüsse und Seen geschwemmt, wo er als Pflanzendünger das Wachstum von Algen fördert. In der Folge kommt es zu einer Verringerung des ursprünglichen Lebens. Dieser Prozeß der Eutrophierung kann zwar rückgängig gemacht werden, doch ist er heute eine weitverbreitete Folge der modernen Agrikultur; viele Gewässer sind davon betroffen.

Als wir über die Vögel des Kulturlandes diskutierten, vertraten wir die Meinung, der Raubbau an natürlichen Biotopen könne nur dadurch gestoppt werden, daß Ackerland noch effizienter genutzt und daher nicht noch mehr Land benötigt wird. Andererseits bedeutet die Intensivierung der Landwirtschaft nicht nur noch schlechtere Lebensbedingungen für Vögel, sondern auch Vergiftung anderer Lebensräume mit Pestiziden und Belastung mit Nährstoffen aus dem Kunstdünger. Nicht nur das Schicksal vieler Tierarten, sondern auch vieler hungriger Menschen hängt von der Lösung dieser Widersprüche ab.

Chemie muß Natur ersetzen und die Erträge auf Wirtschaftsflächen erhöhen. Ein Kartoffelacker in Großbritannien braucht 3 Spritzungen pro Wachstumsperiode, eine Obstplantage in den USA nicht weniger als 8 bis 9!

Lebensraumverlust für Waldvögel: Ursprüngliche Wälder werden durch einförmige Plantagen fremder Gehölzpflanzen ersetzt. Die Monterey-Kiefer *(Pinus rachiata)* in Südaustralien bildet dunkle Forstflächen, die kaum Nahrungs- und Nistmöglichkeiten für einheimische Vögel bieten.

Gefährdung durch Jagd und Fang

Vögel werden aus einer Vielzahl von Gründen vom Menschen absichtlich getötet. Landwirte jagen sie, weil sie um ihre Ernte fürchten. Sie reden dabei von Schädlingsbekämpfung und Pflanzenschutz. Zwar können die meisten Vögel, die größere Schäden an Kulturpflanzen bewirken können, durchaus einen Aderlaß vertragen, doch einige Papageienarten, besonders auf den Westindischen Inseln und auf den Seychellen, werden heute durch die Verfolgung als Ernteschädlinge ausgerottet.

Bis vor etwa 60 Jahren wurden freilebende Vögel in riesigen Massen wegen ihrer schönen Federn gejagt. Doch der Handel mit Federn nahm glücklicherweise ein Ende, kurz bevor einige seiner Opfer ausgerottet wurden. Wandertauben wurden im 19. Jahrhundert in Nordamerika zu Millionen für den Kochtopf getötet. Die freilebende Population, die noch 1878 so groß war, daß ein Händler drei Millionen Vögel verkaufen konnte, war bereits 20 bis 30 Jahre später ausgerottet. Der rasche Niedergang dieses Vogels zeigt beispielhaft, daß die Bestandsstärke einer Art noch keine Schlüsse auf ihren Gefährdungsgrad zuläßt.

Die Vogeljagd als Sport ist eine in vielen Ländern verbreitete Freizeitbeschäftigung. In Italien schießt man immer noch auf alle Kleinvögel, ohne einzelne Arten zu unterscheiden. Man jagt einfach nur aus Spaß oder auch für die Küche. Wasservögel sind eine besonders beliebte Beute für Sportschützen. Die Gewohnheit der Vögel, in ganz bestimmten Zugkorridoren zu wandern, bringt sie nicht nur leichter vor die Flinten, sondern vermittelt den Jägern auch einen falschen Eindruck ihrer Bestandsstärke. Die Jagd auf Vögel hat auch noch einen heimtückischen Nebeneffekt: Bleikörner werden über die Lebensräume der Vögel verteilt. Manche Arten picken sie als „Samenkörner" auf und können an dem Gift zugrunde gehen.

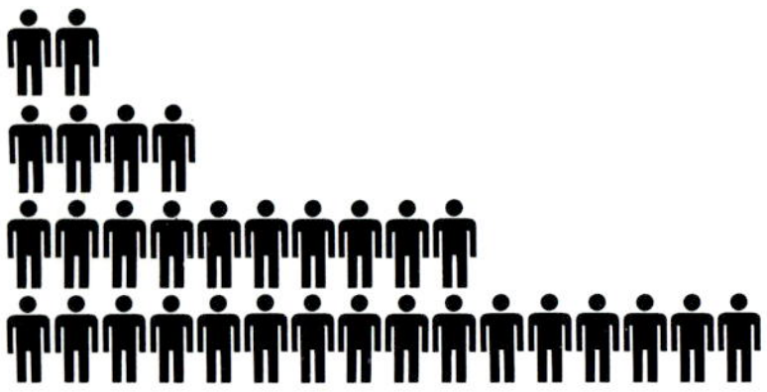

Da die Fischgründe einer nach dem anderen übernutzt werden, wenden sich die Fischer immer neuen Plätzen und Fischbeständen zu. Unvermeidlich geraten sie dabei in Kontakt mit Seevögeln, die ebenfalls von Fischen leben. Bei bestimmten Fischereimethoden wird durch das Befischen auch das Nahrungsangebot für Seevögel verringert, was Brutverluste und möglicherweise auch einen Bestandsrückgang zur Folge hat. Zusätzlich kann der Fischfang für die Vögel eine verheerende Folge haben, wenn mit den Netzen Fische gefangen werden, die sich in Reichweite von tauchenden Seevögeln befinden. In den Netzen unter Wasser gehen dann viele Vögel elend zugrunde.

Solche „Unglücksfälle" mit der wohl höchsten bekannten Todesrate treten am häufigsten beim Fang des atlantischen Lachses mit Kiemennetzen vor der Südwestküste Grönlands auf. In dem Gebiet sind immer wieder große Mengen von Dickschnabellummen anzutreffen, die hier schwimmend wandern, weil sie ihre Schwungfedern mausern und daher flugunfähig sind. In den Netzen der Fischer ertrinken Jahr für Jahr zwischen 200000 und einer Million Vögel.

Die oft gesetzeswidrige Massenverfolgung von ziehenden Singvögeln mit Flinte, Netz und Leimrute ist eines der vordringlichsten Vogelschutzprobleme im Mittelmeergebiet.

Zwar gehören Dickschnabellummen zu den zahlenmäßig stärksten arktischen Vogelarten, doch das Beispiel der Wandertaube sollte uns eine Warnung sein. Man kann nicht einfach von hohen gegenwärtigen Beständen auf eine gesicherte Zukunft schließen.

Zugwege

Brutgebiete

Überwinterungsgebiete

Hauptwinterquartiere

Nicht bejagt – doch bleivergiftet
Zwergschwäne *(Cygnus columbianus bewickii)* sind in ihrem ganzen Verbreitungsgebiet geschützt und dürfen nicht gejagt werden. Doch während des Zuges und im Winterquartier nehmen sie vom Grund der Gewässer mit ihrer Nahrung so viel Bleikügelchen von Angelruten und Schrot auf, daß die meisten Zwergschwäne, die als Wintergäste die Britischen Inseln besuchen, daran verenden.

Das unfreiwillige Fangen von Seevögeln in Fischernetzen ist vielerorts ein ernsthaftes Problem. Bestände von Lummen und Papageitauchern können dadurch ernstlich gefährdet werden.

Die Wasservogeljagd ist vielerorts eine wichtige Freizeitindustrie. Wissenschaftliche Überwachung, strikte Vorschriften, sowie Biotoppflegemaßnahmen sollen dafür sorgen, daß die Bestände nicht übernutzt werden. Kanadagansattrappen werden hier für das Anlocken von ziehenden Vögeln benutzt.

Gefährdung durch Handel und Tourismus

1975 wurden im Vogelhandel mehr als sieben Millionen Vögel umgesetzt. Keine Anzeichen sprechen dafür, daß das Volumen seitdem zurückgegangen ist. Der Umfang dieses internationalen Handelsgeschäfts ist vielleicht die tragischste Manifestation der Zuneigung, die Menschen Vögeln entgegenbringen. Kleine Körnerfresser machen etwa 80 Prozent dieses Handels aus; Papageien und Sittiche sind der Zahl nach zwar weniger bedeutsam, bringen jedoch viel höhere Preise. Mit mehr als einem Fünftel der Vogelarten der Welt wird heute international gehandelt. Davon sind etwa sechs Prozent vom Aussterben bedroht.

Obwohl heute fast 100 Länder ein internationales Abkommen unterzeichnet haben, das den Handel mit gefährdeten Tieren streng reguliert, werden die Gesetze oft umgangen.

Im doppelten Boden eines legalen Transitkäfigs liegen die Kadaver von geschmuggelten Halsbandsittichen *(Psittacula krameri)*.

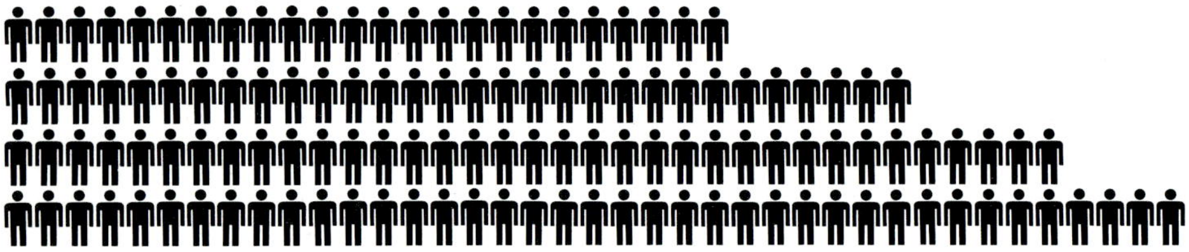

Den Hauptmarkt dieses Handels bilden die westlichen Staaten. Zwischen 1970 und 1975 importierten die USA, Japan und Frankreich jährlich je eine Million Vögel, Italien, Belgien, Großbritannien, die Niederlande und die Bundesrepublik je mindestens eine halbe Million. Im Fernen Osten wurde mit Ausnahme von Japan nur noch in Hongkong eine vergleichbar hohe Zahl erreicht (etwa 700 000).

Die meisten Käfigvögel stammen aus dem Mittleren und Fernen Osten. Während des genannten Zeitraums exportierte Indien fast zwei Millionen Vögel jährlich, Hunderttausende von Dollar erhöhten die Handelsbilanz von China, Indonesien, Thailand, Pakistan, Senegal sowie einer Reihe südamerikanischer Staaten mit Paraguay und Bolivien an der Spitze.

Das Grauenvolle dieses Handels ist, daß sich hinter den Zahlen ein Vielfaches an getöteten Vögeln verbirgt. Allein beim Fang wird eine unbekannte, aber sehr große Anzahl Vögel durch Netze und andere Jagdwaffen getötet oder verstümmelt. Bevor die gefangenen Vögel dann aufs Schiff verladen werden, ist bereits ein weiterer Teil in Gefangenschaft gestorben. Streß, falsche Nahrung und Käfighaltung, Rivalenkämpfe auf engstem Raum sind die Ursache. Auf dem Transport treten weitere Verluste auf. Etwa vier Prozent der Vögel, die am Londoner Flughafen Heathrow die Quarantänestation erreichen, sind beim Eintreffen bereits tot, weitere fünf Prozent sterben während der Quarantäne. Die meisten anderen Quarantänestationen haben noch viel schlechtere Ergebnisse. So kommt nur ein Bruchteil der Vögel, die aus der freien Natur weggefangen wurden, in den Handel.

In Europa und Amerika hält man Käfigvögel wegen ihres Gesangs oder ihrer Farben, meist um sich daran zu erfreuen, gelegentlich auch als Statussymbol. Warum sonst wohl bezahlt jemand 20 000 US-Dollar für einen Ara?

Ein Alexandersittich (Psittacula alexandri) mit beschnittenen Flügeln als „Haustier" in Indien.

In anderen Kulturen werden Vögel aus anderen Gründen gehalten. In Teilen Südamerikas und in Trinidad bedeutet Vogelhaltung und die damit dokumentierte Geschicklichkeit im Vogelfang einen beträchtlichen gesellschaftlichen Status. Vogelhalter stellen sich Wettkämpfen und Vergleichen; Vögel erzielen dabei Preise von 100 Dollar und mehr. Auch im Mittleren und Fernen Osten ist die Vogelhaltung weit verbreitet. Bei einigen Kulturen sind religiöse Vorstellungen damit verbunden. Eine Person kann Ansehen erlangen, wenn sie einen gefangenen Vogel freiläßt. So gibt es einen blühenden Markt mit Vögeln, die nur gefangen werden, um anschließend wieder freigelassen zu werden. Dieser Vogelhandel und ein großer Teil des Handels im Binnenmarkt wird daher weder von internationalen Konventionen betroffen, noch erscheint er in der internationalen Handelsstatistik. Seinen Umfang kann man nur schwer schätzen, doch in Thailand umfaßt zum Beispiel der Export nur etwa ein Drittel des Handels mit Vögeln. In anderen Exportländern dürfte das Verhältnis ähnlich liegen, so daß der Gesamtumfang des Vogelhandels auf über 20 Millionen Individuen pro Jahr geschätzt wird. Die Auswirkungen dieser ständigen Entnahme auf die regionalen Populationen sind kaum erforscht. In Trinidad hat der örtliche Handel mit kleinen Körnerfressern fast alle Populationen der einheimischen wildlebenden Arten vernichtet. Nun werden Vögel aus Venezuela importiert.

Gefahren durch Tourismus

Nichts ist vor den begierigen Blicken der Touristen sicher. Muschel- und Schneckenschalen, Schildkrötenpanzer und auch lebende Vögel werden als Urlaubserinnerung mit nach Hause genommen. Die kommerzielle Erschließung von Naturräumen mit Hotels und Freizeiteinrichtungen aller Art hat einen weiteren indirekten Einfluß auf das Vogelleben. Touristen können aber auch einen gefährlichen direkten Einfluß ausüben. Viele Strände Europas und Nordamerikas, die einst Brutkolonien von Seeschwalben beherbergten, sind heute während der Brutzeit so mit Menschen überfüllt, daß die Bestände der Brutvögel drastisch zurückgegangen sind.

Spezielle biologische Studienreisen führen heute Touristen bis zu den abgelegensten Seevogelkolonien der Arktis und Antarktis sowie auf viele tropische Inseln. Dort kennen die Vögel den Menschen noch nicht als Gefahr und haben daher außerordentlich geringe Fluchtdistanzen. Solche Reisen können unzweifelhaft einen hohen erzieherischen Wert besitzen. Wenn aber eine geeignete Überwachung und Kontrolle fehlen, kann auch dort eine ernsthafte Beeinträchtigung der Natur die Folge sein.

Junge Finschsittiche *(Psittacula finschii)* auf dem Markt in Bangkok. Beim „Erwerb" solcher Nestlinge werden oft die Brutbäume gefällt oder gar die Altvögel getötet. Die freilebende Population wird also viel stärker in Mitleidenschaft gezogen, als es auf den ersten Blick scheinen mag. Abgesehen von der Bedrohung des Wildbestandes bedeuten solche Märkte eine ausgesprochene Tierquälerei.

Käfigfalle für Wildvögel in Trinidad: Vielerorts wird in den Tropen der illegale Vogelfang durch die einheimische Bevölkerung als „Zubrot" betrieben und kommt erst durch die Nachfrage aus den Industrieländern in Gang.

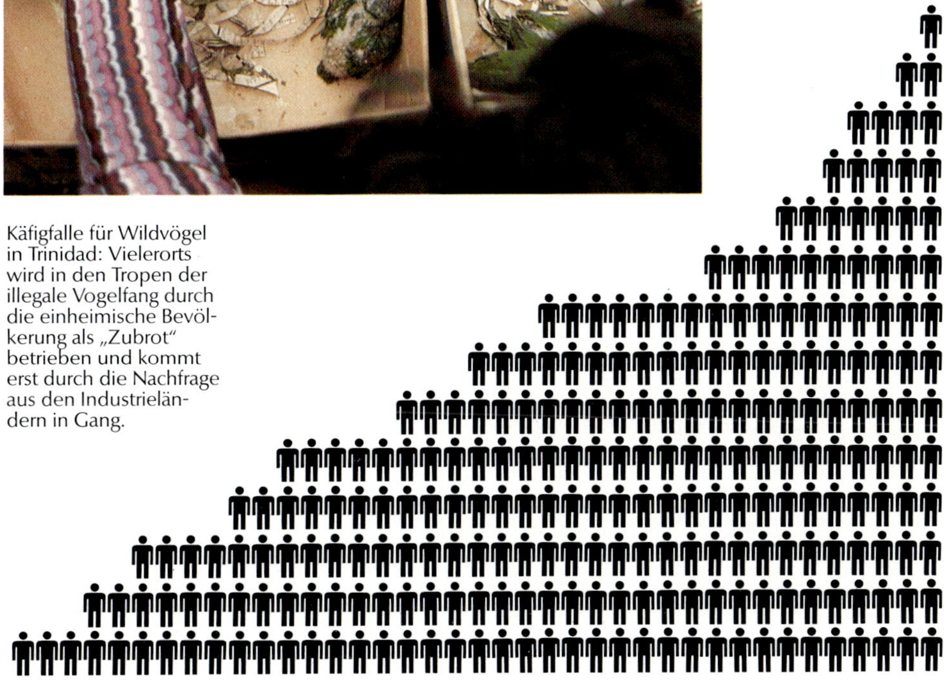

Gefährdung durch Einbürgerung fremder Arten

Wenn Menschen neue Teile der Welt kolonisieren, wollen sie sich auch in ihrer neuen Umwelt mit vertrauten Tieren und Pflanzen umgeben. Doch die Einbürgerung fremder Arten ist wahrscheinlich die häufigste Ursache überhaupt für das Aussterben einer Vogelart. Dies gilt besonders für Inseln, denen früher Ratten, Katzen, Hunde und Mangusten fehlten, die üblichen Folgearten der menschlichen Kolonisten. Nur wenige ursprüngliche heimische Vögel haben sich gegen diese räuberischen Eindringlinge zur Wehr setzen können.

Einige Tiere wurden eingeführt, um Schädlinge in Grenzen zu halten: Haussperlinge zur Kontrolle bestimmter Kleinschmetterlinge in Nordamerika und Argentinien sowie von Mücken in Brasilien; Hirtenstare gegen Heuschrecken in Australien und auf den Maskarenen; Waldkäuze gegen Ratten auf den Seychellen, Kuhreiher gegen Mücken und Fliegen auf den Seychellen und auf Hawaii. In keinem dieser Fälle wurde das Ziel erreicht, und beinahe immer wurde die eingeführte Art selbst zu einer Plage.

Vögel, am häufigsten in neue Gebiete eingeführt, können zu einer ebenso großen Bedrohung einheimischer Arten werden wie eingeführte Säugetiere. Von den fast 1200 bekannten Einbürgerungen sind über 70 Prozent auf Inseln erfolgt. Hawaii (162) und Neuseeland (133) nehmen zusammen mit knapp einem Viertel aller registrierten Einbürgerungen einen unverhältnismäßig hohen Anteil ein.

Da eingeführte Arten meist schon an Kulturlandbiotope angepaßt waren, besiedelten sie die neuen von den Kolonisten veränderten Räume und bildeten damit für die einheimischen Arten ein zusätzliches Hindernis, sich auf die neue Situation umzustellen.

Die Wekaralle Neuseelands *(Gallirallus australis)* sieht zwar kaum wie eine Bedrohung für andere Vögel aus, frißt aber Eier und Küken von Bodenbrütern. Auf manchen Inseln vor der neuseeländischen Küste haben eingeführte Wekarallen die Bestandsdichte vorhandener Arten bereits empfindlich beeinflußt.

In Neuseeland zum Beispiel haben sich die Wälder im großen Stil verändert, da man pflanzenfressende Säuger und Raubsäuger einführte, die den neuen Lebensraum besiedelten. Die faszinierenden Waldvögel Neuseelands hatten keine Zeit, sich den rapiden Änderungen anzupassen. Die Arten, die der Ausrottung entronnen sind, haben sich heute häufig auf die Inseln vor der Küste zurückgezogen und die Wälder der Hauptinseln den Amseln, Singdrosseln und Heckenbraunellen aus Europa überlassen.

Eingeführte Vogelarten waren gegen bestimmte Vogelkrankheiten immun. Nicht aber einheimische Arten, die vorher mit solchen Krankheiten nicht in Berührung gekommen waren und deshalb auch keine Abwehrkräfte heranbilden konnten. Mit den fremden Vögeln kam zum Beispiel nach Hawaii eine Mücke als Überträger verschiedener Vogelkrankheiten, wie der Vogelmalaria. Sie verbreitete sich rasch über die Tieflandwälder und infizierte die dort heimischen Vögel. Viele starben aus und andere sind heute nur noch über 600 Meter Meereshöhe, der Obergrenze des Moskitovorkommens, anzutreffen.

Andere Inselendemismen (Endemismus = Vorkommen von Tieren und Pflanzen ist auf ein kleines Gebiet begrenzt) sind durch Bastardisierung verschwunden. Eine Verwandte der Turteltaube auf den Seychellen war nur eine Unterart der Madagaskar-Turteltaube *(Streptopelia picturata)*. Als sie von Madagaskar aus eingeführt wurde, vermischten sich natürlich die beiden Formen, mit dem Ergebnis, daß die heute auf den Seychellen lebenden Tauben entweder Mischlinge mit der Madagaskar-Form sind oder der Madagaskar-Unterart angehören.

Heute, da die meisten Inseln bereits unter den schlimmsten Folgen menschlicher Kolonisten zu leiden haben, bildet das Einführen fremder Arten, die mit den einheimischen in Konkurrenz treten, Krankheiten mitbringen oder sich sogar mit ihnen noch vermischen, eine der folgenträchtigsten Gefahren für den Fortbestand der Arten.

Das universelle Problem

Die verschiedenen Gefährdungsursachen wirken zusammen. Die meisten Arten werden mindestens mit zwei vom Menschen ausgelösten Problemen konfrontiert: Verfolgung und Lebensraumverlust. Jede Bedrohung geht letztlich auf die große Zahl der Menschen in der Welt zurück und ist damit eine Folge des Populationsdrucks, der alle Eingriffe des Menschen in die Umwelt zumindest teilweise bestimmt. Je mehr Menschen auf der Welt leben, desto stärker werden die Bedrohungen, desto weniger Vogelarten werden langfristig überleben.

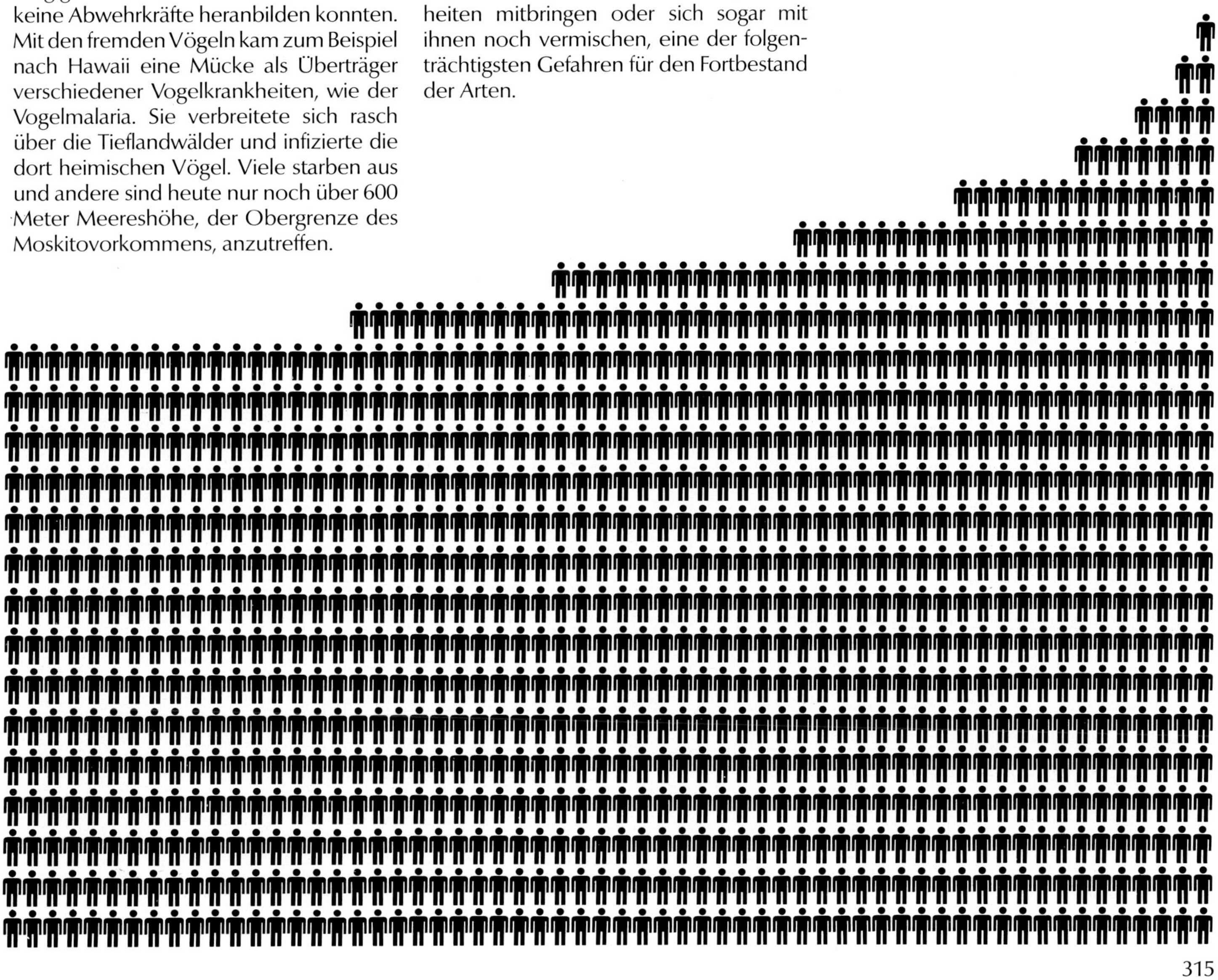

Gefährdung durch Bevölkerungswachstum

Das Wachstum jeder Bevölkerung wird durch Familienplanung, Beratungs- und Vorsorgedienste, Verbesserung des Gesundheitswesens, späteres Heiratsalter, durch Bildung und einen verbesserten sozialen Status der Frau sowie durch eine gerechtere Einkommensverteilung beeinflußt. Für den Reichen sind Kinder häufig Last oder Luxus, für den Armen sind sie in vielen Teilen der Erde immer noch die beste Sozialversicherung. Die Not vieler Menschen setzt daher einen Prozeß in Gang, in dessen Verlauf sich infolge Nahrungsmittelknappheit und Umweltzerstörung die Überlebenschance der zukünftigen Generation erheblich verschlechtert.

Das Bevölkerungswachstum ist daher nicht nur ein demographisches Problem der betroffenen Länder, sondern ein sozioökonomisches Problem in der Auseinandersetzung zwischen Industrieländern und jenen Ländern, die am Anfang der Industrialisierung stehen. Ein Viertel der Figuren auf der linken Seite verbrauchen 90 Prozent der von allen Figuren erwirtschafteten Überschüsse. Ein einziger Bürger Westeuropas, Kanadas oder der USA verbraucht im Durchschnitt eintausendmal soviel wie zum Beispiel ein Nepali.

Die zwölfte Generation
Zwölf Generationen mit expotentiellem Wachstum (also jeweils einer Verdoppelung zur nächsten Generation) haben uns eine Bevölkerung von 2048 Menschen gebracht.
Nach weiteren zwölf Generationen würde sich die Bevölkerung auf 8388608 Menschen vermehrt haben. Das entspräche 4096 Seiten voller Figuren, oder fast 11 Büchern wie diesem.

Eine hungernde Bevölkerung wird für den Schutz der Umwelt und Natur kein Verständnis aufbringen können, wenn deren Nutzung das Überleben verspricht. Man schätzt, daß im Jahr 2000 etwa 1,7 Milliarden Menschen in Ländern leben, in denen die Hungersnot alltäglich ist. 30 dieser Länder werden in Afrika, 14 in Zentral- und Südamerika und 21 in Asien liegen. Es gehört nicht viel Phantasie dazu, will man sich die Auswirkungen dieser Entwicklung auf die Umwelt ausmalen: Zunahme von Steppen und Wüsten, riesiger Landschaftsverbrauch im Umfeld der Großstädte und gewaltige Wanderungsbewegungen werden die Folge sein, ganz zu schweigen von dem enormen Brennholzbedarf, der einzigen Energiequelle vieler Armer, der den Fortbestand der Wald-, Savannen- und Steppenvegetation in weiten Teilen Afrikas, Asiens und Lateinamerikas bedroht.

Während in dem einen Teil der Welt die Bevölkerung nur noch minimal zunimmt oder sogar abnimmt, die Menschen keinen Hunger kennen und ihren Konsum immer weiter ausdehnen, sterben im größeren Teil der Erde immer mehr Menschen an Hunger und versuchen vergeblich, den Lebensstandard der Industriestaaten zu erreichen. Die globalen Umweltprobleme, die rasante Zunahme in der Ausrottung von Pflanzen und Tieren ist aber ganz wesentlich auf den Lebensstandard der Industriestaaten zurückzuführen. Raubbau an den Edelhölzern der Regenwälder, Umwandlung von Waldflächen in Weidegebiete für Rinderherden, Anbau von Soja für den Futtermittelbedarf der europäischen Landwirte sind nur einige Schlaglichter dieser weitreichenden Auswirkungen des Lebensstandards der Industrienationen. Weniger Kinder bei gleichem Einkommen bedeutet wiederum mehr Konsum, bedeutet mehr Freizeitvergnügen, bedeutet mehr schädlichen Tourismus.

Die Bilanz für die Natur bleibt negativ, wenn sich das Bevölkerungswachstum verringert und einem Nullwachstum weicht, aber unser Raubbau an den Ressourcen der gleiche bleibt. Die Gefährdung der Tiere und Pflanzen auf der Erde – und damit auch des Menschen – ist nicht so sehr von der Quantität der Menschen als vielmehr von der Qualität ihres Umgangs mit der Natur abhängig.

Es ist fraglich, ob dem Aussterben vieler Vogelarten, dem fortschreitenden Artentod, nicht irgendwann auch der Zusammenbruch der Population der Art „Mensch" folgt, weil der Mensch mit seinem unkontrollierten Wachstum und seiner Ressourcennutzung die Axt an die eigene Wurzel legt. Noch ist die Hoffnung berechtigt, daß durch Geburtenkontrolle, Verbesserung der Bildung und gerechtere Verteilung der Einkommen diese Apokalypse vermieden werden kann. Sicher aber gilt, daß in einer überbevölkerten Welt sich niemand mehr den Luxus erlauben kann, zum Teilen unfähig zu sein.

10000 Jahre vor Christus lebten auf der Erde rund 6 Millionen Menschen. Im Jahre 1 nach Christus waren es 300 Millionen, 1750 bereits 800 Millionen, Mitte unseres Jahrhunderts 2,5 Milliarden und heute sind es 5 Milliarden Menschen, die die Erde bewohnen. Wieviel Menschen die Erde trägt, weiß niemand wirklich zu sagen. Experten schätzen, daß trotz aller Bemühungen, das Bevölkerungswachstum einzuschränken, die Zeit nicht fern ist, wo auf der Erde zwischen 11 und 13 Milliarden Menschen leben werden. Wieviel Tier- und Pflanzenarten werden es dann noch sein?

Warnsignal der Natur: Das große Sterben

In den letzten 300 Jahren sind Arten zwischen fünf- und fünfzigmal so rasch ausgestorben wie vorher. Und die Entwicklung beschleunigt sich. Am Ende dieses Jahrhunderts wird die Aussterberate 3000mal so groß sein wie vor 300 Jahren. Das Gros der Verluste wird auf die Zerstörung der tropischen Wälder zurückzuführen sein.

Tausende und aber Tausende von Pflanzen- und Tierarten sind noch nicht einmal entdeckt; etwa 5000 bis 10 000 Arten werden auch heute noch pro Jahr neu beschrieben. Wir kennen bereits etwa 1,6 Millionen Arten – die Hälfte davon sind Insekten, ein Fünftel sind Pflanzen. Schätzungen der Gesamtzahl der heute lebenden Arten reichen von drei bis 10 Millionen. Auch das Tempo ihres Aussterbens ist Gegenstand von Schätzungen. Eine gut begründete Schätzung geht davon aus, daß in den letzten 25 Jahren unseres Jahrhunderts rund eine Million Arten aussterben werden. Das sind etwa 100 Arten pro Tag oder eine Art in jeder Viertelstunde.

Wie viele Vogelarten darunter sein werden, ist schwer zu sagen. Etwa 150 Vogelarten sind in der Vergangenheit ausgestorben; sicher sind noch viel mehr diesen Weg gegangen, ohne daß man etwas davon weiß. Wenn tropische Arten mit dem gleichen Tempo aussterben, wie ihr Lebensraum zerstört wird, dann können wir am Ende dieses Jahrhunderts mit 400 bis 500 ausgestorbenen Vogelarten rechnen. In nur 15 Jahren hätten wir dann dreimal so viele Vogelarten verloren wie in den 400 Jahren zuvor.

Diese Schätzung schließt aber solche Vogelarten nicht mit ein, die in anderen Biotopen bis an den Rand des Aussterbens geraten. Wenn sich allein die Vernichtung der tropischen Wälder im bisherigen Tempo fortsetzt, wird in 15 Jahren jede zwanzigste Vogelart auf der Erde ausgestorben sein. Die Schätzung, daß bis Ende des Jahrhunderts 400 bis 500 Vogelarten ausgestorben sein werden, ist noch sehr optimistisch. Sie berücksichtigt nämlich nicht, daß sich die Waldvernichtung noch beschleunigen könnte, was durchaus wahrscheinlich ist. Gegenwärtig werden etwa 200 000 Quadratkilometer Wald pro Jahr vernichtet, wobei die wirkliche Zahl wahrscheinlich sogar noch 20 bis 25 Prozent höher liegen dürfte.

Die Rote Liste

Es gibt zwar keine gesicherten Daten über den Umfang der Zerstörung anderer wichtiger Vogelbiotope, aber man kann sicher sein, daß nur die Wüste nicht schrumpft. Sogar die unwirtlichen Polargegenden sind als Folge der Erschließung von Öl und Mineralien negativ betroffen und in ihrer Bedeutung als Lebensraum hochspezialisierter Vögel eingeschränkt.

Die gegenwärtigen Aussagen über seltene und bedrohte Vogelarten stützen sich hauptsächlich auf Beobachtungen von ortsansässigen Experten. Die vom Aussterben bedrohten Arten werden im Red Data Book aufgelistet. In der neuesten Ausgabe finden sich bereits 400 Todgeweihte.

Im Red Data Book sind etwa 80 tropische Vogelarten aufgenommen, rund ein Viertel davon ohne genaue Kenntnis ihres Bestandes. Doch solche Zahlen geben eigentlich weniger die wirkliche Bestandsbedrohung wieder, sondern sind Ausdruck des unzureichenden Wissens der Fachleute. Heute läßt sich nicht so ohne weiteres sagen, welche Arten im tropischen Regenwald am meisten bedroht sind, weil man auch die Zukunft der Wälder nicht kennt.

Ausgestorben vor über 300 Jahren: Die eigenartige flugunfähige Dronte auf Mauritius war für die europäischen Seefahrer eine willkommene und einfach zu erbeutende Nahrung. Sie wurde in kurzer Zeit ausgerottet.

Flutwelle der Ausrottung

Am Ende der Kreidezeit starb pro Jahrtausend eine Dinosaurierart aus. Da gleichzeitig weitere Tier- und Pflanzengruppen verschwanden, wurde diese erdgeschichtliche Periode auch als Zeit des großen Sterbens bezeichnet. In ihr vollzog sich wahrscheinlich der umfangreichste und schnellste bisher bekannte Artentod.

Die geschätzte zukünftige Aussterberate ist rund 30 000mal so groß; sie bedeutet einen Artenverlust in einem Ausmaß, das die Erde noch nie zuvor erlebt hat. Die Ursache für diese extreme Steigerung ist in erster Linie auf das Wachstum der menschlichen Bevölkerung zurückzuführen.

Dieses Buch behandelt zwar in erster Linie Vögel, ihre Beziehungen zu den Menschen und den Lebensraum, den sich beide teilen, den Planeten Erde. Doch die noch nie dagewesenen Aussterberaten der Zukunft betreffen alle Lebewesen und Ökosysteme der Erde. Die Konsequenzen des vielfältigen Todes sind unkalkulierbar, und vergleichbare Beispiele aus der Vergangenheit gibt es nicht.

Die Bedeutung des Verlustes an genetischer Vielfalt, der mit dem Aussterben der Arten einhergeht, kann nur ganz allgemein skizziert werden, indem Verluste an potentiellen Arzneimitteln, Verluste an anderen wichtigen Voraussetzungen für das Überleben der Menschheit angenommen werden müssen. Da der vielfältige Artentod von tiefgreifenden Klimaveränderungen begleitet ist, werden sich die Menschen auf ganz neue Lebensbedingungen einstellen müssen.

Wenn am Ende dieses Jahrhunderts ein Zwanzigstel bis ein Zehntel aller noch lebenden Arten ausgestorben sein werden – die günstigsten Schätzungen liegen zwischen beiden Werten –, müssen wir uns auf eine Welt einstellen, deren Ökologie mit der heutigen nicht mehr verglichen werden kann. Die daraus resultierenden radikalen Umstellungen müssen dann zu einer Zeit erfolgen, in der täglich Tausende von Menschen mehr als am Vortag geboren werden und ihren Anspruch bei der Nutzung der Ressourcen anmelden. Und die Ressourcen werden im gleichen atemberaubenden Tempo weniger.

Jede Tier- oder Pflanzenart, die wir mit der Zerstörung unserer ökologischen Ressourcen ausrotten, kann ihrerseits zu einem weiteren ökologischen Desaster beitragen. Die Tier- und Pflanzenarten in einem Ökosystem sind mit den Backsteinen eines Hauses vergleichbar: Irgendein Stein läßt sich ohne Gefahr entfernen, doch zieht man ganz bestimmte Steine heraus, wird das Haus einstürzen. Die Art, auf die viele andere Arten angewiesen sind und deren Verlust ein Ökosystem zum Kollaps bringt, wird von den Ökologen als Schlüsselart bezeichnet.

Der Teufelskreis des Mißbrauchs

Der größte Teil an Ökosystemen geht zugrunde, weil sie für eine flächenverschlingende Agrarproduktion unter den Pflug genommen werden, ohne eigentlich dafür geeignet zu sein. Menschen holzen tropische Wälder ab oder weiden ihr Vieh in Halbwüsten, weil sie für die Produktion ihrer Nahrungsmittel unbedingt Boden brauchen.

In Ländern der Dritten Welt, in denen der Nahrungsmangel am größten ist, wird das beste Ackerland gewöhnlich für den Anbau von Exportgütern, wie Baumwolle, Zucker, Kokos, Kautschuk, Tee oder Kaffee, genutzt. Solche Produkte ernähren zwar die einheimischen Menschen nicht, bringen aber Devisen. Mit ihnen werden dann technische Erzeugnisse von jenen Industrieländern gekauft, an die soeben die Naturprodukte geliefert wurden. Da die Industrieländer den Preis für beide Handelsgüter im Griff haben, ist für die Länder der Dritten Welt dieser Warenaustausch nur selten gewinnbringend.

Kein Wunder also, daß die reichen Länder immer reicher werden und die armen immer tiefer in Schulden versinken. Die Menschen des tropischen Gürtels werden bei ihrer Suche nach Nahrung immer tiefer in die Wüsten und Wälder getrieben. Die Ungerechtigkeit im internationalen Handel zwischen den Industriestaaten und den Ländern der Dritten Welt ist die Wurzel vieler ökologischer Probleme und verhindert gleichzeitig, daß alle Menschen mit einer ausreichenden Nahrungsmenge versorgt werden. Indem auf wertvollen Ackerflächen keine Nahrungsmittelproduktion, sondern exportorientierter Pflanzenanbau betrieben wird, beeinträchtigt diese Agrarproduktion auch die Überlebenschance aller anderen Tiere.

Auf den nächsten Seiten werden die uns bekannten heute bereits ausgestorbenen Vogelarten neben jenen vorgestellt, die in allernächster Zukunft wahrscheinlich aussterben werden. Dabei muß man aber berücksichtigen, daß längst nicht alles dokumentiert und damit bekannt ist, was in der Vergangenheit an Vogelarten ausstarb. Es gibt eine Faustregel, die besagt, daß mit jedem Vogel, der ausstirbt, weitere 200 bekannte und zwischen 200 und 1000 unbekannte Organismen aussterben. Jeder ausgestorbene Vogel steht für den Verlust von über 90 Insektenarten, 35 Pflanzenarten und zwei oder drei Fischarten; mit jeweils zwei Vogelarten stirbt eine Säugetierart aus. Obwohl das Ausmaß des auf den folgenden Seiten dokumentierten Artentods schon schrecklich genug ist, so ist es doch nur die Spitze eines Eisbergs von unvorstellbarer Dimension.

Keine Vogelart stirbt für sich allein
Wenn heute eine Vogelart ausstirbt, registrieren wir das, da uns fast alle Arten bekannt sind. Von dem Sterben niederer Tier- und Pflanzenarten hingegen bemerken wir oft wenig, da wir einen Großteil von ihnen sogar noch nicht einmal kennen. Es ist anzunehmen, daß mit jeder aussterbenden Vogelart gleichzeitig auch etwa 90 Insektenarten, 35 Pflanzenarten und 2 Fischarten verschwinden. Zwei aussterbenden Vogelarten folgt eine Säugetierart.

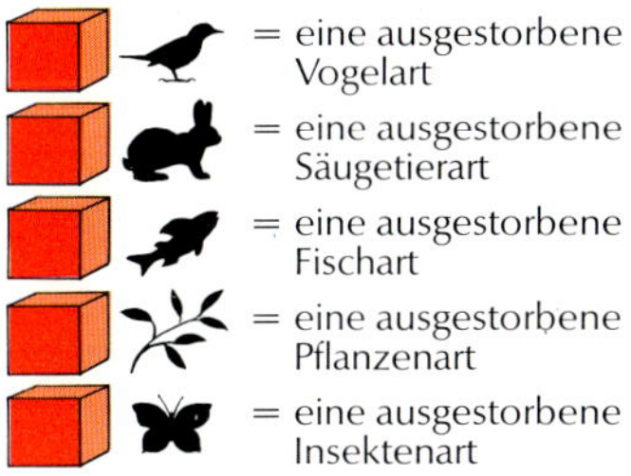

Bilanz der Gefährdung: Die Liste der bedrohten Arten

Warnsignal: Bedrohte Vögel

Die Geschichte der Roten Liste ist eine der besorgniserregendsten Folgen unserer wirtschaftlichen Entwicklung in diesem Jahrhundert. In der Roten Liste werden alle Vogelarten erfaßt, die weltweit nur noch an sehr wenigen Orten vorkommen und dort vom Aussterben bedroht sind.

Als J. C. Greenway 1958 seine erste Rote Liste publizierte, enthielt sie gerade 98 international gefährdete Vogelarten. Ein paar Jahre später folgte die offizielle Rote Liste des Internationalen Rates für Vogelschutz (ICBP) und der Internationalen Naturschutzunion (IUCN). Sie enthielt bereits doppelt so viele Arten, die global als bedroht betrachtet werden mußten.

Die neueste Ausgabe der ICBP/IUCN Roten Liste der Vögel, deren erster Teil 1985 erschien, enthält über 1000 Arten, nahezu 12 Prozent aller Vogelarten. Dieser zehnfache Anstieg von bedrohten Arten in den letzten 30 Jahren ist wohl teilweise Ausdruck unseres verbesserten Wissenstandes, spiegelt aber vor allem die sich zunehmend verschlechternde Umweltsituation überall auf der ganzen Erde wider.

Die global bedrohten Arten sind nicht gleichmäßig auf alle Kontinente und Ökosysteme verteilt, denn die natürliche Artenvielfalt ist von Ort zu Ort verschieden. Im allgemeinen ist sie in tropischen Ländern am größten und nimmt über die gemäßigten zu den polaren Zonen hin ab. Der größte Anteil der bedrohten Vogelarten, nämlich 43 Prozent, lebt in den tropischen Wäldern. Die Prozentwerte für andere Tiergruppen und die Pflanzen sind ähnlich, sie unterstreichen die Dringlichkeit, mit der die tropischen Wälder im Interesse eines weltweiten Naturschutzes vor weiterem Raubbau bewahrt werden müssen.

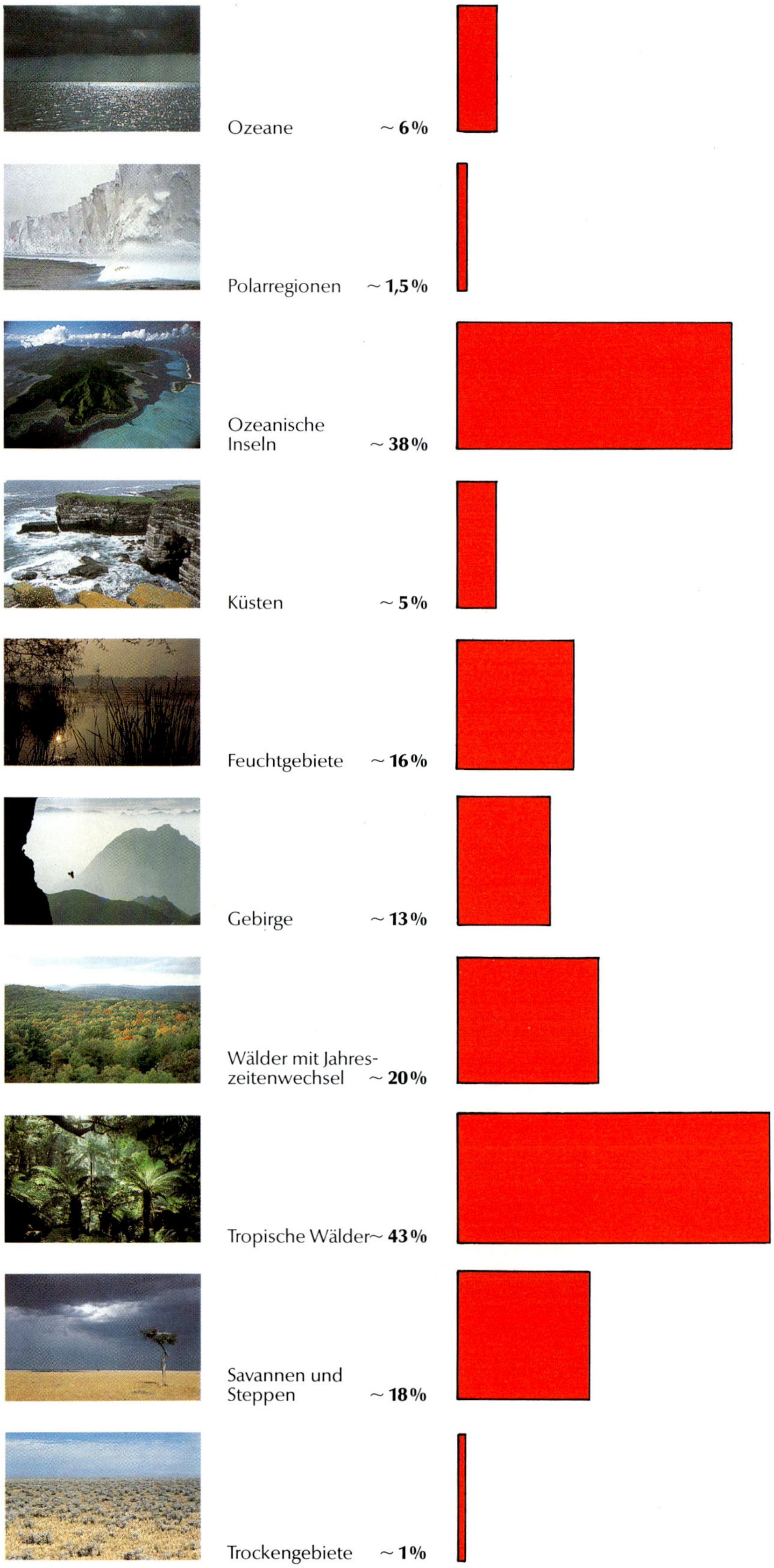

Verteilung der gefährdeten Arten auf die Ökosysteme
Die große Zahl an bedrohten Vogelarten des tropischen Regenwaldes und auf Inseln spiegelt zum einen die große Artenvielfalt wider, zum anderen aber die ernsthafte Bedrohung dieser Ökosysteme. Da viele Arten in mehreren Ökosystemen leben und doppelt gezählt werden, ist die Summe der Prozentzahlen größer als 100.

Ursachen der Bedrohung

Die Verteilung der international bedrohten Arten auf die Gefährdungsursachen zeichnet ein genaues Bild des Fehlverhaltens des Menschen gegenüber der Natur und Umwelt.

Das rücksichtslose Vordringen des Menschen in alle Lebensräume, deren Erschließung für die Industrie, der Rohstoffabbau, die Land- und Forstwirtschaft summieren sich zu der Hauptgefahr für das Überleben der Vögel.

Die Verfolgung durch den Menschen, alle Formen der Jagd, das Sammeln von Vögeln und Eiern und die durch Freizeitaktivitäten verursachte Störung in Brutgebieten bilden die zweitgrößte Gefahrengruppe. Die Einfuhr fremder Arten in die Lebensräume der einheimischen Vögel, von exotischen Räubern und Konkurrenzarten, von Pflanzenfressern, die die ursprüngliche Vegetation zerstören, die Kreuzung nahverwandter eingeführter Arten mit einheimischen Arten und fremde Krankheitserreger bringen vielen Vogelarten den Tod.

Handel, Vergiftung der Nahrungsgrundlagen und Verschmutzung der Lebensräume, das Trockenlegen von Feuchtgebieten und die Auswirkungen einer intensiv betriebenen Fischerei stellen weitere Gefahren für die Vogelwelt dar.

Die internationale Rote Liste verdeutlicht, in welchem Ausmaß die Vögel weltweit jeweils in ihren Regionen bedroht sind. Der Bestandsrückgang ist fast überall auf die gleichen Ursachen zurückzuführen. Der Schutz der Vögel ist daher heute zu einer Aufgabe von übergeordneten, aber auch regionalen Organisationen geworden. Zunehmend werden heute Rote Listen für einzelne Länder oder gar Provinzen erstellt. Dabei muß man immer berücksichtigen, daß die über 1000 international bedrohten Vogelarten nur die Spitze eines Eisberges bilden, wenn wir die Bedrohung aller Tier- und Pflanzenarten betrachten.

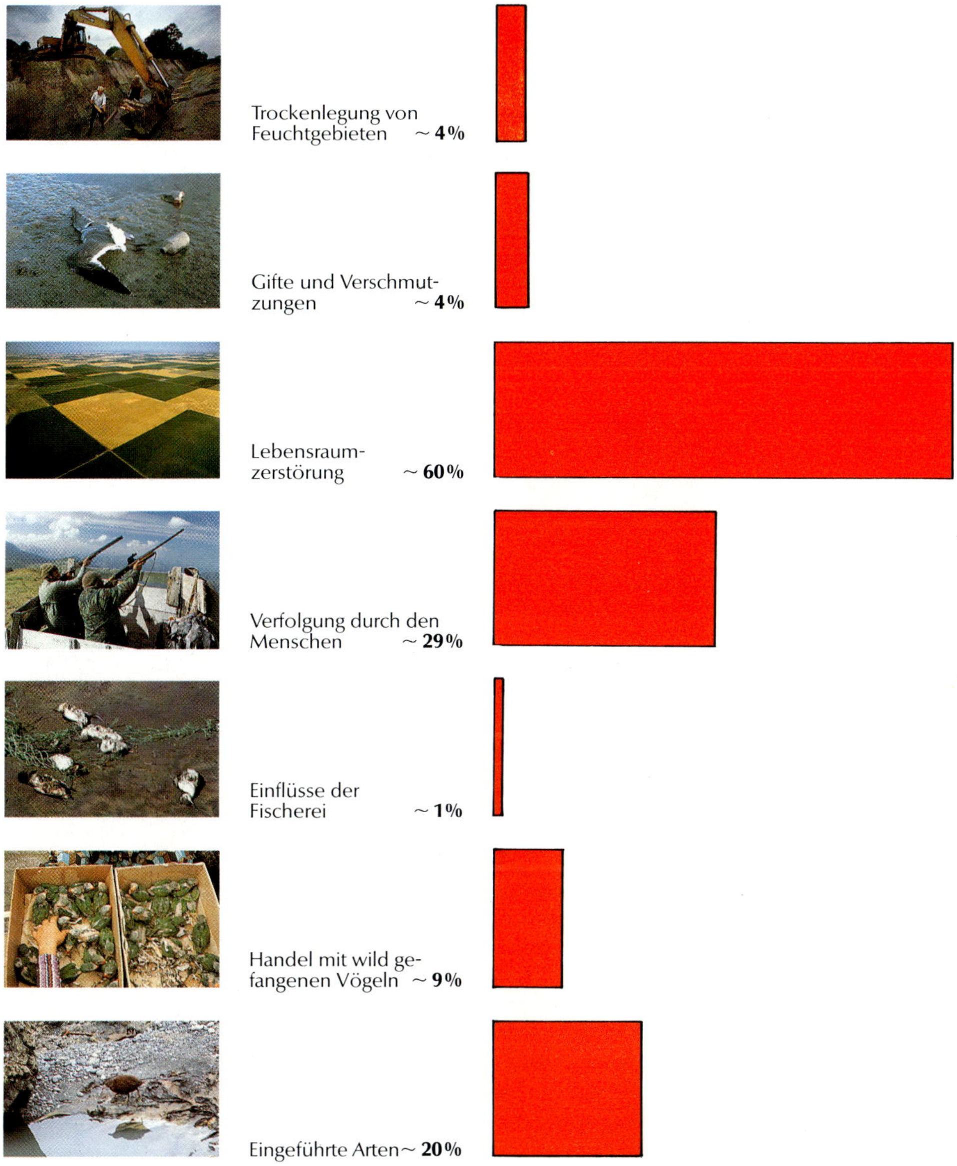

Verteilung der gefährdeten Arten auf die Bedrohungsfaktoren
Lebensraumzerstörung und Jagd durch den Menschen bilden die größten Gefahren für die Vögel. Da viele Vogelarten von mehreren Faktoren gleichzeitig bedroht sind, ist die Summe der Prozentzahlen größer als 100.

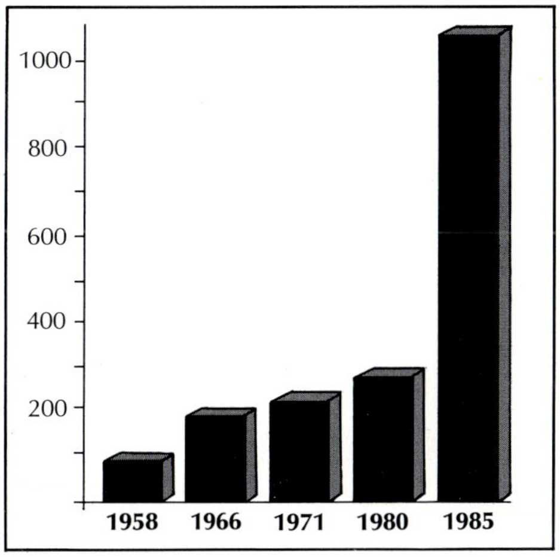

Wie viele Vogelarten sind weltweit bedroht?
Innerhalb der letzten 30 Jahre wurden die international bedrohten Arten in insgesamt fünf Untersuchungen systematisch erfaßt. Der rapide Anstieg von 1980 bis 1985 resultiert vor allem aus der sich weltweit dramatisch verschlechternden Umweltsituation.

Todeskandidaten auf der Warteliste

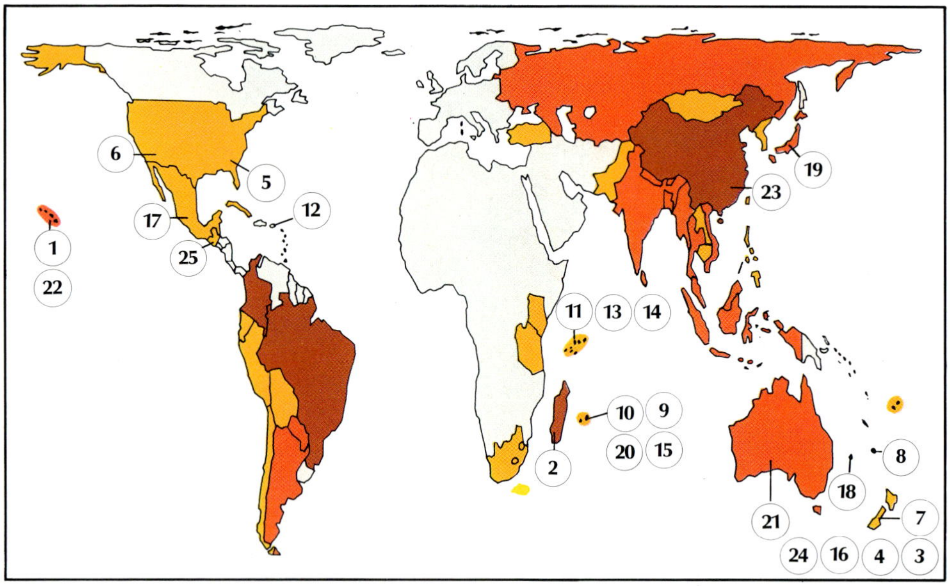

Kritische Gebiete
Die Karte zeigt Länder, in denen nach der Roten Liste des Internationalen Rates für Vogelschutz mindestens 5 international bedrohte Arten vorkamen. Wegen der akuten Gefährdung seines Regenwaldes steht Brasilien mit rund 150 Arten an der Spitze.

- über 20
- 10 bis 20
- 5 bis 9

Die kritische Liste
Von keiner der hier vorgestellten Vogelarten leben mehr als 100 Vögel in Freiheit.

1. Hawaiikrähe *(Corvus tropicus)*
2. Madagaskar-Seeadler *(Haliaeetus vociferoides)*
3. Chathamschnäpper *(Petroica traversi)*
4. Eulenpapagei oder Kakapo *(Strigops habroptilus)*
5. Elfenbeinspecht *(Campephilus principalis)*
6. Kalifornischer Kondor *(Gymnogyps californianus)*
7. Kappenregenpfeifer *(Thinornis novaeselandiae)*
8. Norfolkbrillenvogel *(Zosterops albogularis)*
9. Mauritius-Turmfalke *(Falco punctata)*
10. Mauritiussittich *(Psittacula echo)*
11. Aldabrabuschsänger *(Nesillas aldabranus)*
12. Puerto-Rico-Amazone *(Amazona vittata)*
13. Seychellenparadiesschnäpper *(Terpsiphone corvina)*
14. Seychellendajal *(Copsychus sechellarum)*
15. Rosentaube *(Nesoenas mayeri)*
16. Chatham-Austernfischer *(Haematopus chathamensis)*
17. Kaiserspecht *(Campephilus imperialis)*
18. Waldralle *(Tricholimnas sylvestris)*
19. Okinawaspecht *(Saphaeopipo noguchii)*
20. Rodriguezrohrsänger *(Bebrornis rodericana)*
21. Braunbauch-Dickichtvogel *(Atrichornis clamosus)*
22. Schuppenkehlmoho *(Moho braccatus)*
23. Nipponibis *(Nipponia nippon)*
24. Neuseeland-Stelzenläufer *(Himantopus novezealandiae)*
25. Atitlantaucher *(Podilymbus gigas)*

8
9
10
11
12
13
14
15
16
17
18
19
20
21
22
23
24
25
T. BOYER

In Memoriam

Gedenken wir an dieser Stelle den Vogelarten, die in den letzten 350 Jahren ausgestorben sind. Ihr Tod bedeutet nicht das Verschwinden einzelner Individuen, sondern den Tod ganzer Arten. Der Moment der Besinnung löst Betroffenheit aus und stimmt nachdenklich: Was hat uns dieser Artentod zu sagen?

Pflanzen- und Tierarten sind im Laufe der Evolution schon immer ausgestorben. Doch heute sterben immer mehr Arten in immer kürzerer Zeit aus. Kommt nach dem Artentod das ökologische Massengrab? Der Mensch hat schon vor über 1000 Jahren das Aussterben von Vogelarten verursacht. Die Mehrzahl der ausgestorbenen Vogelarten lebte auf Inseln. Ein ganz banaler Grund trug zu ihrem Verschwinden bei: Sie wurden gegessen.

Die Kolonie von Riesenalken auf der Funk-Insel bei Neufundland war zum Beispiel eine lebenswichtige Frischfleischversorgungsstätte, die Ausrottung des Vogels daher nur eine Frage der Zeit. Da er keine Feinde kannte, hatte der Alk seine Flugfähigkeit schon früh verloren und war deswegen für die Seefahrer eine leichte Beute.

Doch nicht nur Inselvögel wurden durch die zunehmende Erschließung der Weltmeere und Lebensräume ausgerottet; sie traf auch zahlreiche Arten auf dem Kontinent. Einige wurden wegen ihrer Federn oder ihrer Seltenheit verfolgt und schließlich ausgerottet.

Der Handel mit Federn und präparierten Vögeln erreichte am Ende des 19. Jahrhunderts seinen Höhepunkt. Er wurde im Laufe der Zeit durch den Handel mit lebenden Vögeln sowie mit Eiern und Bälgen seltener Arten abgelöst und ist auch heute noch eine Ursache der Gefährdung.

Meistens sind die Gründe des Aussterbens der Wissenschaft bekannt. Wie viele Arten still und ohne unsere Kenntnis ausgestorben sind, werden wir nicht mehr erfahren. Die ausgestorbenen Arten sollten uns eine Warnung für unsere Fehler in der Vergangenheit und eine Mahnung für die Zukunft sein.

Der Artenschwund ist ein sicheres Anzeichen für den Niedergang der Natur und für uns unmißverständlich ein Warnzeichen. Die Zerstörung der Ökosysteme in den letzten Jahrzehnten und die weltweite Belastung der Natur mit Schadstoffen und Umweltgiften beschleunigten das Tempo des Aussterbens. Die Todesrate wird weiter anwachsen, wenn es uns nicht gelingt, unser Verhalten der Natur gegenüber grundlegend zu verändern und die bedrohliche Entwicklung zu stoppen. Die ausgestorbenen Vogelarten und die vom Aussterben bedrohten Arten sind nur Vorboten der Bedrohung allen Lebens. Hoffentlich kommen wir noch rechtzeitig zur Besinnung!

Herausforderung für die Zukunft

Wir leben heute in einer aufgeklärten Welt. Die weltumspannenden Medien haben in den letzten Jahren fast überall darüber informiert, daß unser Planet unter Umweltproblemen leidet, daß die Wechselwirkungen zwischen Klima, Pflanzen-und Tierwelt gestört sind, daß der Wald rapide zurückgeht, daß Tierarten vom Aussterben bedroht sind. „Ich habe es nicht gewußt" – diese Entschuldigung wird es für einen aufgeklärten Menschen nicht mehr geben dürfen; sie wird von der Jugend nicht akzeptiert werden. Doch Wissen allein genügt nicht. Handeln wir auch?

RETTET DIE VOGELWELT fordert zum Handeln auf und wendet sich an Politiker aller Staaten, an Wissenschaftler und Naturschutzexperten, an die Verantwortlichen in den privaten Organisationen und letztlich an jeden Weltbürger. Dieses Buch ist die Speerspitze einer Aktion, mit der der Internationale Rat für Vogelschutz zu einer weltweiten Kampagne und zu internationaler Zusammenarbeit aufruft. Ihr Ziel ist, jeden einzelnen aufzuklären und aufzurütteln, sich aktiv für die Natur einzusetzen. Wissen muß zum Handeln führen!

RETTET DIE VOGELWELT will jedoch nicht nur wachrütteln, sondern Naturschutzmaßnahmen für bedrohte Vogelarten in die Tat umsetzen. Hierfür brauchen wir Geld! Von jedem einzelnen Exemplar dieses Buches, das weltweit zu kaufen ist, erhält das International Council for Bird Preservation in Cambridge einen Teil des Erlöses zur Finanzierung von Projekten in aller Welt. Darüber hinaus hoffen wir, daß in allen Ländern, in denen das Buch erscheint, engagierte Naturschützer, Verbände, Medien und viele Freiwillige Finanzmittel beschaffen, die helfen, die wichtigsten Ziele zur Erhaltung von Ökosystemen und damit von Vogelarten zu erreichen.

Jeder aufgeklärte Weltbürger, gleich welchen Alters, welcher Religion, Hautfarbe oder Staatszugehörigkeit, steht als ein Vertreter der Menschheit mit in der Verantwortung für die Erhaltung der Welt. Verschließen wir uns dieser Erkenntnis, werden die Chancen für unser Überleben rapide sinken. Mit diesem Buch ist ein Anfang gemacht, der unheilvollen Entwicklung entgegenzuwirken. Jeder Käufer hat einen kleinen Beitrag zur Erhaltung der Welt geleistet. Doch das ist nicht genug: Engagieren Sie sich, werden Sie aktiv. Global denken heißt lokal handeln! Möglichkeiten gibt es genug.

Aufzucht und Wiedereinbürgerung: Letzte Hilfe für bedrohte Arten

In der Vergangenheit haben Zoologische Gärten und Vogelhalter einen eher bescheidenen Beitrag zur Erhaltung bedrohter Vogelarten geleistet. Bei manchen Arten vergrößerten sie sogar die Gefahr der Ausrottung, wenn sie kostbare Individuen der Freiheit entnahmen. Heute liegt aber für mehr und mehr Arten die einzige Hoffnung für ihr Überleben in der Gefangenschaftszucht. So können sie später wieder in Freiheit entlassen werden, wenn ein geeignetes Biotop geschaffen worden ist, oder sie bleiben wenigstens der Nachwelt auf Dauer in Gefangenschaft erhalten.

Bisher hat die Vogelschutzbewegung zu wenig auf die Möglichkeiten der Zucht bedrohter Arten in Gefangenschaft gesetzt. Dadurch können nicht nur Populationen gewissermaßen in Reserve gehalten, sondern auch wichtige Erkenntnisse über ihre Lebensgewohnheiten gewonnen werden, die für ihren Schutz in Freiheit wichtig sind. Diese Kenntnisse könnten bei einer späteren Wiederaussetzung eine wichtige Hilfe sein.

Die Tierhaltung bedrohter Arten und ihre Zucht in Gefangenschaft trägt auch zu einem anderen Verständnis gegenüber vom Aussterben bedrohter Tiere bei, hat also auch eine erzieherische Funktion. Dies wurde lange Zeit übersehen. So stieg zum Beispiel das öffentliche Interesse für Wale und Delphine ganz enorm, seit man sie in Zoo-Aquarien bewundern kann.

Zoologische Gärten werden von weit mehr Menschen besucht als sämtliche öffentlichen Sportveranstaltungen. Diese große Öffentlichkeit gilt es für den Artenschutz zu gewinnen, indem ihr über die im Zoo vorgestellten Tiere ein Gespür für die bedrohliche Situation vermittelt wird.

Da mehr und mehr Arten in kritische Situationen kommen, die ihr Überleben in Frage stellen, werden in der Zukunft Zuchtprogramme ein immer wichtigerer Bestandteil von Schutzmaßnahmen.

Um maximalen Erfolg zu erzielen, müssen die von bedrohten Vogelarten in Gefangenschaft großgezogenen Jungvögel auch anschließend intensiv überwacht werden.

Der Bestand des Nationalvogels der USA, der Weißkopfseeadler *(Haliaeetus leucocephalus)*, hat in den letzten 35 Jahren alarmierend abgenommen. Obwohl die nördliche Rasse in Alaska und Kanada noch weit verbreitet ist, sind in den übrigen Gebieten die Vögel durch Lebensraumzerstörung und Pestizide bedroht. Versuche der Gefangenschaftszucht wurden unternommen – doch bis jetzt mit geringem Erfolg.

Wiedereinbürgerungen und Übersiedlungen

In Gefangenschaft gezüchtete Vögel können in Freiheit wieder eine wildlebende Population aufbauen. Bei der Nene oder Hawaiigans und bei der Rosentaube auf Mauritius hat das geklappt. Der Erfolg hängt aber letztlich von einer wirkungsvollen Erhaltung des Biotops ab, in das die Vögel entlassen werden.

Eine gewagtere Variante wurde bei Chatamschnäpper und Sattelvogel angewendet. Sie waren auf ihren kleinen Inseln um Neuseeland durch eingeführte Raubtiere und Veränderungen der Vegetation auf einstellige Restpopulationen geschrumpft. Das Todesurteil schien gefällt. In dieser Situation wurden andere Inseln von fremden Säugern geräumt und die Biotopstruktur verbessert. Anschließend siedelte man die wenigen Individuen der bedrohten Arten kurzerhand um. Die praktischen Schwierigkeiten waren enorm, doch das kühne Wagnis hatte Erfolg: Die schon extrem kleinen Populationen konnten erhalten werden; sonst wären sie sicherlich ausgestorben.

Viele Naturschützer können sich mit solch drastischen Methoden, besonders wenn damit das Töten anderer Tiere, zum Beispiel eingeführter Raubtiere, verbunden ist, nicht anfreunden. Sie übersehen dabei, daß die Arten durch menschliche Eingriffe in die Umwelt gefährdet wurden. Eingriffe sind daher auch wieder nötig, um den angerichteten Schaden so weit wie möglich zu beheben.

Die Zeiten sind nicht mehr fern, in denen kein wirklich natürlicher Biotop mehr auf der Erde verbleibt. Mehr und mehr Arten werden dann davon abhängen, daß der Mensch mit Geschick und Verstand in ihr Leben und ihren Lebensraum eingreift.

Aus Gefangenschaft wieder in Freiheit: Die Hawaiigans oder Nene *(Branta sandvicensis)* läßt sich in Gefangenschaft gut züchten. Unter menschlicher Obhut großgezogene Vögel werden nun wieder ausgesetzt, um die wildlebende Population zu verstärken.

Seit vielen Jahrzehnten in den Alpen ausgestorben (durch direkte menschliche Verfolgung), soll jetzt der Bartgeier *(Gypaetus barbatus)* dort wieder eingebürgert werden. An verschiedenen Orten werden dafür Vögel in Gefangenschaft gezüchtet. Die Jungen werden dann mit einer bestimmten Technik langsam an die Freiheit gewöhnt.

Weltnaturschutzstrategie: Alles oder nichts

Die Rettung der vom Aussterben bedrohten Vogelarten und die Lösung der globalen Probleme zur Erhaltung der Natur erfordern internationale Zusammenarbeit. Ohne eine gemeinsame Strategie und die Bereitschaft zu koordinierten nationalen und internationalen Aktionen werden sich viele Maßnahmen als kurzfristiges Flickwerk an der untergehenden Arche Noah herausstellen.

Die Natur kennt keine Hoheitsgrenzen. Flüsse queren Grenzen, die Meere umschließen alle Kontinente, Luftströme ziehen um die ganze Welt. Vögel symbolisieren die eine, die grenzenlose Welt in besonderem Maße. Sie sind die besten diplomatischen Vertreter der Natur. Viele sind internationale Reisende, deren Kommen und Gehen Völker über Kontinente verbindet.

Als Botschafter einer faszinierenden Lebewelt können sie letztendlich durch ihre Schönheit und ihren Anmut emotional dazu beitragen, daß wir uns nicht nur für sie, sondern für die Erhaltung des gesamten Ökosystems einsetzen.

Der ICBP – Internationaler Rat für Vogelschutz – ruft deswegen zu globaler Solidarität auf und fordert alle Nationen der Erde auf, nicht nur die hier vorgestellten Maßnahmen zum Vogelschutz zu ergreifen, sondern auch die „Weltstrategie für die Erhaltung der Natur" zu verwirklichen, die bereits 1980 von den drei größten Organisationen der Welt veröffentlich wurden: von der Internationalen Union zur Erhaltung der Natur und der natürlichen Lebensräume (IUCN), im Umweltprogramm der Vereinten Nationen (UNEP) und vom World Wildlife Fund (WWF).

Die Organisationen haben sich zusammengetan und ein Programm erarbeitet, das gangbare Wege für den globalen Naturschutz aufzeigt. Über 700 Wissenschaftler und 450 Regierungsstellen sowie Naturschutzverbände brachten ihr Fachwissen ein. Die „Weltstrategie für die Erhaltung der Natur" ist ein umfassender Plan, der Ziele und die Erfordernisse für ihre Verwirklichung aufzeigt. Er setzt Prioritäten für nationale und internationale Maßnahmen und bietet sowohl theoretisches Rüstzeug als auch praktische Leitlinien.

Die Weltstrategie hat drei Hauptziele, die sich auf den Schutz der Natur beziehen.

Erstens: Die Sicherung der wesentlichen ökologischen Abläufe und der Lebensgrundlagen (Schutz des Bodens), die Wiederverwendung von Nährstoffen, die Erhaltung der Reinigungsfunktion der Gewässer, von denen das Überleben aller Lebewesen, der Mensch inbegriffen, abhängt.

Zweitens: Die Erhaltung der genetischen Vielfalt oder, mit anderen Worten, Schutz des vielfältigen Lebens auf der Erde. Wenn schon nicht aus moralischen, dann aus wirtschaftlichen Gründen: Die Züchtung neuer Kulturpflanzen und Haustiere braucht ein reiches genetisches Reservoir.

Drittens: Fische, freilebende Wildtiere, Forsten und Weideland bilden die Lebensgrundlage für Millionen ländlicher Gemeinden wie auch für bedeutende Industrien. Ihre Existenz zu sichern, ist lebensnotwendig.

Die Verwirklichung des Programms ist dringend, es ist nicht 5 vor 12, es ist deutlich später. Der Raubbau an den natürlichen Ressourcen der Erde dauert an. Doch die Kapazität des Globus, eine wachsende Menschheit zu ertragen, verringert sich. Hunger und Armut in den unterentwickelten Ländern nehmen zu, die Energiekosten und Ausgaben für notwendige Güter des Lebens steigen, die Rohstoffgrundlagen bedeutender Industrien schrumpfen.

Das Weltprogramm gegen diesen Todestrend erntet prinzipielle Zustimmung und praktische Mißachtung. Die Gründe dafür sind nur allzugut bekannt. Sie haben ihre Wurzeln in der isolierten Betrachtung von Ökologie und Ökonomie, in der Unfähigkeit der Verantwortlichen, langfristig zu planen, in unzureichender Gesetzgebung und noch jämmerlicherer Umsetzung, Mißmanagement und mangelnder finanzieller Unterstützung der Naturschutzmaßnahmen. Alles in allem: Es fehlt noch immer Verständnis. Hier setzt die Kampagne SAVE THE BIRDS an. Unsere Ziele sind Aufklärung und Finanzierung von Vogelschutzmaßnahmen.

Der Internationale Rat für Vogelschutz (ICBP) und die nationalen Naturschutz- und Vogelschutzverbände können für die Ausweisung von Reservaten und die Behandlung von kritisch gefährdeten Arten Expertisen liefern, Maßnahmen aufzeigen und sich für die Betreuung der Naturschutzgebiete einsetzen. Der Rest jedoch liegt bei Ihnen.

Lebensraum Deutschland

So leben wir, so sterben sie

Horst Stern

Wohl in keiner Nation wird mehr über Natur geredet als in der deutschen. Und mit dem Gerede summieren sich die Mißverständnisse – die versehentlichen und die absichtlichen. Manche jeweils Regierenden neigen dazu, alles, was grün ist und nicht bebaut, für Natur auszugeben. Man darf ihnen das nicht vergeben, denn sie wissen mittlerweile, was sie tun: mit einem populären Etikett schwindeln. Die Wahrheit ist, daß in der Bundesrepublik Deutschland, bezogen auf ihre Fläche, Ursprungsnatur so gut wie gar nicht mehr zu finden ist. Nicht einmal in Naturschutzgebieten. Kaum noch in letzten Mooren. Selten in den höchsten Lagen der Alpen.

Der unendlich qualvoll geborene Nationalpark Wattenmeer wird von etlichen Ökologen als eine Art von Totgeburt erachtet: Ausnahmeregelungen für Ölförderung, Tourismus und Vordeichungen sind schlimm, aber nicht das schlimmste: Solange Elbe, Weser, Rhein und in großem Umfang auch britische Flüsse täglich tausendtonnenweise Gift ausspucken, nehmen sich auch die emsigsten Vogelschutzprogramme aus wie gutgemeinte Ersatzhandlungen. (Was dennoch nicht heißen kann, auf die Sicherstellung wertvoller Flächen zu verzichten).

So gut wie jeder Quadratmeter trägt die Spuren von Nutzung, Benutzung und, nun ja, Verschmutzung durch den wirtschaftenden, urlaubenden, sporttreibenden oder auch nur besserwisserischen, in jedem Fall ausbeuterischen Menschen.

Das ist kein grünes, menschenfeindliches Lamentieren. So sind wir halt. Die Frage ist: Müssen wir so bleiben?

Bis in die frühgeschichtliche Zeit war Deutschland, wie ganz Mitteleuropa, ein Waldland: flächendeckende Laubwälder so gut wie überall; die Buche war der Leitbaum. Die Fichte, die heute aus wirtschaftlichen Gründen als „Brotbaum" unsere Wälder dominiert, stockte nur in den höchsten Mittelgebirgslagen und im alpinen Raum. Frei von Wald waren Flußniederungen, Moore und Meeresküsten. Klar, daß sich in einer so gearteten Natur die Tiere, allen voran die Leitgestalten Bär und Luchs, wohl fühlten. Für die Menschen aber war der endlose Wald ein Ort der Finsternis und der Dämonen.

Ausgehend von den Flußniederungen legte man darum schon in vorgeschichtlicher Zeit, so richtig aber zwischen Christus und Karl dem Großen, Feuer und Axt an den Wald. Man kann sagen, daß er bereits im Mittelalter auf einen Anteil zurückgehauen war, den er noch heute hat: auf ein Drittel der Republikfläche, mehr oder weniger. Auf den freigeschlagenen Flächen ackerte, wirtschaftete, siedelte und, nicht zu vergessen, vermehrte sich der Mensch. Bär und Luchs und alles Getier und Gewächs, das die Nähe des Menschen nicht ertrug, wichen zurück. Dabei sollte es mit dem wachsenden Tempo der Agrar- und Industrieproduktion, der Besiedelung und des Verkehrs, auch der Bevölkerungszunahme bleiben.

Heute beträgt die zivilisationsbedingte Vernichtungsrate ein Vielfaches des natürlichen, evolutionsbedingten Artenschwundes.

Dennoch: 45 000 Tierarten, so staunt man, leben immer noch auf unserem Territorium. Aber 30 000 Arten davon stellen allein die Insekten, gefolgt von denen der Einzeller (5 000), der Spinnen (4 300). Höher oben in der Tierorganisation geht's dann um so steiler bergab: Verbliebene Artenzahl der Säugetiere: 93, der Kriechtiere: 12, der Lurche: 19, der Süßwasserfische: 70. Allgemeine Tendenz: rasch fallend.

Das Grundgesetz ihrer zerstörten oder stark beeinträchtigten Lebensräume ist nicht das Naturschutzgesetz, sondern die Rote Liste. Rote Liste ist bloß ein anderes Wort für Aussterbeetat.

Aus den ehemals scheuen „Waldrehen" sind vielerorts „Feldrehe" geworden, die in unserem dicht besiedelten Land bis an den Rand der Ballungsgebiete kommen. Da die Deckung fehlt, halten die „Anpasser" heute hohe Fluchtdistanzen.

Deutschland ist Waldland. Unsere Volksmärchen wurzeln im deutschen Seelengrund und im Wald. Dennoch: Als Tempo 100 als billige und wirksame Waldrettungsvariante zur Diskussion stand, entdeckten die Bundesdeutschen, daß eine neuere Liebe mehr zieht: Geschwindigkeits- geht vor Waldesrausch.

Und die Pflanzen, die wildlebenden? (Denn um Kohl und Korn, Raps und Rüben, Mais und Möhren muß sich keiner sorgen.) Von den 2476 Arten einheimischer und eingebürgerter Farn- und Blütenpflanzen der Bundesrepublik sind 35 Prozent aktuell gefährdet. An der Spitze der Verdränger: die chemisierte und industrialisierte Landwirtschaft. Den etwa 1000 Moosarten, 1850 Flechtenspezies und 2300 Pilzarten geht es kaum besser, manchen schlechter.

Und die Vögel? Dies ist doch ein Buch über Vögel! Zwar: Von 9000 Vogelarten, weltweit, brüten nur 218 (zu 52 Prozent gefährdete) Arten regelmäßig in der Bundesrepublik. Aber: Unsere klimatische und geographische Mittellage wertet uns als Vogelland auf, sind wir doch für Abermillionen Zugvögel und andere wandernde Tierarten lebenswichtiges, leider weithin untaugliches Transitland. Und für abermals viele Millionen Sumpf-, Wat-und Wasservögel ist das (noch immer von Öl, Industrie und Tourismus bedrohte) norddeutsche Wattenmeer unverzichtbare Speisekammer für Reiseproviant und Winteraufenthalt. Für Moore, Seen und Bäche, die allesamt zumeist in einem biologisch desolaten Zustand sind, gilt ähnliches.

So zählt denn jeder Quadratmeter naturnahen Bodens. Es müssen, durch Renaturierung von Moor, Feld, Wald und Gewässern, mehr werden, nicht aber, durch Denaturierung letzter noch halbwegs intakter Lebensräume, immer weniger. Die Stillung menschlicher Grundbedürfnisse auf Kosten freilebender Tiere und Pflanzen ist sicherlich ethisch wertneutral. Es ist unser Streben nach immer mehr Wachstum, Luxus und technisierter Bequemlichkeit, das uns vor der Natur als Mörder erscheinen läßt.

Manchmal gibt es auf der Jagd nach dem Mehr kleine Irritationen – Tschernobyl verschlug sogar den Wachstumsaposteln kurz die Sprache. Doch nach dem Desaster konnten wir um uns und an uns beobachten, daß die Halbwertzeit des Vergessens offenbar nur wenige Wochen beträgt: Die Parteien, die auch künftig in Treue fest zum Fehlentscheid – Weitermachen mit Atom! – stehen, wurden auch weiterhin gewählt.

Die Frage, was erhöhte Radioaktivität für freilebende Tiere bedeutet, versickerte vollends in den Geigerzähler-Reports aus Molkereien und Lagerhäusern.

Zwei Notizen immerhin verkrümelten sich auf die hinteren Seiten der Tagespresse; Nachtigallen sollen in Schweden massenhaft vom Himmel gefallen sein, sie hätten, so mutmaßte man, die Ukraine zur Unzeit überflogen. Genaueres las man nicht. Warum auch. Es gibt Wichtigeres.

Aus Italien war zu hören, daß die alljährlich aufflackernde Diskussion um den zigtausendfachen Vogeltod in Fangnetzen erstmals eine größere Dynamik entwikkelte: Die mutmaßlich stark erhöhten Strahlenwerte in Lerchen- und Drosselbrust verunsicherten die Profifänger, die sich über die Jahre gegen Klagen und Argumente von Tier- und Naturschützern immun gezeigt hatten.

Was hier für das unheimliche – weil unsichtbare, geruchs- und geschmacklose – „Gift" Radioaktivität offenbar wurde, gilt schon seit Jahr und Tag für das ordinäre, chemische Gift: Es betrifft uns erst, wenn es uns trifft.

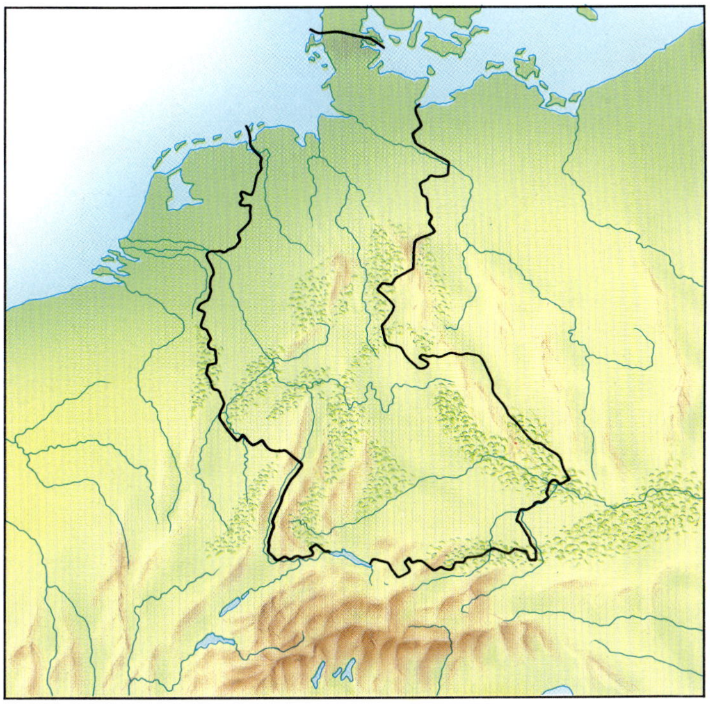

Die Bundesrepublik Deutschland bietet durch die Vielfalt gestalteter Landschaften und das gemäßigte Klima vielen Pflanzen- und Tierarten günstige Lebensbedingungen. Sie gilt es zu erhalten.

Leuchtfeuer: Warnzeichen im Wattenmeer. In seltener Einstimmigkeit wird der Niedergang der Nordsee bestätigt und für das Wattenmeer „fünf vor zwölf" angezeigt. Die Kinderstube für Millionen von Seevögeln und Meerestieren ist durch Vergiftung, Erschließung und Bebauung gefährdet.

Die Vernetzung der Schuld

Bei dem, was eine schönfärbende Vokabel als Pflanzenschutz ausgibt, ist dieser Punkt längst erreicht. Die Weltgesundheitsbehörde der Vereinten Nationen sagt, daß in der Dritten Welt jährlich bis zu 10 000 Menschen durch den falschen Umgang mit Pestiziden ums Leben kommen, eine halbe Million gar daran erkranken. Umgang haben sie auch mit Giften, die in den Industrieländern unter dem Druck einer aufgeklärten Öffentlichkeit längst verboten sind, weil sie sich in den Organismen nur schwer oder gar nicht abbauen. Doch fallen auch wir in diese Grube: Mit den Futtermittel- und Fruchtimporten kommen Spuren dieser längst vergessen geglaubten Gifte zu uns zurück und finden ihren Weg bis in die Muttermilch. DDT ist ein Beispiel dafür.

Um den tropischen Regenwald – eine weitere Spielwiese für multinationales Kapital – ist des Jammerns bei uns kein Ende. Die Brandrodungen im Amazonasbecken und anderswo in der Dritten Welt sind in den Medien längt zum Dauerbrenner geworden.

Selten mischen sich Einsichten von Mitschuld in den Protestchor. Umgeben von massiven Schrankwänden, Anrichten, Tischen und Stühlen aus tropischen Edelhölzern, entrüsten wir uns vor dem Fernseher auf dem Palisanderregal über die Unvernunft der Südamerikaner, sich und uns das Weltklima von morgen zu gefährden. Selbst unser Sarg noch muß aus Edelholz sein, als ob es die ebenfalls sterbende deutsche Eiche nicht täte.

Aber nicht nur die kleinen, auch die großen Frevler am tropischen Regenwald sitzen mitten unter uns. Überschüssiges deutsches und schweizerisches Industriekapital (und natürlich nordamerikanisches und japanisches) floß aus reinem Renditedenken, nichts sonst, in diese naturverderbenden Rodungen. Neben dem Holz gewannen die Kapitalgeber Weideland für große Rinderherden. Deren Fleisch, das auf diesen armen Böden nicht zum besten gedeiht, wird meist zu „Hack" verarbeitet und wandert dann zwischen zwei pappige Semmelhälften, was man alles zusammen „Hamburger" nennt. Da diese Fastfood-Ketten international operieren und riesige Umsätze machen, ist die Mitschuld ihrer Kundschaft am Untergang des Regenwaldes beträchtlich.

Ein armseliger Gewinn, den wir Aufgeklärte aus diesem gewaltigen Waldsterben ziehen (weltweit in der Größenordnung von 60 Prozent der Fläche der Bundesrepublik pro Jahr)! Armselig deshalb, weil diese riesigen Rodungsflächen, wenn sie nicht nach den Erkenntnissen und mit dem großen Kapitalaufwand moderner Landwirtschaft gepflegt werden, nur für ganz wenige Jahre nutzbar sind. Urwaldböden, obwohl Standorte der wuchskräftigsten Waldgesellschaften der Erde, sind aus pflanzenphysiologischen und symbiotischen Gründen für Kulturpflanzen wenig brauchbar; der Regenwald bezieht seine große Fruchtbarkeit aus dem eigenen Kreislauf. Tropische Sturzregen spülen überdies die kärglichen Nährstoffe der Brandasche zusammen mit dem nun bloßliegenden Boden fort. Schlimmste Erosion setzt ein. Wüste.

Verloren mit dem Wald ist sein ungeheurer Artenreichtum, aus dem sich die Evolution der Weltnatur speist. Tiere und Pflanzen, die man noch nicht einmal dem Namen nach kennt, gehen unwiederbringlich verloren, potentielle Arzneimittelpflanzen bleiben unentdeckt. Menschliche Scham über alles dies, wenn sie sich denn regt, bedeckt sich mit dem Geld aus dem Tod dieser Wälder.

Fast Food, schnelles Essen. Wer denkt schon daran, daß er bei einem Biß in den Hamburger indirekt mithilft, den Regenwald zu vernichten. Er wird gerodet und für wenige Jahre als Rinderweide genutzt. Dann erodieren die Böden: Ex und hopp einer unersetzbaren Naturlandschaft.

Unser eigener Schuldkatalog, die Zerstörung auch außerdeutscher Natur betreffend, ist groß: Meeresschildkröten wurden so lange versuppt, bis sie dem Aussterben nahe waren. Es bedurfte massivster Proteste der Naturschutzverbände, bis die Bundesrepbulik den Import endlich verbot.

Den Großfröschen Bangladeschs reißt man noch immer für die Gaumen auch unserer „Feinschmecker" die Schenkel aus – 538 000 Kilo oder rund 12 Millionen Frösche 1983 allein für die Bundesrepublik – und wirft die Tiere zum elenden Verrekken ins Wasser zurück. Barbarei? Sicherlich, aber wie erklärt man das einem bettelarmen Land, dessen Menschen zu Tausenden verhungern?

In dem Maße wie China und Indien ihre Froschexporte drosselten, konnte Bangladesch seine Einnahmen von 5 auf 7,5 Millionen Dollar (1982 – 1983) steigern. Etwa 1 300 Tonnen – das sind 42 Prozent des Gesamtexportes – gingen in die Vereinigten Staaten, aber auch die Bundesrepublik hält sich mit 6 Prozent am natürlichen Reichtum eines armen Landes schadlos. Nun wird man, da jährlich 70 Millionen dieser Insektenvertilger hingemordet werden, mit den Reisschädlingen nicht mehr fertig – Gift muß her, DDT!

Krokodilleder, Großkatzenfelle, Schlangenhäute – trotz Washingtoner Artenschutzabkommen, Zollkontrollen und Strafen reißt der Strom der „Trophäen" zu uns, en gros und en détail, durch Touristen wie durch Händler, nicht ab. Kriminelle Energie ist oft am Werk, denn an Aufklärung ist kein Mangel.

In allem was hier aufgeschrieben wurde (und es ist wenig genug), dokumentiert sich ein Streben nach Profit und Luxus, das nicht mehr geltend gemacht werden kann als ein Menschenrecht auf Nutzung der Natur.

Zwar wissen kluge Wirtschaftswissenschaftler schon lange, daß Ökologie die klügere Langzeit-Ökonomie ist, aber die verantwortlichen Politiker scheinen es nicht begriffen zu haben (oder falls doch, geben sie es nicht zu). Dabei ist an Modellen wirklich kein Mangel: Steuererleichterung für Produzenten, die ressourcenschonend produzieren, Umpolung der üblichen Energie-Rabatte, die Verschwendung belohnen und Sparsamkeit bestrafen, in ihr sinnvolles Gegenteil.

Konfrontiert man die „Macher" mit diesen und anderen Konzepten, hört man nur ihre Denkblockade-Argumente: Nicht machbar! Nicht bezahlbar! Utopisch! Utopisch? Was, bitte sehr, ist denn real?

Daß Fröschen in Bangladesch bei lebendigem Leibe die Schenkel abgeschnitten werden, um dann am anderen Ende der Welt verwöhnte Gaumen zu kitzeln, ist schlimm. Schlimmer jedoch ist, daß die Abnahme der Frösche den höheren Einsatz von Agrarchemikalien nach sich zieht. Also: Mehr Gift in der Nahrung.

Hoffnungszeichen: Eine große deutsche Lebensmittelkette wirbt mit dem, was sie nicht verkauft: Schildkrötensuppen. Die Kampagne für die Meeresschildkröten, so scheint es, hatte Erfolg. Gerettet indes sind die großen Gleiter noch nicht.

Das Washingtoner Artenschutzabkommen verbietet Handel mit hoch bedrohten Tierarten. Gleichwohl blieb die Bundesrepublik eine der Hauptdrehscheiben internationalen Tierschmuggels.

Reich, aber arm dran

Die Realität in einem Satz: Ökologisch ein Krüppel, geographisch ein Zwerg, wirtschaftlich ein Riese: das ist die Bundesrepublik Deutschland – ein bißchen unfreundlich, aber treffend charakterisiert. Mit einem Exportüberschuß im Wert von über 100 Milliarden D-Mark (1986) ist sie Erste der Weltrangliste vor den USA. Dabei hinkt der deutsche Wirtschaftsriese sogar noch auf einem Bein: Nur bei mineralischen Rohstoffen – etwa Stein- und Braunkohle, Kali und Steinsalz – ist er Selbstversorger. Alle anderen Rohstoffe, vor allem aber die meisten Energieträger, muß er importieren. Das gilt für die allermeisten Metalle, für zwei Drittel des verbrauchten Erdgases und für 94 Prozent des benötigten Erdöls.

Gewiß: Ein Zurück in die Zeit vor Erfindung des Autos gibt es nicht. Aber wo ist das Voran? Deutsche Autoverhältnisse weltweit?

Durch die Schlagadern der Weltwirtschaft fließt Öl. Stockungen schüren die Infarktangst an den Weltbörsen. Unbeweglich wie ein Supertanker scheint das Dogma, daß unser Schicksal am Öl hängt. Das Dogma blokkiert geistige Energien bei der Suche nach Alternativen.

Aber, und um im Bild des hinkenden Riesen zu bleiben: Was man nicht in den Beinen hat, das hat man im Kopf! Es ist das Glück der Bundesdeutschen, geistiges, das heißt vor allem: naturwissenschaftlich-technologisches Wissenskapital einsetzen zu können, das ihnen die Flügel des Merkurs an die Fersen bindet. In der Außenhandelsstatistik der BRD ist der größte Einzelposten das Straßenfahrzeug: 16,8 Prozent des Exportvolumens. Jedes zweite hier hergestellte Straßenfahrzeug wird ins Ausland verkauft. Mit 14,8 Volumen Prozenten folgen Maschinenbau-Erzeugnisse und mit 13,8 Prozent chemische Produkte. Auch sie werden weit mehr für den Export als für den Binnenmarkt produziert.

Aber das ist nur die eine Seite der Goldmedaille, die die Bundesrepublik auf dem Weltmarkt vor den USA (Silber) errang. Auf der anderen Seite glänzt, redet man nur von Geld, die deutsche Landwirtschaft. Sie rechnet sich zur weltbesten, man muß wohl sagen: Agrarindustrie. Sieben Prozent aller Erwerbstätigen arbeiten für sie und ihre Veredelungsbetriebe. Alle miteinander produzieren sie unter Einsatz von Maschinen, Energie, chemischen Düngemitteln und Bioziden weit mehr als 61 Millionen (übergewichtige) Bundesbürger verzehren können.

Paradoxerweise kann dennoch von einer wirklichen Selbstversorgung der Republik durch ihre Landwirtschaft nicht überall die Rede sein: Ohne den Massenimport von proteinhaltigen Kraftfuttermitteln aus der (unterernährten) Dritten Welt und aus den (erosionsanfälligen) Getreidesteppen Nordamerikas ließe sich die derzeitige Produktion von Fleisch- und Milchprodukten nicht aufrechterhalten. Der wirtschaftliche Unfug, mit Milliarden Mark Steuergeldern Überschüsse zu produzieren, die mit neuen Milliarden erst gelagert, dann verramscht oder gar vernichtet werden müssen, ist oft gegeißelt worden.

Wollte man ein Symboltier zerrütteter moderner Verhältnisse finden, es müßte das Haustier Schwein sein. Mit Billig-Eiweiß aus den Hungerzonen der Dritten Welt sowie hormoneller Masthilfe zum wässrigen EG-Hybridschwein aufgebläht, kann es gleichwohl den Bauern nicht mehr ernähren.

Bekannt ist auch, daß die landwirtschaftlichen Produktionsflächen der Dritten Welt, auf denen eiweißhaltiges Kraftfutter für die Kühe, Schweine und Batteriehühner der Industrienationen angebaut wird, der an Eiweißmangel leidenden einheimischen Bevölkerung weitgehend entzogen werden. Afrika produziert heute für den Eigenbedarf 15 Prozent Nahrungsmittel weniger als noch zu Anfang der 70er Jahre. Eine am gesunden Menschen und am echten Markt anstelle einer am Profit orientierten und mit Subventionen künstlich aufgeblähten Agrarwirtschaft könnte in den entwickelten Ländern die sündhaft teuren Überschüsse und in den unterentwickelten den Hunger abbauen.

Illusionen! Mächtige Interessen der Chemiemultis, vor allem der deutschen, stehen einem nachhaltigen Sinneswandel entgegen. Die deutschen Pestizidhersteller sind weltweit die Marktführer. Sie sind eine Wachstumsbranche allererster Ordnung, Liebkind der internationalen Börsen, und sie wollen, daß das so bleibt.

Und so wie die gesellschaftlichen Kräfte und Gewichte in der Bundesrepublik verteilt sind, müssen sie nicht wirklich um ihre „Freiheit" fürchten, zumindest solange nicht, wie die verhängnisvolle „Grenzwert-Philosophie" gültige Lesart ist.

Dieser gedankliche Kurzschluß besagt, daß ein bestimmter Stoff in bestimmter Konzentration unschädlich sei, wobei die Geschichte der Grenzwerte – wenn sie denn je geschrieben würde – die Geschichte ihrer ständigen Verschiebung hin zur kleineren Zahl sein würde.

Ist schon die Grenzwertfestsetzung bisweilen fraglich und willkürlich: Schier zum Verzweifeln ist die offizielle Gleichgültigkeit, wenn es um Fragen geht wie diese: Wie reagieren die verschiedenen, für sich genommen vielleicht sogar harmlosen Stoffe miteinander? Wie ist ihr „Langzeitverhalten" in der Biosphäre? Wie reichern sich auch kleine und kleinste Mengen in Organismen und schließlich im menschlichen Körper an?

Der Löwenanteil der deutschen agrochemischen Produktion geht in den Export. Daß die weltweit gegen Pflanzen und Tiere eingesetzten Gifte die Biosphäre vielfältig belasten, die Natur insgesamt denaturieren und die Artenvielfalt als die Rüstkammer der Evolution verarmen, das sei in diesem Kapitel über die Lust am Geldzählen nur am Rande erwähnt. Ebenso wie die Tatsache, daß die Bundesbürger auch auf dem Gebiet des Reisens Weltspitze sind: 39,6 Milliarden DM, mehr als jede andere Nation, stecken sie pro Jahr in Geschäftsreisen und vor allem in das, was man Erholung nennt – Erholung vom Streß, in Sachen Ökonomie auch Weltspitze zu bleiben. Ökologie ist dann, wenn man trotzdem gesund bleibt.

Wie aber soll das gehen, in einem Land, dessen Flächen-Bestandsaufnahme sich für jeden halbwegs Sachkundigen wie ein Krankenbild ausnimmt?

Moderne Zinstürme oder gar neuzeitliche Zwingburgen? Man muß die Großbanken keineswegs verteufeln, um festzustellen, daß sie das wirtschaftliche Geschehen in der Bundesrepublik kontrollieren und bestimmen. Ein utopischer Gedanke: Wie wäre es, wenn ökologische Vernunft nicht länger verdächtig, sondern kreditwürdig machte?

Wachstumsbranche, Garant krisensicherer Arbeitsplätze, unentbehrlicher Helfer im modernen Haushalt; all ihr mühsam erworbenes Renommee sah die chemische Industrie plötzlich den Rhein runterschwimmen, den sie in länderübergreifenden „Pannen"-Serien so gut wie abgetötet hatte. Wie sicher sind die Giftspeicher?

Naturschutz-Schlußlicht

Nähmen Politiker ihren verfassungsgemäßen Auftrag – Schaden vom Volke zu wenden – ernst, könnten sie sich nicht so leichtfertig auf den Wählerwillen herausreden, ein Wille, der in Sachen Waldrettung offenbar schon gebrochen ist. Naturschutz, in politischen Sonntagsreden ein hehres Ziel, ist realiter noch immer das, was übrig bleibt, wenn sich alle anderen gesellschaftlichen Mächte bedient haben. Dazu ein kurzes Faktenstakkato:

Gerade 1 Prozent der Republikfläche genießt Vollschutz: 246000 Hektar von 24,8 Millionen. Auf einer Karte der Bundesrepublik nimmt sich das nicht viel anders aus als Fliegendreck, denn die genannte Gesamtfläche splittert sich auf in knapp 2000 Einzelgebiete.

Der Vollschutz heißt nach Meinung von Naturschützern so, weil er voll von Löchern ist, sprich Ausnahmeregelungen, die es besonders der Landwirtschaft, dem Forstbetrieb und der Jagd sowie der Fischerei gestatten, mehr oder weniger ungestört dort ihren Geschäften und Vergnügungen nachzugehen, wo eigentlich die Natur sich selbst überlassen bleiben sollte, von geschichtlich bedingten Sondereingriffen, wie etwa dem jährlichen Mähen von Streuwiesen, abgesehen.

Weiter beeinträchtigt werden diese Schutzgebiete durch das Mißverständnis der Politik, die Naturschutzgebiete seien für die Erholung auch der Menschen da, nicht nur für Pflanzen und Tiere. So richtig es ist, daß sich auf Dauer nicht schützen läßt, was Menschen nicht schätzen, und nicht schätzen, was sie nicht kennen, sowenig kann es angehen, daß diese Gebiete dem ungeordneten Freizeittourismus geöffnet werden. Was leider nur zu häufig geschieht.

So gut wie unbekannt ist dem Staat, daß sich der Schutz unserer Restnatur nicht in der musealen Bewahrung isolierter Kleinstgebiete erschöpfen darf, daß vielmehr die ganze Republikfläche nach den Bedürfnissen wandernder Arten und/oder zur Sicherung von gefährdeten genetischen Potentialen und ihrer Durchmischung mit einem wissenschaftlich erarbeiteten Netz von Schutzräumen überzogen werden muß. Ökologen schätzen, daß dazu etwa zehn Prozent unserer Fläche gebraucht werden.

Man betreibt Schutz hierzulande zu oft „for show". Das belegt die Inflation der sogenannten Naturparks. Politiker und Gemeinden, die zuständig sind für irgendeine schöne Gegend, reißen sich geradezu um das fremdenverkehrsträchtige Etikett „Naturpark". In Bayern, Hessen und dem Saarland steht schon knapp ein Drittel der Landesfläche unter solchem fragwürdigen Schutz! Fragwürdig deshalb, weil die „Erschließung" dieser Gebiete mit einem Wege- und Straßennetz, mit Parkplätzen, Spielanlagen, sogenannten Lehrpfaden und möblierten Wäldern einhergeht.

Landschaftsschutzgebiete sind von höherer, wenn auch keineswegs ausreichender Schutzqualität. Ihr Schutz gilt weit mehr ästhetischen Landschaftsbildern als ökologischen Landschaftsbestandteilen.

Die höchste Schutzkategorie ist der Nationalpark. Wir haben, rechnet man das norddeutsche Wattenmeer nun dazu, drei davon: dieses, dann den ältesten (und ehrlichsten) Nationalpark im Bayerischen Wald und den von Berchtesgaden. Es fehlt uns ein vierter: im nordbayerisch-hessischen Raum ein, dem deutschen Laubwald gewidmeter Park, denn im Grafenauer Waldpark überwiegt das Nadelholz.

Alles in allem (Ausnahmen gibt es) ist Naturschutz in der Bundesrepublik ein Brösel, der vom Tisch einer der reichsten Nationen der Welt für diese Kulturaufgabe abfällt. Weit ärmere Länder, Italien etwa, von Jugoslawien nicht zu reden, sind da viel konsequenter. „. . . über alles in der Welt" reimt sich, als Ausdruck unseres Strebens, in der Bundesrepublik nur auf Geld.

Politiker wissen sehr wohl zu unterscheiden zwischen einerseits dem, was der Bundesbürger mal eben so in Befragungen zum (neben dem Frieden) höchsten Gut erklärt: die intakte Umwelt nämlich, und andererseits dem, was er mit existentieller Wucht fordert: die Absicherung seines materiellen Standards.

Die Streßforschung weiß zudem zu berichten, daß uns ein bedenklich überzogenes Konto im Akutfall mehr streßt als diffuse Umweltängste. Daran wird auch Tschernobyl nichts geändert haben.

Und dennoch: Es bleibt nur die Hoffnung, daß Gesinnungswandel, Wertewandel, bessere Einsicht sich auch in bessere Politik und bessere gesetzliche Bestimmungen umsetzen. Andersrum: Durch Reform von oben geht nichts. Politiker anerkennen nur eine Währung: Mehrheiten. Und sie wissen auch genau: Bäume gehen nicht zur Wahl. Und auch der Haß der Nachgeborenen läßt sie nicht um Prozente zittern. Wir oder keiner.

Je rarer die Reste naturnaher Landschaft werden, desto gesuchter und besuchter sind sie. Darin liegt die Gefahr. Tourismus neigt zur Selbstvernichtung seines Angebots: der Natur. Menschenmassen gehen der Natur an die Substanz; andererseits können wir uns nicht aussperren. Wir brauchen neue Konzepte für eine ökologisch sinnvolle Nutzung der Landschaft.

Von den Alpen bis zur Nordsee: Noch ist Deutschland schön, noch kann man neben entsetzlichen Wunden auch noch naturnahe Wildheit bewundern. Im ältesten deutschen Nationalpark Bayerischer Wald gibt es noch Urwald, im Nationalpark Berchtesgaden trotz hoher Touristenzahlen noch einsame Gegenden, und trotz extremer Bedrohung hat das Wattenmeer bisher nichts von seinem Reiz verloren. Doch der schöne Schein trügt. Dem Wattenmeer droht der ökologische Kollaps, den Alpen durch das Sterben der Bergwälder die Verwüstung der Täler.

Alle Vögel sind noch da. Alle?

Gerhard Thielcke

Trotz ständiger Katastrophenmeldungen über Landschaftszerstörung und Vogelsterben: Wir sind immer noch von einer Vielzahl von Vögeln umgeben, selbst mitten in der Großstadt. Wer aufmerksam beobachtet, wird 20 bis 30 Vogelarten im Laufe eines Jahres im Garten oder die gleiche Zahl an einem einzigen Frühjahrsspaziergang durch den Stadtpark registrieren können. Ornithologen haben errechnet, daß man im Durchschnitt über 40 Brutvogelarten auf einem Quadratkilometer Bundesrepublik Deutschland erwarten kann.

Deutschland also ein Vogelland? Wer sich am munteren Gedrängel halbzahmer Wasservögel am winterlichen Parkteich erfreut oder den großen Saatkrähen-und Dohlenschwärmen auf ihren allabendlichen Flügen zum gemeinsamen Schlafplatz nachschaut, wird die Frage vorbehaltlos bejahen. Doch Masse allein macht es nicht. Von den 218 auf dem Gebiet der Bundesrepublik Deutschland brütenden Vogelarten finden kaum zehn Prozent mit den Menschen in Städten und Dörfern sichere Überlebensmöglichkeiten.

Und wiederum nur ganz wenige von ihnen geben den Ton an, Haussperling, Amseln oder verwilderte Straßentauben etwa, deren große Zahl nur dem naiven Betrachter Vielfalt des Vogellebens vorgaukelt. Vom Menschen in Beschlag genommene Lebensräume weisen nur wenige Vogelarten, manche aber oft in großen Massen auf. Nicht selten aber kommen auch sogenannte Kulturfolger nicht mehr mit. Stundenlang können wir in einförmigen Fichtenplantagen wandern, ohne viel mehr als nur ein paar Tannen- und Haubenmeisen, Buchfinken oder Goldhähnchen zu hören.

Das Waldsterben droht aber auch ihnen bald den Garaus zu machen. Längst ist der vielstimmige Gesang der Feldlerche über den riesigen Maisschlägen moderner Agrarproduktion verstummt.

In der Statistik ist das Bild freilich etwas freundlicher: Etwa 9000 Vogelarten leben auf der Welt, davon etwa 360 in Europa. Unsere bundesdeutsche Avifauna mit 218 Brutvogelarten bedeutet also, daß immerhin 61 Prozent aller europäischen und noch zweieinhalb Prozent der Vögel der Welt zu unserem nationalen Erbe zählen.

Die Brutheimat der Küstenseeschwalbe sind vor allem die Inseln der Nordsee. Selbst auf dem Zuge meidet sie das Binnenland. Ihre Nahrung erbeutet sie nach einem Sturz ins Wasser.

Der Brachvogel brütet auf großen feuchten Wiesen, in Mooren und in Dünen der Nordseeinseln. Nur in diesen Räumen hat er eine Chance zum Überleben.

Auf stehenden Gewässern Norddeutschlands kommt der Rothalstaucher vor. Er braucht während der Brutzeit mindestens anderthalb Hektar freie Wasserfläche.

Rotkehlchen sind Bewohner von Wäldern, Parkanlagen, buschreichen Gärten und dichten Hecken. Sie brüten weder im Schilf noch in Wiesen oder anderem offenen Gelände.

Für 50 weitere Vogelarten, die nur außerhalb unserer Grenzen brüten, ist unser Land ein wichtiger Rastplatz auf dem Zuge oder willkommenes Winterquartier. Sicher mehrere 10 Millionen Individuen zählt das Heer der häufigen Brutvögel; allein im Wattenmeer von Dänemark bis zu den Niederlanden halten sich im Spätsommer 2,5 bis 3 Millionen Wat- und Wasservögel auf.

Doch solche imponierenden Zahlen bedeuten nur noch Reste einstigen Reichtums. Das untere Ende der stattlichen Vogelliste ist lang. Hier drängeln sich viele Arten mit kümmerlichen Zahlen gerade noch in die Habenseite der Bilanz: Bruchwasserläufer, Kornweihe und Seeadler mit jeweils weniger als 10 Paaren, Alpenstrandläufer, Goldregenpfeifer, Kranich, Lachseeschwalbe, Schwarzstorch oder Steinadler mit jeweils weniger als 50 Paaren auf einer Fläche mit über 60 Millionen Menschen!

Moore und Auwälder, Feuchtwiesen und naturnahe Mischwälder, ungestörte Seeufer und einsame Berggipfel, unbegradigte Flüsse und wildwachsende Staudenfluren – Lebensräume, die unbezahlbar und unersetzlich geworden sind, lassen die einstige Vielfalt einer überlebensfähigen Landschaft noch erahnen. Doch die schäbigen Reste einstigen Reichtums werfen noch Zinsen ab: Wir haben die Chance, Vielfalt nicht nur zu erhalten, sondern sie auch dort wieder entstehen zu lassen, wo sie einseitiges Nützlichkeitsdenken längst vernichtet hat. Neben wenigen Pionierpflanzen sind Vögel die ersten Siedler, die Wunden in der Landschaft vernarben lassen und ein Stück Heimat mit Lebensqualität erfüllen. Vielfalt des Vogellebens und Fortbestand der Landschaft gehören untrennbar zusammen.

Nur in ruhigen Nadel- und Mischwäldern ist das Auerhuhn zuhause.

Von einem Zweig aus hält der Eisvogel Ausschau nach kleinen Fischen, Wasserinsekten und Kaulquappen, die er im Stoßtauchen erbeutet und an Land kopfvoran verschlingt.

Früher kam der Steinadler bei uns sowohl im Tiefland als auch im Hochgebirge vor. Die letzten Paare leben heute in den Alpen. Im Tiefland ist er durch Besiedelung und Verfolgung längst ausgerottet.

Weißstorch: Klapperstorch mit Nachwuchssorgen

Mit einem Meter Länge gehört der Weißstorch zu unseren größten Vögeln. Jeder weiß, wie er aussieht, denn das Märchen, er würde dem Menschen die Kinder bringen, ist auch dort noch bekannt, wo es längst keine Störche mehr gibt.

Mitte März bis Anfang April kommen die langbeinigen Vögel von ihrer weiten Reise aus Afrika zu uns in ihre Brutheimat zurück. Zuerst erscheinen die Männchen, die nach Möglichkeit dasselbe Nest besetzen wie im Vorjahr.

Die Partner eines Paares brüten in der Regel Jahr für Jahr so lange zusammen, bis einer stirbt. Dies beruht allerdings weniger auf einer engen Partnerbindung als auf der Treue zum selben Nest. Das bauen die Störche möglichst hoch auf Dächer von Häusern, Kirchen und Scheunen, auf Schornsteine, Türme, hohe Bäume oder Telegraphenmasten. Auf den früher in Norddeutschland weit verbreiteten Dächern aus Stroh oder Reet konnten Störche ohne menschliche Hilfe ihr Nest errichten, auf Ziegeldächern brauchen sie dagegen eine Plattform aus Latten als Nisthilfe.

Auf einer Unterlage aus starken Ästen schichten beide Partner feines Reisig, Grasbüschel und Erdklumpen. Die flache Mulde in der Mitte wird mit dünnen Pflanzenteilen, Papier, Lumpen und Federn ausgepolstert.

Ein neues fertiges Nest mißt 80 Zentimeter im Durchmesser und ist 30 bis 40 Zentimeter hoch. Mit den Jahren kann es schließlich auf anderthalb Meter im Durchmesser und zwei Meter Höhe anwachsen und ein Gewicht von 19 Zentnern erreichen. Als Untermieter stellen sich regelmäßig Haussperling, Feldsperling, Bachstelze und gelegentlich der Star ein.

Die drei bis fünf kalkweißen Eier werden 31 bis 32 Tage bebrütet, die Jungen rund 60 Tage im Nest und zehn Tage nach dem Ausfliegen betreut, das heißt mit Futter versorgt, bei zu starker Sonneneinstrahlung beschattet oder mit Wasser begossen und bei Kälte gewärmt.

Von den etwa vier Eiern pro Gelege zieht ein Storchenpaar im Durchschnitt zwei Junge im Jahr auf. Während des Legens, Brütens und der Nestlingszeit fällt also schon die Hälfte des Nachwuchses aus. Wenn ungünstige Wetterbedingungen dazukommen, zum Beispiel Dauerregen, werden die Verluste noch größer.

Aber auch während des ganzen ersten Lebensjahres kommen viele zu Tode, besonders in der Zeit nach dem Ausfliegen. Häufigste Todesursachen sind Stromschlag an Hochspannungsleitungen und der Abschuß während des Zuges in die Mittelmeerländer.

Bald nach dem Selbständigwerden sammeln sich alte und junge Störche in Trupps, die in der Zeit von Mitte August bis Anfang September nach Afrika aufbrechen. Die mehr östlich brütenden Störche ziehen nach Südosten über den Bosporus nach Südafrika, während die westlich beheimateten über Gibraltar nach Marokko in Gebiete nördlich des Äquators fliegen.

Daß sie nicht direkt nach Süden über Italien ziehen, liegt an ihrer bevorzugten Flugweise. Sie nutzen beim Fliegen gerne Aufwinde als Auftrieb, um segelnd, also möglichst energiesparend, voranzukommen. Da sich solche Aufwinde über dem Meer nicht bilden, fliegen Weißstörche über Meerengen, über denen sehr häufig Trupps von mehreren hundert Vögeln beobachtet werden.

In ihrer Brutheimat leben Weißstörche mit dem Menschen dicht zusammen. So hat man schon Anfang dieses Jahrhunderts die Zahl der besetzten Nester in der Bundesrepublik gezählt. Von keiner anderen Vogelart haben wir deshalb ähnlich verläßliche Zahlen über ihre Bestandsentwicklung. Seit 1907 nahm der Bestand von 7500 Weißstorchpaaren stetig ab: 4633 im Jahr 1934, 2600 im Jahr 1958, 1911 im Jahr 1965, 1092 im Jahr 1974, 930 im Jahr 1980 und 607 im Jahr 1985. Der ursprüngliche Bestand schrumpfte in knapp 80 Jahren auf acht Prozent zusammen.

Schuld daran sind vor allem großflächige Trockenlegungen von Wiesen, intensive Düngung des Grünlandes, Umbruch von Wiesen in Ackerland und intensive Bewirtschaftung mit überhöhtem Viehbestand und zu häufiger Mahd. Bei dieser Art der Wirtschaft findet der Weißstorch nicht genügend Nahrung. Sein Aussterben ist vorprogrammiert, wenn die Lebensraumzerstörung nicht sofort durch politische Entscheidungen gestoppt wird.

Die Trockenlegung von Feuchtwiesen und deren Umwandlung in Äcker oder intensiv genutztes Grünland ist für Weißstörche die Rückgangsursache Nummer 1.

Auf der Suche nach Fröschen, Insekten, Schlangen, Würmern und Schnecken durchstreift der Weißstorch flaches Wasser und feuchte Wiesen.

Blaukehlchen: Verstummt der virtuose Sänger?

Ein Blaukehlchenmann sieht Blau, nicht Rot, und ist dabei ähnlich wütend wie ein Mensch. Durch die blaue Farbe auf Kehle und Brust seines Rivalen wird er aufs äußerste gereizt. Zusammen mit selbstsicherem Auftreten schüchtert dieses Blau andere Männer ein. Genau gegenteilig wirkt Blau auf Blaukehlchendamen. Sie fühlen sich von der Farbe angezogen und stimuliert.

Die blauen Federn sind also keine Laune der Natur, sondern Signale für Artgenossen, die gegen Rivalen und für die Werbung um ein Weibchen eingesetzt werden.

Wer allerdings aus Blaukehlchenfedern die blaue Farbe herauslösen will, wird enttäuscht. Selbst mit den stärksten chemischen Lösungsmitteln ist nichts zu machen.

Des Rätsels Lösung: Das Blau, das wir und die Vögel an den Federn sehen, ist eine optische Täuschung. Von den Federn wird der blaue Anteil des Lichts reflektiert und nur er erreicht unser Auge. Der Feinbau der Federn ist für den Farbeffekt verantwortlich. Mit wenigen Ausnahmen sind alle blauen Federn der Vögel so konstruiert.

Schon Mitte März kehren die ersten Blaukehlchen aus Nordwestafrika zu ihren Brutplätzen im Bundesgebiet zurück. Die Männchen besetzen sofort einen Busch im sumpfigen Dickicht und machen mit viel Gesang auf sich aufmerksam.

Das Signal „Gesang" ist wie die blaue Farbe ihres Gefieders mit verschiedenen Botschaften ausgestattet, je nachdem, wer der Empfänger ist. Anderen Männchen sagt der Gesang: Dieser Singplatz mit seiner Umgebung ist von einem Rivalen besetzt. Willst Du dieses Revier besetzen, mußt Du ebenfalls singen, angreifen und den Besitzer vertreiben.

Für das unverheiratete Weibchen ist der Gesang der Männchen eine Liebeserklärung. Da in der Regel mehrere Männchen in benachbarten Revieren gleichzeitig singen, ist ein solches Gebiet im zeitigen Frühjahr ein regelrechter Heiratsmarkt, auf dem Weibchen ihren Bräutigam wählen.

Doch was entscheidet diese Wahl? Ist es die blaue Farbe des Gefieders, der Gesang, der Nahrungsreichtum oder ein Versteck für das zukünftige Nest? Da jedes Blaukehlchen-Männchen anders singt als alle anderen, könnte ein besonders abwechslungsreicher Gesang Blaukehlchen-Weibchen besonders stark anlocken.

Die Weibchen wären auf diese Weise Mitverursacher des riesigen Repertoires der Männchen, das den Blaukehlchen bei den Lappen Nordskandinaviens den Namen „der Vogel mit den tausend Zungen“ eingebracht hat.

Blaukehlchen sind bei uns heute viel seltener geworden als früher. Woran das liegt? Weil sie vor allem Täler unserer Flüsse in den Ebenen als Wohngebiete brauchen. Diese Täler sind zwar auch heute noch da, aber mit jenen vergangener Zeiten haben sie nur noch das grobe Profil gemeinsam.

Anstelle breiter bei Hochwasser überschwemmter Auen durchziehen heute schmale Kanäle das Land mit parallel verlaufenden Straßen und Maisäckern bis an die Kanaldämme. Die Straßen verbinden Städte und Dörfer, die immer größere Flächen der Auen für Wohn-, Industrie- und Freizeitflächen beanspruchen.

Nur noch in kleinen naturbelassenen Gebieten finden Blaukehlchen zwischen der Kulturlandschaft Raum für sich. Auf diesen „Naturinseln“ leben in unserer Republik sicherlich nicht mehr als tausend Paare. Für einen kleinen Singvogel ist das eine erschreckend geringe Zahl.

Aber selbst diese Inseln sind für Menschen, die über den Bau von Straßen und Kanälen entscheiden, keine Tabugebiete. Naturschützer, die vor Jahren mit dem Vorkommen von letzten Blaukehlchen gegen eine Bundesstraße in Mittelfranken zu Felde zogen, unterlagen. Eine Verschiebung der Trasse um einige hundert Meter hätte die Vögel gerettet.

Selbst das größte Blaukehlchengebiet Bayerns ist bereits verplant und größtenteils verbaut: Der Ausbau der Donau unterhalb von Regensburg hat große Teile davon vernichtet. Er steht in Zusammenhang mit dem Rhein-Main-Donau-Kanal, der schon vor seiner Vollendung als „dümmstes Bauwerk nach dem Turmbau von Babel“ in die Geschichte eingegangen ist.

Dieser Fluß ist kanalisiert, die Ufergehölze sind abgeschlagen, Äcker reichen bis an den Fluß, die Aue ist drainiert. Blaukehlchen können hier nicht mehr leben.

Jedes Blaukehlchenmännchen hat seinen eigenen Gesang. Mit besonders abwechslungsreichen Strophen versucht es, die Aufmerksamkeit eines Weibchens auf sich zu ziehen.

Brandseeschwalbe: Noch einmal davongekommen

Der Binnenländer hat kaum eine Chance, Brandseeschwalben zu sehen, es sei denn, er fährt während der Sommermonate an die Nordseeküste. Aber auch dort wird er sie nicht wie etwa Lachmöwen überall antreffen, denn Brandseeschwalben sind Spezialisten, die in mehrfacher Hinsicht ganz bestimmte Ansprüche an ihre Umwelt stellen und nur dort leben können, wo diese Ansprüche erfüllt werden.

So brauchen Brandseeschwalben das ganze Jahr über flaches Meerwasser, in dem viele kleine Fische leben, die regelmäßig dicht unter der Wasseroberfläche schwimmen. Dies tun an unserer Nordseeküste offenbar nur vier Fischarten, die fast 100 Prozent der Nahrung der Brandseeschwalbe ausmachen: Kleiner Sandaal, Großer Sandaal, Sprotte und junge Heringe.

Viele zehntausend Jahre war diese einseitige Nahrungsanpassung nie ein Problem für diese Art, denn kleine Fische hat es an Teilen der Meeresküsten immer in großen Mengen gegeben. Der Mensch kann diese Verhältnisse jedoch drastisch ändern, etwa durch Überfischung und Eindeichungen. Während sich für die Brandseeschwalbe hierzulande dadurch offensichtlich noch keine negativen Folgen eingestellt haben, ging es ihr an der niederländischen Küste fast an den Kragen: Ihr Bestand sank dort von 1955 bis 1965 von etwa 30 000 auf 650 Brutpaare. Ursache waren chlorierte Kohlenwasserstoffe, die in großen Mengen in die niederländischen Küstengewässer gelangten.

Da chlorierte Kohlenwasserstoffe teilweise sehr langlebig sind und im Körper von Lebewesen abgelagert werden, reichern sich diese Stoffe von den mikroskopisch kleinen Lebewesen des Meeres über kleine Krebse zu Fischen und schließlich zu Brandseeschwalben immer mehr an. Die Brandseeschwalben als Endglieder dieser Nahrungsketten vertragen große Konzentrationen nicht. Sie sterben daran.

Nach eingehenden Untersuchungen konnte man die Giftquellen in den Niederlanden stopfen, so daß heute dort wieder mehrere tausend Paare brüten.

Brandseeschwalben lieben Geselligkeit. Wo immer sie nisten, tun sie das zusammen mit anderen Paaren ihrer Art oder zusammen mit Lachmöwen. Brutkolonien können aus vielen tausend Paaren bestehen, die in kaum vorstellbarer Dichte auf dem Boden ihre Nester bauen.

Fast alle Paare legen ihre ein bis zwei Eier innerhalb weniger Tage. Kurze Brutzeit und hohe Siedlungsdichte sind für eine wirksame Verteidigung gegen Eier- und Jungenräuber vorteilhaft. Gegen menschliche Störungen sind sie besonders empfindlich. Deshalb besiedeln sie bei uns nur unbewohnte Inseln.

Die Brandseeschwalben müssen mit ihrer Siedlungsweise den Verlust von Eiern und Jungen vor allem durch Witterungseinflüsse in Kauf nehmen, denn in den Düneninseln gehen durch sehr hohes Hochwasser und Sandstürme viele Bruten verloren. Aber diese Verluste wirken sich über längere Zeit nicht negativ auf die Bestände der Kolonien aus, Brandseeschwalben können es sich sogar „leisten", nur ein bis zwei Eier zu legen.

Männchen und Weibchen der Brandseeschwalbe brüten abwechselnd. Oft übergibt der ablösende Vogel seinem Partner einen Fisch. Diese Zeremonie dient dem Paarzusammenhalt.

Wieder wird mit einem Deich eine Fläche Watt zu Land gemacht. Damit werden die Kinderstuben derjenigen Fische weiter verkleinert, die Brandseeschwalben als Nahrung brauchen.

Im vorigen Jahrhundert hatten die Kolonien vor allem unter den Eierplünderungen der Küstenbewohner und von Touristen zu leiden. Mitarbeiter von Vogelschutzvereinen bewachten daraufhin die Kolonien. Sie hielten den Nordseebestand in der ersten Hälfte dieses Jahrhunderts mit 30 000 bis 40 000 Paaren auf etwa gleicher Höhe.

Erst die Vergiftungen in den Niederlanden führten zu einer starken Abnahme auf 3 700 Paare. Nach Ausschaltung dieser Belastung vermehrten sie sich wieder auf etwa 20 000 Paare.

7 000 an der deutschen Nordseeküste brütende Paare siedeln auf nur drei Inseln, und nur drei weitere Inseln kommen als Ersatzbrutplätze in Frage. Dies zeigt, wie begrenzt die Möglichkeiten für diese Vogelart sind, bei uns zu überleben. Ohne den Schutz vor den Einflüssen des Menschen wäre sie in unserem Land längst verschwunden. Dauerhaft überleben kann dieser schöne Vogel nur, wenn die Vergiftung der Nordsee und die Beeinträchtigungen des Wattenmeers aufhören.

Brandseeschwalben brüten auf Inseln in großen Kolonien. Im Zentrum einer Kolonie können zehn Paare auf einem Quadratmeter nisten. Gegen Störungen sind sie besonders empfindlich.

Schwarzspecht: Ein erstes Opfer des Waldsterbens?

Obwohl der Schwarzspecht fast so groß ist wie eine Krähe und eine weitschallende Stimme hat, kennen ihn nur wenige Menschen. Das liegt wohl in erster Linie daran, daß er menschliche Siedlungen meidet. Sein Zuhause sind ausgedehnte Wälder, in denen 80- bis 120jährige Buchen, 80- bis 90jährige Kiefern oder 60jährige Espen und Vogelkirschen wachsen.

Ein weiterer Grund für seine geringe Bekanntheit ist die niedrige Siedlungsdichte. Ein Paar braucht ungefähr 300 bis 400 Hektar Wald, um sich selbst und seine Jungen ernähren zu können.

Die jungen Schwarzspechte wachsen in einer Baumhöhle auf, die von den Altvögeln meistens in Buchen in 8 bis 15 m Höhe in den Stamm gemeißelt werden. 17 Hiebe muß der Schwarzspecht im Schnitt machen, bis er einen Span losgeschlagen hat. 10 000 Späne fliegen, bis die Höhle nach zwei bis vier Wochen fertig ist.

Das Höhlehacken sieht recht einfach aus, wenn der Schwarzspecht damit beginnt. Mit dem Fortschreiten der Arbeit wird es aber immer schwieriger, weil der Eingang zur Höhle nur eine Größe von 13 mal 9 Zentimeter hat. Darin arbeitet der Vogel die meiste Zeit gekrümmt mit dem Kopf nach unten.

Die fertige Höhle ist etwa 40 Zentimeter tief und hat eine lichte Weite von 25 Zentimetern. Da hinein muß sich der 45 Zentimeter lange Schwarzspecht zwängen, wenn er brütet. Kopf und Schwanz sind dabei nach oben gerichtet. Zwölf Tage lang verbringen Männchen und Weibchen abwechselnd in dieser Stellung in der Höhle, bis die Jungen schlüpfen.

Spechtjunge kommen nackt zur Welt. Sind sie allein in der Höhle, legen sie ihre Hälse übereinander und verkleinern dadurch ihre wärmeabgebende Oberfläche.

28 Tage werden sie in der Höhle von ihren Eltern gefüttert. Drei Nestlinge verspeisen in dieser Zeit 180 000 bis 225 000 Insekten, vor allem Ameisen und holzbewohnende Käfer sowie deren Larven und Puppen. Mit 18 Tagen klettern die Jungen bereits an den Innenwänden ihrer Höhle umher.

Ehemalige Schwarzspechthöhlen finden reißenden Absatz: Hohltauben und Dohlen, Fledermäuse und andere Kleinsäuger, soziale Wildbienen, Wespen und Hornissen treten als Nachmieter auf.

80 bis 100 Jahre alte Buchen braucht der Schwarzspecht für seine Bruthöhle. Da alte Bäume zuerst eingehen, wird der Schwarzspecht eines der ersten Vogelopfer des Waldsterbens werden.

Verrottende Holzstubben bieten Schwarzspechten vielfältige Nahrung. Mit wuchtigen Schnabelhieben legt er seine Beute frei: Vor allem Käferlarven und andere Insekten.

Die stark gefährdete Hohltaube, als einzige Taube im Bundesgebiet mit einem Stammplatz auf der Roten Liste, ist in weiten Teilen ihres Brutgebietes auf den Schwarzspecht als Höhlenbauer angewiesen.

Aber auch der Schwarzspecht selbst ist eine Problemart für den Naturschutz. Zwar kommt er mit 80- bis 100-jährigen Bäumen für die Nahrungssuche aus, nicht aber für die Anlage seiner Bruthöhlen. Für sie braucht er von seiner Lieblingsart Buche etwa 120 Jahre alte Bäume, die in Brusthöhe einen Durchmesser von 40 Zentimetern und einen Umfang von 130 Zentimetern haben. Deshalb werden in verschiedenen Bundesländern Altholzprogramme durchgeführt, die für die Erhaltung genügend vieler alter Bäume sorgen sollen. Natürlich denkt man dabei nicht nur an den Schwarzspecht, sondern auch an jene Arten, die später in seinen Höhlen wohnen werden, und an die vielen anderen Arten, die ebenfalls Altholz benötigen.

Das Altholzprogramm steckt noch in den Kinderschuhen, und schon beginnt das Waldsterben die guten Vorsätze der Forstwirtschaft zu überrollen. In der Bundesrepublik werden nun auch die Laubbäume zunehmend davon erfaßt. Schon 1984 waren 50 Prozent der Buchen krank. Der zuständige Bundeslandwirtschaftsminister erklärte dazu: „Da nun auch bei den Laubbäumen die Schäden drastisch angestiegen sind, erreichen die möglichen ökologischen und waldbaulichen Folgen eine neue Dimension."

Da alte Bäume zuerst erkranken und absterben, wird die Stunde für den Schwarzspecht als eine der ersten von etwa 120 Waldvogelarten schlagen, wenn das Waldsterben so weiter geht.

Birkhuhn: Die Eiszeit überlebt, in der Neuzeit bedroht

Ein Eiszeitüberbleibsel sei diese Vogelart, entnehmen wir dem Handbuch der Vögel Mitteleuropas. Das klingt nach Kälte, Eis und Schnee, und genau dort fühlt es sich wohl, denn die am weitesten nach Norden reichenden Wälder in Skandinavien und der Sowjetunion werden vom Birkhuhn am dichtesten besiedelt. Vergleichbare Lebensbedingungen findet es bei uns vor allem in höheren Lagen der Alpen, wo Bäume keinen geschlossenen Bestand mehr bilden, dafür aber Zwergsträucher, Gräser und Kräuter wachsen.

Obwohl das Birkhuhn vom Körperbau her und mit Hilfe von Verhaltensweisen bestens für ein Leben in großer Kälte und Schnee ausgestattet ist, findet es sich in der klimatisch milden Ebene Norddeutschlands ebenfalls gut zurecht. Es besiedelt hier große Moor- und Heideflächen oder lichte Wälder.

Das Birkhuhn ist ein Überlebenskünstler, das mit härtesten Wintern fertig wird. Drei Eigenschaften hat ihm die Natur dafür mitgegeben: „Schneeschuhe" an den Zehen, die Fähigkeit, Schneehöhlen zu graben und wochenlang mit Koniferennadeln als Nahrung auszukommen.

Die Schneeschuhe wachsen den Birkhühnern als Hornschuppen an ihren Zehen, auf deren Unterseite noch einmal Stifte sitzen, die, durch den Schnee seitwärts gedrückt, jene überragen. Wird die lockere Schneedecke höher als 30 Zentimeter, verbringen die Birkhühner Ruhezeiten am Tage und die Nacht in selbst gegrabenen Höhlen, die ungefähr 60 Zentimeter lang sind und dicht unter der Schneeoberfläche liegen. Die Höhlen jeder Gruppe liegen dicht beieinander.

Sobald alle anderen Nahrungsquellen von Schnee bedeckt sind, verzehren Birkhühner ausschließlich Nadeln und Triebe von Lärchen und, wenn die fehlen, von Kiefern und Fichten. Diese sehr zellulosereichen Pflanzenteile werden für Birkhühner nur mit einem Trick verdaulich: Sie halten sich Scharen besonderer Darmbakterien. Diese Bakterien knacken die chemische Struktur der Zellulose und verwandeln sie in verdaubare Bestandteile.

Während erwachsene Birkhühner in der Hauptsache Pflanzenteile essen und nur im Sommer regelmäßig auch kleinere Tiere, ernähren sich Jungtiere überwiegend von Schmetterlingsraupen, Blattwespen, Käfern, Ameisen, Fliegen und Spinnen. Die Küken schlüpfen nach 26 Tagen in einem „Nest", das fast nur aus einer Erdmulde besteht. Sie verlassen das Nest oft schon am ersten Lebenstag, pikken am zweiten Tag nach Insekten, können bereits mit einer Woche kurze Strecken fliegen und sind mit vier Wochen völlig selbständig.

Vergleicht man Männchen und Weibchen des Birkhuhns miteinander, könnte man zunächst meinen, es handele sich um verschiedene Vogelarten. Das Männchen ist um ein Drittel schwerer, hat ein schwarzdunkelgraues, metallisch glänzendes Gefieder und einen leierförmigen Schwanz, während das Weibchen graubraun gemustert ist. Das Weibchen braucht diese Tarntracht vor allem beim Brüten, damit es nicht vom scharfen Auge des Habichts entdeckt wird.

Das Männchen dagegen hat sein auffallendes Federkleid für die Balz. Es wählt dazu besondere Plätze mit guter Übersicht aus, die oft jahrelang beibehalten werden. Nun balzt aber nicht etwa jedes Männchen für sich, sondern mehrere, oft zehn oder gar 25 auf einer kleinen Fläche. Dabei verteidigt jedes Männchen mit Gebärden und Rufen ein Revier von 170 bis 260 Quadratmetern gegen seinen Nachbarn.

Aussehen und Verhalten während der Balz sind darauf abgestellt, aufzufallen, um damit männliche Rivalen einzuschüchtern und Weibchen in sexuelle Stimmung zu bringen. Verursacher dieses Aufwandes sind die Weibchen, die seit Jahrtausenden offenbar immer solche Männchen ausgewählt haben, die besonders auffällig waren.

Vorzügliche Anpassungen an ihre Umwelt haben den Birkhühnern nicht geholfen, mit den menschlichen Eingriffen in ihrem Lebensraum fertig zu werden. Die Birkhuhnbilanz ist eine einzige Anklage gegen unsere Wohlstandsgesellschaft, die nicht bereit ist, auf schädigende Freizeitvergnügen und Zerstörung der letzten Moore zu verzichten.

Von sicher einst mehreren tausend Vögeln in Schleswig-Holstein waren 1975 450 bis 600 und 1980 nur noch 100 bis 200 Vögel übrig. In Niedersachsen gingen die Bestände von 1964 bis 1980 von 7760 auf 220 Vögel zurück. Ausgestorben ist das Birkhuhn in Nordrhein-Westfalen, Baden-Württemberg, Rheinland-Pfalz und in den Weiten der ehemaligen Moore des bayerischen Alpenvorlands. Etwas größere Bestände gibt es im Bundesgebiet nur noch in den bayerischen Alpen.

Schuld am Verschwinden des Birkhuhns sind vor allem die Umwandlungen der Moore in Maisäcker, die Aufgabe alter Nutzungen, der großflächige maschinelle Torfabbau, die intensive Waldwirtschaft, die Störungen durch Übererschließung und die moderne Landwirtschaft.

Dieses Birkhuhnmännchen balzt ausnahmsweise auf einer Baumspitze. Normalerweise balzen die Männchen gemeinsam auf dem Boden. Dabei werden die weißen Unterschwanzfedern zur Schau gestellt.

Seitdem Torf für Blumenerde und zur Bodenverbesserung in Mode gekommen ist, hat der Raubbau an den Mooren viele Lebensräume der Birkhühner zerstört.

Wo Moor und Heide aneinanderstoßen, lebt das Birkhuhn. Durch die Umwandlung der meisten Moore in Wiesen und Äcker ist das Birkhuhn drastisch zurückgegangen.

Rote Liste: Tagebuch des Aussterbens

Die Roten Listen geben Auskunft über die Situation der Pflanzen und Tiere in der Bundesrepublik Deutschland: Welche Arten ausgestorben sind, vom Aussterben bedroht, stark gefährdet, gefährdet und potentiell gefährdet sind. Für jede dieser Kategorien wurden einheitliche Kriterien entwickelt. So ist eine Art z.B. vom Aussterben bedroht, wenn ihre Bestände bei uns „durch lange anhaltenden starken Rückgang auf eine bedrohliche bis kritische Größe zusammengeschmolzen sind oder deren Rückgangsgeschwindigkeit im größten Teil des heimischen Areals extrem hoch ist."

Von unseren Vögeln sind 30 Arten in dieser Weise gefährdet, darunter Birkhuhn, Blaukehlchen, Goldregenpfeifer, Kranich, Seeadler und Weißstorch. Fast alle der vom Aussterben bedrohten Arten brauchen zum Leben Gewässer oder feuchtes Gelände. Ein Blick auf die Rote Liste auf dieser Seite macht das deutlich. Dagegen sind Stadtvögel viel weniger in Gefahr.

Die erste Fassung der Roten Liste gefährdeter Vogelarten in der Bundesrepublik wurde 1971 von der Deutschen Sektion des Internationalen Rates für Vogelschutz veröffentlicht.

Sie war Anlaß für Zoologen und Botaniker, die Gefährdungen anderer Tiergruppen und der Pflanzen ebenfalls zu dokumentieren. Inzwischen sind diese Roten Listen zu einem Buch von 270 Seiten angewachsen, an dem viele hundert Wissenschaftler mitgearbeitet haben. Koordinator der Roten Liste ist die Bundesforschungsanstalt für Naturschutz und Landschaftsökologie in Bonn.

Neben den nationalen Roten Listen gibt es eine Rote Liste für Europa, und die weltweite Situation wird im Roten Buch der Internationalen Union für Naturschutz aufgezeigt.

	Wald	Feldflur	Gewässer, Küste	Moor, Heide	Gebirge	Städte, Dörfer
Alpenbraunelle					●	
Alpenschneehuhn					●	
Alpensegler						●
Alpenstrandläufer			●			
Auerhuhn	●				●	
Bartmeise			●			
Baumfalke	●	●				
Bekassine			●	●		
Beutelmeise			●			
Birkhuhn				●	●	
Blaukehlchen			●			
Blauracke	●	●				
Brachpieper				●		
Brachvogel		●	●	●		
Brandseeschwalbe			●			
Braunkehlchen		●				
Bruchwasserläufer				●		
Doppelschnepfe				●		
Dreizehenspecht					●	
Dreizehenmöwe			●			
Drosselrohrsänger			●			
Eissturmvogel			●			
Eisvogel			●			
Felsenschwalbe					●	
Fischadler			●			
Flußseeschwalbe			●			
Flußuferläufer			●			
Gänsegeier					●	
Gänsesäger			●			
Goldregenpfeifer				●		
Grauammer		●				
Graureiher	●		●			
Großtrappe		●				
Habicht	●	●				
Habichtskauz	●				●	
Haselhuhn	●				●	
Heidelerche		●		●		
Hohltaube	●					
Kampfläufer			●	●		
Kleines Sumpfhuhn			●			
Knäkente			●			
Kolbenente			●			
Kolkrabe	●	●			●	
Kormoran			●			
Kornweihe		●	●	●		
Kranich	●		●			
Krickente			●			
Küstenseeschwalbe			●			
Lachseeschwalbe			●			
Löffelente			●			
Mauerläufer					●	
Mittelsäger			●			
Mittelspecht	●					
Moorente			●			
Mornellregenpfeifer				●	●	
Nachtreiher			●			
Neuntöter		●				
Ortolan		●				
Papageitaucher			●			
Purpurreiher			●			
Raubseeschwalbe			●			
Raubwürger		●		●		
Rauhfußkauz	●					
Rebhuhn		●				
Rohrdommel			●			
Rohrschwirl			●			
Rohrweihe			●			
Rosenseeschwalbe			●			
Rothalstaucher			●			
Rothuhn		●				
Rotkopfwürger		●				
Rotmilan	●	●				
Rotschenkel			●	●		
Saatkrähe	●	●				
Schellente			●			

Der Goldregenpfeifer gehört zu den am stärksten gefährdeten Vogelarten. Sein Bestand kann nur durch intensiven Schutz seines Lebensraums wieder angehoben werden.

Die Roten Listen enthalten aber nicht nur Aufzählungen von Arten, sondern auch Angaben über Gefährdungsursachen, Ausmaß der Gefährdung und Hinweise für Hilfsmaßnahmen. Die Listen sind inzwischen zudem Bestandteil von amtlichen Artenschutzverordnungen.

Die Roten Listen sind ein erschütterndes Dokument über den Umgang der Menschen mit wildlebenden Pflanzen und Tieren. Sie sind aber nicht nur Anklageschrift, sondern fordern die nationalen Behörden auch zum Handeln auf.

Obwohl der Umfang der Roten Listen Grund für ernste Besorgnis ist, spiegeln sie die tatsächliche Situation wahrscheinlich nur in Teilbereichen richtig wider. Denn neueste umfassende Untersuchungen von Singvögeln in Mitteleuropa geben ein noch wesentlich düstereres Bild: Die Bestände vieler Singvögel nehmen ständig ab. Selbst früher so häufige Arten wie Dorngrasmücke und Gartenrotschwanz werden in die nächste Fassung der Roten Liste aufgenommen werden müssen.

	Wald	Feldflur	Gewässer, Küste	Moor, Heide	Gebirge	Städte, Dörfer
Schilfrohrsänger			●			
Schlangenadler	●	●				
Schleiereule		●				●
Schnatterente			●			
Schneefink					●	
Schreiadler	●	●				
Schwarzhalstaucher			●			
Schwarzkehlchen				●		
Schwarzkopfmöwe			●			
Schwarzmilan	●		●			
Schwarzstirnwürger		●				
Schwarzstorch	●		●			
Seeadler	●		●			
Seeregenpfeifer			●			
Seggenrohrsänger			●	●		
Sperber	●	●				
Sperbergrasmücke		●				
Sperlingskauz	●				●	
Spießente			●			
Sprosser	●		●			
Steinadler					●	
Steinhuhn					●	
Steinkauz		●				
Steinrötel					●	
Steinschmätzer				●		

	Wald	Feldflur	Gewässer, Küste	Moor, Heide	Gebirge	Städte, Dörfer
Steinsperling					●	
Steinwälzer			●			
Sumpfohreule		●		●		
Tordalk			●			
Trauerseeschwalbe			●			
Triel		●	●			
Trottellumme			●			
Tüpfelsumpfhuhn			●			
Uferschnepfe		●	●			
Uferschwalbe			●			
Uhu	●	●			●	
Wachtel		●				
Wachtelkönig		●				
Waldrapp		●	●			
Waldschnepfe	●					
Waldwasserläufer	●		●			
Wanderfalke		●			●	
Wasseramsel			●			
Wasserpieper			●		●	
Wasserralle			●			
Weißrückenspecht	●				●	
Weißstorch		●	●			●
Wendehals	●	●				
Wespenbussard	●					
Wiedehopf	●	●				

	Wald	Feldflur	Gewässer, Küste	Moor, Heide	Gebirge	Städte, Dörfer
Wiesenweihe		●	●	●		
Zaunammer		●				
Ziegenmelker	●			●		
Zippammer					●	
Zitronengirlitz	●				●	
Zwergdommel			●			
Zwergschnäpper	●					
Zwergseeschwalbe			●			

Grad der Bedrohung

- Ausgestorben
- Vom Aussterben bedroht
- Bedroht
- Bedrohung zu befürchten

Folgen der Umweltzerstörung

Erinnern wir uns: 45 000 Tierarten leben in unserer Republik. Diese Vielfalt der Arten ist kennzeichnend für die Natur. Aber gerade diese Vielfalt wurde in den letzten 30 Jahren drastisch vermindert. Eine Wende ist nicht in Sicht.

Überall nimmt die Vielfalt weiter ab, in Ballungsgebieten ebenso wie auf dem flachen Lande. Die ersten Anzeichen des Ausverkaufs sind oft nur schwer zu erkennen. Wer etwa würde das überschäumend optimistisch klingende „zizibe" Frankfurter Kohlmeisen als Sterbeglöckchen deuten? Genau dazu besteht jedoch Anlaß. Obwohl sie singen, sich paaren, Nester bauen, Eier legen und Junge füttern wie seit eh und je. Nur ein Haken ist dabei: Sie ziehen zu wenig Junge auf. Ohne Zuzug von außen gäbe es in den Grünanlagen von Frankfurts City keine Kohlmeisen mehr. Die scheinbar heile Welt Frankfurter Kohlmeisen steht auf tönernen Füßen.

Frankfurts Deutsche Bank hätte einer Firma, die nur von Mitteln anderer lebt, längst den Geldhahn zugedreht. Die Konkursrichter der Natur reagieren da zwar weniger schnell – jedoch letztlich genauso unerbittlich.

Auf Feuchtwiesen im Münsterland war der Brachvogel früher eine Allerweltsart. Heute steht er auf der Roten Liste. Eine Zeitlang hatte man geglaubt, Brachvögel seien überaus anpassungsfähig. Der Grund für diese Annahme: Wandelte man ihre feuchten Wiesen in trockene Äcker um, blieb das scheinbar ohne Folgen.

Leider war dieser oberflächliche Eindruck falsch. Die Brachvögel waren zwar noch da, ihr Bruterfolg jedoch zu gering. Zu viele Eier wurden bei Feldarbeiten vernichtet, und viele Junge fanden nicht mehr genug Nahrung.

Da Brachvögel sehr alt werden können – der älteste beringte Vogel lebte über 31 Jahre – und an ihrem einmal gewählten Brutplatz lebenslänglich festhalten, nahm ihr Bestand zunächst nur kaum merklich ab. Tatsächlich waren die Münsterländer Brachvögel jedoch genauso konkurs wie die Frankfurter Kohlmeisen. Mit einem Unterschied: Der Brachvogel hat bei uns keine Überschußgebiete, aus denen Junge ins Münsterland abwandern könnten. Wenn die letzten Brachvogelgreise gestorben sind, bedeutet dies das Aus für die Art Brachvogel im Münsterland. Es sei denn, die Bemühungen um Erhaltung seines Lebensraumes Feuchtwiese haben in letzter Minute Erfolg.

Die Säulen dieser Grafik geben den Prozentsatz der im Bundesgebiet gefährdeten Tiere und Pflanzen an. Dazu wurden einige Pflanzen-und Tiergruppen ausgewählt.

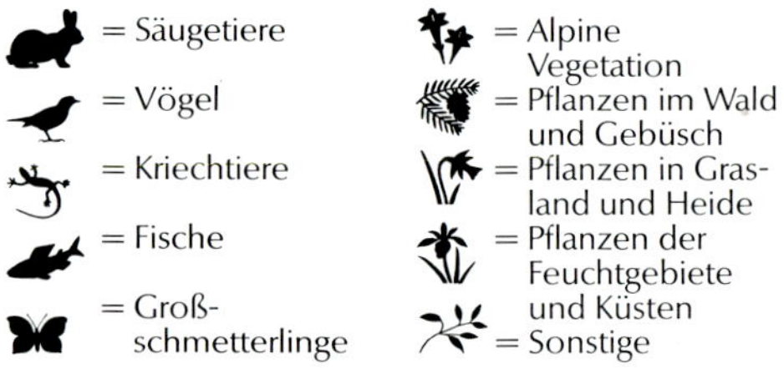

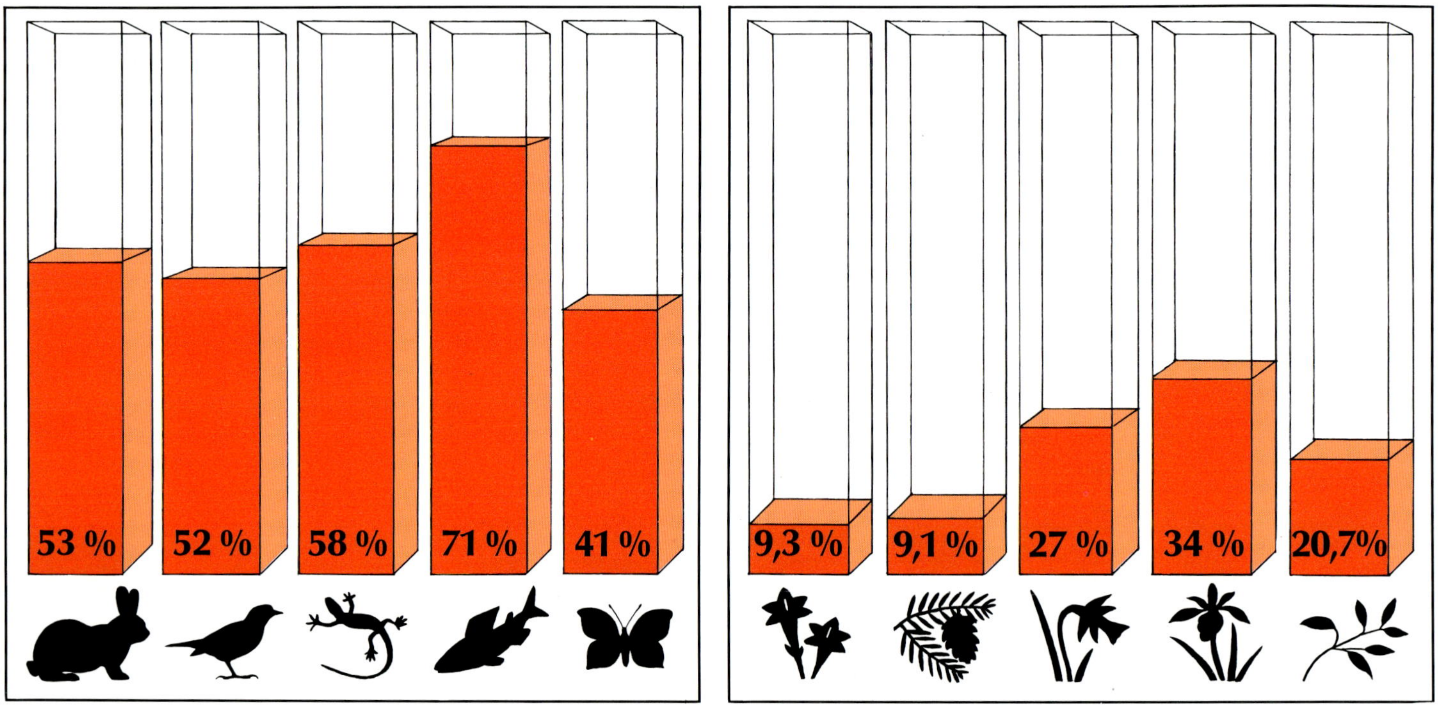

Arten sind schon immer ausgestorben, und Arten entstehen immer wieder neu. Diese jedem Biologiestudenten bekannte Tatsache hört man gelegentlich als Argument gegen den Naturschutz: Was wollt ihr denn? Schließlich sind die großen Saurier auch ohne Einfluß des Menschen ausgestorben. An ihrer Stelle entwickelte sich eine Vielzahl von Säugern. Genauso werden die heute aussterbenden Arten durch neue ersetzt werden. Die Natur wird sich da schon etwas einfallen lassen.

Leider übersehen diejenigen, die so argumentieren, etwas Wesentliches: Das heute vom Menschen verursachte Aussterben von Pflanzen und Tieren läuft in ganz anderen Dimensionen ab und ist deshalb mit dem natürlichen Aussterben nicht vergleichbar.

So rechnen die Verfasser der Studie „Global 2000" bis zum Jahr 2000 weltweit mit einem Verlust von 2 Millionen Pflanzen- und Tierarten. Das sind 15 bis 20 Prozent der auf der Erde lebenden Arten: Aussterberaten von diesem Ausmaß in so kurzer Zeit gab es in der Erdgeschichte allenfalls nach Katastrophen. Da die Neubildung von Arten Jahrtausende dauert, ist der gegenwärtige Artenverlust unersetzbar.

Wenn eine Pflanzenart ausstirbt, ist das eine Pflanzenart, die fort ist. Das ist schon schlimm genug; für Tiere hat das aber viel weitergehende Folgen, denn an jede Pflanzenart sind im Schnitt zehn Tierarten angepaßt, die zwingend auf diese eine Pflanzenart angewiesen sind. So brauchen zum Beispiel allein von den Tagfaltern Landkärtchen, C-Falter und Admiral Brennesseln als Futter für ihre Raupen.

Genauso ist der stark gefährdete Kleine Moorbläuling auf Gedeih und Verderb mit gefährdeten Enzianarten verbunden. Jeder Eingriff in Moore, Heiden und Waldwiesen, wo diese Enzianarten wachsen, schädigt damit auch den Moorbläuling.

Jede gefährdete Art unserer Mitlebewesen gibt mit ihrem Rückgang das Signal: Unsere Umwelt hat sich geändert! Unsere Mitlebewesen können damit auf Gefährdungen hinweisen, die auch für den Menschen zu einer unmittelbaren Bedrohung werden können. So waren es zum Beispiel vor allem plötzlich gestorbene Vögel, die den Menschen in Schweden rechtzeitig auf Umweltverseuchungen mit Quecksilber aufmerksam gemacht haben. Nachdem man den Zusammenhang zwischen Quecksilber und toten Vögeln erkannt hatte, wurde die Quecksilberbelastung in Schweden drastisch vermindert.

Ebenso waren es Vogelarten wie der Braune Pelikan und der Wanderfalke, die mit ihrem dramatischen Rückgang uns Menschen auf die gefährlichen Anreicherungen von DDT und anderen Stoffen hingewiesen haben. Hätten die Politiker damals schneller und wirkungsvoller gehandelt, wäre die Muttermilch heute nicht so hoch mit diesen Giften belastet. Statt dessen geben wir unseren Kindern und Enkeln mit diesen Anreicherungen Hypotheken auf ihren Lebensweg, die wir nicht verantworten können.

Selbst „Allerweltsarten", wie Landkärtchen, Laubfrosch und Feldhase, sind durch die intensive Landwirtschaft in unserer Landschaft vom Aussterben bedroht.

Sogar die Muttermilch ist mit Rückständen von Pestiziden belastet. Dies ist eine Hypothek für die folgende Generation, die unverantwortlich ist.

Was können wir tun?

Die Probleme der Erhaltung einer vielfältigen Natur als unerläßliche Grundlage des Überlebens auf der Erde beginnen bei uns höchstpersönlich. Folglich müssen wir auch alle handeln, jeder einzelne für sich und jeder gemeinsam mit den anderen.

Doch keine Angst! Umweltbewußt leben bedeutet nicht etwa, auf alle Annehmlichkeiten unseres Alltagslebens zu verzichten oder alles, was nach Luxus riecht, zu verdammen. Jeder von uns möchte sich auch einmal etwas leisten können, was nicht zu den allernotwendigsten Lebensgrundlagen zählt. Jeder von uns aber muß auch etwas für diese Annehmlichkeiten zu tun bereit sein, über sein Handeln nachdenken und auch mitunter verzichten können. Ganz ohne persönliche Opfer geht es nämlich nicht.

Umweltbewußtsein allein ist zu wenig. Es muß mit Sachverstand beliefert werden, um wirklich etwas zu bewirken. Für Information, Belehrung, Fortbildung und Erfahrungsaustausch über die Natur und ihre Probleme waren die Zeiten noch nie so günstig wie heute. Eine Vielfalt von Sachbüchern, Fachzeitschriften, Veranstaltungen und Lehrgängen bietet für jeden Interessierten die unterschiedlichsten Einstiegsmöglichkeiten. Und wer auf wichtigen Gebieten eine fachliche Ausbildung genossen hat, kann anderen mit sachkundigem Rat in Naturschutzverbänden zur Verfügung stehen, Biologen wie Techniker, Landwirte wie Wirtschaftsfachleute, Informatiker wie Verwaltungsexperten, Chemiker wie Ärzte. Die Zahl der Möglichkeiten ist groß.

Fachliches Wissen und kritische Fragen sind für den Naturschutz entscheidend, denn Ignoranz tötet ebenso wie vorsätzliche Verantwortungslosigkeit. Sicher ist es nicht perfide Absicht, wenn man ins eigene Auto steigt, bevor man überhaupt einen Gedanken an ein anderes Transportmittel oder an die Notwendigkeit der Fahrt verschwendet, oder wenn der Deutschen liebstes Kind immer noch häufig genug überdimensioniert ausfällt, mit zu hoher und umweltfeindlicher Geschwindigkeit dahinrast, auf Katalysator und bleifreies Benzin großzügig verzichtend. Die Wälder sterben nicht durch die Hand von Mördern, sondern leiden unter fahrlässiger Körperverletzung mit Todesfolge.

Wir können ohne nennenswerte persönliche Opfer mit nur ein bißchen Nachdenken schon beim täglichen Einkauf Energie- und Rohstoffverschwendung drosseln. Jede unnötige Verpackung verbraucht Energie und Wasser und belastet die Umwelt mit Schadstoffen. Pfandflaschen statt Wegwerfdosen verlangsamen das Anwachsen der Müllberge. Tragetaschen aus Plastik lassen sich mehrfach verwenden und, auch wenn der Geldbeutel scheinbar nur wenig entlastet wird: Energiesparen beim Heizen und im häuslichen Stromverbrauch lohnt immer!

Haben Gartenbesitzer das Recht, auf naturwidrige Baumplantagen und Giftverbrauch mancher Begrünungsfanatiker und Holzverwerter zu schimpfen, wenn sie selbst Ziersträucher aus dem „Gartencenter" pflanzen oder den Gartenrasen auf gute Stube trimmen oder gar noch mit allerlei Chemie nachhelfen?

Man mag über solche vielen individuellen Beiträge zum Naturschutz milde lächeln. Doch wenn nur ein paar tausend Menschen jährlich beim Betreten von Schutzgebieten die Bestimmungen beachten würden, könnte manche gefährdete Art in absehbarer Zeit aus der Roten Liste entlassen werden. Und wenn viele sich an der Erziehung, Information oder Aufklärung der Öffentlichkeit beteiligen, hat die Natur endlich das, was ihr jahrzehntelang fehlte: eine starke Lobby. Naturschutzverbände haben sich diese Aufgabe zum Ziel gesetzt. Man muß kein Vereinsmeier sein, um seinen Beitritt zu erwägen.

Gebote sollten unbedingt eingehalten werden. Gerade im Winter können Störungen für empfindliche Tierarten lebensbedrohende Auswirkungen haben.

Naturbelassene Gärten sind gerade in Großstädten Oasen für viele Tier- und Pflanzenarten.

Jede Stimme zählt – so wird es uns jedenfalls vor jeder politischen Wahl gesagt, und das gilt für den schwachen Naturschutz ganz besonders. Bäume und Vögel können nicht zur Urne gehen. Also müssen wir es für sie tun oder doch zumindest mit Gleichgesinnten für sie eintreten.

Der Kreis wird größer und unser Einsatz wirkungsvoller, wenn die Meinungsbildung fortschreitet. Es gibt dabei viele Verbündete, die sich der dringendsten Themen annehmen können. Doch viele von ihnen arbeiten nur, wenn sie dazu angeregt werden. Wir können Regelkreise mit positiver Rückkoppelung in Bewegung setzen: Massenmedien richten sich in ihrem Informationsangebot nach dem allgemeinen Interesse. Die Konkurrenz auf dem Markt ist hart. Zuschriften und Meinungsäußerungen von Bürgern und Naturschutzverbänden sind häufig das Maß, an dem Umfang und Zahl der Sendebeiträge oder Zeitungsartikel gemessen wird.

Das gilt auch für die Arbeit der Politiker und Behörden, die mit der Formulierung von Gesetzen und Verordnungen sowie ihrem Vollzug betraut sind. Viele grundlegend wichtigen Ziele des Naturschutzes stehen oft nur auf dem Papier. Sie müssen umgesetzt werden und dazu braucht es die Stimme, den sachkundigen Rat und oft auch den Druck vieler Einzelner, denn die Position der Interessenvertreter von reinen Naturnutzern und daher oft genug Naturschutzgegnern hat in der Politik auf allen Ebenen unseres Staates immer noch ein gewaltiges Übergewicht. Nicht jeder kann Politik betreiben und in das Räderwerk der Verwaltung sinnvoll eingreifen; viele zusammen aber können auch viel bewirken.

Gerade die umfassendsten Naturschutzprobleme sind aber oft nicht hausgemacht. Ein Staat kann daher nicht alles für sich allein bewältigen. So ist der Blick über politische Grenzen hinaus für Naturschutzarbeit selbstverständlich.

Internationale Zusammenarbeit und Erfahrungsaustausch zwischen Wissenschaftlern und Praktikern der Naturschutzverbände, Verständigung zwischen verantwortungsbewußten Bürgern, auch hilfsbereite und freundschaftliche Zusammenarbeit über die Grenzen ist zu einer vorrangigen Aufgabe gerade der Arbeitsgruppen und Verbände geworden, die ohne die Mitarbeit vieler Einzelner dazu nicht die Möglichkeit hätten. Internationale Abkommen der Staaten sind eine wesentliche Voraussetzung für globale Naturschutzarbeit; sie müssen aber ebenso mit aktivem Leben erfüllt werden wie Gesetze und Verordnungen einzelner Regierungen.

Wir können also viel tun für die Erhaltung der Natur, auch wenn es auf den ersten Blick wenig genug erscheinen mag. Alles den anderen zu überlassen, ist bestimmt der schlechteste Anfang.

Engagieren Sie sich für den Naturschutz und werden Sie Mitglied in einem Naturschutzverband. Sie bilden die Lobby für die Natur. Ihre Arbeit und ihr Einfluß auf Parlamente und Behörden ist um so wirkungsvoller, je mehr Mitglieder sie zählen.

Die nachstehenden Verbände setzen sich für die weltweite Aktion SAVE THE BIRDS ein:

Naturschutz endet nicht bei der Ausweisung von Gebieten. Die Betreuung ist eine wichtige Aufgabe, die vielerorts von Vereinen übernommen wird.

Die Anlage von Inseln für die Flußseeschwalbe hilft der im Binnenland hochgefährdeten Art.

BUND

Bund für Umwelt und Naturschutz Deutschland (BUND), Im Rheingarten 7
5300 Bonn 3
Telefon: 02 28/46 20 84

Deutscher Bund für Vogelschutz (DBV)
Am Hofgarten 4
5300 Bonn 1
Telefon: 02 28/22 14 11

Deutsche Sektion des Internationalen Rates für Vogelschutz (DS/IRV)
Am Hofgarten 4
5300 Bonn 1
Telefon: 02 28/22 14 11

Umweltstiftung WWF Deutschland
Sophienstraße 44
6000 Frankfurt/M. 90
Telefon: 069/7 94 00 00

Deutsche Umwelthilfe

Deutsche Umwelthilfe (DUH)
Schloßstraße 12
7763 Kattenhorn
Telefon: 077 35/5 84

Rettet die Vögel – Save the Birds

„Rettet die Vögel" hieß eine 1978 in der Bundesrepublik Deutschland gestartete Naturschutzkampagne des BUND. „Rettet die Vögel" hieß auch der begleitende Bildband. Der Erfolg der Kampagne: über 250000 verkaufte Bücher und über eine Million DM Spenden für die Einrichtung von Naturschutzgebieten.

Fast zehn Jahre sind seitdem vergangen. Während der Natur- und Umweltschutz früher noch das Dasein eines Mauerblümchens fristete, ist das Thema heute auf der Werteskala der deutschen Bevölkerung ganz oben zu finden. Zwar sind die notwendigen politischen Weichenstellungen immer noch ausgeblieben, aber auch hier macht sich angesichts einiger Katastrophen ein Wandel bemerkbar. Kaum ein Thema beherrscht die Tagesordnung der Parlamente so stark wie die Fragen des Natur- und Umweltschutzes.

Naturschutzstiftungen wurden von verschiedenen Bundesländern etabliert, die ihrerseits eine Vielzahl von Projekten fördern. Doch angesichts der vor uns liegenden Aufgaben wirken die bisherigen Beiträge wie ein Tropfen auf dem heißen Stein. Wenn wir der bedrohten Vogelwelt wirklich helfen wollen, muß es zu einer Änderung der Agrar-, Chemie- und Wirtschaftspolitik kommen. Wir brauchen auf 100 Prozent der Fläche einen anderen Umgang mit der Natur, bei uns in Deutschland wie auf der gesamten Erde.

Deutsche Naturschutzverbände arbeiten seit einigen Jahren gemeinsam mit Organisationen in den Mittelmeerländern und in Afrika. Gemeinsam setzen sie sich dafür ein, daß die Rast- und Überwinterungsplätze unserer Zugvögel in Frankreich und Spanien, in Jugoslawien und Griechenland, auf Malta und Zypern sowie im nördlichen Sudan wirksam geschützt werden.

SAVE THE BIRDS ist die Fortsetzung der in der Bundesrepublik Deutschland durchgeführten Aktion „Rettet die Vögel" auf internationaler Ebene. Mit ihr starten der Internationale Rat für Vogelschutz (ICBP) und PRO NATUR erstmals eine weltweite Kampagne zur Rettung gefährdeter Vogelarten und ihrer Lebensräume auf der ganzen Erde. „Rettet die Vogelwelt" ist das deutsche Buch zur Weltaktion

Save the Birds
World Campaign

Gemeinsam mit Naturschutzorganisationen aus der Bundesrepublik und anderen Ländern arbeitet hierfür der ICBP Konzepte aus, die von den Naturschutzverbänden vor Ort verfolgt und umgesetzt werden. Der ICBP will mit dem BUND und DBV im Rahmen der Weltkampagne SAVE THE BIRDS konkrete Projekte, zum Beispiel im Wattenmeer, in den norddeutschen Hochmooren und am Bodensee realisieren.

Hierfür wird nicht nur tatkräftig Mithilfe, sondern auch Geld benötigt. Wenn Sie die Projekte der deutschen Naturschutzverbände finanziell unterstützen möchten, überweisen Sie bitte eine Spende auf das nachstehende Konto:

„Rettet die Vogelwelt"
Deutsche Umwelthilfe e.V.
Hessische Landesbank – Girozentrale –
Frankfurt am Main. BLZ: 500 500 00

Konto-Nr.: 90001

Als erste Naturschutzstiftung eines Bundeslandes wurde die Stiftung Naturschutzfonds Baden-Württemberg etabliert. Sie fördert jährlich mit mehreren Millionen Mark den Ankauf und die Pflege schützenswerter Gebiete. Ihre Naturschutzbemühungen im Wollmatinger Ried kamen zum Beispiel der Kolbenente zugute, die dort wieder mit mehreren Brutpaaren vertreten ist. Auch die Weltaktion SAVE THE BIRDS wird von der Stiftung unterstützt.

Herausgeber und Autoren danken dem Hessischen Sparkassen- und Giroverband – Körperschaft des öffentlichen Rechts – für die Finanzierung des Deutschland-Kapitels.

ICBP: Partner für weltweiten Naturschutz

„Wir müssen an die Herzen und an den Verstand aller Menschen appellieren, wenn der Naturschutzgedanke in der breiten Bevölkerung Fuß fassen soll. Vögel haben die einzigartige Gabe, bei Männern, Frauen und Kindern überall in der Welt Emotionen zu wecken. Dies macht sich der ICBP zunutze, um die Vögel und ihre Lebensräume, die Ökosysteme der Welt, zu schützen. Das ist die Botschaft hinter allen Bemühungen des ICBP".

Prinz Bernhard der Niederlande

Ein reger Beweis für das zunehmende Interesse am Natur- und Vogelschutz ist die in vielen Ländern ständig wachsende Zahl an lokalen und nationalen Naturschutzorganisationen sowie deren zunehmende Mitgliederzahlen. Umweltkatastrophen, wie der Tankerunfall der Amoco Cadiz, die Ölbrunnen-Explosion im Golf von Mexiko oder die Unfälle in den Kernkraftwerken von Harrisburg bis Tschernobyl, haben in breiten Teilen der Bevölkerung ein Umweltbewußtsein geschaffen. Überall nehmen sich nationale Organisationen der drängenden Fragen im Problemfeld von Natur- und Umweltschutz an. Auf internationaler Ebene hingegen gibt es nur wenige Naturschutzorganisationen und nur eine Weltorganisation, die sich ausschließlich mit dem Schutz der Vögel und ihrer Lebensräume, vor allem in den Ländern der Dritten Welt, befaßt, den International Council for Bird Preservation (ICBP – Internationaler Rat für Vogelschutz).

Der Internationale Rat für Vogelschutz ist die älteste internationale Naturschutzorganisation und vertritt heute die Interessen von mehreren Millionen Menschen in über 100 Ländern, denen der Schutz der Vögel und ihrer Lebensräume ein besonderes Anliegen ist.

Ursprünglich wurde die Organisation aus dem Wunsch heraus geboren, Zugvögel entlang ihrer Wanderrouten besser zu schützen. In diesem Bestreben wurde 1922 die erste Organisation gegründet, die sich die globale Lösung dieser Aufgaben zum Ziel setzte. Sie ist seitdem der Vorreiter einer internationalen Naturschutzarbeit geblieben.

Um Naturschutz wirklich international betreiben zu können, stützt sich der Internationale Rat auf die wissenschaftlichen Ergebnisse und materielle Hilfe seiner stärksten Mitgliedsorganisationen. 75 Prozent der am stärksten bedrohten Vogelarten leben in Teilen der Erde, in denen Naturschutz so gut wie unbekannt ist. Arbeitsgruppen mit den führenden Experten entsprechender Fachgebiete, ein internationales Netz von Wissenschaftlern und Sektionen in über 60 Ländern unseres Planeten sind das erdumfassende Netz, mit dem der Internationale Rat in allen Teilen der Erde vor Ort in die Naturschutzarbeit beratend und tatkräftig eingreift. Vögel sind Indikatoren für Umweltverschlechterungen. Mit dem Schutz der Vögel arbeitet der Internationale Rat an einer besseren Umwelt für alle.

Das weltweite Netz des ICBP
Der Internationale Rat für Vogelschutz (ICBP) ist eine Union von Vogelschutzorganisationen und Repräsentanten in 100 Ländern. Diese weltweiten Verbindungen sind wichtig für eine internationale Zusammenarbeit im Naturschutz.

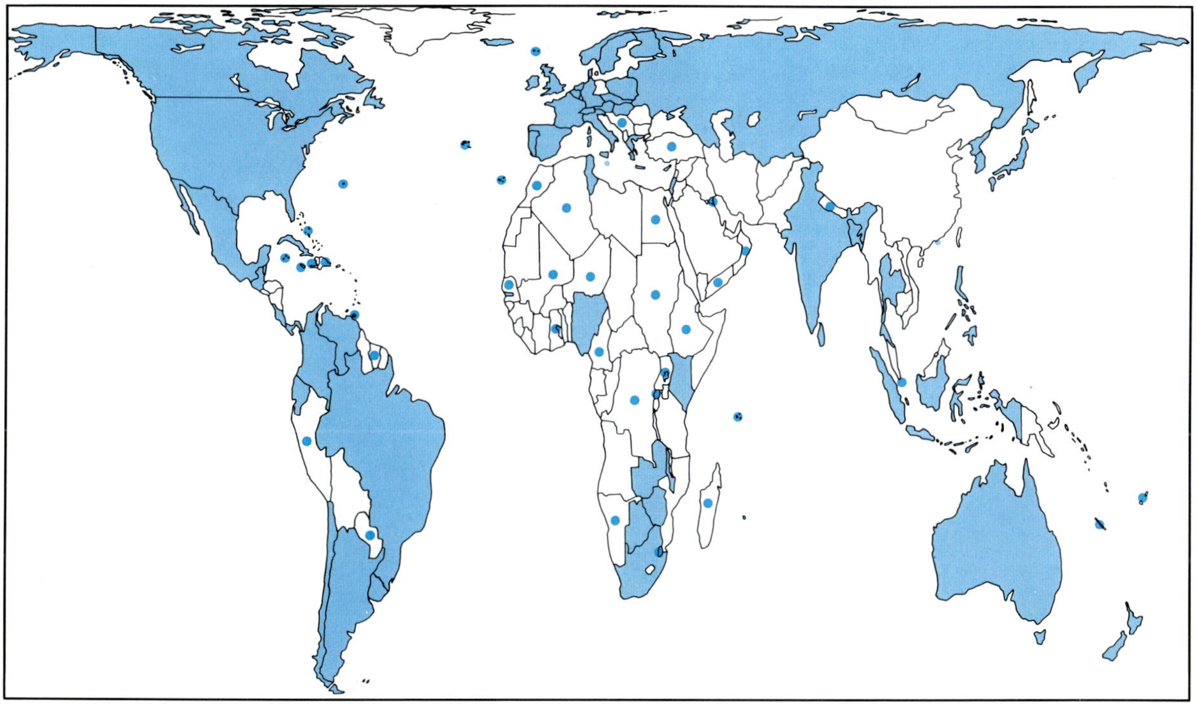

Länder mit nationalen Mitgliedsorganisationen

Länder mit ICBP-Repräsentanten

Das Vier-Punkte-Programm

Die Arbeit einer internationalen Naturschutzorganisation und die Koordination der über 300 nationalen Mitgliedsorganisationen bedingen vier Arbeitsschwerpunkte: Freilandarbeit, wissenschaftliche Dokumentation, Öffentlichkeitsarbeit und internationale Beratung.

Weltweit werden in Industrie und öffentlichen Instituten riesige Geldbeträge für die Forschung aufgewendet. Trotzdem ist unser Kenntnisstand über die bedrohten Lebewesen vergleichsweise gering. Die Struktur der Mondoberfläche ist uns besser bekannt als das Balzverhalten irgendeines seltenen und vom Aussterben bedrohten Vogels. Während internationale Großforschungsprojekte zur Militarisierung des Weltraums öffentlich gefördert werden, ist es in vielen Fällen immer noch die Aufgabe der privaten Naturschutzorganisationen, mit ihren begrenzten Mitteln ökologische Forschungen durchzuführen, bestenfalls anzuregen. Diese Feldarbeit zur Untersuchung von Verhalten und Ökologie bedrohter Arten und der betreffenden Lebensräume stellt die wichtigste Stütze jeder Naturschutzarbeit dar.

Vom Internationalen Rat finanzierte wissenschaftliche Untersuchungen haben wichtige Beiträge zum Verständnis des Verhaltens und der Ökologie vieler Vogelarten geleistet, zum Beispiel bei der Korallenmöwe oder dem Lear-Ara.

Durch langwierig erarbeitete Schutz- und Zuchtprogramme konnten auf Mauritius die Rosentaube und der Mauritius-Falke vor dem Aussterben bewahrt und auf der Insel Cousin der Bestand des Seychellenrohrsängers innerhalb kurzer Zeit auf das Zehnfache angehoben werden.

Aber nicht nur im Artenschutz, sondern auch im Biotopschutz ist der Internationale Rat engagiert. Mit der Insel Cousin hat er ein Schutzgebiet erworben, in dem hochgradig gefährdete Vögel jetzt einer „sicheren" Zukunft entgegenblicken. Überall auf der Welt werden vom Internationalen Rat Empfehlungen zum Schutz von Ökosystemen und Biotop-Managementpläne erarbeitet, in denen die Ergebnisse umfangreicher Freilandstudien und Bestandsaufnahmen verarbeitet werden.

Alle Daten über bedrohte Vögel werden weltweit gesammelt und in enger Zusammenarbeit mit der Internationalen Union zur Erhaltung der Natur (IUCN) in der Roten Liste der bedrohten Vögel veröffentlicht. Infolge seiner internationalen Struktur und seines Kontaktes zu den vielen nationalen Mitgliedsorganisationen ist das Dokumentationszentrum des Internationalen Rates ein Braintrust der Naturschutzarbeit mit Übersichtskarten über bedrohte Vögel und Ökosysteme und mit aktualisierten Verzeichnissen aller für Brut- und Zugvögel wichtigen Gebiete.

Detaillierte Informationen über den Erfolg von Schutzmaßnahmen, Daten über die Wanderrouten von Zugvögeln sowie Erkenntnisse über die Struktur von Ökosystemen, zum Beispiel von Inseln, werden gesammelt, aufbereitet und zusammenfassend dokumentiert. Die elektronische Datenspeicherung ermöglicht einen schnellen Zugriff, so daß die Informationen in Handlungswissen umgesetzt werden können, wenn Schutzgebiete eingerichtet, die Bestandsgrößen von Vogelarten nachgewiesen oder planerische Eingriffe in empfindliche Ökosysteme abgewehrt werden müssen.

Daten über den Status von bedrohten Vögeln und ihrer Habitate werden im Computer gespeichert.

ICBP führt Feldprojekte in aller Welt durch. Sie sind oft eine Kombination von wissenschaftlicher Untersuchung, Entwurf von Management-Plänen für Reservate und erzieherischer Arbeit.

Jede Naturschutzmaßnahme ist aber nur so gut wie das Bewußtsein der Bevölkerung, die in dem betreffenden Raum lebt. Die Unterschutzstellung einer Vogelart bleibt erfolglos, wenn Lebensraum und Tier von den Menschen nicht respektiert werden. Der Internationale Rat für Vogelschutz bemüht sich daher, die Bevölkerung in jede Naturschutzmaßnahme einzubeziehen. Experten aus den entsprechenden Gebieten werden an Expeditionen und Feldforschungen beteiligt, in regionalen Vereinen und Bildungsseinrichtungen wird für den Naturschutzgedanken geworben. Dabei ist der Internationale Rat der Partner aller Regierungen und unterstützt sie in ihrem Bemühen, Vögel und ihren Lebensraum zu schützen.

Es werden Poster, audiovisuelle Medien, populäre Bücher und Merkblätter erarbeitet, um die Botschaft vom Schutz der Natur in jede einzelne Gemeinde zu tragen. Vor allem in den Ländern der Dritten Welt kann eine Naturschutzstrategie oft nur Erfolg haben, wenn sich traditionelle Verhaltensweisen ändern.

Kontakte und Zusammenarbeit mit Regierungen in Ländern der Dritten Welt sind wichtige Voraussetzung für die erfolgreiche Arbeit. Hier überreicht Prinz Philip, Präsident des WWF in Madagaskar im Namen des ICBP die Internationale Rote Liste der bedrohten Vögel.

Als Anwalt der bedrohten Vögel vermittelt der Internationale Rat zwischen Regierungen mit unterschiedlichen politischen Systemen und setzt sich mit nationalen Naturschutzprogrammen kritisch auseinander. Er berät die Mitgliedsverbände bei ihren regionalen Naturschutzmaßnahmen und erarbeitet in eigener Regie Empfehlungen für die Betreuung und Ausweisung von Nationalparks und Schutzgebieten.

In der internationalen Zusammenarbeit wird für den Beitritt zu den verschiedenen Naturschutzkonventionen, wie dem Washingtoner Artenschutzabkommen, der Konvention über Feuchtgebiete von internationaler Bedeutung, der Konvention über das kulturelle und natürliche Erbe der Welt und der Konvention über den Schutz wandernder Wildarten, geworben. Ihre Einhaltung wird in Zusammenarbeit mit anderen Organisationen ständig überwacht. Als ständiger Mahner gegen die Zerstörung der Natur benennt der Internationale Rat Experten, wenn zum Beispiel in Ländern der Dritten Welt Naturschutzstrategien entwickelt werden sollen. In der Erarbeitung dieser nationalen Naturschutzstrategien und ihrer internationalen Koordination liegt eine – vielleicht die einzige – Chance, wieder Frieden mit der Natur zu schließen.

Rettet die Vogelwelt

Vögel sind Warnsignale, empfindliche Bioindikatoren für den hohen Belastungsgrad unserer Umwelt. Sie zu retten, heißt auch Pflanzen, andere Tiere und nicht zuletzt das eigene Überleben zu retten. In seinem Bemühen, dieses Ziel zu erreichen, hat der Internationale Rat für Vogelschutz in den letzten vier Jahren weltweit etwa 150 Projekte initiiert, unterstützt und finanziert.

Mit SAVE THE BIRDS startet der ICBP eine globale Vogelschutzkampagne. Das vorliegende Buch enthält in jedem Erscheinungsland ein nationales Kapitel. Es berichtet über die spezielle Gefährdung der Vogelwelt im Erscheinungsland. Trotzdem ist es ein Weltbuch.

Mit dem Erwerb dieses Buches haben Sie, gleich in welchem Land der Erde sie leben, einen indirekten Beitrag zur Unterstützung geleistet. Unser Wunsch an Sie ist jedoch: Werden Sie Partner dieser Weltkampagne, engagieren Sie sich in Ihrem Land für den Naturschutz und unterstützen Sie eines der drei nachstehenden Projekte nach dem Motto: Global denken – lokal handeln.

Projekt „Feuchtgebiet"

Der Okanvango-Sumpf in Botswana, das größte Feuchtgebiet im südlichen Afrika, wird von Millionen von Vögeln bewohnt. Dieses bedeutende Biotop ist durch zunehmende landwirtschaftliche Erschließung bedroht.

Projekt „Regenwald"

Hunderte von einmaligen Pflanzen und Tieren kommen ausschließlich in den Küstenregenwäldern Brasiliens vor. Bis auf einen kleinen Rest wurden sie bereits vernichtet.

Projekt „Insel"

Der flugunfähige Kagu kommt nur auf der Insel Neuekaledonien vor. Durch die Zerstörung seines Lebensraumes ist er extrem vom Aussterben bedroht.

Helfen Sie dem ICBP bei diesen wichtigen Projekten durch eine Spende auf das „SAVE THE BIRDS-Weltspendenkonto" des ICBP

Barcleys Bank

Bene't Street, Cambridge, UK

Konto-Nr. 3050 9000

Rettet die Vogelwelt – schützt die Feuchtgebiete

Alljährlich im Herbst verlassen Millionen Vögel ihre Brutgebiete, um zum Teil Tausende von Kilometern zu ihren Winterquartieren zu fliegen. Dort, wo sich Land und Wasser treffen – an Meeresküsten, an Seeufern, auf Überschwemmungsflächen oder im Delta von Flußmündungen –, versammeln sich die weitgereisten Besucher. Weltweit sind die Naß- und Feuchtgebiete für die riesigen Scharen der Schwimm- und Watvögel Nahrungsraum und Rastplatz. Zum Schutz aller Zugvögel setzt sich der Internationale Rat für Vogelschutz für die Erhaltung dieser Feuchtgebiete ein.

Auch für den Menschen sind Feuchtgebiete lebenswichtig. Sie bieten eine dauerhafte Nahrungsgrundlage, bilden einen wichtigen Hochwasserschutz und stellen eine Hauptquelle des lebenspendenden Wassers dar. Doch alle diese Vorteile werden zunichte gemacht, wenn durch Trokkenlegen und Aufschütten von Sümpfen und Seen das Land „verbessert" wird.

Menschen, Tiere und Pflanzen brauchen naturnahe und unverschmutzte Feuchtgebiete. Dabei können uns die Vögel als empfindliche Indikatoren für die Qualität von Feuchtgebieten und des Wassers dienen. Der Schutz ihrer nassen Lebensräume garantiert uns sauberes Trinkwasser und eine sichere Versorgung in der Zukunft. Schutz der Wasservögel ist deswegen auch Schutz des Wassers für uns.

Rettet die Vogelwelt – schützt den Regenwald

In tropischen Wäldern trifft man auf die größte Lebensvielfalt der Erde. Facettenreiche Beziehungen haben sich zwischen Myriaden von Pflanzen, Insekten und Wirbeltieren entwickelt und bilden zusammengenommen ein einzigartiges hochempfindliches ökologisches Gleichgewicht. Hier leben einige der seltensten Vögel, stehen die größten Bäume und blühen die bezauberndsten Blumen. In atemberaubendem Tempo wird heute dieser Lebensraum der Superlative weltweit besiedelt, gerodet, verbrannt und erodiert.

Im Auftrag des Internationalen Rates für Vogelschutz werden in den Waldgebieten Afrikas, Südamerikas und Südostasiens wichtige Forschungsvorhaben durchgeführt, um rechtzeitige Maßnahmen zum Schutz der bedrohten Tiere und Pflanzen zu ergreifen. Dabei werden besonders gefährdete Vögel manchmal zum Symboltier für die Rettung eines ganzen Ökosystems.

Die tropischen Wälder, die wie ein Gürtel unseren Globus zusammenhalten, pumpen riesige Mengen an Sauerstoff und Wasserdampf in die Atmosphäre und beeinflussen das globale Klima. Ihre Brandrodung und ihr Verlust verändern in wenigen Jahrzehnten oder Jahrhunderten das Klima auf der Erde nachhaltig, mit katastrophalen Auswirkungen für uns Menschen. Der Schutz der tropischen Wälder bedeutet daher mehr als die Rettung einiger Vogelarten – er bedeutet auch Einsatz für unser Überleben.

Rettet die Vogelwelt – schützt die Natur

Ein Galapagosbussard landet auf dem Panzer einer Riesenschildkröte. Beide Tiere sind nur auf den Galapagos-Inseln zu finden, die seit Charles Darwin als Symbol der Evolution gelten. In den langen Zeiträumen der Isolation entstanden auf Inseln, wie den Galapagos, einmalige Tierarten, die in hochspezialisierten Lebensgemeinschaften überlebten. In den letzten tausend Jahren hat der Mensch durch sein Eindringen die empfindlichen Inselökosysteme gestört und in zahlreichen Fällen die einmalige Flora und Fauna verwüstet.

Inselökosysteme stehen in der Arbeit des Internationalen Rates für Vogelschutz an vorderster Stelle. Das Bestreben, ganze Ökosysteme und nicht nur einzelne Arten zu schützen, kann auf Inseln mit ihrer meist geringen Fläche am leichtesten erreicht werden. Dabei kann von dem Grad der Bedrohung der Inselvogelwelt unmittelbar auf den ökologischen Zustand der Insel geschlossen werden.

Wie die vom Meer umspülten Inseln ist auch unser Planet ein Mikrokosmos in der endlosen Weite des Universums. Aus großer Höhe betrachtet, bewegt sich unsere Erde wie ein Schiff im leeren Raum – eine wunderschöne und empfindliche Insel des Lebens.

Index

T

U

V

W

Y

Z

Bildnachweis und Dank

Bildnachweis Fotografen

Die Auflistung der Fotografen und Agenturen erfolgt in der Reihenfolge der Abbildungen im Buch, nach Seiten geordnet, von oben nach unten und bei nebeneinander stehenden Fotos von links nach rechts. Maßgeblich ist jeweils der untere Bildrand.

Agenturen und andere Quellen wurden wie folgt abgekürzt:

Ardea/**AR**; Bruce Coleman/**BC**; Frank Lane/**FL**; Natural Science Photos/**NSP**; Australasian Nature Transparencies/**ANT**; Eric and David Hosking/**H**; Aquila/**AQ**; Oxford Scientific Films/**OSF**; Biofoto/**BO**; Biofotos/**BS**; Planet Earth Pictures/**PE**; Nature Photographers/**N**; Photobank/**PH**; Jacana/**J**; Rex Features/**RF**; Press-Tige Pictures/**PT**; Swift Picture Library/**SPL**; Robert Harding Picture Library/**RH**; Photri/**P**; Stockphotos/**S**; The Image Bank/**IB**; US Fish & Wildlife Service/**FW**; Vireo/**VI**; Visum/**V**; Magnum/**M**; Rapho/**RA**; Stern magazine/**ST**; Mauritius/**MS**; Gruner + Jahr Fotoservice/**G+J**; Okapia/**O**; Deutsche Presse Agentur/**dpa**.

2–3 M. Wiechmann **4–5** R. König **6–7** F. Lanting **8–9** G. Ziesler **10–11** F. Pölking **12** B. Kerber **14** H. Hagen **16** U. Walz, Air France, W. Hockenjos **17** F. Mayer/M, Anders/ST **18** G. Gerster **19** T. Mayer, D. Smiths **20** Höpker/ST, H. Sund **21** K. Schubert, M. Friedel **22** E. Hartmann/M **23** NASA, Krämer/ST **24–25** G. Ziesler **26** T. Thomas **28** R. & D. Keller/ANT, B. Bingel/RF, J.D. Mikkelsen/BO, B. & C. Calhoun/BC **30** W. Möller/AR, E. Hosking, P. Davey/BC, H. Silvester/RA **33** H. Reinhard/BC, R. van Nostrand/FL, M. Price/ANT, R. Austing/FL **34** J. Hawkins/H, J. Hancock/AQ **35** P. Krauss/ANT, G. Moon/FL **36** N. Fain/NSP, Photri, R. Crane/N, Champlong-Arepi/RF **37** K. Carlson/N, S. Werner, R. Lockyer/S, E. Jones/AQ, I. Miles/IB, J. Mackinnon **38–39** M. Withers/FL **40** G. Le Grande **42** K. Schubert, C. Walker/NSP, H. Landvogt **44** H. Dossenbach **45** H. Hagen **46** J. Resch, Photri **47** J. Resch **48** NASA **49** H. Landvogt **52** P. Steyn/AR **56** Thomann/ST, J. Fünfstück, A. Burnhauser **57** H. Hagen, J.-P. Ferrero/AR, P. Jones **58** H. Landvogt, H. Landvogt **59** D. Hadden, D. & M. Plage/OSF, K. Schubert, H. Landvogt **62** Astrophoto Laboratories **64–65** NASA **68–69** K. Schubert **70** B. Osborne, D. Wilson/H **73** J. De Korte, H. Dossenbach/AR **75** S. Bainbridge, P. Farrell, D. Hadden **77** K. Fink/AR, S. Gooders/AR **79** T. Ennis/N, E. & D. Hosking, J. Varela **80** H. Hasegawa, H. Hasegawa **81** H. Hasegawa **83** Fievet/J. W. Suter, S. Broni, P. Steyn/AR **85** B. Nelson, D. Merton, D. Merton **86** Greenpeace, Ducatez/MS, W. Steche/V **87** E. Hosking, D. & K. Urry/AR **88–89** C. Carvalho/FL **90** E. & D. Hosking **91** C. Buxton & A. Price/OSF **93** J. & D. Bartlett/OSF, C. Walker/NSP **95** M. Hill/N **96** M. Soper **97** S. Krasemann/BC, S. McCutcheon/FL **98–99** N. Devore/BC **100** Menuhin/PE **102** J. Hoogesteger/BS, R. Crane/N **103** M. Harris/N **104** J. Watson **105** J. Watson, M. England/AR **106** J. Watson, A. & E. Diamond, D. Houston/BC **107** A. Cheke **108** D. Scott/N **109** F. Robiller, J. Brunet/J, C. Veitch/PH, J. Blossom/OSF **111** N. Snyder, N. Snyder **112** P. Evans **113** C. Kepler **114** C. Kepler **115** C. Kepler, C. Kepler **116** W. Townsend/BC **119** A. Diamond, M. Soper/ANT, P. Steyn/AR **121** J. Watson **122** A. Diamond, St. Vidler/MS **123** C. Veitch/PH, H. Watkins/PT, D. Merton **124–125** G. Doré/SPL **126** R. & D. Keller/ANT, J. Mason/AR **127** G. Ziesler, P. Ward/NSP, M. Chinnery/NSP **129** J. Fennell/BC, M. Soper **130** AD. SF **131** A. Lindau/AR, R. Matthews/PE **133** Y. Suzuki, A. & E. Diamond **134** G. Behrens **135** G. Cubitt/BC **136** R. Bunge/AR **137** K. Schubert, J. & G. Harrison/AQ **138** S. Fraser, K. Wüstenberg, A. Cheke **139** A. Maywald, W. Steche/V, Rex Features **140–141** C. Imboden **143** N. Callow/N, S. Gooders/AR, P. Davey, R. Kemp/NSP **144** G. Ziesler **145** C. Walker/NSP, B. Kerber, J. Mackinnon **147** M. Fogden/BC **148** M. Harris **149** M. Harris **150** F. Erize/BC **151** F. Gohier/AR **153** R. Müller, A. Fatras/AR **154** E. Bezzel, D. Botting/BC, R. Müller **155** U. Hirsch/BC **157** E. & D. Hosking, M. Soper/BC, C. Veitch/PH **158** D. Hadden, H. Axell **160** J. Archibald, J. Archibald **161** T. Komiya, T. Komiya **162** R. Douthwaite **163** M. Western, P. Davey/BC, J. Hancock/BC **164** B. Gibbs/NSP, L. Norström **165** J. & G. Harrison/AQ, G. & H. Denzau, S. Gooders/AR **166** W. Steche/V **167** R. Kemp/NSP, D. & R. Sullivan/BC, F. Sunquist **168–169** D. Stock/M **170** E. Bezzel, S. Fraser **171** H. Dossenbach, G. Ziesler, A. Deane/BC **172** C. Imboden, L. Goldman/FW **173** S. Wilbur/FW, C. Imboden **175** M. Ridley, R. van Nostrand **176** S. Fraser, J. & D. Bartlett/BC **177** J. van Wormer/BC **179** T. Tilford/PT, C. Imboden, E. & D. Hosking **180** J.-P. Ledant **181** G. Gerster, G. Mangold **182–183** B. Sage/AQ **184** A. Maywald, H. Landvogt, H. Landvogt, H. Landvogt **185** A. Edgar **187** H. Clark/N, H. Angel, D. McCaskill/NSP, P. Trötschel **188** P. Goriup **189** R. Vaughan/AR, P. Goriup **191** D. Roby/VI, W. Lankinen/BC, N. Tucker **192** M. Ridley, M. Ridley **195** A. Brewer/AR **196** A. Sugden, T. Tilford/PT **197** T. Tilford/PT **199** C. Veitch/PH **200** G. Moon/FL, D. Merton, C. Veitch/PH, D. Merton **201** C. Imboden, D. Merton **202** C. Imboden, N. Cattlin/FL **203** P. Davey, L. Brown/N, K. Wüstenberg **204** C. Meffert, J. Dubois/J **205** V. Kramer, G.Le Grande/BC, I. de Boroviczeny **206–207** J.-P. Ferrero/AR **208** K. Bishop **209** S. Dalton/OSF, E. Lindgren/AR **210** B. Rogers/BS, J. Dunning/AR, P. Morris/AR **211** A. Greensmith/AR, C. Banks/NSP, H. Angel **212** B. Coates/BC **213** D. Cam/RF, D. Hadden **215** B. Coates/BC, A. Compost/BC **217** D. Watling, D. Watling, D. Watling **218** F. Futil/BC, D. Bishop, W. Weisser/AR **220** D. Hadden **221** C. Frith/BC **223** N. Tomalin/BC, CNRS/J, **224** ICBP, S. Stuart **225** D. Richards, R. Lévèque **226** M. Fogden/BC **227** D. Dickins **228** C. König **229** B. Burbidge/N **230** K. Fink/AR, Photri **232** G. Ziesler **233** L. McIntyre **234** A. Eddy/NSP **235** D. Dikkins, S. Bisserot/N **236** P. Steele, F. Sunquist **237** H. Silvester/RA **238–239** G. Ziesler **240** T. Tilford/PT **241** J. Shaw/BC, E. Bezzel, M. England/AR **243** P. Goriup, P. Goriup, P. Goriup **244** U. Hirsch/BC, E. Bezzel, U. Hirsch **247** D. Merton, D. Merton **248** D. Houston, A. Cheke **249** D. Kinzler/FL, H. Axell **250–251** J.-P. Ferrero/AR **252** E. Bezzel **253** L. Marigo/BC, A. Weaving/AR, J. & D. Bartlett/OSF **255** P. Goriup, H. Axell, E. Hosking **256** E. Lindgren/AR **257** L. Robinson/FL, L. Robinson/FL **259** H. Dossenbach **261** C. Kepler **262** A. & E. Diamond, P. Jones **263** S. Fraser, E. Bezzel **264–265** D. Dickins **266** M. Kahl/BC, S. Roberts/AR **267** F. Labhardt, S. Fraser, J. Gooders/AR **269** M. Sallaberry, A. Glade **270** T. & P. Gardner/ANT, P. Ward/NSP **271** E. Hosking **272** J-P. Ferrero/AR **273** G. Chapman/AR, R. & D. Keller/ANT **274** J. & S. Bottomly/AR **275** E. & D. Hosking **276** Thomann/ST, K. Schubert **277** K. Schubert, R. Schreiber, W. Rawlings/RH **278–279** J. Mason/AR **280** H. Schmitt/ST, J. Launois/RA, Thomann/ST **281** E. Liebermann, E. Liebermann **282** M. Hamblin/FL **283** R. Mills/AQ, S. Meyers **284** G. Langsbury/BC **285** A. Saunier, H. Reinhard **286** S. Werner, Jacana **287** M. Leach/N, M. Scott **288–289** H. & G. Denzau **291** L. Schack-Nielsen/BO, G. Ziesler **292** J. Weber, B. & C. Alexander **293** B. & C. Alexander, Wild Nature/ANT, S. Jonasson/FL **294** J. Free, J. Daniels/AR, P. Davey/FL **295** B. Sage/AQ, M. Harris, J. & D. Bartlett/OSF **296** Art Directors **297** J. Simon/BC, L. Norström **298** Photri, D. Smith/N, S. Bisserot/N **299** J. Swedberg/AR, J. Reichholf, J. Resch **300** AGW **301** W. Rawlings/RH, R. & D. Keller/ANT, L. & T. Bomford/OSF **302** C. Ott/BC, B. Wiklund/BO **303** K. Wüstenberg **305** M. Freeman/BC **306** S. McCutcheon/FL, S. Roberts/AR **307** J.-P. Ferrero/AR, A. Schliack **308** H. Sund **309** T. & P. Gardner/ANT, R. & D. Keller/ANT, N. Cattlin/FL **310** I. Beames/AR **311** F. Lanting, C. Fear **312** T. Inskipp, F. Sunquist **313** C. Frith/BC, A. & E. Diamond **314** E. & D. Hosking **317** NASA **318** Smithsonian Institution **320** K. Schubert, C. Carvalho/FL, N. Devore/BC, G. Doré/SPL, C. Imboden, D. Stock/M, B. Sage/AQ, J.-P. Ferrero/AR, G. Ziesler, J.-P. Ferrero/AR **321** W. Steche/V, J. Swedberg/AR, H. Sund, J.-P. Ferrero/AR, C. Fear, C. Frith/BC, E. & D. Hosking **324** R. Müller **325** D. Klees **326** K. Schubert, H. Angel **328** H. Reinhard **329** D. Houston, A. Cheke **330** B. Helander, J. Foott/BC, N. Yoshio **331** E. Kuyt, E. Kuyt **332** C. von Treuenfels, J. Foott/BC **333** B. Sage/AQ, WWF-H. Jungius/BC **334** I. Neumann **335** W. Volz **336** G. Ziesler **337** A. Maywald **338** B. Winsmann, H. Bibelriether **339** K. Wernicke **340** S. Bumm/G+J, H. Silvester/RA **341** T. McHugh/O, T. Buchholz/O, Okapia **342** E. Liebermann, D. Reinartz/ST, Carp/ST **343** H. Häusler/MS, S. Werner **344** H. Reinhard, A. Maywald **345** Wieseler/dpa, Anders/ST **346** Anders/ST, Heggemann/ST **347** NP-Verw. Berchtesgaden, G. Ziesler, G. Ziesler **348** U. Walz, U. Walz, K. Wernicke **349** H. Landvogt, U. Walz, F. Pölking, I. Gerlach **351** H. Landvogt, Thomann/ST **353** H. Landvogt, J. Diedrich **354** K. Wernicke, K. Wernicke **355** K. Wernicke **357** H. Landvogt, P. Miech **359** U. Walz, H. Landvogt, Carp/ST **360** H. Landvogt, H. Landvogt **361** M. Moldvay/ST, Spill/ST, Thomann/ST, Hinz/ST, K. Schubert, M. Bink **363** H. Wöhler **365** T. Marktanner, H. Landvogt, H. Landvogt, I. Gerlach **366** Anders/ST, H. Strunz **367** R. Behlert, R. Behlert **368** B. Kerber, S. Meyers **370** ICBP, A. Compost **371** ICBP **372–373** K. Schubert, U. Walz **374–375** K. Schubert, L. McIntyre **376–377** T. Jacobi/ST, F. Pölking **378** K. Schüle **380** H. Hagen **382** S. Meyers **383** U. Walz **384** K. Schubert

Bildnachweis Illustratoren
Alle Vogel-Illustrationen auf den Seiten **66–287** wurden von Alistair Robertson erstellt. Die Vogel-Illustrationen im Deutschland-Kapitel (Seiten **337–368**) stammen von Jeanne Leven.

Alle Landkarten im Buch sind von Eugene Fleury.

Alle übrigen Diagramme und Illustrationen wurden von nachstehenden Illustratoren erstellt. Die Auflistung erfolgt in gleicher Weise wie bei den Fotografen.

26–27 Trevor Boyer/Linden Artists **29** Trevor Boyer/Linden Artists, Mike Saunders **31** Trevor Boyer/Linden Artists **32** Trevor Boyer/Linden Artists **35** John Rignall/Linden Artists **41** Mike Saunders **43** Mike Saunders **45** Mike Saunders **47** Trevor Boyer/Linden Artists **50–51** (oben) Mike Saunders, (unten) Trevor Boyer/Linden Artists **52** (Vögel) Mick Loates/Linden Artists, (Blumen) John Rignall/Linden Artists **53** Trevor Boyer/Linden Artists **54–55** Mike Saunders, (Vögel) Trevor Boyer/Linden Artists **56–57** Trevor Boyer/Linden Artists **60–61** Mike Saunders **63** Mike Saunders **72** Trevor Boyer/Linden Artists **90–91** Trevor Boyer/Linden Artists **101** Mike Saunders **112** John Rignall/Linden Artists **115** John Rignall/Linden Artists **117** Maurice Pledger/Linden Artists **120** John Rignall/Linden Artists **149** John Rignall/Linden Artists **186** John Rignall/Linden Artists **214** John Rignall/Linden Artists **216** John Rignall/Linden Artists **224** Original-Illustrationen von Norman Arlot für ICBP **231** John Rignall/Linden Artists **274** Eugene Fleury, (Vogel) Trevor Boyer/Linden Artists **303** Mike Saunders **305–316** Stefan Werner **310** Eugene Fleury, Trevor Boyer/Linden Artists **319** Mike Saunders **320–321** Stefan Werner **322–323** Trevor Boyer/Linden Artists

Dank
Wir danken allen Fotografen, Agenturen und Illustratoren für ihre Fotos, ihre Mitarbeit und das Vertrauen, das sie uns entgegengebracht haben. Dank an Doris Paulini, Bernd Güttner und Michael Alexander.

Herausgeber und ICBP danken der **Wella AG** für die Finanzierung der Bildrechte des internationalen Buchteils.

Dank

Dank an alle, die von Anfang an an das Buch geglaubt und geholfen haben, es zu realisieren.

Ich danke zuerst den Unbeirrbaren: Christoph Imboden für sein Vertrauen und seine konsequente Arbeit; Martyn J. Bramwell, der über Jahre und von Buchmesse zu Buchmesse an meiner Seite gestritten hat; Anthony Diamond für seine Geduld und seinen Hauptbeitrag zu diesem Werk. Ich bedanke mich für das Vertrauen aller Autoren und für ihre nationalen Beiträge.

Besonderer Dank gilt meinen engsten Mitarbeitern Helga Schaer, Siglinde Böllmann, Nikolaus Dahl und Stefan Werner, die mir über das normale Maß hinaus geholfen und sich sehr für dieses Buch eingesetzt haben.

Kaum gutzumachen ist die Unterstützung meiner Freunde Ludwig Darmstädter und Paul Greineder, die ihre Managementerfahrung in das Projekt eingebracht haben und Dank an Peter Winters sowie Johannes Zindel für die Rechtsberatung.

Für die deutsche Ausgabe danke ich besonders Einhard Bezzel, der das Buch nicht nur übersetzt, sondern mir jederzeit mit Rat und Tat zur Seite gestanden hat.

Ich danke den Lektoren Axel Meffert und Dieter Herold und allen weiteren, die unsere Texte kritisch überprüft und verbessert haben.

Dank an Gerd A. Müller für das Layout und seine versierten Ratschläge zur Gesamtgestaltung.

Ganz herzlich danke ich Bo Streiffert und Peter Weckener für ihre Mitarbeit.

Ich danke Christian Strasser für wertvolle Ratschläge und die Vermittlung vieler Kontakte. Malte Bischoff, Klaus Richter, Rüdiger Ruoss und Horst Stern, die mir immer wieder Mut gemacht haben. Ben Schubnell für seine Hilfe und Gerta und Wolfgang Nottrodt für ihr Verständnis.

Ich danke René Malherbe für die Unterzeichnung des ersten Vertrages.

Weiter gilt mein Dank den Unternehmen, die die Veröffentlichung des Buches gefördert haben: Den auf Seite 9 genannten mittelständischen Brauereien, die durch Beiträge die Entwicklungskosten dieses aufwendigen Werkes mitfinanziert haben. Der Wella AG für die Finanzierung der Bildrechte. Dem Hessischen Sparkassen- und Giroverband für die Finanzierung des Deutschland-Kapitels. Der Stiftung Naturschutzfonds beim Ministerium für Ernährung, Landwirtschaft, Umwelt und Forsten Baden-Württemberg für die Übernahme der Übersetzungskosten der deutschen Ausgabe. Der Papierfabrik Cartiere del Garda Riva für die Unterstützung der Weltkampagne und die Lieferung ihres Papieres aus säurefreier Produktion sowie den Bildredaktionen der Zeitschriften Stern und GEO für ihre Hilfe bei der Bildbeschaffung.

Zum Schluß gilt mein Dank allen an der Entstehung des Buches beteiligten Mitarbeitern und Wissenschaftlern aus allen Teilen der Welt.: George Archibald. Brian D. Bell. David Bishop. Anthony Cheke. John Cooper. Bob Dowsett. Peter G.H. Evans. Silvia Fitzgerald. Anthony Gaston. Derek Goodwin. James Hancock. Mike Harris. Hiroshi Hasegawa. Björn Helander. Carl Jones. Alan Kemp. Cam und Kay Kepler. Stephen Kress. Ernie Kuyt. Anne LaBastille. Mark Leighton. Andrew MacFarlane. Phil Moors, Norman Meyers. Bryan Nelson. John Ogden. David Peakall. Christopher Perrins. Iola Price. Hugh Robertson. Ralph Schreiber. Derek A. Scott. David Snow. Ron Summers. Noel Snyder. Simon Stuart. Mike Swales. Dick Watling. Evelyn Weinstein. David Wells. Jim Wiley. Michael Wilson. David Wingate.

Die Arbeit ist getan, doch der Erfolg, den wir anstreben, braucht noch viele Helfer.

Rudolf L. Schreiber
Herausgeber

PRO NATUR – Ideen bewegen die Welt

SAVE THE BIRDS ist die erste weltweite Aktion von PRO NATUR. Sie wurde in Zusammenarbeit mit dem International Council for Bird Preservation (ICBP) erarbeitet und wird mit lokalen Naturschutzorganisationen vor Ort umgesetzt. Hinter der Initiative steht die Idee, eine weltweite Allianz zu Gunsten der bedrohten Natur zu fördern. Nicht nur, weil man ein weltweites Problem auch weltweit anpacken muß. Sondern auch, weil jeder einzelne von uns engagierter und zuversichtlicher für die Sache der Natur eintreten wird, wenn er weiß, daß überall auf der Welt Gleichgesinnte Gleiches tun.

Daß die Bereitschaft zur Zusammenarbeit über die Grenzen der Länder und Kontinente hinweg vorhanden ist, beweist SAVE THE BIRDS mit seinem internationalen Team von Autoren und Illustratoren, prominenten Journalisten und Beratern. Die globale Aktion erfordert jedoch lokales Handeln und das Engagement vieler: jetzt und gezielt.

PRO NATUR wird der Weltaktion SAVE THE BIRDS weitere folgen lassen. Wir entwickeln aber nicht nur Aktionen und Bücher, sondern auch Produkte, beraten Unternehmen hinsichtlich ökologisch orientierter Wirtschaftsstrategien und koordinieren Initiativen – alles mit dem Ziel, die Natur zu erhalten. Wir wollen Impulse geben, daß Naturschutz in allen Ländern der Erde zu einer selbständigen, treibenden Kraft der Gesellschaft wird.

pro natur

PRO NATUR GmbH, Frankfurt/M.

Das Buch zur Weltaktion
Erstauflage 1987
(Land/nationale Autoren/Verlag):

Bundesrepublik Deutschland
Horst Stern
Gerhard Thielcke
Otto Maier Verlag, Ravensburg

England
Sir David Attenborough
Ian Prestt
Cambridge University Press, Cambridge

Holland
Prinz Claus der Niederlande
Karel Voous
Uitgeverij M & P B.V., Weert

Schweden
Sven G. Nilsson
Staffan Ulfstrand
Streiffert & Co., Stockholm

Über die Herausgabe des Buches wird zur Zeit mit Verlagen in folgenden Ländern verhandelt: Brasilien, Dänemark, DDR, Frankreich, Indonesien, Israel, Italien, Japan, Kanada, Norwegen, Schweiz, Spanien, Südafrika, Taiwan, Tschechoslowakai, UdSSR, USA.